普通高等教育系列教材

人工智能导论
第 2 版

鲍军鹏　张选平　编著

机 械 工 业 出 版 社

本书系统地阐述了人工智能的基本理论、基本技术、研究方法和应用领域，全面地反映了人工智能研究领域的发展，并根据人工智能的发展动向对一些传统内容做了取舍，如详细介绍了机器学习方面的内容。全书共分为8章，内容涉及人工智能的基本概念、知识工程、确定性推理和不确定性推理、搜索与优化策略、机器学习、人工神经网络与深度学习，以及模式识别、自然语言处理和多智能体等。每章后面附有习题，以供读者练习。

本书充分考虑到人工智能领域的发展动态，注重系统性、新颖性、实用性和可读性，内容由浅入深、循序渐进、条理清晰。本书适合作为计算机专业本科生和其他相关专业本科生、研究生的教材，也可作为有关科技人员的参考书。

本书配有授课电子课件，需要的教师可登录 www.cmpedu.com 免费注册，审核通过后下载，或联系编辑索取（微信：13146070618；电话：010-88379739）。

图书在版编目（CIP）数据

人工智能导论/鲍军鹏，张选平编著 . —2 版 . —北京：机械工业出版社，2020. 7（2024. 12 重印）
普通高等教育系列教材
ISBN 978-7-111-66052-1

Ⅰ. ①人… Ⅱ. ①鲍… ②张… Ⅲ. ①人工智能-高等学校-教材
Ⅳ. ①TP18

中国版本图书馆 CIP 数据核字（2020）第 120586 号

机械工业出版社（北京市百万庄大街 22 号　邮政编码 100037）
策划编辑：郝建伟　　责任编辑：郝建伟　侯　颖
责任校对：张艳霞　　责任印制：单爱军
北京虎彩文化传播有限公司印刷

2024 年 12 月第 2 版·第 8 次印刷
184mm×260mm · 21.75 印张 · 538 千字
标准书号：ISBN 978-7-111-66052-1
定价：75.00 元

电话服务　　　　　　　　　　网络服务
客服电话：010-88361066　　　机 工 官 网：www.cmpbook.com
　　　　　010-88379833　　　机 工 官 博：weibo.com/cmp1952
　　　　　010-68326294　　　金 书 网：www.golden-book.com
封底无防伪标均为盗版　　　　机工教育服务网：www.cmpedu.com

前　言

2017 年 7 月，国务院印发了《新一代人工智能发展规划》，指出人工智能发展进入新阶段，是引领未来的战略性技术，是新一轮产业变革的核心驱动力。在这样的新时代大背景下，本书对第 1 版进行修订，更新了部分内容，以满足广大读者对人工智能新技术的求知欲。本次修订仍然以"导论"为基本原则，避免深奥的数学推导，更多的是讲述方法思想和动机。

人工智能已成为新一轮科技革命和产业变革的重要驱动力，党的二十大报告指出，推动战略性新兴产业融合集群发展，构建新一代信息技术、人工智能、生物技术、新能源、新材料、高端装备、绿色环保等一批新的增长引擎。随着"十四五"规划的实施，我国全面推动"人工智能+"产业的发展，通过政策引领不断加大人工智能领域技术技能人才的培养，以应对企业、事业单位人才需求的急速增加。

人工智能的具体技术和理论非常庞杂，它的应用已深入到人类社会的方方面面。所以，本书并不是把人工智能的每个子领域、每个应用都详细剖析，而是重点介绍一些基本原理和基本方法，让读者对人工智能有一个基本认识。本次修订在每章习题里增加了很多需要读者调研文献的内容，希望以此引导读者更加深入地了解和思考人工智能在具体问题上的解决办法。

第 2 版的总体框架与第 1 版基本相同，仍然分成 8 章，每章主题也基本相同。但是，对各章内容进行了适当更新和改写，以反映最近十年来人工智能的新进展。第 1 章是绪论，介绍一些关于人工智能的基本观点、研究途径和主要研究内容，更新了一些内容。第 2 章是知识工程，主要介绍关于知识表示和知识获取与管理的问题，增加了对知识图谱的介绍。第 3 章和第 4 章介绍确定性推理和不确定性推理，都是关于如何运用知识，即推理的问题。因为近几年关于符号推理方面没有太多新进展，本次改版对这两章内容进行了精简。第 5 章在介绍搜索策略的基础上增加了智能优化策略的内容。搜索的关键其实就是优化问题。第 6 章是机器学习，介绍了当前机器学习中的一些基本问题、基本方法和基本思路，增加了随机森林、表示学习、k 近邻算法等内容。第 7 章有较大变化，从介绍传统人工神经网络改为主要介绍当前深度学习的基本模型和内容。第 8 章也进行了较大更改，虽然还是模式识别、自然语言处理、多智能体等当前人工智能研究和应用的一些热点，但是主要反映了深度学习带来的一些变化。

人工智能技术的发展是螺旋式上升的发展，中间经历了多次起伏。在人工智能发展的初期，人们曾经对其有过盲目乐观的态度，后来明斯基等人的批评导致人工智能研究陷入低谷。从专家系统、模糊逻辑、知识工程到 BP 网络、支持向量机，再到深度学习，大致体现了人工智能发展的主要热点。可以看出，符号主义和联结主义始终是人工智能研究的基本方法，两者之间的研究热度此消彼长。近年来，深度学习的兴起使得联结主义研究方法占据了人工智能的主导地位。但是目前的深度学习方法太依赖大数据，并且其学习泛化能力也与人类的学习能力相去甚远。对深度学习方法的各种批评无疑也在推进着人工智能技术的发展。人工智能的未来也许还会进入一个平静期甚至是又一个低谷，但是随着众多学者坚持不懈的努力，人工智能技术不会停滞不前，人工智能必定会给人类社会带来一场深刻的革命。

本书针对重要概念，精心制作了 41 个知识点视频讲解，读者可以扫描书中二维码观看对应视频。

本书第 5 章由张选平副教授撰写，其余各章由鲍军鹏副教授撰写。

由于作者学识有限，书中难免出现错误，恳请广大读者不吝指教。

编　者

目　　录

前言

第1章　绪论 ……………………………………………………………………… 1

1.1　什么是人工智能 …………………………………………………………… 1

1.1.1　关于智能 ………………………………………………………………… 1

1.1.2　人工智能的研究目标 …………………………………………………… 2

1.2　人工智能发展简史 ………………………………………………………… 3

1.3　人工智能的研究方法 ……………………………………………………… 8

1.3.1　人工智能的研究特点 …………………………………………………… 8

1.3.2　人工智能的研究途径 …………………………………………………… 8

1.3.3　人工智能研究资源 ……………………………………………………… 11

1.4　人工智能研究及应用领域 ………………………………………………… 12

1.4.1　模式识别 ………………………………………………………………… 12

1.4.2　自然语言处理 …………………………………………………………… 13

1.4.3　机器学习与数据挖掘 …………………………………………………… 14

1.4.4　人工神经网络与深度学习 ……………………………………………… 15

1.4.5　博弈 ……………………………………………………………………… 15

1.4.6　多智能体 ………………………………………………………………… 15

1.4.7　专家系统 ………………………………………………………………… 16

1.4.8　计算机视觉 ……………………………………………………………… 16

1.4.9　自动定理证明 …………………………………………………………… 17

1.4.10　智能控制 ……………………………………………………………… 18

1.4.11　机器人学 ……………………………………………………………… 19

1.4.12　人工生命 ……………………………………………………………… 20

1.5　本章小结 …………………………………………………………………… 21

习题 ……………………………………………………………………………… 22

第2章　知识工程 ……………………………………………………………… 23

2.1　概述 ………………………………………………………………………… 23

2.2　知识表示方法 ……………………………………………………………… 25

2.2.1　经典逻辑表示法 ………………………………………………………… 25

2.2.2　产生式表示法 …………………………………………………………… 25

2.2.3　层次结构表示法 ………………………………………………………… 30

2.2.4　网络结构表示法 ………………………………………………………… 32

2.2.5　其他表示法 ……………………………………………………………… 34

2.3　知识获取与管理 …………………………………………………………… 36

2.3.1　知识获取的任务 ………………………………………………………… 36

2.3.2　知识获取的方式 ………………………………………………………… 37

　　2.3.3　知识管理 ·· 39
　　2.3.4　本体论 ·· 40
　　2.3.5　知识图谱 ·· 42
　2.4　基于知识的系统 ··· 46
　　2.4.1　什么是知识系统 ·· 46
　　2.4.2　专家系统 ·· 47
　　2.4.3　问答系统 ·· 48
　　2.4.4　知识系统举例 ·· 49
　2.5　本章小结 ··· 51
　习题 ··· 52
第3章　确定性推理 ··· 53
　3.1　概述 ··· 53
　　3.1.1　推理方式与分类 ·· 53
　　3.1.2　推理控制策略 ·· 54
　　3.1.3　知识匹配 ·· 55
　3.2　自然演绎推理 ··· 57
　3.3　归结演绎推理 ··· 59
　　3.3.1　归结原理 ·· 59
　　3.3.2　归结策略 ·· 64
　　3.3.3　应用归结原理求解问题 ·· 70
　3.4　与或形演绎推理 ··· 73
　　3.4.1　与或形正向演绎推理 ·· 74
　　3.4.2　与或形逆向演绎推理 ·· 76
　　3.4.3　与或形双向演绎推理 ·· 78
　3.5　本章小结 ··· 79
　习题 ··· 79
第4章　不确定性推理 ··· 82
　4.1　概述 ··· 82
　4.2　基本概率方法 ··· 85
　4.3　主观贝叶斯方法 ··· 87
　　4.3.1　不确定性的表示 ·· 88
　　4.3.2　不确定性的传递算法 ·· 89
　　4.3.3　结论不确定性的合成算法 ··· 92
　4.4　可信度方法 ··· 93
　　4.4.1　基本可信度模型 ·· 93
　　4.4.2　带阈值限度的可信度模型 ··· 94
　　4.4.3　加权的可信度模型 ··· 96
　　4.4.4　前件带不确定性的可信度模型 ·· 97
　4.5　模糊推理 ··· 98
　　4.5.1　模糊理论 ·· 99

  4.5.2 简单模糊推理 ·· 106

  4.5.3 模糊三段论推理 ··· 113

  4.5.4 多维模糊推理 ·· 115

  4.5.5 多重模糊推理 ·· 117

  4.5.6 带有可信度因子的模糊推理 ··· 118

 4.6 证据理论 ·· 120

  4.6.1 D-S 理论 ··· 120

  4.6.2 基于证据理论的不确定性推理 ··· 122

 4.7 粗糙集理论 ··· 125

  4.7.1 粗糙集理论的基本概念 ·· 125

  4.7.2 粗糙集在知识发现中的应用 ·· 128

 4.8 本章小结 ·· 130

 习题 ·· 131

第5章 搜索与优化策略 ·· 133

 5.1 概述 ·· 133

  5.1.1 什么是搜索 ··· 133

  5.1.2 状态空间表示法 ·· 133

  5.1.3 与或树表示法 ··· 135

 5.2 状态空间搜索 ··· 137

  5.2.1 状态空间的一般搜索过程 ··· 137

  5.2.2 广度优先搜索 ··· 139

  5.2.3 深度优先搜索 ··· 140

  5.2.4 有界深度优先搜索 ·· 141

  5.2.5 启发式搜索 ··· 142

  5.2.6 A*算法 ··· 146

 5.3 与或树搜索 ··· 149

  5.3.1 与或树的一般搜索过程 ·· 149

  5.3.2 与或树的广度优先搜索 ·· 150

  5.3.3 与或树的深度优先搜索 ·· 151

  5.3.4 与或树的有序搜索 ·· 151

  5.3.5 博弈树的启发式搜索 ··· 155

  5.3.6 剪枝技术 ·· 158

  5.3.7 人机对弈与AlphaGo ·· 158

 5.4 智能优化搜索 ··· 160

  5.4.1 NP问题 ·· 161

  5.4.2 优化问题 ·· 163

  5.4.3 遗传算法 ·· 167

  5.4.4 蚁群算法 ·· 176

  5.4.5 粒子群算法 ··· 178

  5.4.6 智能优化搜索应用案例 ·· 180

5.5　本章小结 ……………………………………………………………………… 183
习题 ………………………………………………………………………………… 183

第6章　机器学习 …………………………………………………………… 186

6.1　概述 …………………………………………………………………………… 186
　6.1.1　什么是机器学习 …………………………………………………………… 186
　6.1.2　机器学习方法分类 ………………………………………………………… 188
　6.1.3　机器学习的基本问题 ……………………………………………………… 189
　6.1.4　评估学习结果 ……………………………………………………………… 191

6.2　决策树学习 …………………………………………………………………… 195
　6.2.1　决策树表示法 ……………………………………………………………… 195
　6.2.2　ID3算法 …………………………………………………………………… 197
　6.2.3　决策树学习的常见问题 …………………………………………………… 198
　6.2.4　随机森林算法 ……………………………………………………………… 201
　6.2.5　决策树学习应用案例 ……………………………………………………… 204

6.3　贝叶斯学习 …………………………………………………………………… 207
　6.3.1　贝叶斯法则 ………………………………………………………………… 207
　6.3.2　朴素贝叶斯方法 …………………………………………………………… 210
　6.3.3　贝叶斯网络 ………………………………………………………………… 211
　6.3.4　EM算法 …………………………………………………………………… 212
　6.3.5　贝叶斯学习应用案例 ……………………………………………………… 213

6.4　统计学习 ……………………………………………………………………… 215
　6.4.1　小样本统计学习理论 ……………………………………………………… 216
　6.4.2　支持向量机 ………………………………………………………………… 220
　6.4.3　核函数 ……………………………………………………………………… 222
　6.4.4　支持向量机应用案例 ……………………………………………………… 223

6.5　聚类 …………………………………………………………………………… 224
　6.5.1　聚类问题 …………………………………………………………………… 225
　6.5.2　分层聚类方法 ……………………………………………………………… 226
　6.5.3　划分聚类方法 ……………………………………………………………… 229
　6.5.4　基于密度的聚类方法 ……………………………………………………… 230
　6.5.5　基于网格的聚类方法 ……………………………………………………… 232
　6.5.6　聚类算法应用案例 ………………………………………………………… 232

6.6　特征选择与表示学习 ………………………………………………………… 234
　6.6.1　特征提取与选择 …………………………………………………………… 234
　6.6.2　常用的特征函数 …………………………………………………………… 235
　6.6.3　主成分分析 ………………………………………………………………… 237
　6.6.4　表示学习 …………………………………………………………………… 238
　6.6.5　表示学习应用案例 ………………………………………………………… 240

6.7　其他学习方法 ………………………………………………………………… 243
　6.7.1　k近邻算法 ………………………………………………………………… 243

6.7.2 强化学习 ·· 244

6.7.3 隐马尔可夫模型 ·· 246

6.8 本章小结 ·· 248

习题 ··· 248

第7章 人工神经网络与深度学习 251

7.1 概述 ··· 251

7.1.1 人脑神经系统 ·· 251

7.1.2 人工神经网络的研究内容与特点 ··· 254

7.1.3 人工神经网络基本形态 ·· 255

7.1.4 深度学习 ·· 258

7.2 前馈神经网络 ··· 266

7.2.1 感知器模型 ··· 266

7.2.2 反向传播算法 ·· 268

7.2.3 卷积神经网络 ·· 274

7.2.4 前馈神经网络应用案例 ·· 282

7.3 反馈神经网络 ··· 283

7.3.1 循环神经网络 ·· 283

7.3.2 长短期记忆网络 ·· 287

7.3.3 双向循环神经网络 ··· 290

7.3.4 反馈神经网络应用案例 ·· 291

7.4 本章小结 ·· 294

习题 ··· 295

第8章 人工智能的其他领域 297

8.1 模式识别 ·· 297

8.1.1 模式识别的基本问题 ·· 297

8.1.2 图像识别 ·· 300

8.1.3 人脸识别 ·· 303

8.2 自然语言处理 ··· 306

8.2.1 自然语言处理的基本问题 ··· 307

8.2.2 信息检索 ·· 314

8.2.3 机器翻译 ·· 316

8.2.4 自动问答 ·· 319

8.3 多智能体 ·· 324

8.3.1 多智能体系统模型 ··· 324

8.3.2 多智能体系统的学习与协作 ·· 326

8.3.3 多智能体系统的主要研究内容 ··· 330

8.3.4 多智能体系统应用案例 ·· 333

8.4 本章小结 ·· 334

习题 ··· 334

参考文献 336

第1章 绪 论

科学发展的道路从来都不是一条坦途。虽然近几年人工智能再度引起世人的关注，但是人工智能也曾经历过很多风风雨雨和起起落落。本章主要介绍关于人工智能的一般观点和研究途径；然后，简单介绍人工智能的发展简史；最后，概括地列举目前人工智能的一些热点研究方向和应用领域。

1.1 什么是人工智能

人工智能（Artificial Intelligence，AI）从 20 世纪 50 年代明确提出以来，已经有了迅猛的发展。特别是 2016 年 3 月，人工智能系统 AlphaGo 以 4 比 1 的总比分战胜人类围棋世界冠军、职业九段棋手李世石，引起世人对人工智能的再度瞩目。那么人工智能是否已经全面实现了呢？

1.1 什么是人工智能

如同钢铁机械延展了人的四肢能力一样，人工智能是对人类大脑能力的延展。人工智能研究和发展的本质就是延长和扩展人的智能。如果读者能够理解工业社会中机器如何替代和减轻人的体力劳动，就同样可以想象人工智能将会替代和减轻人的脑力劳动。所以，人工智能的研究和发展将会深刻改变人类社会。

事实上，人工智能的应用成果已经给人们的生活带来了很多方便。例如，人脸识别系统已经可以让人们"刷脸"支付；语音识别系统使得计算机能够"听懂"人们的话，实现语音操控；字符识别系统使得计算机可以"看懂"文字，停车场的车牌自动识别就是一个典型的字符识别系统应用；人机翻译系统也使得人们出国旅游时不再担心语言沟通问题。本书主要阐述人工智能领域中的基本理论、原理和方法，以及重要应用。读者通过本书可以鸟瞰人工智能的概貌，对人工智能有一个基本的认识。

1.1.1 关于智能

人工智能，顾名思义就是用人工的方法实现智能。"人工"是指人可以控制每一个步骤，并且能够达到预期结果的一个物理过程。目前，这个物理过程一般是通过电子线路实现的。现在正在研究的光子、量子和分子计算机，则试图用新型材料代替电子半导体，实现逻辑运算。未来的新型计算机将具有可并行计算、运算速度快、能耗低等特性。无论采用什么类型的计算机，在理论上任何可计算问题都可以用计算机软件来实现（未必能解决该问题）。所以，绝大多数人工智能研究都是在计算机上进行的。人工智能有时候也被称为机器智能，一般都指使计算机表现出智能或者具有智能行为。

什么是"智能"这个问题目前并没有一个统一的结论。《现代汉语词典》（第7版）对"智能"的解释是：①［名］智慧和才能；②［形］经高科技处理、具有人的某些智慧和能力的。《牛津高阶英语词典》（Oxford Advanced Learner's Dictionary）（第9版）对"智能（Intelligence）"的解释是：以逻辑的方式学习、理解、思考事物的能力（The ability to learn，understand and think in a logical way about things.）。

从唯物主义哲学观点来说，智能是大脑特别是人脑运动的结果或者产物。由于人类对自身以及脑的功能原理还没有认识清楚，所以很难对"智能"给出确切的定义。知识理论的观点认为智能的基础是知识。因为一个系统之所以有智能是因为它具有可运用的知识，没有知识显然就不可能有智能。思维理论的观点认为智能的关键是思维。因为人的一切智能都来自大脑的思维活动，人类的一切知识都是人类思维的产物。进化理论的观点认为智能取决于感知和行为，智能就是在系统与周围环境不断"感知—动作"的交互中发展和进化的。

瑟斯蒂姆（Thursteme）认为智能由语言理解、用词流畅、数、空间、联系性记忆、感知速度及一般思维 7 种因子组成。一般认为，智能是知识与智力的总和。其中，知识是一切智能行为的基础，而智力是获取知识并运用知识求解问题的能力，是头脑中思维活动的具体体现。

由于对智能有不同的理解，所以人工智能现在没有统一的定义。麦卡锡（McCarthy）认为，人工智能就是要让机器的行为看起来像是人所表现出的智能行为一样。尼尔逊（Nilsson）认为，人工智能是关于人造物的智能行为，包括知觉、推理、学习、交流和在复杂环境中的行为。巴尔（Barr）和费根鲍姆（Feigenbaum）认为，人工智能属于计算机科学的一个分支，旨在设计智能的计算机系统，也就是说，对照人类在自然语言理解、学习、推理问题求解等方面的智能行为，设计的系统应呈现出与之类似的特征。本书认为人工智能就是研究如何使一个计算机系统具有像人一样的智能特征，使其能模拟、延伸、扩展人类智能。通俗地讲，人工智能就是研究如何使计算机会听、说、读、写、学习、推理，能够适应环境变化，能够模拟出人脑思维活动。总之，人工智能就是要使计算机能够像人一样去思考和行动，完成人类能够完成的工作，甚至在某些方面比人更强。

1.1.2 人工智能的研究目标

人工智能的定义实际上就很明确地指出了人工智能研究的最终目标，即造出一个像人一样具有智能，会思维和行动的计算机系统。对于这个目标可以有两种理解。一种观点认为人工智能的最终目标就是制造出真正能推理和解决问题的智能机器，并且这样的机器能将被认为是有知觉的、有自我意识的。这种观点被称为"强人工智能"。强人工智能又有两类：一类是类人的人工智能，即机器的思考和推理方式和人的思维方式一模一样；另一类是非类人的人工智能，即机器可以有与人不一样的知觉和意识，使用与人不一样的推理方式。另一种关于人工智能终极目标的观点被称为"弱人工智能"。这种观点认为不可能制造出能真正推理和解决问题的智能机器，智能机器只不过看起来像是智能的，但是并不真正拥有智能，也不会有自主意识。

目前，人们还没有完全认识清楚智能的本质，而且人们对智能的理解也在不断变化。在一千年前如果有一台机器能够自动进行算术运算，恐怕就被认为有智能了。在 19 世纪如果有一台机器能够和人类下棋，那必定会被认为有智能。现代计算机能轻而易举地完成上述功能，还可以超越人类。然而，现在人们对智能行为有了更高的要求。虽然人工智能研究已经取得了很多可观的成就，但是研究人员并不认为目前的智能机器具有完全和人一样的智能。

判断一台机器是否具有智能，或者说如何检测一台机器是否会思维，目前还是一个有争议的问题。对于这个问题英国数学家阿兰·麦席森·图灵（Alan Mathison Turing）在 1950 年发表了题为"计算机与智能"（Computing Machinery and Intelligence）的论文。文章以"机器能思维吗？"开始论述并提出了著名的"图灵测试"，作为衡量机器智能的准则。图灵测试的基本思想是，让受试者和计算机分别回答一定数量的问题，如果审查答案的人在多数情况下不能正确地判断回答问题的是计算机还是人，那么就说明这台计算机的智能达到了与人接近的水平。

图灵测试第一次给出了检验计算机是否具有智能的哲学说法。它用一种"模仿游戏"的方式来回避难以严格定义的"智能"。由于判断答案和人回答的相似程度本身很难客观界定，而且还有很多判断者的主观因素在里面，因此对图灵测试的质疑有很多。

例如，加利福尼亚大学伯克利分校的约翰·R.塞尔（John R. Searle）教授提出：假设一个不懂汉语的人（或者机器）A 有一个充分详细的汉语问答手册。我们不考虑查手册的时间代价。然后对 A 提出一个汉语问题，A 通过汉语符号查阅手册，给出回答。那么，如果 A 通过查手册做出的回答与懂汉语的人一样，能说 A 懂汉语吗？

事实上，现在的自动问答（Question Answering）系统已经能够实现类似图灵测试的人机对答。但是计算机主要完成的是匹配、识别和检索等任务，而不是像人一样经过思考后给出答案。目前的人工智能系统也不会像人一样根据自己的意识和情感来回答问题。实现人工智能的终极目标仍将是一个漫长的过程，是一个任重道远的艰巨任务。在近期，人工智能研究的目标是使现有的计算机系统更聪明、更有用，使它不仅能做一般的数值计算及非数值信息处理，而且能运用知识处理问题，能模拟人类的部分智能行为，成为人类的智能化辅助工具。

人工智能研究的远期目标与近期目标是相辅相成的，两者之间并无严格的界限。远期目标为近期目标指明了方向，而近期目标的研究则是实现远期目标的基础。近期目标的研究成果不仅可以造福于当代社会，还可以进一步增强人们对实现远期目标的信心。科学研究正是通过实现一个又一个的近期目标而逐步接近和达到远期目标的。

1.2 人工智能发展简史

1.2 人工智能发展简史

人工智能的发展历史就是人类思索自身的历史。人类能够区别于其他生物，能够成为万物主宰，最重要的一点就是人有智能，并且能够通过学习向下一代稳定地传递智能和不断地扩展智能。而动物只有本能。本能是与生俱来的，不需要通过学习获得。动物在后天的活动中也会获得一些经验，但是无法像人类一样把有用的经验积累起来并一代一代稳定地传授下去，更不会像人类一样在旧经验的基础上扩展出新经验。"举一反三""温故而知新"这些词语描述了人类的思维能力。思维是智能行为的一种体现。那么，人是如何进行思维的？这个问题自始至终地贯穿于人工智能的发展过程。对这个问题的探索，一方面推动着人类对自身的认识，另一方面也推动着人工智能的进步。

人类很早就开始思考自身。但是人工智能作为一门科学正式诞生于 1956 年在美国达特茅斯学院（Dartmouth College）召开的一次学术会议上。到目前为止，人工智能的发展经历了四个阶段：第一阶段为孕育阶段（1956 年之前），第二阶段为形成阶段（1956 年—1969 年），第三阶段为发展阶段（1970 年—2005 年），第四阶段为深化阶段（2006 年至今）。

1. 孕育阶段（1956 年之前）

自古以来，人类就根据当时的技术条件和认识水平，一直力图创造出某种机器来代替人的部分劳动（包括体力劳动和脑力劳动），以提高征服自然的能力。但是真正对思维和智能进行理性探索，并抽象成理论体系，则经历了相当漫长的时期。这期间一些重大研究有：

1）早在公元前，希腊哲学家亚里士多德（Aristotle）在其著作《工具论》中提出了形式逻辑的一些主要定律。他提出的三段论至今仍是演绎推理的基本依据。

2）英国哲学家培根（F. Bacon）在《新工具》中系统地提出了归纳法，还提出了"知识就是力量"的警句。

3）1642年，法国数学家帕斯卡（B. Pascal）发明了第一台机械计算器——帕斯卡加法器（Pascaline），开创了计算机械的时代。

4）德国数学家莱布尼兹（G. Leibniz）在帕斯卡加法器的基础上发展并制成了可进行全部四则运算的计算器。他还提出了"通用符号"和"推理计算"的概念，使形式逻辑符号化。他认为可以建立一种通用的符号语言以及在此符号语言上进行推理的演算。这一思想不仅为数理逻辑的产生和发展奠定了基础，而且还是现代机器思维设计思想的萌芽。

5）英国逻辑学家布尔（G. Boole）创立了布尔代数。他在《思维法则》一书中，首次用符号语言描述了思维活动的基本推理法则。

6）英国数学家图灵在1936年提出了一种理想计算机的数学模型，即图灵机。这为后来电子数字计算机的问世奠定了理论基础。

7）美国神经生理学家麦库仑奇（W. McCulloch）和佩兹（W. Pitts）在1943年提出了第一个神经网络模型——M-P模型，开创了微观人工智能的研究工作，奠定了人工神经网络发展的基础。

8）美国数学家毛克利（J. W. Mauchly）和埃克特（J. P. Eckert）在1946年研制出了世界上第一台电子数字计算机ENIAC（Electronic Numerical Integrator and Calculator）。

9）1950年，图灵发表论文"Computing Machinery and Intelligence"，提出了图灵测试。

自19世纪以来，数理逻辑、自动机理论、控制论、信息论、仿生学、计算机、心理学等科学技术的发展，为人工智能的诞生奠定了思想、理论和物质基础。在20世纪50年代，计算机应用还局限在数值处理方面，如计算弹道等。但是1950年，C. E. Shannon完成了第一个下棋程序，开创了非数值计算的先河。纽厄尔（Newell）、西蒙（Simon）、麦卡锡和明斯基（Minsky）等均提出以符号为基础的计算。这一切使得人工智能作为一门独立的学科呼之欲出。

2. 形成阶段（1956年—1969年）

1956年夏季，麦卡锡、明斯基、纽厄尔、西蒙等十人在美国的达特茅斯学院召开了一次学术研讨会，讨论关于机器智能的有关问题。在会上，McCarthy提议正式采用"人工智能"这一术语。这次历史性的会议被认为是人工智能学科正式诞生的标志。从此在美国开始形成了以人工智能为研究目标的几个研究组，如Newell和Simon的Carnegie-RAND协作组、Samuel和Gelernter的IBM公司工程课题研究组、Minsky和McCarthy的MIT研究组等。这一时期人工智能的重大研究成果有：

1）1956年，Samuel研究出了具有自学习能力的西洋跳棋程序。这个程序能从棋谱中学习，也能从下棋实践中提高棋艺。这是机器模拟人类学习过程卓有成效的探索。1959年这个程序曾战胜设计者本人，1962年还击败了美国康涅狄格（Connecticut）州的跳棋冠军。

2）1957年，A. Newell、J. Shaw和H. Simon等人组成的心理学小组编制出一个称为逻辑理论机（The Logic Theory Machine）的数学定理证明程序。当时该程序证明了B. A. W. Russell和A. N. Whitehead合著的《数学原理》一书第2章中的38个定理。1963年修订的程序在大型机上证明了该章中全部52个定理。1958年，美籍华人王浩在IBM-740机器上用3~5 min证明了《数学原理》中有关命题演算的全部220个定理，还证明了谓词演算中150个定理的85%。1965年，J. A. Robinson提出了归结原理，为定理的机器证明做出了突破性贡献。

3）A. Newell、J. Shaw 和 H. Simon 等人揭示了人在解题时的思维过程大致可归结为三个阶段：想出大致的解题计划；根据记忆中的公理、定理和推理规则组织解题过程；进行方法和目的分析，修正解题计划。这种思维活动不仅解数学题时如此，解决其他问题时也大致如此。基于这一思想，他们于 1960 年又编制了能解 10 种不同类型课题的通用问题求解程序（General Problem Solving，GPS）。

4）A. Newell、J. Shaw 和 H. Simon 等人还发明了编程的表处理技术和 NSS 国际象棋机。后来，他们的学生还做了许多工作，如人的口语学习和记忆的 EPAM 模型（1959 年）、早期自然语言理解程序 SAD-SAM 等。此外，他们还对启发式求解方法进行了探讨。

5）1959 年，Selfridge 推出了一个模式识别程序；1965 年，Roberts 编制了可分辨积木构造的程序。

6）1960 年，McCarthy 在 MIT 研制出了人工智能语言 LISP。

7）1965 年，斯坦福大学的 E. A. Feigenbaum 开展了专家系统 DENDRAL 的研究，并于 1968 年投入使用。这个专家系统能根据质谱仪的试验，通过分析、推理决定化合物的分子结构。其分析能力接近甚至部分超过化学家的水平。该专家系统的成功不仅为人们提供了一个实用的智能系统，而且对知识的表示、存储、获取、推理及利用等技术是一次非常有益的探索，为以后的专家系统树立了一个榜样，对人工智能的发展产生了深刻的影响。

这些早期成果充分表明了人工智能作为一门新兴学科正在蓬勃发展。也使当时的研究者对人工智能产生了盲目乐观的看法。例如，1958 年 Newell 和 Simon 提出了四个预测：

- 10 年内，计算机将成为世界象棋冠军。
- 10 年内，计算机将发现或证明有意义的数学定理。
- 10 年内，计算机将能谱写优美的乐曲。
- 10 年内，计算机将能实现大多数的心理学理论。

而实际上却是：

- 1997 年 5 月 12 日，IBM 公司的"深蓝"超级计算机才第一次击败国际象棋世界冠军卡斯帕罗夫（Kasparov）。2016 年 3 月 15 日，谷歌公司下属的 DeepMind 公司研发的人工智能系统 AlphaGo 以 4 比 1 的总分战胜了人类围棋世界冠军李世石。
- 1976 年，美国数学家 Kenneth Appel 等人在三台大型电子计算机上，用了 1200 小时 CPU 时间完成了四色定理证明。1977 年，我国数学家吴文俊在《中国科学》上发表论文《初等几何判定问题与机械化问题》，提出了一种几何定理机械化证明方法，被称为"吴氏方法"。1980 年，吴文俊在 HP9835A 机上成功证明了勾股定理、西姆逊线定理、帕普斯定理、帕斯卡定理、费尔巴哈定理，并在 45 个帕斯卡点中发现了 20 条帕斯卡圆锥曲线。
- 至今仍未有公认的由计算机谱写的名曲。
- 至今计算机对常识的推理能力依然很弱。

3. 发展阶段（1970 年—2005 年）

从 20 世纪 70 年代开始，人工智能的研究已经逐渐在世界各国开展起来。此时召开并创立了多个人工智能国际会议和国际期刊，对推动人工智能的发展，促进学术交流起到了重要作用。1969 年成立了国际人工智能联合会议（International Joint Conference on Artificial Intelligence，IJCAI）。1970 年创刊了著名的国际期刊 *Artificial Intelligence*。1974 年成立了欧洲人工智能会议（European Conference on Artificial Intelligence，ECAI）。此外，许多国家也都有了本国的人工智能学术团体。英国爱丁堡大学就成立了"人工智能"系。日本和西欧一些国家虽起步较晚，但发展都较快。苏联对人工智能研究也开始予以重视。我国是从 1978 年开始人工智能课题研究的，那时候主要集中在定理证明、汉语自然语言理解、机器人及专家系统等方面的研究。我国也先后成立了中国人工智能学会、中国计算机学会、人工智能和模式识别专业委员会，以及中国自动化学会模式识别与机器智能专业委员会等学术团体，开展这方面的学术交流。

此时也涌现出了一批重要的研究成果。例如，1972 年法国马赛大学的 A. Comerauer 提出并实现了逻辑程序设计语言 Prolog。Stanford 大学的 E. H. Shortliffe 等人从 1972 年开始研制用于诊断和治疗感染性疾病的专家系统 MYCIN。

但是，在 20 世纪 60 年代末至 70 年代末，人工智能研究遭遇了一些重大挫折。例如，Samuel 的下棋程序与世界冠军对弈时，五局中败了四局。机器翻译研究中碰到了不少问题。例如，"果蝇喜欢香蕉"的英语句子 "Fruit flies like a banana." 会被翻译成"水果像香蕉一样飞行"。"心有余而力不足"的英语句子 "The spirit is willing but the flesh is weak." 被翻译成俄语，然后再由俄语翻译回英语后，竟变成了 "The vodka is strong but meat is rotten."，即"伏特加酒虽然很浓，但肉是腐烂的"。这种错误都是由多义词造成的。这说明仅仅依赖一部双向词典和简单的语法、词法知识还不足以实现准确的机器翻译。在问题求解方面，即便是对于良结构问题，当时的人工智能程序也无法面对巨大的搜索空间，更何况现实世界中的问题绝大部分是非良结构的或者不确定的。在人工神经网络方面，感知机模型无法通过学习解决异或（XOR）等非线性问题。

这些问题使人们对人工智能研究产生了质疑。1966 年，ALPAC 的负面报告导致美国政府取消对机器翻译的资助。1973 年，英国剑桥大学应用数学家赖特黑尔（Lighthill）爵士的报告认为，人工智能研究即使不是骗局至少也是庸人自扰。当时英国政府接受了该报告的观点，取消了对人工智能研究的资助。这些指责中最著名的是明斯基的批评。1969 年，明斯基和派珀特（Papert）出版了《感知机》（*Perceptron*）一书。在该书中他批评感知机无法解决非线性问题，如异或（XOR）问题，而复杂性信息处理应该以解决非线性问题为主；而且他认为几何方法应该代替分析方法作为主要数学手段。明斯基的批评导致美国政府取消对人工神经网络研究的资助。人工神经网络的研究此后被冷落了 20 年。人工智能研究出现了一个暂时的低潮。

面对困难和挫折，人工智能研究者们反思和检讨了以前的思想和方法。1977 年，Edward Feigenbaum 在第五届国际人工智能联合会议上做了题为"人工智能的艺术：知识工程课题及实例研究"的报告，提出了知识工程的概念。他认为知识工程是研究知识信息处理的学科，它应用人工智能原理和方法为那些需要专家知识才能解决的应用难题提供了解决途径。采用恰当的方法实现专家知识的获取、表示、推理和解释，是设计基于知识的系统的重要技术问题。以知识为中心开展人工智能研究的观点被大多数人接受。基于符号的知识表示和基于逻辑的推理成为其后一段时期内人工智能研究的主流。人工智能从对一般思维规律的探讨转向以知识为中心的研究。

知识工程的兴起使人工智能摆脱了纯学术研究的困境，使人工智能的研究从理论转向应用，并最终走向实用。这一时期产生了大量专家系统，并在各种领域中获得了成功的应用。例如，地矿勘探专家系统 PROSPECTOR 拥有 19 种矿藏知识，能根据岩石标本及地质勘探数据对矿产资源进行估计和预测，能对矿床分布、储藏量、品位、开采价值等进行推断，制订合理的开采方案。1978 年，该系统成功地找到了价值过亿美元的钼矿脉。1980 年，美国 DEC 公司开发了 XCON 专家系统用于根据用户需求配置 VAX 机器系统。人类专家做这项工作一般需要 3 个小时，而该系统只需要半分钟。

这一时期人们发现专家系统面临着下面几个问题：①交互问题，即传统的方法只能模拟人类的思考行为，而不包括人与环境的交互行为。②扩展问题，即大规模的问题。传统的人工智能方法只适合于建造领域狭窄的专家系统，不能把这种方法简单地推广到规模更大、领域更宽的复杂系统中去。③人工智能和专家系统热衷于自成体系的封闭式研究，这种脱离主流计算（软/硬件）环境的倾向严重阻碍了专家系统的实用化。人们认识到系统的能力主要由知识库中包含的领域特有知识决定，而并不主要在于特别的搜索和推理方法。基于这种思想，以知识处理为核心去实现软件的智能化，开始成为人工智能应用技术的主流开发方法。它要求知识处理建立在对应用领域和问题求解任务的深入理解基础上，并扎根于主流计算环境，从而促使人工智能的研究和应用走上了稳健发展的道路。

知识工程的困境也动摇了传统的人工智能物理符号系统对于智能行为是必要的也是充分的这一基本假设，促进了区别于符号主义的联结主义和行为主义智能观的兴起。

人工神经网络理论和技术在 20 世纪 80 年代获得了重大突破和发展。1982 年，生物物理学家霍普菲尔德（J. Hopfield）提出并实现了一种新的全互连的神经元网络模型，可用作联想存储器的互连网络，这个网络被称为 Hopfield 网络。1985 年，Hopfield 网络比较成功地求解了货郎担问题，即旅行商问题（Traveling Salesman Problem，TSP）。1986 年，鲁梅尔哈特（Rumelhart）发现了反向传播算法（Back Propagation Algorithm，BP 算法），成功解决了受到明斯基责问的多层网络学习问题，成为广泛应用的神经元网络学习算法。1987 年，在美国召开了第一届神经网络国际会议，从此掀起了人工神经网络的研究热潮，提出了很多新的神经元网络模型，并被广泛应用于模式识别、故障诊断、预测和智能控制等多个领域。

4. 深化阶段（2006 年至今）

进入 21 世纪，人工智能在机器学习、数据挖掘和人工神经网络方面取得了长足的进步。随着多核处理器、图形处理器（GPU）等硬件计算性能的飞速提升，高性能计算机处理数据的能力上升到了一个新台阶，从而引爆了大数据、云计算的研究应用热潮。而特别重要的是，2006 年辛顿（Geoffrey E. Hinton）提出了深度学习（Deep Learning）概念，突破了人工神经网络解决模式识别问题的瓶颈。深度学习不仅掀起了人工神经网络研究的又一个高潮，更推动人工智能产生了一次质的飞跃。

在深度学习提出之前，以人脸识别、语音识别为代表的模式识别的精度长期徘徊在 80% ~ 90%。而以卷积神经网络（Convolutional Neural Network，CNN）为代表的深度学习方法则可以把人脸识别、语音识别的精度提高到 95% 以上。AlphaGo 系统也应用了深度学习方法来学习棋谱，突破了单纯依赖概率统计方法学习剪枝策略和搜索路径的思路，有效解决了围棋博弈问题。

深度学习模型在模式识别和自然语言处理领域获得了巨大成功，极大地推动了人工智能技术实用化，催生了一大批诸如无人码头、刷脸支付、无人驾驶汽车、服务机器人、语音交互系统等人工智能产品。

总而言之，人工智能经历过曲折的发展过程，现在又进入了一个全新的腾飞时期。理论研究和实践应用都在推动着人工智能这门学科迅猛前进。人工智能不仅在科学技术创新上更加深入，而且将深刻地改变人类社会生产和生活方式。

1.3 人工智能的研究方法

1.3.1 人工智能的研究特点

人工智能是自然科学和社会科学的交叉学科。信息论、控制论和系统论是人工智能诞生的基础。除了计算机科学以外，人工智能还涉及哲学、心理学、认知学、语言学、医学、数学、物理学、生物学等多门学科以及各种工程学方法。参与人工智能研究的人员也来自各个领域。所以，人工智能是一门综合性、理论性、实践性、应用性都很强的科学。

人工智能研究的一个原因是为了理解智能实体，即为了更好地理解我们自身。但是这和同样也研究智能的心理学和哲学等学科不一样。人工智能努力建造智能实体并且理解它们。再者，人工智能所构造出的实体都是可直接帮助人类的，都是对人类有直接意义的系统。虽然人们对人工智能的未来存在争议。但是毋庸置疑，人工智能将会对人类未来的生活产生巨大影响。

人工智能虽然涉及众多学科，从这些学科中借鉴了大量的知识、理论，并在很多方面取得了成功应用，但还是一门不成熟的学科，与人们的期望还有着巨大的差距。现在的计算机系统仍未彻底突破传统的冯·诺依曼体系结构。CPU 的微观工作方式仍然是对二进制指令进行串行处理，具有很强的逻辑运算功能和很快的算术运算速度。这与人类对大脑结构和组织功能的认识有相当大的差异。人类大脑约有 10^{11} 个神经元，按照并行分布式方式工作，具有很强的演绎、归纳、联想、学习和形象思维等能力，具有直觉，可以对图像、图形、景物、声音等信息进行快速响应和处理。而目前的智能系统在识别能力上才刚刚获得一点突破，在知识学习和推理方面还与人类有很大差距。

从长远角度看，人工智能的突破将会依赖于分布式计算和并行计算，并且需要全新的计算机体系结构，如量子计算、分子计算等。从目前条件来看，人工智能还主要依靠智能算法来提高现有计算机的智能化程度。人工智能系统和传统的计算机软件系统相比有很多特点。

首先，人工智能系统以知识为主要研究对象，而传统软件一般以数值（或者字符）为研究对象。虽然机器学习或者模式识别算法也是处理大量数据，但是它们的目的却是为了从数据中发现知识（规则），获取知识。知识是一切智能系统的基础，任何智能系统的活动过程都是一个获取知识或者运用知识的过程。

其次，人工智能系统大多采用启发式（Heuristics）方法而不用穷举的方法来解决问题。启发式就是关于问题本身的一些特殊信息。用启发式来指导问题求解过程，可以提高问题求解效率，但是往往不能保证结果的最优性，一般只能保证结果的有效性或者可用性。

再次，人工智能系统中一般都允许出现不正确结果。因为智能系统大多都是处理非良结构问题，或者时空资源受到较强约束，或者知识不完全，或者数据包含较多不确定性等。在这些条件下，智能系统有可能会给出不正确的结果。所以，在人工智能研究中，一般都用准确率或者误差等来衡量结果质量，而不要求结果一定是百分之百正确的。

1.3.2 人工智能
基本研究途径

1.3.2 人工智能的研究途径

由于对智能的本质有不同理解和认识，所以研究者们有不同的学术观点，产生了不同的研究方法和不同的研究途径。目前，人工智能研究中主要有符号主义、联结主义和行为主义三大基本思想，或者称为三个基本途径。

1. 符号主义

符号主义（Symbolism）又称为逻辑主义（Logicism）、心理学派（Psychologism）或计算机学派（Computerism），是基于物理符号系统假设和有限合理性原理的人工智能学派。纽厄尔和西蒙在 1976 年提出了物理符号系统假设（Physical Symbol System Hypothesis），他们认为物理符号系统具有必要且足够的方法来实现普通的智能行为。他们把智能问题都归结为符号系统的计算问题，把一切精神活动都归结为计算。所以，人类的认识过程就是一种符号处理过程，思维就是符号的计算。

符号（Symbol）既可以是物理的符号或计算机中的电子运动模式，也可以是头脑中的抽象符号，或者头脑中神经元的某种运动方式等。一个物理符号系统的符号操作功能主要有：输入、输出、储存、复制符号；建立符号结构，即确定符号间的关系，在符号系统中形成符号结构；条件性迁移，依赖已经掌握的符号继续完成行为。

按照这个假设，一个物理符号系统由什么构成并不重要，只要它能完成上述符号操作就是有智能的。任何一个系统如果能够表现出智能的话，一定能执行上述六种功能；反过来，如果任何系统具有以上六种功能，它就能表现出智能。计算机和人脑都是物理符号系统，都能操作符号，因此计算机和人脑可以进行功能类比。人们就能够用计算机来模拟人的智能行为，即用计算机的符号操作来模拟人的认知过程。物理符号系统假设实际上肯定了这样的信念：计算机能够具有人的智能。

有限合理性原理是西蒙提出的观点。他认为，人类之所以能在大量不确定、不完全信息的复杂环境下解决那些难题，其原因在于人类采用了启发式搜索的试探性方法来求得问题的有限合理解。

符号主义观点认为，知识是信息的一种形式，是构成智能的基础。人工智能的核心问题是知识表示、知识推理和知识运用。知识可用符号表示，也可用符号进行推理，因而有可能建立基于知识的人类智能和机器智能的统一理论体系。但是"常识"问题、不确定事物的表示和处理问题是这种观点需要解决的巨大难题。

符号主义人工智能研究在自动推理、定理证明、机器博弈、自然语言处理、知识工程、专家系统等方面取得了显著成果。符号主义实际上是从功能上对人脑进行模拟。也就是根据人脑的心理模型，将问题或者知识表示成某种逻辑，采用符号推演的方法，实现搜索、推理、学习等功能，从宏观上模拟人脑的思维，实现机器智能。基于功能模拟的符号推演是人工智能研究中最早使用的并且至今仍然是一种主要的途径。基于这种研究途径的人工智能往往被称为"传统的人工智能"或者"经典的人工智能"。

2. 联结主义

联结主义（Connectionism）又称为仿生学派（Bionicsism）或生理学派（Physiologism），是基于神经元及神经元之间的网络联结机制来模拟和实现人工智能。简单地说，联结主义就是用人工神经网络来研究人工智能。联结主义认为，人类智能的物质基础是神经系统，其基本单元是神经元。搞清楚人脑的结构及其信息处理机理和过程，就有望揭示人类智能的奥秘，从而真正实现人类智能在机器上的模拟。

联结主义实际上是从结构上对人脑进行模拟。也就是根据人脑的生理模型，采用数值计算的方法，从微观上模拟人脑，实现机器智能。这种方法一般先通过神经网络的学习获得知识，再利用知识解决问题。神经网络以分布式方式存储信息，以并行方式处理信息，具有很强的鲁棒性和容错性，也具有实现自组织、自学习能力。所以，它适合模拟人脑形象思维，能够快速得到近似解，便于实现人脑的低级感知功能。

自从1943年W. S. McCulloch和W. Pitts提出第一个神经元数学模型——MP模型以来，人工神经网络为人工智能研究开创了一条新途径。近年来深度学习在图像处理、模式识别、自然语言处理、机器学习等方面展示出了人工神经网络的强大优势。

由于人们还没有完全弄清楚人脑的生理结构和工作机理。所以，目前的人工神经网络还只能对人脑的局部近似模拟，还不适合模拟人类的逻辑思维过程，其基础理论研究也有很多难点。因此，单靠联结机制解决人工智能的所有问题也是不现实的。

3. 行为主义

行为主义（Actionism）又称为进化主义（Evolutionism）或控制论学派（Cyberneticsism），是基于控制论和"感知-动作"型控制系统的人工智能学派。行为主义认为，智能取决于感知和行为，取决于对外界复杂环境的适应，而不是表示和推理。这种观点认为，人类的智能是经过了漫长时代的演化才形成的。为了制造出真正的智能机器，我们也应该沿着进化的步骤走。这种观点还认为，智能机器是由蛋白质还是由半导体构成是无关紧要的。智能行为是由"亚符号处理"，即"信号处理"，而不是"符号处理"产生的。例如，识别人脸对人来说易如反掌，但是对机器来说就很困难了。最好的解释就是人类把图像或者图像的各个部分作为多维信号而不是符号来处理。因此，我们应该以复杂的现实世界为背景，研究简单动物（如昆虫等）的信号处理能力，并对其模拟和复制，沿着进化的阶梯向上进行。

行为主义的基本观点可以概括为：
- 知识的形式化表达和模型化方法是人工智能的重要障碍之一。
- 智能取决于感知和行动，在直接利用机器对环境作用后，以环境对作用的响应为原型。
- 智能行为只能体现在世界中，通过周围环境交互表现出来。
- 人工智能可以像人类智能一样逐步进化，分阶段发展和增强。

行为主义还认为，符号主义（还包括联结主义）对真实世界客观事物的描述及其智能行为工作模式是过于简化的抽象，因而不能真实地反映客观存在。1991年，麻省理工学院的布如克斯（R. Brooks）提出了无须知识表示的智能和无须推理的智能。他认为智能只是在与环境交互作用中才表现出来，不应采用集中式的模式，而是需要具有不同的行为模式与环境交互，以此来产生复杂行为。布如克斯成功研制出了一种六足机器虫，用一些相对独立的功能单元，分别实现避让、前进、平衡等基本功能，组成分层异步分布式网络，取得了成功。

行为主义实际上是从行为上模拟和体现智能。也就是说，模拟人在控制过程中的智能活动和行为特性（如自寻优、自适应、自学习、自组织等）来研究和实现人工智能。行为主义思想在智能控制、机器人领域获得了很多成就。行为主义学派的兴起表明控制论、系统工程的思想将进一步影响人工智能的发展。

上述三大思想反映了人工智能研究的复杂性。每种思想都从某种角度阐释了智能的特性，同时每种思想都具有各自的局限。时至今日，研究者们仍然对人工智能理论基础争论不休，所以人工智能没有一个统一的理论体系。这又促进了各种新思潮、新方法不断涌现，极大地丰富了人工智能的研究。现在有一种重要的研究方法就是把不同的思想体系融合在一起，取长补短。例如，模糊神经网络把模糊逻辑和神经网络等结合起来。这样可以发挥各自的优势，设计出具有更强学习能力和知识处理能力的系统。

1.3.3 人工智能研究资源

人工智能的研究和应用非常广泛。除了经典的著作和教材以外，在互联网上有更多的学习资源可以利用。为了便于读者关注和跟踪人工智能领域的最新成果，了解最新动态和研究热点，下面罗列了部分人工智能领域中比较知名的期刊、会议和网站。如果要了解更多的文献、会议和网站，读者可以使用搜索引擎从互联网上搜索。

1. 部分著名期刊

Artificial Intelligence

Artificial Intelligence Review

Journal of AI Research

Machine Learning

Journal of Machine Learning Research

IEEE Trans on Pattern Analysis and Machine Intelligence

International Journal of Computer Vision

AI Magazine

Applied Artificial Intelligence

Computational Intelligence

IEEE Trans on Neural Networks

IEEE Trans on Systems, Man, & Cybernetics, Part A & B

Neural Networks

Pattern Recognition

Robotica

2. 部分著名会议

IJCAI：International Joint Conference on AI（1969-）

AAAI：American Association for AI National Conference（1980-）

ICML：International Conference on Machine Learning（1984-）

NIPS：Neural Information Processing Systems（1987-）

ACL：Annual Meeting of the Association for Computational Linguistics（since 1963）

CVPR：IEEE Conference on Computer Vision and Pattern Recognition（since 1988）

ICCV：International Conference on Computer Vision（since 1987）

ICLR：International Conference on Learning Representations（2013-）

SIGIR：ACM SIGIR Conference on Information Retrieval（1971-）

KDD：ACM SIGKDD Conference on Knowledge Discovery and Data Mining（1995-）

SIGMOD：ACM SIGMOD International Conference on Management of Data（1975-）

ICDM：IEEE International Conference on Data Mining（2001-）

ECAI：European Conference on AI（1974-）

ECML：European Conference on Machine Learning（1986-）

IAAI：Innovative Applications of AI（1989-）

ICTAI：IEEE Conference on Tools with AI（1989-）

ICNN/IJCNN：International（Joint-）Conference on Neural Networks（1989-）

UAI：Conference on Uncertainty in AI（1985-）

ICPR：International Conference on Pattern Recognition（1989-）

AGENTS：International Conference on Autonomous Agents（1997-）

3. 部分综合性人工智能网站

The Association for the Advancement of Artificial Intelligence（AAAI）：http：//www. aaai. org/

MIT Computer Seience & Artificial Intelligence Lab：http：//www. csail. mit. edu

Stanford Artificial Intelligence Laboratory（SAIL）：http：//ai. stanford. edu/

CMU Artificial Intelligence：http：//www. csd. cs. cmu. edu/research-areas/artificial-intelligence

AIMA：http：//aima. cs. berkeley. edu/index. html

The Center for Machine Learning and Intelligent Systems at the University of California：http：//cml. ics. uci. edu/

UCI Machine Learning Repository：http：//archive. ics. uci. edu/ml/index. php

UW AI：http：//www. cs. washington. edu/research/ai/

AI Magazine：http：//www. aaai. org/Magazine/magazine. php

ACM SIGART（Special Interest Group on Artificial Intelligence）：http：//www. acm. org/sigart/

AI Game Programmers Guild（AIGPG）：http：//www. gameai. com/

中国人工智能学会：http：//caai. cn/

International Conference on Artificial Intelligence in China：http：//www. chinaai. org/

北京大学信息科学技术学院人工智能实验室（AILab）：http：//ai. pku. edu. cn/

清华大学智能技术与系统国家重点实验室：http：//www. csai. tsinghua. edu. cn/

1.4 人工智能研究及应用领域

人工智能涉及的研究和应用领域非常多。这里简单介绍了一些常见的研究方向，还有很多方向没有介绍。读者如果想要对人工智能有个全面的了解，掌握人工智能发展的动向，最好的办法就是参考上面给出的一些资源，经常阅读这方面的文献，关注知名国际会议。

1.4.1 模式识别

模式识别（Pattern Recognition）是人工智能最早研究的领域之一。"模式"的原意是指供模仿用的完美无缺的一些标本。而在模式识别中，"模式"是指在一类事物中可被区分的、具有典型性的代表事物。代表事物可以是具体的、实在的事物，也可以是抽象的、理论的事物。模式识别一般是指应用电子计算机及外部设备对给定事物进行鉴别和分类，将其归入与之相同或相似的模式中。

近年来，随着深度学习方法的发展，模式识别精度越来越高，已经基本满足实用要求。针对不同的识别对象，模式识别技术有很多不同的应用方向，主要包括：

1）人脸识别：主要研究从照片、视频中区分人脸和背景物体，区分不同人的人脸，识别视频中人的运动状态和路径等。人脸识别是深度学习最先获得突破的一个方向。现在基于人脸识别技术的很多人工智能系统和产品已经实用化。

2）图形、图像识别：主要研究各种图形、图像（如文字、照片、医学图像、视频图像等）的处理和识别技术。利用这种技术开发出来的指纹识别、车牌识别、印刷体和手写体字符识别、X光片识别、遥感图像识别等系统也已经进入了实用化。这也是实现汽车无人驾驶的基础技术之一。

3）语音识别：主要研究各种语音信号的识别与翻译以及语音人机界面等。目前，语音识别技术比较成熟，计算机可以识别人类语音并将其转换成文本字符，有关软／硬件产品相当丰富。

4）信号识别：主要研究各种传感器信号，以识别、区分信号源。例如，对雷达、声纳、地震波、脑电波等信号的识别在军事、地质以及医学上都有重要应用。

5）染色体识别：识别染色体以用于遗传因子研究，识别及研究人体和其他生物的细胞。

6）计算机视觉：用于景物识别、三维图像识别，解决机器人的视觉问题，以控制机器人的行动。计算机视觉是模式识别的一个分支，但是由于其研究内容的复杂性和重要性，一般都单独列为一门子学科。

模式识别的一般过程包括对待识别事物采集样本、数字化样本信息、提取数字特征、学习和识别。在深度学习出现之前，模式识别的核心就是特征提取和学习过程。这两点同时也是机器学习的研究重点。但是深度学习模型可以自动学习事物特征，实现了"端到端"（End-to-End）式的学习过程，能够直接学习出从原始事物信号（图像）到目标的非线性映射，从而基本消除了人工特征提取过程。模式识别可以看作机器学习的应用研究。机器学习的任务之一就是让计算机能够正确辨识和分类不同事物。所以，本书并未详细讨论模式识别，而是在第8章简要介绍了模式识别的一些重要应用。

1.4.2 自然语言处理

自然语言处理（Natural Language Processing）主要研究如何使计算机能够识别、检索、生成、理解自然语言（包括语音和文本），从而实现人与计算机之间用自然语言进行有效交流。人类的多种智能都与语言有着密切关系。人类的绝大部分知识也是以语言文字的形式记载和流传下来的。目前，人类与计算机系统之间的交流还主要依靠受到严格限制的非自然语言。因此，自然语言处理是人工智能的一个重要研究领域。

早期的语言处理系统（如 SHRDLU）处于一个有限的"积木世界"，运用有限的词汇表进行会话可以较好地工作。但是，当把这个系统拓展到充满模糊与不确定性的现实环境中时，就出现了很多问题。自然语言处理研究存在如下难点。

（1）词语实体边界界定

在自然语言中词与词之间通常是连贯的，而正确划分、界定不同词语实体是正确理解语言的基础。这个问题对于汉语尤其突出。界定字词边界通常使用的办法是取用能让给定的上下文最为通顺且在文法上无误的一种最佳组合。

（2）词义消歧

词义消歧包括多义词消歧和指代消歧。多义词是自然语言中非常普遍的现象。指代消歧是指正确理解代词所代表的人或者事物。例如，在复杂交谈环境中，"他"或"it"到底指代谁。词义消歧需要对上下文、交谈环境、背景信息等有正确的理解。

（3）文法的模糊性

自然语言文法常常会出现模棱两可的句子，即一个句子可能会解析出多棵语法树。例如，"Fruit flies like a banana."无论解析成"Fruit flies（名词词组）／ like（动词）／ a banana（名词词组）。"还是"Fruit（名词）／ flies（动词）／ like（介词）／ a banana（名词词组）"都是正确的语法。

（4）语言行为与计划

一个句子常常不只是字面上的意思，而人类往往更注重其潜在的含义。例如，"你能把盐递过来吗?"这句话一般并不是问能力而是意愿,并期待着下一步的行为。再例如,一门课程去年没有开设,对于提问"这门课程去年有多少学生没通过"?回答"去年没开这门课"要比回答"没人没通过"好。

自然语言处理研究内容主要包括语音识别(Speech Recognition)、语音合成(Speech Synthesis)、文本朗读(Text to Speech)、机器翻译(Machine Translation)、问答系统(Question Answering)、信息检索(Information Retrieval)、信息抽取(Information Extraction)、自动摘要(Automatic Summarization)、文本分类/聚类(Text Classification/Clustering)等。

自然语言处理方法大体上经历了基于语法文法规则的方法、基于统计学习的方法、基于深度学习的方法三个阶段。近年来,循环神经网络(Recurrent Neural Network,RNN)、长短期记忆网络(Long Short Term Memory,LSTM)等深度学习模型在语音识别、机器翻译、图像说明、自动问答等方面取得了巨大突破。语音识别技术已经实用化。机器翻译的质量已经逐渐接近普通人的水准。基于深度学习模型的问答或对话系统,不仅能够准确地给出答案库中的答案,甚至能够生成答案库之外的合理回答。目前,深度学习模型主要实现了不同事物之间的非线性映射,还不能真正地理解自然语言语义。所以,语义计算、语义理解、情感计算也成为自然语言处理的研究热点。本书将在第8章概括地介绍自然语言处理基本技术。

1.4.3 机器学习与数据挖掘

学习功能是智能本质的一种体现。人类正因为有学习能力,所以才能不断地发展智能,才能创造新事物,才能摆脱自然进化的束缚成为今日世界的主宰。西蒙认为,学习是系统在不断重复的工作中对本身能力的增强或者改进,使得系统在下一次执行同样任务或类似任务时,会比现在做得更好或效率更高。

机器学习(Machine Learning)就是研究如何使计算机能够模拟或实现人类的学习功能,从大量的数据中发现规律,提取知识,并在实践中不断地完善、增强自我。机器学习是机器获取知识的根本途径,只有让计算机系统具有类似人的学习能力,才有可能实现人工智能的终极目标。所以,机器学习成为人工智能研究的核心问题之一,是当前人工智能研究的一个主要热点方向,同时也是人工智能理论研究和实际应用的主要瓶颈之一。

数据挖掘(Data Mining,DM)和知识发现(Knowledge Discover in Database,KDD)实际上也是机器学习的研究领域,只不过它们是在不同领域,从不同侧重点分别提出的术语。数据挖掘最早是数据库领域研究者提出的概念。在早期,它侧重于对数据库中的海量数据进行合理组织,构成数据仓库,然后运用切片、下钻、上卷等操作从海量数据中发现有用规律。现在,数据挖掘的挖掘对象早已扩展到了无结构和半结构文本数据,音频、视频、图像等多媒体数据,空间数据等多种多样的数据形式。知识发现是从知识工程角度提出的概念,是为了从大量信息中提取有用知识,以解决知识获取问题。

虽然早在1959年Samuel设计的跳棋程序就具有学习能力,可以在不断的对弈中改善自己的棋艺,但是,机器学习研究仍然处于初级阶段。现在,机器学习发展非常迅猛,各种理论和方法层出不穷,其应用遍及人工智能的各个分支,如模式识别、自然语言理解、计算机视觉、专家系统、自动推理、智能机器人等领域。近年来,大数据成为产业界的一个聚焦热点,大数据应用成为新工业革命的核心。而解决大数据应用的关键就是机器学习和数据挖掘技术。另外,对于智能系统中的知识获取瓶颈问题,人们一直在努力试图采用机器学习方法加以克服。因此,机器学习和数据挖掘研究在人工智能发展中具有举足轻重的地位,对人工智能的其他分支都会起到巨大的推动作用。机器学习和数据挖掘主要使用归纳、综合的方法而不是演绎方法。本书将在第 6 章重点讨论各种机器学习方法。

1.4.4　人工神经网络与深度学习

人工神经网络（Artificial Neural Network），经常简称为神经网络（Neural Network），就是以联结主义研究人工智能的方法，以对人脑和自然神经网络的生理研究成果为基础，抽象和模拟人脑的某些机理、机制，实现某方面的功能。Hecht Nielsen 对人工神经网络的定义是"人工神经网络是由人工建立的以有向图为拓扑结构的动态系统，它通过对连续或断续的输入作状态相应而进行信息处理。"

人工神经网络是人工智能研究的主要途径之一，也是机器学习中非常重要的一种学习方法。近年来，深度学习（Deep Learning）方法把人工神经网络又推到了一个新的高度。人工神经网络可以不依赖数字计算机模拟，用独立电路实现，极有可能产生一种新的智能系统体系结构。人工神经网络有很多其他方法无法代替的独特优点，比较适用于特征提取、模式分类、联想记忆、低层次感知、自适应控制等很难应用严格解析方法的场合。目前，人工神经网络研究主要集中在以下几个方面。

1）利用神经生理与认知科学研究人类思维以及智能机理。

2）研究深度学习与神经网络的数理理论，用数理方法探索功能更加完善、性能更加优越的神经网络模型；深入研究神经网络算法和性能优化，如可解释性、超参数优化、稳定性、收敛性、容错性、鲁棒性等。

3）对人工神经网络的软件模拟和硬件实现的研究。

4）人工神经网络和深度学习方法在各个领域中的应用研究。例如，模式识别、信号处理、自然语言处理、知识工程、优化组合、机器人控制等领域。

人工神经网络研究一方面向其自身综合性发展，另一方面与其他领域的结合也越来越密切，以便发展出性能更强的结构，更好地综合各种神经网络的特色，增强神经网络解决问题的能力。本书将在第 7 章详细讨论常见的人工神经网络和深度学习方法。

1.4.5　博弈

人工智能最早的实践应用之一就是下棋程序。下棋是一种博弈（Game Playing）问题。博弈问题还包括打牌、游戏、战争等竞争性智能活动，其最终目的是使己方获胜，敌方失败。解决博弈问题的一般思路是通过搜索方法寻找从初始状态到目标状态的一个合适操作序列（即一个解），并且要满足问题的各种约束。博弈问题大多是良结构问题，如国际象棋和围棋的规则都很简单明确。但是这些良结构问题一般都有巨大的搜索空间，以至于虽然在理论上可以用穷举法找到最优解，但是由于现实时空约束而不可能得到最优解。例如，围棋状态空间复杂度上限约为 3^{361}，大约是可观测宇宙中普通物质原子总数（10^{80}）的 10^{93} 倍。所以，解决博弈问题的核心就是搜索和优化技术。AlphaGo 系统则是通过综合运用深度学习、强化学习（Reinforcement Learning）、蒙特卡洛树搜索（Monte Carlo Tree Search，MCTS）等方法战胜了人类围棋冠军。

利用计算机来解决问题的一般过程都可以看作搜索过程。搜索技术的难点在于寻找合理有效的启发式以及优化搜索方法降低时间复杂度。本书将在第 5 章详细介绍基本搜索策略。

1.4.6　多智能体

多智能体（Multi Agent）源于分布式人工智能（Distributed Artificial Intelligence）研究，

是随着计算机网络、计算机通信和分布式计算而发展起来的一个人工智能研究领域。它主要研究在逻辑或物理上分散的智能系统之间如何相互协调各自的智能行为，实现问题的并行求解。

分布式人工智能系统由多个智能体组成，每个智能体又是一个半自治系统。但是，对于智能体的定义还存在着争论。Shoham认为，如果一个实体的状态可被视为包含了诸如知识、信念、承诺和能力等精神状态时，该实体就是智能体。也有人认为，智能体可以被看作一个程序或者一个实体，它嵌入在环境中，可以通过传感器感知环境，可以通过效应器自治地作用于环境并满足设计要求。人们普遍认为自治性（Autonomy）是智能体概念的核心。

目前，分布式人工智能研究主要有两个方向，即分布式问题求解（Distributed Problem Solving）和多智能体系统（Multi Agent System）。分布式问题求解的主要任务是创建一个可以对某一问题进行共同求解的协作群体，它把一个具体的求解问题划分为多个相互合作和知识共享的模块或结点。多智能体系统不限于单一目标，其主要任务是创建一个多智能体之间能够相互协调智能行为的、可以共同处理单个目标和多个目标的智能群体，其重点在于各智能体之间的智能行为协调，包括规划、知识、技术和动作的协调。

多智能体系统更能体现人类的社会智能，具有更大的灵活性和适应性，更适合开放和动态的世界环境，因而备受重视，已成为人工智能以及计算机科学和控制科学与工程的研究热点。多智能体系统的研究包括智能体和多智能体系统理论、体系结构、语言、合作与协调、通信和交互技术、多智能体学习和应用等。多智能体系统已经在自动驾驶、机器人导航、机场管理、电力管理和信息检索等领域得到应用。本书将在第8章介绍多智能体基本技术。

1.4.7 专家系统

专家系统（Expert System）是人工智能领域中的一个重要分支。专家系统是一类具有专门知识的计算机智能软件系统。该系统对人类专家求解问题的过程进行建模，对知识进行合理表示，然后运用推理技术来模拟通常由人类专家才能解决的问题，达到具有与专家同等解决能力的水平。目前，专家系统在各个领域中已经得到广泛应用，如医疗诊断专家系统、故障诊断专家系统、资源勘探专家系统、贷款损失评估专家系统、农业专家系统、教学专家系统等。

专家系统把知识与系统中的其他部分分离开来，其强调的是知识而不是方法。专家系统必须包含领域专家的大量知识，拥有类似人类专家思维的推理能力，并能用这些知识来解决实际问题。因此，专家系统是一种基于知识的系统（Knowledge Based System）。基于知识的系统设计方法以知识库和推理机为中心而展开。在这一点上，专家系统不同于通常的问题求解系统。专家系统通常由知识库、推理机、黑板、解释器、人机交互界面、知识获取等部分构成。

目前，专家系统研究中主要存在以下问题：知识获取依赖知识工程师，需要大量人工处理；当面对海量信息时，如何提取有效知识，如何自主地获取知识是专家系统研究中公认的瓶颈问题；不确定性知识和常识性知识的表示方法；规则、框架、网络等不同知识形式的统一表示和管理也是一大难题。本书将在第2章介绍专家系统基本原理。

1.4.8 计算机视觉

计算机视觉（Computer Vision）也称为机器视觉（Machine Vision），它主要研究如何用计算机实现或模拟人类视觉功能。其主要研究目标是使计算机具有通过二维图像认知三维环境信息的能力，这种能力不仅包括对三维环境中物体形状、位置、姿态和运动等几何信息的感知，而且包括对这些信息的描述、存储、识别与理解。

计算机视觉研究从 20 世纪 60 年代就已经开始了，但是直到 20 世纪 80 年代随着计算机硬件性能的大幅提升以及 Marr 提出了计算视觉理论，才使得这个领域有了突破性进展。现在，计算机视觉已经从模式识别的一个研究领域发展成为一门独立的子学科。

Marr 计算视觉理论有两个核心论点：其一，人类视觉的主体是重构可见表面的几何形状；其二，人类视觉的重构过程是可以通过计算的方式完成的。虽然人们对 Marr 计算视觉理论提出了各种质疑和批评，但是该理论仍然是计算机视觉的主流理论。

计算机视觉通常可分为低层视觉与高层视觉两类。低层视觉主要执行预处理功能，其目的是使被观察的对象更突出，去除背景或者其他干扰信息，以有利于获取有效特征，提高系统的准确性和执行效率。高层视觉则主要是理解所观察的形象，此时则需要掌握与观察对象所关联的知识。

计算机视觉系统一般包括以下几部分。

（1）图像获取部分

数字图像由一个或多个图像感知器产生。感知器可以是各种光敏摄像机，包括遥感设备，X 射线断层摄影仪，或者雷达、超声波接收器等。不同感知器产生的图片可能是二维图像、三维图组或者一个图像序列。图像的像素值往往对应于光在一个或多个光谱段上的强度（灰度图或彩色图）。但也可以是相关的各种物理数据，如声波、电磁波或核磁共振的深度、吸收度或反射度。

（2）预处理部分

在对图像实施具体的计算机视觉方法来提取某种特定信息前，往往需要采用一种或多种预处理措施来使图像满足后继方法的要求。例如，二次取样保证图像坐标的正确，平滑去噪来滤除感知器引入的设备噪声，提高对比度来保证实现相关信息可以被检测到，调整尺度空间使图像结构适合局部应用，等等。

（3）特征提取部分

从图像中提取各种复杂信息的特征，如线段、曲线、边缘提取；局部化的特征点检测，如边角检测、斑点检测等。更复杂的特征可能与图像中的纹理、形状或者运动有关。深度学习模型则通过深度神经网络能够自动完成特征提取功能并配合分类器实现"端到端"的自动识别。所以，深度学习模型不需要人工提取图像特征。

（4）检测、分割部分

在图像处理过程中，有时会需要对图像进行分割来提取有价值的用于后继处理的部分。例如，筛选特征点，分割一幅或多幅图像片中含有特定目标的部分等。

（5）高级处理部分

到了这一步，数据往往具有很小的数量，如图像中经先前处理被认为含有目标物体的部分。这时的处理主要包括：验证得到的数据是否符合前提要求；估测特定系数，如目标的姿态，体积等；对目标进行分类、识别和重建等以及其他功能。

计算机视觉的研究内容包括实时并行处理、主动式定性视觉、动态和时变视觉、三维景物识别与重构、运动分割与跟踪、实时图像压缩传输和复原、多光谱和彩色图像的处理与解释等。计算机视觉已经在机器人装配、卫星图像处理、工业过程监控、飞行器跟踪、成像精确制导、景物识别和目标检测等很多领域获得了成功应用。

1.4.9　自动定理证明

自动定理证明（Automatic Theorem Proving）研究如何把人类证明定理的过程变成能在计

算机上自动实现符号演算的过程，就是让计算机模拟人类证明定理的方法，自动实现像人类证明定理那样的非数值符号演算过程。自动定理证明是人工智能最早进行研究并获得成功的领域之一。尽管数学定理证明过程的每一步都很严格有据，但决定采取什么样的证明步骤却依赖于经验、直觉、想象力和洞察力，需要人的智能。实际上，除了数学定理以外，还有很多非数学领域的任务，如医疗诊断、信息检索、难题求解等都可以转化成定理证明。自动定理证明的主要方法有以下几种。

（1）自动演绎法

自动演绎法是自动定理证明最早使用的一种方法。1957 年 A. Newell、J. Shaw 和 H. Simon 等人的逻辑理论机和 1959 年 Gelernter 等人的几何定理证明机（Geometry Theorem–Proving Machine）就使用这种方法。逻辑理论机采用了正向推理方法，而几何定理证明机采用了反向推理方法。自动演绎法存在一个严重问题就是组合爆炸。

（2）判定法

判定法是指判断一个理论中某个公式的有效性，其基本思想是对某一类问题找出一个统一的、可在计算机上实现的算法。例如，1980 年 Eevvo 等人提出了使用集合理论的决策过程。1980 年，Nilsson 等人提出了带有不解释函数符号的等式理论决策过程。这种方法的一个突出代表是 1977 年我国数学家吴文俊教授提出的关于初等几何定理和后来提出的微分几何定理机器证明方法。吴氏方法的基本思想是：把几何问题代数化，即先通过引入坐标把几何定理中的假设和求证部分用一组代数方程表达出来，然后再处理表示代数关系的多项式。把判定多项式中的坐标逐个消去。采用多项式的消元法来验证，如果消去后结果为零，则定理得证；否则，再进一步检查。利用该方法已经证明了不少高难度的几何定理。

（3）定理证明器

定理证明器是研究一切可判定问题的证明方法。1965 年，J. A. Robinson 提出的归结原理（Resolution Principle）为这一方法奠定了基础。用归结原理依据反证法思想在子句集上进行逻辑推演，最终求证定理。归结原理对于谓词演算是完备的，即任何永真的一阶谓词公式都可用归结原理证明，用归结原理证明为真的一阶谓词公式是永真的。但是，由于归结原理过于一般化，在归结过程中会产生大量的多余子句，使得归结效率较低。所以，人们又提出了很多归结策略来提高归结效率。本书将在第 3 章简要介绍归结原理和归结反演。

（4）人机交互定理证明

这是一种通过人机交互方式来证明定理的方法。它把计算机作为数学家的辅助工具，用计算机来帮助人完成手工证明中难以完成的那些计算、推理、穷举等。例如，1976 年美国的 Kenneth Appel 与 Wolfgang Haken 等人用该方法解决了长达 124 年之久未能证明的四色定理。这次证明使用了美国伊利诺伊大学的 3 台大型计算机，花了 1200 小时 CPU 时间，并对中间结果进行反复修改达 500 多处。

定理自动证明的基础是逻辑系统，传统的定理证明系统大都是建立在经典逻辑系统上的。近十几年来，不断有新的逻辑系统出现。例如，模态逻辑、模糊逻辑、时序逻辑、默认逻辑、次协调逻辑等，它们都有相应的逻辑推理规则和方法。

1.4.10　智能控制

智能控制（Intelligent Control）是指那种无须（或需要尽可能少的）人干预就能独立驱动智能机器实现目标的自动控制。智能控制是人工智能和自动控制相结合的产物，是自动控制的最新发展阶段，主要研究适用于复杂系统的控制理论和技术。

1965 年，傅京孙首先提出把人工智能的启发式推理规则用于学习控制系统。1971 年傅京孙发表了题为"学习控制系统和智能控制系统：人工智能与自动控制的交叉"的论文，提出了智能控制二元结构思想。他列举了以下三种智能控制系统的例子。

1）人作为控制器的控制系统。例如，飞行员驾驶飞机的手动控制系统。这里，人作为控制器包含在闭环控制回路内。

2）人机结合作为控制器的控制系统。例如，飞行员发射精确制导导弹的控制系统。在该控制系统中，机器（主要是计算机）用来完成那些连续进行的需要快速计算的常规控制任务，人则主要完成任务分配、决策和监控等任务。

3）无人参与的智能控制系统。最典型的例子是自主机器人，如火星探测车等。在该控制系统中，控制器主要完成以下功能：问题求解和规划、环境建模、传感信息分析和反射响应。反射响应类似于常规控制器，它主要完成简单情况下的控制。

1977 年，美国 G. N. Saridis 提出把人工智能、控制论和运筹学结合起来的智能控制三元结构思想。1986 年，蔡自兴提出把人工智能、控制论、信息论和运筹学结合起来的智能控制四元结构思想。按照这些思路已经研究出一些智能控制的理论和技术，用以构造适用于不同领域的智能控制系统。

对许多复杂的系统，难以建立有效的数学模型和用常规的控制理论进行定量计算和分析，而必须采用定量方法与定性方法相结合的控制方式。定量方法与定性方法相结合的目的是要由机器用类似于人的智慧和经验来引导求解过程。因此，在研究和设计智能系统时，主要注意力不放在数学公式的表达、计算和处理方面，而是放在对任务和现实模型的描述、符号和环境的识别以及知识库和推理机的开发上，即智能控制的关键问题不是设计常规控制器，而是研制智能机器的模型。此外，智能控制的核心在高层控制，即组织控制。高层控制是对实际环境或过程进行组织、决策和规划，以实现广义问题求解。

智能控制的研究内容包括：智能机器人规划与控制；智能过程规划，即由计算机完成把生产设计转换为加工计划的过程；智能过程控制，即用计算机模拟人的经验，建立知识模型，实现自动推理、决策和控制，使生产过程的某些物理量保持在一定精度范围内；专家控制系统，其任务是自适应地管理对象或过程的未来行为，诊断可能发生的问题，不断修正和执行控制计划；语音控制，即把自然语言理解用于自动控制，如对机器人进行语音控制、根据语音自动查找电话号码、用语音监控设备等；智能仪表，即把电子仪表与计算机技术和人工智能技术结合起来能大大增强功能和通用性。

1.4.11 机器人学

机器人学（Robotics）是在电子学、人工智能、控制论、系统工程、精密机械、信息传感、仿生学以及心理学等多种学科或技术的基础上形成的一种综合性技术学科。人工智能的所有技术几乎都可以在这个领域得到应用。机器人（Robots）可以代替人从事有害环境中的危险工作，从而提高工作质量和生产效率，降低成本。机器人为人工智能理论、方法、技术研究提供了一个综合试验平台，对人工智能各个领域的研究进行全面检验，并反过来推动人工智能研究的发展。

美国机器人工业协会（RIA）在 1979 年把机器人定义为一种可再编程的多功能操作装置。到目前为止，机器人研究和发展经历了四个阶段。

（1）遥控机器人

遥控机器人是一种本身没有工作程序，不能独立完成任何工作，需要靠人在远处对其实时操纵的机器人，如反恐排爆机器人。

（2）程序机器人

程序机器人是一种动作靠事先装入到机器人存储器中的程序来控制的、对外界环境没有感知能力的机器人。这种机器人能成功模拟人的运动功能，能从事安装、搬运和机械加工等工作。例如，汽车流水线上的机械手、喷漆机器人等。目前，商品化的实用机器人大多都属于这一类，一般也称为工业机器人。其最大的缺点是只能按程序完成规定动作，不能适应变化的环境。

（3）自适应机器人

自适应机器人是一种自身具有一定感知能力，并能根据外界环境改变自己行动的机器人。这种机器人能适应环境变化，具有一些初级智能，但并没有达到完全自治的程度。例如，一些机器鱼和机器蛇等。

（4）智能机器人

智能机器人是具有感知能力、思维能力和行为能力的新一代机器人。这种机器人能够主动地适应外界环境的变化，并能够通过学习来丰富自己的知识，提高自己的工作能力。目前，有一些肢体和行为功能灵活、能完成许多复杂操作并能模拟、学习人类动作的机器人。例如，索尼公司的机器人会模拟人跳舞，波士顿动力公司的双足机器人不但能适应复杂地形，还学会了后空翻。

目前研制出来的机器人一般是针对具体领域的，如工业机器人、水下机器人、航天机器人等。各类机器人的主要研究内容有：研究视觉、听觉、触觉等感知器，尤其是研究空间识别问题；研制用精密机械元器件做成的手、脚等肢体与计算机之间的结合方式；研究机器人从三维空间搜集信息的处理方式；研究识别外界环境的能力；研究机器人判断机理的工程化方法及相应软件。

1.4.12　人工生命

人工生命（Artificial Life）主要研究用计算机等人造系统演示、模拟、仿真具有自然生命系统特征的行为。自然生命系统行为具有自组织、自复制、自修复等特征以及形成这些特征的混沌动力学、进化和环境适应。

人工生命的概念是美国科学家 Christopher Langton 于 1987 年在洛斯阿拉莫斯（Los Alamos）国家实验室召开的一次国际会议上提出的。他指出，生命的特征在于具有自我繁殖、进化等功能。地球上的生物只不过是生命的一种形式，只有用人工的方法、用计算机的方法或其他智能机械制造出具有生命特征的行为并加以研究，才能揭示生命全貌。

人工生命与生命的形式化基础有关。生物学从顶层开始入手，考察器官、组织、细胞、细胞核，直到分子，以探索生命的奥秘和机理。人工生命从底层开始，把器官作为简单机构的宏观群体来考察，自底向上进行综合，由简单的、被规则支配的对象构成更大的集合，并在交互作用中研究非线性系统的类似生命的全局动力学特性。

人工生命的理论和方法有别于传统人工智能和神经网络的理论和方法。人工生命通过计算机仿真生命现象所体现的自适应机理，对相关非线性对象进行更真实的动态描述和动态特征研究。

人工生命的研究内容包括下面一些方面。

1）生命自组织和自复制：研究天体生物学、宇宙生物学、自催化系统、分子自装配系统和分子信息处理等。

2）发育和变异：研究多细胞发育、基因调节网络、自然和人工的形态形成理论。目前，人们采用细胞自动机、L-系统等进行研究。细胞自动机是一种对结构递归应用简单规则组的例子。在细胞自动机中，被改变的结构是整个有限自动机格阵。典型的形态形成理论是1968年 Lindenmayer 提出的 L-系统。L-系统由一组符号串的重写规则组成，它与乔姆斯基（Chomsky）形式语法有密切关系。

3）系统复杂性：从系统角度观察生命行为，首先在物理上可以定义为非线性、非平衡的开放系统。生命体是混沌和有序的复合。非线性是复杂性的根源，这不仅表现在事物形态结构的无规分布上，也表现在事物发展过程中的近乎随机变化上。然而，通过混沌理论，人们却可以洞察这些复杂现象背后的简单性。非线性把表象的复杂性与本质的简单性联系起来。

4）进化和适应动力学：研究进化的模式和方式、人工仿生学、进化博弈、分子进化、免疫系统进化和学习等。在自然界，通过物种选择实现进化。遗传算法和进化计算是目前极为活跃的研究领域。

5）自主系统：研究具有自我管理能力的系统。自我管理具体体现在以下四个方面：①自我配置，系统必须能够随着环境的改变自动地、动态地进行系统的配置。②自我优化，系统不断地监视各个部分的运行状况，对性能进行优化。③自我恢复，系统必须能够发现问题或潜在的问题，然后找到替代的方式或重新调整系统使系统正常运行。④自我保护，系统必须能够察觉、识别和使自己免受各种各样的攻击，维护系统的安全性和完整性。

6）机器人和人工脑：研究生物感悟的机器人、自治和自适应机器人、进化机器人、人工脑。

1.5　本章小结

本章首先讨论了什么是人工智能，以及人们对智能的不同观点。简单地说，人工智能就是让计算机具有像人一样的智能。在目前阶段，人们只能用计算机部分地模拟人类智能行为。人工智能的发展经历过曲折和坎坷。尽管人们对人工智能仍有很多争论，人工智能距离其终极目标还相当遥远，但是，深度学习的出现使得人工智能跃上了一个新台阶。现在人工智能进入了一个飞速发展的时期。人工智能的研究越来越深入，人工智能的应用也越来越广泛。

对智能的不同看法导致了不同的人工智能研究方法。符号主义以物理符号系统为基础，以知识为核心，从功能上模拟人脑，易于实现逻辑思维；联结主义以人工神经网络为基础，从结构上模拟人脑，具有分布式并行处理的独特优点，易于实现形象思维；行为主义基于控制论，从行为上模拟智能，易于实现感知思维。这三种途径各有千秋。将其集成或者综合到一个大系统中，从而取长补短，已经成为人工智能研究的一个趋势。

人工智能是一门综合性很强的学科，其研究和应用领域十分广泛，包括模式识别、自然语言处理、机器学习和数据挖掘、人工神经网络、博弈、多智能体、专家系统、机器视觉、自动定理证明、智能控制、机器人学和人工生命等。本书在后续章节中主要讨论知识表示、推理方法、搜索与优化技术、机器学习和数据挖掘方法以及人工神经网络和深度学习。

习题

1.1 什么是人工智能？试简述你对智能的理解。

1.2 简述人工智能的发展历史以及对人工智能研究有重要影响的思想。

1.3 人工智能的主要研究方法有哪些？它们之间的主要区别是什么？

1.4 人工智能有哪些研究和应用领域？试举例说明人工智能研究取得的成果。

1.5 人工智能研究有哪些特点？

1.6 以人工智能的某一个研究和应用领域为主题，调研国内外文献，撰写一篇阅读报告。

1.7 查看自己手机上的各种应用，从中找出 5 种以上与人工智能相关的应用，并回答这些应用分别与哪种人工智能技术相关。

1.8 观看 10 部以上科幻电影，思考并讨论电影中哪些场景或者情节是当前人工智能技术能够实现或者接近实现的。

1.9 调研汽车无人驾驶技术的现状，试分析其中需要运用哪些人工智能技术。

1.10 调研人脸识别技术的现状，并列举出现实生活中应用了该技术的 10 种产品。

1.11 调研机器人技术的现状，并回答现在的机器人与你想象中的机器人有什么区别。要实现你想象中的机器人，还需要重点研究哪些人工智能技术？

第2章 知识工程

弗朗西斯·培根（Francis Bacon）说："知识就是力量"（Knowledge is power）。人类能够不断进步，显然离不开知识的力量。那么，如何让计算机像人一样也能够拥有知识的力量呢？这其实是人工智能的本质问题。要解决这个问题至少需要解决知识表示、知识管理、知识推理和知识获取等问题。本章重点介绍知识表示和知识管理中的基本原理和方法。这也是目前知识工程中的一个重点。知识工程中的另一个重点就是通过知识系统综合运用知识解决问题。本书将在后续章节中专门讨论知识推理和知识自动获取（机器学习）的方法。

2.1 概述

1. 知识

知识是人类进行一切智能活动的基础。哲学、心理学、语言学和教育学等都是在对知识和知识的表示方法等问题进行研究。那么，什么是知识呢？不同的学者有不同的说法。

费根鲍姆（Feigenbaum）：知识是经过裁剪、塑造、解释、选择和转换的信息。

伯恩斯坦（Bernstein）：知识是由特定领域的描述、关系和过程组成的。

海叶斯-罗斯（Heyes-Roth）：知识=事实+信念+启发式。

如上所述，知识在人类生活中占据着越来越重要的地位，是人们在长期的生活及社会实践、科学研究以及实验中积累起来的对客观世界的认识和经验，人们把实践中获得的信息关联在一起，就获得了知识。知识反映了客观世界中事物之间的关系，不同事物或者相同事物间的不同关系形成了不同的知识。例如，"冬天会下雪"是一条知识，它反映了"冬天"和"雪"之间的一种关系。

2. 知识的特性

（1）相对正确性

知识是人们对客观世界认识的结晶，并且又受到长期实践的检验。因此，在一定的条件和环境下，知识是正确的、可信任的。这里，"一定的条件和环境下"是必不可少的，它是正确性的前提。因为任何知识都是在一定的条件和环境下产生的，因而也就只有在这种条件和环境下知识才是正确的。

（2）不确定性

知识是有关信息关联在一起形成的信息结构，"信息"与"关联"是构成知识的两个要素。由于现实世界的复杂性，信息可能是精确的，也可能是不精确的、模糊的；关联可能是确定的，也可能是不确定的。这就使得知识并不总是只有"真"和"假"两种状态，而是在"真"和"假"之间还存在许多中间状态，也就是说存在"真"的程度问题。知识的这一特性称为不确定性。

（3）可表示性与可利用性

知识是可以用适当形式表示出来的，如用语言、文字、图形和神经元网络等形式表示。正是由于它具有这一特性，所以它才能被存储并得以传播。知识的可利用性，也是不言而喻的。

2.1 什么是知识

每个人每天都在利用自己掌握的知识解决所面临的各种各样的问题。

3. 知识表示分类

知识表示方法的分类与知识的分类是分不开的。常见的知识可以从不同的角度进行划分，例如：

- 就知识的形成而言，知识是由概念、命题、公理、定理、规则和方法等组成的。
- 就知识的层次而言，知识可以分为表层知识和深层知识。
- 就知识的确定性程度而言，知识可以分为确定性知识和不确定性知识。
- 就知识的等级而言，知识可以分为元知识和非元知识。
- 就知识的作用而言，知识可以分为陈述性知识和过程性知识。

人工智能中知识表示方法注重知识的运用，所以将知识表示方法粗略地分为两大类：过程性知识表示和陈述式知识表示。

（1）过程性知识表示

过程性（Procedure）知识是表示如何做的知识，是有关系统变化、问题求解过程的操作、演算和行为的知识。这种知识一般隐含在程序之中，不便从程序编码中抽取出来。过程性知识描述表示控制规则和控制结构等知识，给出一些客观规律，告诉怎么做。过程性知识一般可用算法予以描述，用一段计算机程序来实现。例如，矩阵求逆程序描述了矩阵的逆和求解方法的知识。

（2）陈述式知识表示

陈述性（Declarative）知识描述系统的状态、环境和条件，以及问题的概念、定义和事实。陈述式知识表示描述事实性知识，即描述客观事物所涉及的对象以及对象之间的联系。陈述式知识的表示与知识运用（推理）是分开处理的。这种知识是显式表示的，例如

$$isa(John, man)$$
$$isa(ABC, triangle) \longrightarrow cat(a, b) \wedge cat(b, c) \wedge cat(c, a)$$

后者表示如果 ABC 是一个三角形，则它的三条边是相连的。

这种知识可以为多个问题所利用。其实现方法是：数据结构+解释程序。即设计若干数据结构来表示知识，如谓词公式、语义网和框架等；再编制一个解释程序，使它能利用这些结构进行推理，两者缺一不可。

陈述式表示法易于表示"做什么"。由于在陈述式表示法下，知识的表示与知识的推理是分开的，所以这种表示法的优点有：

- 易于修改，一个小的改变不会影响全局大的改变。
- 可独立使用，这种知识表示出来后，可用于不同目的。
- 易于扩充，这种知识模块性好，扩充后对其模块没有影响。

4. 人工智能对知识表示方法的要求

首先，一种好的知识表示方法要求有较强的表达能力和足够的精细程度。这可以从以下三个方面考虑：

1）表示能力，要求能够正确、有效地将问题求解所需的各类知识都表示出来。

2）可理解性，所表示的知识应易懂、易读、易于表示。

3）自然性，即表示方式要尽量适用于不同的环境和不同的用途，易于检查、修改和维护。

其次，从知识利用上讲，衡量知识表示方法可以从以下三个方面进行考察：

1）便于获取和表示新知识，并以合适的方式与已有知识相连接。

2）便于搜索，在求解问题时，能够较快地在知识库中找出有关知识。因此，知识库应具有较好的记忆组织结构。

3）便于推理，要能够从已有知识中推出需要的答案或结论。

这几个方面都是当代人工智能研究的重点与难点，并形成了人工智能研究的一些分支。选择何种知识表示不仅取决于知识的类型，还取决于这种表示形式是否得到广泛的应用，是否适合推理，是否适合计算机处理，是否有高效的算法，能否表示不精确的知识，知识和元知识是否能用统一的形式表示，以及是否适于加入启发信息，等等。

随着人工智能应用领域的不断扩大，智能系统中知识的复杂性也不断增加，单一的知识表示方法已不能完全描述复杂的知识，因此混合知识表示为人工智能提供了新的研究课题。

2.2　知识表示方法

2.2 知识
表示

知识表示方法多种多样，但目前还没有哪种表示方法可以适用于一切知识系统。关于知识表示也没有公认的普适理论。本节介绍目前比较常见的一些知识表示方法。读者可以看到，不同的知识表示方法各有特色，适用于不同的应用问题。

2.2.1　经典逻辑表示法

逻辑是一种比较常见的知识表示法。在人工智能领域中，很早就使用一阶谓词逻辑来表示知识。逻辑演绎是人类智能（特别是高级智能）的主要体现之一。所以，逻辑表示法也是知识表示的一个基础，其他知识表示方法一般都包含逻辑表示功能。逻辑表示法主要用于定理自动证明、问题求解、机器人学等领域。逻辑表示法是建立在某种形式逻辑的基础上的，因而具有如下优点：

- 明确。逻辑表示法对如何表示事实以及如何表示事实之间的复杂关系有明确的规定（如连接词及量词的用法、意义等）。对于它表示的知识，人们可以按照一种标准的方法去解释和使用，因此逻辑表示法表达的知识也易于理解。
- 灵活。逻辑表示法把知识和知识处理的方法有效地区分开来，使得在使用知识时，无须考虑程序处理知识的细节问题。
- 模块化。在逻辑表示法中，各条知识都是相对独立的，容易模块化，所以添加、删除、修改知识的操作比较容易。

逻辑表示法也有明显不足的地方，主要表现在：它所表示的知识属于表层知识，不易表达过程性知识和启发式知识；另外，它把推理演算和知识的含义截然分开，抛弃了表达内容中所含有的语义信息，往往使推理难以深入，特别是当问题比较复杂、系统知识量比较大的时候，容易产生组合爆炸问题。

值得指出的是，广义逻辑表示法的含义较广，现在有很多逻辑形式系统都是采用逻辑表示方法。例如，模糊逻辑表示一些非精确的知识，非单调逻辑表示一些常识，次协调逻辑表示一些相对矛盾的知识等。

2.2.2　产生式表示法

1943 年，美国数学家波斯特（E. Post）首先提出的产生式系统（Production System），是作为组合问题的形式化变换理论提出来的。其中，产生式是指类似于 A→Aa 的符号变换规则。

谓词公式中的蕴涵关系就是产生式的特殊情形。有的心理学家认为，人脑对知识的存储就是产生式形式，相应的系统就称为产生式系统。产生式系统在人工智能实践中应用非常广泛。其主要原因有：①用产生式系统结构求解问题的过程和人类求解问题的思维过程很相像，因而可以用来模拟人类求解问题时的思维过程；②人们可以把产生式当作人工智能系统中一个基本的知识结构单元，从而将产生式系统看作一种基本模式，因而研究产生式系统的基本问题对人工智能的研究具有广泛的意义。

1. 产生式系统的组成

产生式系统由黑板（Black Board）、产生式规则集（Set of Product Rules）和控制策略（Control Strategies）三部分组成。

黑板是产生式系统所使用的主要数据结构，它存放输入的事实和问题状态以及所求解问题的所有信息，包括推理的中间结果和最后结果。黑板中的数据根据应用问题不同，可以是常量、变量、谓词、表结构、图像等。黑板中的数据是产生式规则的处理对象。

产生式规则集是某领域知识用规则形式表示的集合。规则用产生式来表示。规则集包含将问题从初始状态转换到目标状态的所有变换规则。用一般计算机程序语言表示为 if…then…。其中，if 确定了该规则可应用的先决条件；then 描述应用这条规则所采取的行动或得出的结论。在确定规则的前提或条件时，通常采用匹配的方法，即查看黑板中是否存在规则的前提或条件所指出的情况。若存在，则认为匹配成功；否则，认为匹配失败。若匹配成功，则执行规则行为部分规定的动作（如"添加"新数据、"更新"旧数据、"删除"无用数据等），或得到规则中所描述的结论。

控制策略或控制系统是规则的解释程序，规定了如何选择一条可应用的规则对黑板进行操作，即决定了问题的求解过程或推理路线。通常情况下，控制策略负责产生式规则与黑板数据的匹配，按一定策略从匹配成功的规则（可能不止一条）中选出一条加以执行（执行规则行为部分规定的操作，或得到规则结论部分描述的结论），并在适当的时候结束产生式系统的运行。

2. 产生式系统的知识表示

产生式系统的知识表示方法包括事实的表示和规则的表示。

（1）事实的表示

事实可看成一个语言变量的值或多个语言变量间关系的陈述句。语言变量的值或语言变量间的关系可以是一个词。事实通常用三元组（对象，属性，值）或（关系，对象1，对象2）表示，其中对象就是语言变量。当要考虑不确定性时，可用四元组表示。这种表示的内部实现是一个表。

例如，事实（老王年龄已40岁）可以表示成（Wang, age, 40），而事实（老王和老张是朋友）则可表示成（friendship, Wang, Zhang）。若要增加不确定性度量，可通过增加一个因子表示两人友谊的可信度。例如，可将（friendship, Wang, Zhang, 0.8）理解为王、张两人友谊的可信度为0.8。

（2）规则的表示

单个规则一般由前项和后项两部分组成。前项（又称前件）由逻辑连接词组成各种不同的前提条件；后项（又称后件）表示前提条件为真时，应采取的行为或所得的结论。如果考虑不精确推理，则可附加置信度量值。

例如，专家系统 MYCIN 中的规则定义为

<rule>=（IF<antecedent>THEN<action>ELSE<action>）

其中各部分的定义分别为

<antecedent>=（AND{<condition>}）

<condition>=（OR{<condition>}）|（<predicate><associative_triple>）

<associative_triple>=（<attribute><object><value>）

<action>={<consequent>}|{<procedure>}

<consequent>=（<associative_triple><certainty_factor>）

由定义可见，MYCIN 规则中无论前件或后件，其基本部分是关联三元组（特性，对象，取值）或者一个谓词加上三元组。这与 MYCIN 中事实的表示方式是一致的。此外，每条规则的后件有一个置信度（Certainty Factor，CF），用来表明由规则前件导致结论的可信程度。用置信度的主要目的是解决不确定性推理。

下面是 MYCIN 系统中一条具体的规则实例。

前提条件：

● 细菌革兰氏染色阴性；

● 形态杆状；

● 生长需氧。

结论：该细菌是肠杆菌属，CF＝0.8。

3. 产生式系统的推理方式

产生式系统的推理方式有正向推理、逆向推理和双向推理三种。

（1）正向推理

正向推理是从已知事实出发，通过规则库求得结论。正向推理也称为数据驱动式推理，其基本推理过程如下：

1）用黑板中的事实与可用规则集中所有规则的前件进行匹配，得到匹配的规则集合。

2）从匹配规则集合中选择一条规则作为使用规则。

3）执行使用规则，将该使用规则后件的执行结果送入黑板，并将已执行规则从可用规则集中删除。

4）重复这个过程，直到达到目标或者无可匹配规则为止。

在推理过程中，当前事实可能与规则库中的多条规则都能匹配，而每次推理时却只能执行一条规则，这时就产生了冲突。解决这个冲突的过程称为冲突消解。冲突消解就是从多条可用规则中选取一条规则作为当前的使用规则。不同的选择方法会直接影响求解效率。冲突消解是控制策略的一部分。

例 2.1 一个动物识别系统中包含如下几个规则：

规则 1：如果 该动物能产乳，

那么 它是哺乳动物。

规则 2：如果 该动物是哺乳动物，它反刍，

那么 它是有蹄动物，而且是偶蹄动物。

规则 3：如果 该动物是有蹄动物，它有长颈，它有长腿，它有深色斑点，

那么 它是长颈鹿。

假如，已知某个动物产乳、反刍、有长颈、有长腿、有深色斑点，那么首先所有已知事实只能匹配规则 1。依据规则 1 可以推出这个动物是哺乳动物。此时再用已知事实匹配所有可用规则，可得规则 2 能够匹配。依据规则 2 又可以推出该动物有蹄且是偶蹄动物。然后，再用已

知事实匹配可用规则，可匹配规则 3。最后，依据规则 3 可以推断出该动物是长颈鹿。

（2）逆向推理

逆向推理是从目标（作为假设）出发，匹配规则后件，找到已知事实。逆向推理也称目标驱动方式推理，其推理过程如下：

1）用假设的目标事实与规则集中的规则后件进行匹配，得到匹配的规则集合。

2）从匹配规则集合中选择一条规则作为使用规则。

3）将使用规则的前件作为新的假设子目标送入黑板，并将已执行规则从可用规则集中删除。

4）重复这个过程，直至各子目标均为已知事实或者无可匹配规则为止。

从上面的推理过程可以看出，做逆向推理时首先要假设一个结论，然后利用规则推导支持假设的事实。如果假设目标正确，则使用逆向推理效率较高。

例如，在例 2.1 的动物识别系统中，可以进行以下的逆向推理：

首先，假设这个动物是长颈鹿。为了检验这个假设，根据规则 3 要求这个动物有长颈、有长腿、有深色斑点并且是有蹄动物。此时，"有长颈、有长腿、有深色斑点"已经和已知事实匹配，但是"该动物是有蹄动物"还不是已知事实。

所以，还要验证"该动物是有蹄动物"。为此，规则 2 要求该动物是"反刍动物"且是"哺乳动物"。"反刍动物"和已知事实匹配，但是"哺乳动物"不是已知事实。

接着，要验证"该动物是哺乳动物"。根据规则 1 要求该动物是"产乳动物"，这和已知事实匹配。于是，各子目标都是已知事实，所以逆向推理成功，即"该动物是长颈鹿"假设成立。

（3）双向推理

双向推理又叫混合推理，即从正向和逆向两个方向做推理，直至某个中间点上两个方向的结果相符后成功结束。显而易见，双向推理的控制活动较为复杂，在实践中应用较少。

4. 规则匹配

产生式系统的推理过程就是从初始状态开始不断选择并应用规则，直到目标状态的一个过程。这也是一个搜索的过程。关于搜索问题将在第 5 章专门讲述。在选取规则的过程中首先要把规则前件或者后件与已知事实匹配，只有匹配上的规则才是候选规则。匹配规则可分为精确匹配和不精确匹配。

（1）精确匹配

精确匹配要求各项事实与规则前件（或者后件）中的各子条件完全一致，或者经过符号代换之后完全一致。由于知识和事实都是用字符串表示的，所以精确匹配就要求字符串能够完全匹配。注意：就一阶谓词而言，事实对应的符号一般表示具体的个体；知识对应的符号一般表示抽象的变元。因此，在进行形式化推理的时候，需要进行符号代换。事实和知识前件（或者后件）经过代换之后变成相同的符号串，才可以认为匹配成功。精确匹配一般用来进行确定性推理。

例如，谓词 $P(x)$ 表示 x 是人，$D(x)$ 表示 x 会死。规则 $\forall x(P(x) \rightarrow D(x))$ 表示人都会死。已知事实张三是人，可以形式化 $\exists y P(y)$。显然，$\exists y P(y)$ 和 $P(x)$ 作为符号串是不匹配的。但经过符号代换之后，两者都可化为 $P(z)$，此时就匹配了。关于符号代换的具体方法请见第 3 章内容。

（2）不精确匹配

不精确匹配是指事实和规则前件（或者后件）不必完全一致，两者只要达到某种程度的匹配就可以了。可以通过定义匹配度来具体度量匹配的程度。实现不精确匹配的方法有很多。例如，通过子条件加权的方法可以实现不完全匹配，用模糊集可以实现模糊匹配，用语义距离可以实现不确定性匹配等。

5. 冲突消解

冲突消解就是从多条可用的规则之中选取一条规则作为当前执行规则。冲突消解一般的思路就是给所有可用规则排序，然后依次从队列中取出候选规则。排序的依据和方法多种多样，可以根据具体情况选择不同的方法，或者定义和设计不同的冲突消解策略。在不考虑利用启发式知识的情况下，常用的排序依据如下：

1）专用与通用性排序。如果某一规则的条件部分比另一规则的条件部分所规定的情况更为专门化，则优先使用更为专门化的规则。

所谓更专门化就是说子条件更多。一般而言，如果某一规则的前件集包含另一规则的所有前件，则前一规则较后一规则更为专门化。如果某一规则中的变量在第二规则中是常量，而其余相同，则后一规则比前一规则更专门化。

2）规则排序。通过对问题领域的了解，规则集本身就可划分优先次序。那些最适用的或使用频率最高的规则被优先使用。

3）数据排序。将规则中的条件部分按某个优先次序排序。

4）规模排序。按条件部分的多少排序，条件多者优先。

5）就近排序。最近使用的规则排在优先位置。这样可使使用多的规则排在较前面的位置而被优先获取。

6）按上下文限制将规则分组。例如，在医学专家系统 MYCIN 中，不同上下文用不同组规则进行诊断或开处方。

对于包含启发式信息的推理除了可采用上述冲突消解策略以外，还可考虑如下策略：

（1）成功率高的规则优先执行

系统可以对应用领域中的问题进行分析，确定各种问题出现的可能性高低，确定每个规则被选中并成功执行的可能性。然后令成功率高的产生式规则优先执行。例如，医生在诊断疾病时，往往首先考虑病人得常见病的可能性。只有当某些症状排斥常见病时，医生才会进一步考虑病人得罕见病的可能性。

（2）按规则先前执行的性价比排序

系统记录每条规则的成功率和失败率以及成功、失败时各自的计算开销，然后从大到小对规则集进行排序，令性价比高的规则优先执行。

计算规则性价比可以采用这样的方法：对一条规则 R，考虑下面的权衡参数。

- $S(R)$：调用 R 成功的次数；
- $F(R)$：调用 R 失败的次数；
- $C_S(R)$：成功时耗费的总代价；
- $C_F(R)$：失败时耗费的总代价。

根据上述参数可得，规则 R 的成功率 P_S 为

$$P_S(R) = \frac{S(R)}{S(R) + F(R)} \tag{2.1}$$

调用规则 R 的平均代价 C 为

$$C(R) = \frac{C_S(R) + C_F(R)}{S(R) + F(R)} \qquad (2.2)$$

规则 R 耗费单位代价所得的成功率 PC （即性价比）为

$$PC(R) = \frac{P_S(R)}{C(R)} = \frac{S(R)}{C_S(R) + C_F(R)} \qquad (2.3)$$

6. 产生式表示法的特点

产生式表示法作为人工智能中应用最广泛的一种知识表示形式，具有如下特点：

- 产生式表示法以规则作为形式单元，格式固定，易于表示，且知识单元间相互独立，易于建立知识库。
- 推理方式单纯，适于模拟强数据驱动特点的智能行为。当一些新的数据输入时，系统的行为就会发生改变。
- 知识库与推理机相分离。这种结构易于修改知识库，可增加新的规则去适应新的情况，而不会破坏系统的其他部分。
- 易于对系统的推理路径做出解释。

2.2.3 层次结构表示法

1. 框架理论

层次结构表示法主要指框架表示法和面向对象表示法。面向对象表示法和框架表示法非常相似，可以认为对象概念是对框架概念的继承和扩展。这两种表示法都适合于刻画事物的内部结构，构建成树状层次形知识体系。本节主要介绍框架理论。

1975 年明斯基提出了框架理论，受到了人工智能界的广泛重视，后来逐步发展成一种广泛使用的知识表示方法。

框架理论基于这样的心理学研究成果：在人类日常的思维及理解活动中已存储了大量的典型情景。当分析和理解所遇到的新情况时，人们并不是从头分析新情况，再创建描述这些新情况的知识结构，而是从记忆中选择（即匹配）某个轮廓的基本知识结构（即框架）与当前的现实情况进行某种程度的匹配。这个框架是以前记忆的一个知识空框，其具体的内容随新的情况而改变，即新情况的细节可不断地填充到这个框架中，形成新的认识并存储到人的记忆中。

例如，我们到一个新开张的饭馆吃饭。根据以往的经验，可以想象到在这家饭店里将看到菜单、桌子、椅子和服务员等。然而关于菜单的内容、桌子、椅子的式样和服务员穿什么衣服等具体信息要到饭馆观察后才可以得到。这种可以预见的知识结构在计算机中表示成数据结构，就是框架。框架理论将框架作为知识的单元。将一组有关的框架连接起来便形成了框架系统。许多推理过程可以在框架系统内完成。

2. 框架结构

框架由框架名和描述事物各个方面的槽组成。每个槽可以拥有若干侧面，而每个侧面可以拥有若干值。这些内容可以根据具体问题的具体需要来取舍。框架的一般结构如下：

```
<框架名>
    <槽₁>    <侧面₁₁>    <值₁₁₁>…
             <侧面₁₂>    <值₁₂₁>…
                ⋮
```

$$\langle 侧面_{1m} \rangle \quad \langle 值_{1m1} \rangle \cdots$$
$$\langle 槽_2 \rangle \quad \langle 侧面_{21} \rangle \quad \langle 值_{211} \rangle \cdots$$
$$\langle 侧面_{22} \rangle \quad \langle 值_{221} \rangle \cdots$$
$$\vdots \qquad \vdots$$
$$\langle 侧面_{2p} \rangle \quad \langle 值_{2p1} \rangle \cdots$$
$$\vdots$$
$$\langle 槽_n \rangle \quad \langle 侧面_{n1} \rangle \quad \langle 值_{n11} \rangle \cdots$$
$$\langle 侧面_{n2} \rangle \quad \langle 值_{21} \rangle \cdots$$
$$\vdots \qquad \vdots$$
$$\langle 侧面_{nq} \rangle \quad \langle 值_{nq1} \rangle \cdots$$

框架中的槽和侧面既可以取复杂的值，也可以取简单的值。复杂的值甚至可以是另外一个框架。例如，一个人可以用其姓名、职业、收入、身高、体重等属性作为槽构成一个框架。对这个框架中的所有槽（侧面）填入具体值，就得到这个框架的一个实例。框架和框架实例的关系就是抽象和具体的关系。这就像类和类的实例（对象）之间的关系一样。例如，下面的框架实例表示了张三这个具体的人。

> 框架名=人
> 姓名槽:张三
> 职业槽:记者
> 收入槽:工资单框架
> 身高槽:1.70 米
> 体重槽:67 公斤

在上面的例子中，人框架和工资单框架之间形成了包含关系。框架之间还可以有继承关系。实际上，框架中可以专门有一个槽来定义该框架与其他框架之间的语义关系，如 ISA（是一个）或者 AKO（是一类）槽等。一个系统中所有框架通过包含关系和继承关系可以形成一个框架网络。这个网络一般是树形结构。树的每一个结点是一个框架结构，子结点与父结点之间具有包含或者继承关系。树的根结点表示最高层次的抽象概念。树的叶子结点表示比较具体的事物概念。

继承性是框架的一个重要特性。也就是说，子框架可以继承父框架的槽或者侧面，而不必重复定义。例如，家具一般都有 4 条腿，如果椅子框架继承了家具框架，则椅子框架中就不必再说明椅子有几条腿（除非特殊的椅子）。

3. 框架表示下的推理

框架系统的推理过程主要是框架匹配和填槽的过程，这其实也就是基于案例的推理（Case Based Reasoning，CBR）过程。当然框架中也可以使用推理槽来专门进行推理。

框架的匹配就是根据已知事实寻找合适的框架。其过程可描述为：根据已知事实，与知识库中预先存储的框架进行匹配——逐槽比较，从中找出一个或几个与该事实所提供情况最适合的预选框架，形成初步假设；然后，对所有预选框架进行评估，以决定最适合的预选框架。不过，由于类框架、超类框架等是对一类事物的一般性描述。当应用于某个具体事物时，具体事物往往存在偏离该类事物的某些特殊性。因此，框架的匹配往往只是不完全匹配。

填槽就是进行槽值的计算。计算槽值主要有两种方法：继承和附加过程。继承是指下层框架可以共享上层框架（直至顶层框架）中定义的有关属性和属性值，又分为值继承、属性继承和限制继承。附加过程又叫守护程序（Daemon），是附加在数据结构上，并在询问或修改数据结构所存放的值时被激活的过程。附加过程主要有：

If-needed：本程序所属槽的值将被使用而该槽又暂时无值时，自动启动本程序。

If-added：一旦所属槽被赋值则启动本程序。

If-removed：删除本程序所属槽的时候启动本程序。

If-modified：本程序所属槽值被修改时启动本程序。

例如，确定一个人的年龄，在已知知识库中要匹配的框架为

框架名
年龄：　　　　NIL
If-needed：　　ASK
If-added：　　CHECK

首先，自动启动 If-needed 槽的附加过程 ASK。ASK 是一个程序，表示向用户询问，并等待输入。例如，当用户输入"25"后，便将年龄槽设定为 25。进而启动 If-added 槽执行附加过程 CHECK 程序，用来检查该年龄值是否合适。如果这个框架有默认槽，如 default 20，那么当用户没有输入年龄时，就默认年龄为 20。

2.2.4　网络结构表示法

知识的本质就是事物间的联系，而图则是表示联系最直观的一种手段。所以，用图来刻画事件间的联系——知识，是十分自然的事情。用图来表示知识的方法也有很多种。目前应用比较多的表示方法主要有语义网络（Semantic Network）和 Petri 网（Petri Net）。Petri 网和语义网络都是用有向图来表示知识的。

另外，语义互联网（Semantic Web）在下一代互联网研究中有着十分重要的地位。语义互联网的主要思想是：网络中每个结点都包含相应的知识，通过互联网实现知识互联和共享，最终使用户能够借助相关知识准确地理解每个结点所表达的语义或者事物。所以，语义互联网可以被认为是更大粒度和更高层次上的网络结构知识表示和知识组织方法。

1. Petri 网

Petri 网由德国学者卡尔·A. 佩特里（Carl Adam Petri）在 1962 年首先提出。Petri 网最初用于描述异步的、并发的计算机系统模型及进行动态特性分析，被认为是自动化理论的一种，后来逐渐被用作知识表示方法。Petri 网既有严格的数学表述方式，可以对离散并行系统进行数学表示；也有直观的图形表达方式，可以刻画因果关系或者时序关系。

基本的 Petri 网可用三元组 (P, T, F) 来表示（见图 2.1）。P（Place）表示位置集合，也称为库所集合，一般表示事物属性或者状态；T（Transition）表示转换集合，也称为迁移集合或者变迁集合，表示从一种状态转变为另一种状态；F 表示有

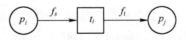

图 2.1　Petri 网的基本结构

向弧集合，用于指明转换的方向。有向弧只能存在于 P 和 T 或者 T 和 P 之间，P 和 P 之间或者 T 和 T 之间不能有有向弧。从 P 到 T 的有向弧代表输入函数，此时 P 称为输入位置。从 T 到 P 的有向弧代表输出函数，此时 P 称为输出位置。另外，在并发系统中，一个位置可以拥有多个令牌（Token），用于进行并发控制。

Petri 网可以用来表示规则集。此时，输入位置对应规则前件，输出位置对应规则后件，转换节点上可以包含规则强度或者置信度等概念。Petri 网在软件设计、工作流管理、数据分

析、并行程序设计、协议验证和电网建模等诸多领域都有重要的应用。

Petri 网表示法的特点主要有：

● 便于描述系统状态的变化以及对系统动态特性进行分析。

● 可以在不同层次上变换描述，而不必注意细节及相应的物理表示。

2. 语义网络

语义网络是奎廉（J. R. Quillian）在 1968 年研究人类联想记忆时提出的心理学模型。该模型认为记忆是由概念间的联系实现的。1972 年，西蒙（Simon）首先将语义网络表示法用于自然语言理解系统。

语义网络是知识的一种有向图表示方法。语义网络由结点和带标识的有向弧组成，如图 2.2 所示。结点用于表示实体、概念和情况等；有向弧表示结点间的关系；标识指出具体的语义。

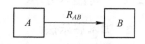

图 2.2　语义网络的基本结构

语义网络是一种非常灵活的表示方法，其表达能力非常强大。因为任何可以表示出的语义关系都可以用一个标签和一条弧线代表，所以可以认为任何知识都能够用语义网络表示。但是语义网络这种表示方法更适于人阅读，而给计算机处理带来很多不便。例如，语义不够标准化，人们可以随意定义语义联系，从而造成不同标签所代表的语义有可能是相同的，同一个系统可以用不同的语义网络表示；再者，在计算机中存储、维护语义网络也不太方便。

语义网络中的推理其实就是在有向图中的搜索过程。其控制策略与产生式系统的推理策略类似，也可以分为正向推理、逆向推理和双向推理。正向推理就是从已知结点顺着有向弧向未知结点的搜索过程。逆向推理就是从假设结点开始逆着有向弧向已知结点的搜索过程。

语义网络特别适合表达语法、句法知识。所以，语义网络在自然语言处理系统中有非常广泛的应用。例如，普林斯顿大学开发的电子英语辞典 WordNet 就根据语义网络模型，以同义词集（Synset）为基础结点，通过上/下位关系、整体/部分关系、演绎/承受关系等等十几种语义联系把所有结点联系在一起，构成一个网络。WordNet 已经在自然语言理解、知识工程、信息检索、基于文本的机器学习等诸多方面产生了重要的应用。近年来的大规模知识图谱实际上也是基于语义网络来表示知识并在其上进行推理。

语义网络表示法的主要特点如下：

（1）结构性

与框架表示法一样，语义网络也是一种结构化的知识表示方法。它能把事物的属性以及事物间的各种联系显式、明了、直观地表示出来。但是，框架表示法适合表示比较固定的或典型的概念、事件和行为；而语义网络具有更大的灵活性。

（2）联想性

语义网络最初就是作为人类联想记忆模型提出来的，其表示方法着重强调事物间的语义联系。通过这些联系很容易找到与某一结点有关的信息。这样，不仅便于以联想的方式实现对系统的检索，使之具有记忆心理学中关于联想的特性，而且它所具有的这种自索引能力使之可以有效地避免搜索时可能遇到的组合爆炸问题。

（3）直观性

用语义网络表示知识更直观，更易于理解，适合知识工程师与领域专家沟通。从自然语言转换为语义网络也比较容易。

（4）非严格性

与谓词逻辑相比，语义网络没有公认的形式表示体系。语义网络结构的语义解释依赖于该结构的推理过程而没有固定的结构约定。所以，语义网络的推理结果不能保证像谓词逻辑那样绝对正确。

（5）处理复杂性

语义网络中多个结点间的联系可能构成线状、树状、网状，甚至是递归状结构。这样就使得相应的知识存储和检索过程比较复杂。

2.2.5　其他表示法

1. 脚本表示法

脚本表示法是夏克（R. C. Schank）根据他的概念依赖理论提出的一种知识表示方法。脚本表示法与框架表示法类似，由一组槽组成，用来表示特定领域内一些事件的发生序列。

在各种知识中，常识性知识是数量最大、涉及面最宽、关系最复杂的知识，很难把它们形式化地表示出来交给计算机处理。面对这一难题，夏克提出了概念依赖理论。其基本思想是：把人类生活中各类故事情节的基本概念抽取出来，构成一组原子概念，确定这些原子概念间的相互依赖关系，然后把所有故事情节都用这组原子概念及其依赖关系表示出来。

由于各人的经历不同，考虑问题的角度和方法不同，因此抽象出来的原子概念也不尽相同，但一些基本要求都是应该遵守的。例如，原子概念不能有二义性，各原子概念应该互相独立等。夏克在其研制的 SAM（Script Applier Mechanism）系统中对动作一类的概念进行了原子化，抽取了 11 种原子动作，并把它们作为槽来表示一些基本行为。这 11 种原子动作是：

1）PROPEL：表示对某一对象施加外力，如推、拉、打等。

2）GRASP：表示行为主体控制某一对象，如抓起某件东西，扔掉某件东西等。

3）MOVE：表示行为主体变换自己身体的某一部位，如抬手、蹬脚、站起、坐下等。

4）ATRANS：表示某种抽象关系的转移。例如，当把某物交给另一人时，该物的所有关系就发生了转移。

5）PTRANS：表示某一物理对象物理位置的改变。例如，某人从一处走到另一处，其物理位置发生了变化。

6）ATTEND：表示用某个感觉器官获取信息，如用眼睛查看或用耳朵听某种声音等。

7）INGEST：表示把某物放入人体内，如吃饭、喝水等。

8）EXPEL：表示把某物排出体外，如落泪、呕吐等。

9）SPEAK：表示发出声音，如唱歌、喊叫、说话等。

10）MTRANS：表示信息的转移，如看电视、窃听、交谈、读报等。

11）MBUILD：表示由已有的信息形成新信息。

夏克利用这 11 种原子概念及其依赖关系把生活中的事件编制成脚本。每个脚本代表一类事件，并把事件的典型情节规范化。当接受一个故事时，就找出一个相应的脚本与之匹配，根据事先安排的脚本情节来理解故事。

脚本描述的是特定范围内原型事件的结构，一般由以下几部分组成：

1）进入条件：指出脚本所描述的事件可能发生的先决条件，即事件发生的前提条件。

2）角色：描述事件中可能出现的人物。

3）道具：描述事件中可能出现的有关物体。

4）场景：描述事件序列，可以有多个场景。

5）结局：给出脚本所描述的事件发生以后必须满足的条件。

脚本就像一个电影剧本一样，一场一场地表示一些特定事件的序列。一个脚本建立起来以后，如果该脚本适合某一给定的事件，则通过脚本可以预测没有明显提及的事件的发生，并能给出已明确提到的事件之间的联系。例如，对于以下情节："张三来到肯德基餐厅，要了一份汉堡，然后他就回家去了。"利用餐厅脚本可以回答"张三吃饭了吗？""张三有没有付钱？"等一类的问题。虽然上述情节中没有指出张三是否吃饭以及是否付钱，但根据餐厅脚本可知"张三吃了饭""张三付了钱"。

脚本表示法与框架表示法相比，比较呆板，能力也有限。另外，人类日常的行为有各种各样，很难用一个脚本就理解各种各样的情节。目前，脚本表示法主要在自然语言理解方面获得了一些应用。

2. 过程表示法

在人工智能的发展史中，关于知识的表示方法曾存在两种不同的观点。一种观点认为知识主要是陈述性的。其表示方法应着重将其静态特性，即事物的属性以及事物间的关系表示出来。这种观点被称为陈述式或说明性表示方法。另一种观点认为知识主要是过程性的。其表示方法应将知识及如何使用这些知识的控制性策略均表述为求解问题的过程。这种观点被称为过程性表示方法，或过程表示法。

说明性表示方法是一种静态表示知识的方法，其主要特征是把领域内的过程性知识与控制性知识（即问题求解策略）分离开。例如在前面讨论的产生式系统中，规则库只是用来表示并存储领域内的过程性知识，而把控制性知识隐含在控制系统中，两者是分离的。

过程性表示方法着重对知识的利用，它把与问题有关的知识以及如何运用这些知识求解问题的控制策略都表述为一个或多个求解问题的过程。每一个过程是一段程序，用于完成对一个具体事件或情况的处理。在问题求解过程中，当需要使用某个过程时就调用相应的程序并执行。在以这种方法表示知识的系统中，知识库是一组过程的集合。当需要对知识库进行增、删、改时，就相应地增加、删除及修改有关过程。

例如，设有知识：如果 x 与 y 是兄弟，且 x 是 z 的父亲，则 y 是 z 的叔父。若用说明性表示法表示这条知识，则可用产生式规则表示为

IF   Brother (x,y)   AND   Father (x,z)   THEN   Uncle (y,z)

其中，Brother(x,y)表示 x 与 y 是兄弟，Father(x,z)表示 x 是 z 的父亲，Uncle(y,z)表示 y 是 z 的叔父。该产生式规则静态地描述了上面给出的知识，仅指出了 Uncle (y,z)是 Brother (x,y)及 Father(x,z)的逻辑结论，即当 Brother(x,y)与 Father(x,z)同时在综合数据库中有可匹配的已知事实时，控制系统可推出结论 Uncle(y,z)。至于如何利用这些知识推出结论，那是控制系统的任务，该知识表示没有给出任何有关推理的控制性信息。

但若用过程表示法表示上述知识，则要把控制性知识融于对知识的表示中。过程表示法有多种表示形式，下面用过程规则来表示上述知识。

```
BR( Uncle   ?y  ?z)
GOAL( Brother  ?x   y)
GOAL( Father   x   z)
```

    INSERT(Uncle   y   z)
    RETURN

其中，BR 是后向推理的标志；GOAL 表示求解子目标，即进行过程调用；INSERT 表示对黑板实施插入操作；RETURN 表示该过程规则结束，每一条过程规则都需以 RETURN 作为结束标志，当其他过程调用该过程规则时，一旦执行到 RETURN 就把控制权返回到调用它的过程规则那里去；带"?"的变量表示其值将在该过程中求得。

上述过程规则的含义是：按后向推理方式进行推理；为了求解（Uncle ?y ?z），首先应通过过程调用求解（Brother ?x y）得到 x 的值；然后将得到的 x 值传递给（Father x z）并求解它；如果这些操作都成功，就将（Uncle y z）插入到黑板中，并将控制权返回给调用者。

一般来说，一个过程规则包括激发条件、演绎操作、状态转换及返回四个部分。

激发条件由两部分组成，即推理方向与调用模式。推理方向指出其推理是前向推理（FR）还是后向推理（BR）。若为前向推理，则只有当黑板中有已知事实可与其"调用模式"匹配时，该过程规则才能被激活。若为后向推理，则只有当"调用模式"与查询目标或子目标匹配时才能将该过程规则激活。

演绎操作由一系列的子目标构成。当上面的激发条件被满足时，将执行这里列出的演绎操作，如上例中的 GOAL（Brother ?x y）及 GOAL（Father x z）。

状态转换操作用于对黑板进行增、删、改，分别用 INSERT，DELETE 及 MODIFY 语句实现。

过程规则的最后一个语句是 RETURN，用于指出将控制权返回到调用该过程规则的上级过程规则那里去。

在用过程规则表示知识的系统中，求解问题的基本过程是：每当有一个新的目标时，就从可用的过程规则中选择一个（设为 R），并执行该过程规则 R。在 R 的执行过程中可能又产生新的目标，此时就调用相应的过程规则并执行它。反复进行这一过程，直到执行到 RETURN 语句。这时就将控制权返回给调用当前过程规则的上级过程规则（设为 R1）。对 R1 也做同样处理，并按调用时的相反次序逐级返回。在这一过程中，如果某过程规则运行失败，就选择另一个同层的可用过程规则执行。如果不存在这样的过程规则，则返回失败标志并将执行的控制权移交给上级过程规则。

2.3　知识获取与管理

有了知识才能进行推理。那么知识是从哪里来，又是如何获得的呢？获取的大量知识必须进行有效组织和管理才能发挥最大效益。否则杂乱无章的一大堆知识反而会成为系统的累赘，会使人陷入知识"沼泽"之中。

2.3.1　知识获取的任务

知识获取是一个与领域专家、知识系统建造者以及知识系统自身都密切相关的复杂问题，是建造知识系统过程中的一个"瓶颈"问题。这个问题至今没有令人满意的解决方法。通过机器学习方法实现自动获取知识方面，还有很多理论和技术上的难题需要解决。目前，知识获取通常由知识工程师与知识系统中的知识获取机构共同完成。知识工程师负责从领域专家那里抽取知识，并用适当的模式把知识表示出来。知识系统中的知识获取机构负责把知识转换为计算机可存储的内部形式，然后将其存入知识库。在知识存储过程中，要对知识进行一致性、完整性检测。知识获取的基本任务就是获取知识，建立起健全、完善、有效的知识库，以满足求解领域问题的需要。为此，它需要做以下几项工作：

（1）抽取知识

所谓抽取知识是指把蕴含于知识源（领域专家、书本、相关论文、系统的运行实践以及观测数据等）中的知识经过识别、理解、筛选、归纳等手段抽取出来，以便建立知识库。

知识的一个主要来源是领域专家及相关专业技术文献。但知识并不都是以某种现成的形式存在于这些知识源中可供挑选的。为了从知识源中得到所需知识，需要做大量工作。例如，有些领域专家拥有丰富的实践经验和大量知识，但是他（她）们却不一定有时间进行系统的整理、总结，形成清晰的理论体系。另外，领域专家一般也不熟悉知识系统的有关技术，不知道应该提供些什么以及用什么样的形式来表达知识。这些都给抽取知识带来了困难。为了从领域专家那里得到有用的知识，需要反复多次与领域专家交谈，并且有目的地引导交谈内容，然后通过分析、综合、去粗存精、去伪存真，归纳出可供建立知识库的知识。

知识的另一个来源是系统自身的运行实践。这需要从实践中学习、总结出新的知识。一般来说，一个系统初步建成后很难完美无缺，只有通过运行才会发现知识不够健全，需要补充新的知识。此时，除了请领域专家提供新的知识外，还可由系统根据运行经验从已有的知识和实例或者数据中演绎、归纳出新知识，补充到知识库中去。对于这种情况，要求系统自身具有一定的"学习"能力。这就给知识获取机构提出了更高的要求。

（2）转换知识

所谓转换知识是指把知识由一种表示形式变换为另一种表示形式。人类专家或科技文献中的知识通常用自然语言、图形、表格等形式表示。而知识库中的知识用计算机能够识别、运用的形式表示。两者一般有较大差别。为了将抽取出来的知识送入知识库供求解问题使用，一般需要转换知识的表示形式。转换知识一般分两步进行：①把抽取出来的知识表示为某种模式，如产生式规则、框架等；②把该模式表示的知识转换为系统可直接利用的内部形式。前一步工作通常由知识工程师完成，后一步工作一般通过输入及编译模块实现。

（3）输入知识

把用适当模式表示的知识经过编辑、编译送入知识库的过程就是输入知识的过程。目前，输入知识的基本途径有两种：一种是利用计算机系统提供的编辑软件；另一种是用专门编制的知识编辑系统，称为知识编辑器。前一种途径的优点是简单、方便，可直接拿来使用，减少了编制专门程序的工作。后一种途径的优点是可根据实际需要实现相应的功能，使其具有更强的针对性和适用性，更加符合输入知识的需要。

（4）检测知识

建立知识库一般要经过对知识进行抽取、转换和输入等环节。在这一过程中，任何环节上的失误都会造成错误知识，从而直接影响知识系统的性能。因此，必须对知识进行检测，以便尽早发现并纠正可能出现的错误。特别是在输入知识时，若能及时地进行检测，发现知识中可能存在的不一致、不完整等错误，并采取相应的修正措施，就可大大提高系统整体效能。

2.3.2　知识获取的方式

按照自动化程度划分，知识获取可分为非自动知识获取和自动知识获取两种方式。

1. 非自动知识获取

在这种方式中，知识获取分两步进行：首先，由知识工程师从领域专家或有关技术文献里获取知识；然后，再由知识工程师用某种知识编辑软件将知识输入到知识库中（见图2.3）。

知识源 ——→ 知识工程师 ——→ 知识编辑器 ——→ 知识库

图2.3 非自动知识获取过程

如前述，领域专家一般都不熟悉知识处理。知识系统的建造者虽然熟悉系统的建造技术，却不一定掌握专家知识。因此，这两者之间需要一个中介专家。中介专家既要懂得如何与领域专家打交道，能从领域专家及有关文献中获得所需知识，又要熟悉知识处理，能把获得的知识用合适的知识表示模式表示出来。这样的中介专家称为知识工程师。知识工程师的主要任务有：

1）与领域专家进行交谈，阅读有关文献，获取知识系统所需要的原始知识。这是一件非常花费时间的工作，相当于让知识工程师从头学习一门新的专业知识。

2）对获得的原始知识进行分析、归纳、整理，形成用自然语言表述的知识条款，然后交领域专家审查。这期间可能要进行多次交流，直到最后完全确定下来。

3）把最后确定的知识条款用知识表示语言表示出来，用知识编辑器进行编辑输入。

知识编辑器是一种用于输入知识的软件，通常在建造知识系统时根据实际需要编制。目前亦可根据情况选用一些工具软件。一般来说，知识编辑器应具有以下主要功能：

1）把用某种模式或语言表示的知识转换成计算机可表示的内部形式，并保存到知识库中。

2）检测输入知识中的语法错误，并报告错误性质与位置，以便进行修正。

3）检测知识的一致性和完整性等，报告产生错误的原因及位置，以便知识工程师征询领域专家意见进行改正。

非自动知识获取方式是建造知识系统中用得较普遍的一种知识获取方式。

2. 自动知识获取

自动知识获取是指系统自身具有获取知识的能力，能从原始信息中"学习"到有效知识，能从实践中总结、归纳出新知识，不断完善知识库。用计算机自动获取知识的研究内容主要有：

1）让计算机具有识别语音、文字、图像的能力。这样就大大节省了知识工程师搜集数据、整理资料、整理知识的时间。在目前的知识获取实践中，这一部分工作一般都要消耗大量的人力、物力和时间。

2）让计算机具有从数据中发现知识的能力。领域专家可以从大量的观测数据和实践经验中发现并总结出有用知识。这是人类最重要的学习能力。机器学习就是试图让计算机具备这种能力。这也是解决自动知识获取的根本途径。目前的机器学习方法已经能够从海量的数据之中发现一些有用的规律，从而大大提高了领域专家和知识工程师发现、总结新知识的效率。但是，现在的机器学习还不能像人一样可以创造出新的理论。

3）让计算机具有理解、分析、归纳知识的能力。获得知识还可以在已有知识的基础上进行分析、演绎，从而产生更有效的新知识。对旧知识或者仅仅经过初步提取的比较粗糙的知识还可以再进行归纳、提炼、综合。这样，一方面能够减少知识冗余，提高系统效率，另一方面也能不断完善和发展知识库，纠正可能存在的错误，减小了知识库的不完备性。

自动知识获取的一般过程如图2.4所示。

自动知识获取是一种理想的知识获取方式。它涉及人工智能的多个研究领域，包括模式识别、自然语言理解、机器学习等。这些研究都为知识获取提供了有利条件。在建造知识获取系统时，可以在非自动知识获取的基础上增加部分学习功能，使系统能从大量事例中归纳出某些知识。这样的系统不同于纯粹的非自动知识获取，但又没有达到完全自动知识获取的程度，因而可称为半自动知识获取。目前，人工智能已经取得的研究成果尚不足以真正实现自动知识获取。完全自动知识获取还是人们的奋斗目标。

图2.4　自动知识获取的一般过程

2.3.3　知识管理

知识管理就是指如何具体地、物理地组建知识库，保存知识；如何在知识库中安排具体的知识；如何实现知识的增加、删除、修改、查询等功能；如何记录知识库的变更；如何保证知识库的安全等。

知识的维护方式一方面依赖于知识的表示模式，另一方面也与计算机系统提供的软件环境有关。原则上可以参考数据组织的方法来组织知识。例如，使用顺序文件、索引文件、散列文件等形式存储知识。究竟选用哪种组织方式，要视知识的逻辑表示形式以及对知识的使用方式而定。在实践中往往借用数据库来管理知识。在组建知识库时应该注意以下几项基本原则：

（1）知识库具有相对独立性

知识库与推理机相分离是知识系统的特征之一。因此，在组建知识库时，应该保证实现这一要求，这样就不会因为知识的变化而对推理机产生影响。

（2）便于对知识的搜索

在推理过程中，对知识库进行搜索是一项频繁操作。知识库的组织方式与搜索过程直接相关，它直接影响系统的效率。因此，在确定知识库组织方式时，要充分考虑将要采用的搜索策略，使两者能够密切配合，以提高搜索效率。

（3）便于对知识进行维护及管理

对知识的增、删、改、查是知识管理系统的基本功能，知识库的组织方式应该便于执行这些基本操作；而且还应该便于检测可能存在的知识冗余、不一致、不完整之类的错误；此外，在删除或增加知识时，应尽量避免大量移动知识，以节约时间。

（4）便于存储用多种模式表示的知识

把多种表示模式有机地结合起来是知识表示中常用的方法。例如，把语义网络、框架及产生式结合起来表示领域知识，既可表示知识的结构性，又可表示过程性知识。知识库应该能存储不同表示形式的知识，并且便于对知识的利用。

知识库除了增、删、改、查等基本功能以外，在实践中往往还有以下一些重要功能：

（1）重组知识库

当知识库运行一段时间后，由于多次对其进行增、删、改等操作，其物理结构会发生一些变化，使得某些使用频率较高的知识不能处于容易被搜索的位置上，直接影响系统的运行效率。此时，需要对知识库进行重新组织，使那些使用频繁的知识更容易被搜索，同时逻辑上关系比较密切的知识应尽量放在一起。

（2）记录系统运行的实例

问题实例的运行过程是求解问题的过程，也是系统积累经验、发现自身缺陷及错误的过程。因此，知识管理系统需要适当记录知识系统运行的实例。对记录内容没有严格规定，可根据实际情况确定。

（3）记录系统的运行史

为了在使用过程中不断完善知识系统，除了记录系统运行实例外，还需要记录系统运行史。记录内容与知识检测及求精方法有关，没有统一标准。一般来说，包括系统运行过程中激活的知识、产生的结论以及产生这些结论的条件、推理步长、专家对结论的评价等。这些记录不仅可用来评价系统的性能，而且对知识的维护以及系统向用户的解释都有重要作用。

（4）记录知识库的发展史

对知识库的增、删、改会改变知识库的内容。如果将其变化情况及知识的使用情况记录下来，将有利于评价知识的性能，改善知识库的组织结构，达到提高系统效率的目的。

（5）知识库的安全保护与保密

安全保护是指防止由于操作失误等主观或客观原因使知识库遭到破坏，造成严重后果。至于安全保护措施，既可以像数据库系统那样通过设置口令验证操作者的身份、对不同操作者设置不同的操作权限、预留备份等，也可以针对知识库的特点采取特殊的措施。

保密是指防止知识的泄漏。很多领域的知识会涉及行业秘密或者部门秘密。这些知识往往不能轻易外传。因此，涉密的知识系统要对其知识库采取严格保密措施，严防未经许可就查阅和复制等。通常，用于信息加密的各种手段都可以作为知识库上的保密措施。

2.3.4 本体论

1. 什么是本体论

在人工智能研究中有两种研究类型：面向形式的研究（机制理论）和面向内容的研究（内容理论）。前者处理逻辑与知识表示，后者处理知识的内容。近年来，面向内容的研究越来越被人关注。因为许多现实世界中的问题，如知识重用与共享、智能体（Agent）通信、集成媒体、大规模知识库等，不仅需要先进的学习理论或推理方法，而且还需要对知识内容进行复杂处理。对知识内容本身进行研究的最主要理论就是本体论（Ontology）。

本体论（Ontology）本来是一个哲学术语，意义为"关于存在的理论"。哲学上的本体论研究自然存在以及现实的组成结构。它试图回答"什么是存在""存在的性质是什么"等问题。在人工智能领域，本体是关于概念化的明确表达。本体论研究特定领域知识的对象分类、对象属性和对象间的关系，为描述领域知识提供术语。

1993年，美国斯坦福大学知识系统实验室的 Gruber 给出了关于本体论的一个定义。Gruber 认为：概念化是从特定目的出发对所表达的世界所进行的一种抽象的、简化的观察。每一个知识库、基于知识库的信息系统以及基于知识共享的智能体都内含一个概念化的世界。它们是显式的或者隐式的。本体是对某一概念化所做的一种显式的解释说明。本体中的对象以及它们之间的关系是通过知识表示语言的词汇来描述的。因此，可以通过定义一套知识表示的专门术语来定义一个本体。以人们可以理解的术语来描述领域世界的实体、对象、关系以及过程等，并通过形式化的公理来限制和规范这些术语的解释和使用。

根据 Gruber 的解释，概念化的明确表达是指一个本体是对概念和关系的描述，而这些概念和关系可能是针对一个智能体或智能体群体而存在的。在这个意义上，本体对于知识共享和重用非常重要。Borst 对 Gruber 的本体定义稍微做了一点修改，他认为本体可定义为被共享的概念化的一个形式规格说明。还有的学者把本体定义为用于描述或表达某一领域知识的一组概念或术语。它可以用来组织知识库较高层次的知识抽象，也可以用来描述特定领域的知识。本体是知识实体而不是描述知识的途径。一个本体不仅是词汇表，而是整个上层知识库（包括描述该知识库的词汇）。例如，Cyc 工程就以本体定义其知识库，对生活常识建立综合的本体论和数据库，其目标是产生具有和人的推理能力相似的推理引擎。

不同学者站在不同角度，对本体论有不同的认识。但是，总体上本体论具有如下一些性质：

1）本体描述的是客观事物的存在。

2）本体独立于对本体的描述。任何对本体的描述，包括人对事物在概念上的认识，人对事物用语言的描述，都是本体在某种媒介上的投影。

3）本体独立于个体对本体的认识。本体不会因为个人认识的不同而改变。它反映的是一种能够被群体所认同的、一致的"知识"。

4）本体本身不存在与客观事物的误差，它就是客观事物的本质。但对本体的描述，即以任何形式或自然语言写出的本体，作为本体的一种投影，可能会与本体本身存在误差。

5）描述的本体代表了人们对某个领域的知识的公共观念。这种公共观念能够被共享、重用，进而消除不同人对同一事物理解的不一致性。

6）对本体的描述应该是形式化的、清晰的、无歧义的。

2. 本体论的作用

目前，阻碍知识共享的一个关键问题是不同系统使用不同概念和术语来描述其领域知识。这种不同使得将一个系统的知识用于其他系统变得十分复杂。如果开发一些能够用于多个系统的、通用的、基础的概念体系，那么这些系统就可以共享通用的术语以实现知识共享和重用。开发这种可重用的概念体系就是本体论研究的一个重要目标。本体论研究还包括开发支持本体合并以及本体间互译的理论和方法，使得基于不同本体的系统也可以共享知识。

构造本体的目的是为了实现某种程度的知识共享和重用，其作用体现在以下一些方面：

1）人与组织之间的信息交流。本体的核心概念是知识共享。通过减少概念和术语上的歧义，本体论提供了一个统一框架或者规范模型，使得来自不同背景、持不同观点和目的的人之间可以相互理解和交流，并保持语义上的一致性。

2）系统之间的互操作。应用程序可以使用本体论实现异构系统之间的互操作，即不同系统或工具之间的数据传输。例如，语义 Web 服务就属于此类。

3）需求分析和系统设计的基础。在需求分析中，本体论通过对问题和任务的理解描述，可提高明确性，减小分析代价。同时，本体论可进一步作为软件设计的基础，以（半）自动方式检查需求和设计的一致性，提高软件的可靠性。本体论还可以通过对系统内部各个功能模块及其联系的详细描述来提高软件重用性。

4）支持知识重用。本体是领域内重要实体、属性、过程及其相互关系形式化描述的基础。这种形式化描述可成为软件系统中可重用和共享的组件。

5）显式定义对领域的认识。以往在处理领域相关问题时，领域知识（背景知识）往往作为默认内容，被隐藏在程序编码后面。这样的领域知识既难以发现，又不便于修改。使用本体论可以显式地描述这种领域相关知识，使得知识能够清晰地从代码中独立出来。

6）将领域知识同使用领域知识的操作性知识分离开来。使用本体论可以将算法从具体的领域知识中分离出来，使得同一个算法可以应用到不同的领域。

3. 本体的种类

根据本体在主题上的不同层次，本体可分为顶级本体（Top Level Ontology）、领域本体（Domain Ontology）、任务本体（Task Ontology）和应用本体（Application Ontology）。顶级本体处于最上层，领域本体和任务本体处于中间层，应用本体处于最底层，如图 2.5 所示。

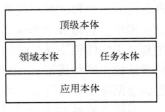

图 2.5　本体的层次

顶级本体研究通用的概念，如空间、时间、事件和行为等。这些概念独立于特定的领域，可以在不同的领域中共享和重用。处于第二层的领域本体则研究特定领域中（如图书、医学等）的词汇和术语，对该领域进行建模。与其同层的任务本体则主要研究可共享的问题求解方法，其定义了通用的任务和推理活动。领域本体和任务本体都可以引用顶级本体中定义的词汇来描述自己的词汇。处于第三层的应用本体描述具体的应用。它可以同时引用特定的领域本体和任务本体中的概念。

2.3.5　知识图谱

1. 什么是知识图谱

知识图谱（Knowledge Graph）是谷歌公司于 2012 年提出的用于增强其搜索引擎功能的一种知识库结构。近几年，知识图谱概念已经被广泛接受，并不断发展出很多具有数十亿条以上事实的大规模知识库。知识图谱已被广泛应用于智能搜索、智能问答、个性化推荐、社交网络等领域。利用知识图谱进行智能检索时，系统不再局限于简单的用户关键词匹配，而是能根据用户查询的情境与意图进行推理，实现概念检索。同时，检索结果还具有层次化、结构化等重要特征。例如，用户输入"姚明"进行检索，系统会给出姚明的职业生涯介绍，姚明的家庭关系，姚明的图像、图片、视频等内容。

2.3.5 知识图谱

从本质上讲，知识图谱是一种揭示实体之间关系的语义网络，可以对现实世界的事物及其相互关系进行形式化的描述。同时，通过知识图谱能够将互联网上的信息、数据以及链接关系聚集为知识，使信息资源更易于计算、理解以及评价，并且形成一套 Web 语义知识库。

2. 知识图谱的表示

知识图谱一般用三元组来表示。即 $G=(E, R, S)$，其中 G 是知识图谱，E 是知识库中的实体集合，R 是知识库中的关系集合，$S \subseteq E \times R \times E$ 代表知识库中的三元组集合。三元组的基本形式主要包括（实体1，关系，实体2）和（概念，属性，属性值）等。实体是知识图谱中的基本元素，不同实体间存在不同的关系。概念主要指集合、类别、对象类型、事物的种类等。属性指对象可能具有的属性、特征、特性、特点以及参数等，如一个人的生日、姓名、血型等。属性值是指对象指定属性的值。例如，张三的生日为 2000 年 12 月 23 日，血型为 AB 型。每个实体用一个全局唯一的 ID 来标识。属性-属性值对（Attribute-Value Pair）可用来刻画实体的内在特性，而关系可用来连接两个实体，刻画它们之间的关联。

虽然基于三元组的知识表示形式受到广泛认可，但是其在计算效率、数据稀疏性等方面却面临着诸多问题。近年来，以深度学习为代表的表示学习技术取得了重要进展，可以将实体语义信息表示为稠密低维实值向量，进而在低维实数空间中高效计算实体、关系及其之间的复杂语义关联。知识的分布式表示就是用一个综合向量来表示实体对象的语义信息，这是一种模仿人脑工作的表示机制。分布式表示形式在知识图谱的计算、补全、推理等方面都有很重要的作用。例如，把实体表示为低维实值向量（相对于词典的规模而言，向量维度比较低），则可以用熵权系数法、余弦相似性等很多数值方法计算相似性，从而去度量实体之间的语义关联程度。还可以预测知识图谱中任意两个实体之间的关系，以及实体间已有关系的正确性。这种链接预测对于补全大规模知识图谱的实体关系非常有意义。谷歌公司开源的 Word2vec 就是一款能够对实体（单词）进行分布式表示的工具。

3. 知识图谱的结构

知识图谱的结构包括自身的逻辑结构以及体系结构。

（1）知识图谱的逻辑结构

知识图谱在逻辑上可分为数据层和模式层。数据层主要是由一系列事实组成，知识以事实为单位进行存储。如果用（实体 1，关系，实体 2）、（实体，属性，属性值）这样的三元组来表达事实，则可选择图数据库作为存储介质，如开源的 Neo4j、Twitter 的 FlockDB 等。模式层构建在数据层之上，主要是通过本体库来规范数据层的一系列事实表达。本体是结构化知识库的概念模板，通过本体库而形成的知识库不仅层次结构较强，并且冗余程度较小。

（2）知识图谱的体系结构

知识图谱的体系结构是指其构建模式。知识图谱主要有自顶向下（Top-Down）与自底向上（Bottom-Up）两种构建方式。自顶向下是指先为知识图谱定义好本体与数据模式，再将实体加入到知识库。该构建方式需要利用一些现有的结构化知识库作为其基础知识库。例如，Freebase 项目就是采用的这种方式，它的绝大部分数据是从维基百科中得到的。自底向上是指从一些开放链接数据中提取出实体，选择其中置信度较高的加入到知识库，然后再构建顶层的本体模式。目前，大多数知识图谱都采用自底向上的方式进行构建，如谷歌公司的 Knowledge Vault 等。

4. 知识抽取

知识抽取主要是面向开放链接数据，通过自动化技术抽取出可用的知识单元；并以此为基础，形成一系列事实表达，为构建模式层奠定基础。知识单元主要包括实体、关系以及属性三个知识要素。所以知识抽取也包括实体抽取、关系抽取和属性抽取三项内容。

（1）实体抽取

早期的实体抽取也称为命名实体学习（Named Entity Learning）或命名实体识别（Named Entity Recognition），是指从原始语料中自动识别出命名实体。由于实体是知识图谱中的基本元素，其抽取的完整性、准确率、召回率等将直接影响知识库的质量。因此，实体抽取是知识抽取中最为基础与关键的一步。

实体抽取方法可分为三种：基于规则与词典的方法、基于统计机器学习的方法以及面向开放域的抽取方法。

基于规则与词典的方法通常需要为目标实体编写模板，然后在原始语料中进行匹配。早期的实体抽取是在限定文本领域、限定语义单元类型的条件下进行的，主要采用基于规则与词典的方法。例如，使用已定义的规则抽取文本中的人名、地名、组织机构名、特定时间等实体。基于规则与词典的方法不仅需要依靠大量的专家来编写规则或模板，且覆盖领域范围有限，很难适应因数据变化而出现的新需求。

基于统计机器学习的方法主要是通过机器学习的方法对原始语料进行训练，再利用训练好的模型去识别实体。后来，一些机器学习中的监督学习算法被用于抽取命名实体。单纯的监督学习算法在性能上不仅受到训练集合的限制，并且算法准确率与召回率都不够理想。所以，有些研究者将监督学习算法与规则相互结合，取得了一定成果，实验中的准确率与召回率可达到70%以上。

面向开放域的抽取方法则是面向海量的 Web 语料。这类方法首先从少量实体实例中自动发现具有区分力的模式，然后再扩展到在海量文本中对实体做分类与聚类。

（2）关系抽取

关系抽取的目标是解决实体间语义链接的问题。早期的关系抽取方法主要是通过人工构造语义规则以及模板来识别实体关系。随后，实体间的关系模型逐渐替代了人工预定义的语法与规则，但是仍需要提前定义实体间的关系类型。Banko 等人在 2007 年提出了面向开放域的信息抽取框架，可以自动抽取关系。这种方法对于抽取实体的隐含关系性能不高，所以有研究者提出了联合推理的实体关系抽取模型，如马尔可夫逻辑网（Markov Logic Network）、基于本体推理的深层隐含关系抽取模型等。

（3）属性抽取

属性抽取主要是针对实体而言。通过属性可形成对实体的完整勾画。由于实体的属性可以看成是实体与属性值之间的一种名称性关系，因此可以将实体属性的抽取问题转换为关系抽取问题。大量的属性数据主要存在于半结构化或非结构化的大规模开放域数据集中。从这些数据集中抽取属性的方法主要有两种：一种是将上述从百科网站上抽取的结构化数据作为可用于属性抽取的训练集，再将该模型应用于开放域中的实体属性抽取；另一种是根据实体属性与属性值之间的关系模式，直接从开放域数据集上抽取属性。

5. 知识融合

由于知识图谱中的知识来源广泛，很容易存在知识质量良莠不齐、不同来源的知识重复、知识间关联不够明确等问题。知识融合就是高层次的知识组织，使来自不同知识源的知识在同一框架规范下进行异构数据整合、消歧、加工、推理验证、更新等步骤，达到数据、信息、方法、经验以及思想的融合，形成高质量的知识图谱。知识融合主要包括实体对齐、知识加工、知识更新等内容。

（1）实体对齐

实体对齐（Entity Alignment）也称为实体匹配（Entity Matching）或实体解析（Entity Resolution），主要用于消除异构数据中实体冲突、指向不明等不一致性问题。实体对齐可以帮助系统从顶层创建一个大规模的统一知识库，从而帮助机器理解多源异质数据，形成高质量的知识图谱。

实体对齐的主要流程一般包括：①将待对齐数据进行分区索引，以降低计算复杂度；②利用相似度函数或相似性算法查找匹配实例；③使用实体对齐算法进行实例融合；④将步骤②与步骤③的结果结合起来，形成最终的对齐结果。

实体对齐一般需要计算两个实体各自属性的相似性，然后基于属性相似度建立概率模型或者分类模型来判断实体是否匹配。例如，可以使用决策树、支持向量机等有监督学习方法通过属性比较向量来判断实体对匹配与否。也可以使用聚类方法将相似的实体尽量聚集到一起，再进行实体对齐。还可以为实体本身属性以及与它有关联的实体属性分别设置不同权重，然后加权求和计算总体的相似度，或者使用向量空间模型以及余弦相似性来判别大规模知识库中的实体相似程度。还可以根据实体相似性可能沿着实体关联关系而传播的思想，综合考虑实体对的属性与关系，不断迭代发现所有的匹配实体对。

（2）知识加工

通过实体对齐可以得到一系列的基本事实表达或初步的本体雏形。然而，事实并不等于知识。要形成高质量知识，还需要进行知识加工，从层次上形成一个大规模的知识体系，统一对知识进行管理。知识加工主要包括本体构建与质量评估两方面内容。对知识库的质量评估任务通常与实体对齐任务一起进行。其意义在于可以对知识的可信度进行量化，保留置信度较高的，舍弃置信度较低的，有效确保知识质量。

本体在知识图谱中的作用相当于知识的模具。通过本体库而形成的知识不仅层次结构较强，并且冗余程度较小。本体可通过人工方式手动构建，也可通过数据驱动自动构建，然后再经质量评估与人工审核相结合的方式加以修正与确认。

面对海量的实体数据，人工构建本体库的工作量极其巨大，故当前的主流本体库产品都是面向特定领域，采用自动构建技术而逐步扩展形成。例如，微软公司的 Probase 本体库就是采用数据驱动方法，利用机器学习算法从网页文本中抽取概念间的"IsA"关系，然后合并形成概念层次结构。

数据驱动的本体自动构建过程可分为三个阶段：①纵向概念间的并列关系计算。计算任意两个实体间并列关系的相似度，辨析它们在语义层面是否属于同一个概念。计算方法主要包括模式匹配与分布相似度两种。②实体上下位关系抽取。上下位关系抽取方法包括基于语法的抽取与基于语义的抽取两种方式。例如，信息抽取系统 KnowItAll、TextRunner 等可以在语法层面抽取实体的上下位关系，而 Probase 则是采用基于语义的抽取模式。③本体生成。对各层次得到的概念进行聚类，并为每一类的实体指定一个或多个公共上位词。

（3）知识更新

知识会随着人类认知的发展而不断地演化、更新、增加。因此，知识图谱内容也需要与时俱进，需要不断地迭代更新，扩展新知识。根据知识图谱的逻辑结构，其更新主要包括模式层的更新与数据层的更新。模式层的更新是指本体中元素的更新（包括概念的增加、修改、删除等）、概念属性的更新以及概念之间上下位关系的更新等。其中，概念属性的更新操作将直接影响所有直接或间接属性的子概念和实体。通常来说，模式层的增量更新方式消耗资源较少，但是多数情况下是在人工干预的情况下完成的，如需要人工定义规则、人工处理冲突等。数据层的更新指的是实体元素的更新，包括实体的增加、修改、删除，以及实体的基本信息和属性值更新。数据层的更新影响相对较小，通常以自动方式完成。

6. 知识图谱上的推理

知识图谱上的推理可能涉及实体、实体的属性、实体间的关系、本体库中概念的层次结构等。知识图谱推理方法主要可分为基于逻辑的推理与基于图的推理两种类别。

基于逻辑的知识图谱推理主要包括一阶谓词逻辑（First Order Logic）、描述逻辑（Description Logic）以及规则等。一阶谓词逻辑推理以个体和谓词为基础进行推理。个体对应实体对象，具有客观独立性，可以是具体的一个或泛指一类，如奥巴马、选民等。谓词则描述了个体的性质或个体间的关系。描述逻辑是在命题逻辑与一阶谓词逻辑基础上发展而来的，其目的是在表示能力与推理复杂度之间追求平衡。描述逻辑可将知识图谱中复杂的实体关系推理转化为一致性的检验问题，从而简化推理实现。在本体概念层次上进行推理时，主要是对用网络本体语言（Web Ontology Language，OWL）描述的概念进行推理。

基于图的知识图谱推理方法主要是利用了关系路径中的蕴涵信息，通过图中两个实体间的多步路径来预测它们之间的语义关系。即从源结点开始，在图上根据路径建模算法进行游走，如果能够到达目标结点，则推测源结点和目标结点间存在联系。

2.4　基于知识的系统

拥有并能够运用知识是人脑的重要特点。这也是人工智能系统需要重点模拟的功能。知识是人工智能系统中的一个核心。人工智能应用中很多系统都需要处理和应用知识，如专家系统、问答系统、智能决策系统等就是典型代表。

2.4.1　什么是知识系统

知识系统是一类具有专门知识和经验的计算机系统，并通过对人类知识和问题求解过程的建模，采用知识表示和知识推理技术来模拟通常由人类解决的复杂问题。知识系统与一般计算机系统的主要区别是：基于知识的系统以知识库和推理机为核心。知识系统把知识与系统的其他部分分离开，并且知识系统强调的是知识而不是方法。

建造一个知识系统的过程可以称为"知识工程"。它是把软件工程的思想应用于设计基于知识的系统。知识工程包括以下几个方面：

1）获取系统所用的知识，即知识获取。

2）选择合适的知识表示形式，即知识表示。

3）设计知识库和推理机。

4）用适当的计算机语言实现系统。

常见的知识系统有专家系统（Expert System）、自动问答系统（Question Answering System）、智能决策支持系统（Intelligent Decision Support System）、计算机辅助诊断系统（Computer Aided Diagnostic System）等。

知识系统一般使用领域知识来求解特定领域问题。它通常适合完成那些没有较好解析方法、数据不精确、信息不完整、问题求解空间十分巨大、人类专家短缺或专门知识十分昂贵的诊断、解释、监控、预测、规划和设计等任务。随着人工智能技术的进步，近年来也出现了一些面向非特定领域的通用问答系统，可以回答一般性问题。

知识系统具有以下特点：

（1）启发性

知识系统能够运用专门的知识和经验进行推理、判断与决策，利用启发式信息找到求解问题的捷径或者在有限资源限制下找到可行解。

（2）灵活性

知识系统的体系结构一般采用知识库与推理机分离的原则。两者既有联系，又相互独立。当用户对知识库进行增、删、修改或更新时，灵活方便，不会对推理机造成重大影响。

（3）交互性

知识系统一般采用交互方式进行人机通信。这种交互性既有利于系统获取知识，又便于用户在求解问题时输入条件或事实。

（4）实用性

知识系统是根据具体应用领域的问题开发的，针对性强，具有非常良好的实用性。

（5）易推广

知识系统使人类专家的领域知识突破了时间和空间的限制，使专家的知识和技能更易于推广和传播。

2.4.2 专家系统

专家系统（Expert System）就是具有专门领域知识，能够像人类专家一样解决一些特定领域问题的一类知识系统。专家系统通常由人机交互界面、知识获取、推理机、解释器、知识库、综合数据库6个部分构成（见图2.6）。

人机交互界面是系统与用户进行交流的界面。用户通过该界面输入基本信息，回答系统提出的相关问题。系统输出推理结果及相关的解释也要通过人机交互界面。

知识获取负责建立、修改和扩充知识库，是专家系统中把求解问题的各种专门知识从人类专家的头脑中或其他知识源那里转换到知识库中的一个重要机构。

推理机是运用知识求解问题的核心执行机构。推理机根据知识语义，按照一定策略找到一条知识并解释执行，然后把结果记录到综合数据库中。推理机程

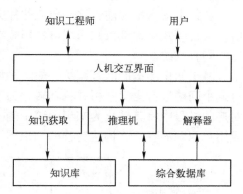

图 2.6　专家系统的基本结构

序与知识库的具体内容一般无关，即推理机和知识库是分离的。这样，改动知识库时无须改动推理机。但是纯粹的形式推理会降低问题求解的效率，所以在实践中也可以选择把推理机和知识库适当结合起来。

解释器用于对求解过程做出说明，并回答用户的提问。两个最基本的问题是"为什么"和"怎么样"。解释器涉及专家系统的透明性。它让用户理解专家系统正在做什么和为什么这样做，向用户提供了关于系统的一个认识窗口。系统通常需要反向跟踪综合数据库中保存的推理路径，并把它翻译成用户能接受的自然语言表达方式。

知识库是求解问题所需领域知识的集合，包括基本事实、规则和其他有关信息。知识的表示形式可以多种多样，如框架、规则、语义网络等。知识库中的知识是决定专家系统能力的关键，即知识库中知识的质量和数量决定专家系统的质量水平。知识库是专家系统的核心组成部分。用户可以通过改变、完善知识库中的知识来提高专家系统的效能。

综合数据库也称为黑板，是反映当前问题求解状态的集合，用于存放系统运行过程中产生的所有信息以及所需要的原始数据，包括用户输入的信息、推理的中间结果和推理过程的记录等。综合数据库中由各种事实、命题和关系组成的状态，既是推理机选用知识的依据，也是解释器获得推理路径的来源。

专家系统在实践中已经获得了非常广泛的成功应用。从医学诊断、辅助教育、地矿勘探、故障检测、农业生产到智能设计、优化决策、商业保险等几乎各行各业都有相关的专家系统在运行。专家系统大大提升了普通用户的工作效率，相当于普及了无数个人类专家。但是，目前的专家系统在知识获取和不确定推理方面还远远不如人类专家。专家系统适合处理比较成熟的、常见的、有固定处理模式的问题，不适合解决未出现过的新问题。专家系统还远远不能替代人类专家。

2.4.3 问答系统

问答系统（Question Answering System）是指以自然语言（文本或者语音）提问为输入，能够自动给出相应自然语言（文本或语音）答案的一类人工智能知识系统。问答系统已经有70多年的发展历史。早期的问答系统大多是针对特定领域、为处理结构化数据而设计的专家系统，通常只接受特定形式的自然语言问句。进入21世纪以来，随着机器学习、自然语言处理、信息检索等技术的进步，问答系统获得了巨大发展。现在的问答系统都需要在海量训练语料上进行机器学习，生成相应的模型和知识，然后才能结合答案库或者知识库回答问题。

在知识图谱出现前，这一研究往往关注在知识本体、语义网络上做问答。知识图谱出现之后，大规模知识库都以知识图谱的形式存在，所以基于知识库的问答系统就演变为基于知识图谱的问答系统。

基于知识图谱的问答系统一般结构如图2.7所示。当用户提出一个问题后，问答系统首先对这个问题进行语义解析并将其转化为计算机可以理解的表示形式。然后，系统在与知识图谱对接的过程中将其转化为知识图谱中的一个结构化查询。最后，再经过一定的推理过程即可生成用户问题的答案。构建完善的知识图谱显然是这种问答系统的一个关键点。

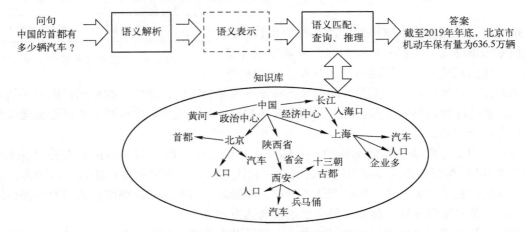

图 2.7 基于知识图谱的问答系统一般结构

（1）语义解析与结构化查询

语义解析与结构化查询是指用知识图谱中的概念、关系、属性等知识元素表示自然语言问句的语义，并形成逻辑表达式的过程也就是将自然语言翻译成结构化查询语言。目前主要有语法树解析法、三元组匹配法、自动模板生成法、图结构法等方法。语法树解析法利用传统的语法解析技术进行语义提取，通过手工构建的本体词典进行链接。这种方法的优点是准确度高，缺点是不进行实体链接，覆盖率低。三元组匹配法不进行语法分析，将语义匹配问题转化成三元组匹配和实体链接问题。这种方法的主要优点是覆盖率高，缺点是回答的准确度相对较低，并且因受限于三元组的表示形式，对复杂问题难以问答。自动模板生成法综合了三元组匹配和语法树解析的思想，使用基于链接数据的语法解析器，生成中间模板，再对模板进行语义链接。这种方法的优点是回答准确度高，并且可应对复杂问题。图结构法将用户问题转化成知识库中的子图匹配问题。这种方法不需要复杂的语法解析器，但是子图匹配尚有很多问题有待突破。

（2）推理

在问答系统中，不是所有的问题都可以利用现存的知识库直接回答。但是，有很多隐含知识可以利用已经抽取到的知识进行推理回答。早期的知识推理方法大多是从现有的知识中归纳出符号逻辑推理规则，从而利用已有的知识推理出结论。但是这些基于符号的推理方法未能有效考虑符号本身的语义，再加上推理规则的数量随着关系的数量指数级增长，因此很难扩展到大规模知识资源库中。

深度学习方法的发展使知识推理技术出现了新思路。大量工作着眼于实体和关系的表示学习。通过在全局条件下对知识资源库的实体和关系进行编码，将实体、概念和关系表示为低维空间中的向量或矩阵，通过在低维空间中的数值计算完成知识推理任务。现在，融合符号逻辑、表示学习和基于内存机制的"端到端"深度神经网络是推理技术研究发展的新趋势。

2.4.4　知识系统举例

MYCIN 是一个著名的医学领域专家系统，由斯坦福大学在 20 世纪 70 年代开发。MYCIN主要对细菌感染疾病进行诊断和治疗咨询。医生可以向系统输入病人信息，系统对其进行诊断，并给出诊断结果和处方。

人类专家在诊断病情和提出处方时，大致有以下四个步骤：

1）确定病人是否有严重的病菌感染需要治疗。为此，首先要判断所发现的细菌是否引起了疾病。

2）确定疾病可能是由哪种病菌引起的。

3）判断哪些药物对抑制这种病菌可能有效。

4）根据病人的情况，选择最适合的药物。

这个决策过程很复杂，主要靠医生的临床经验和判断。MYCIN 试图用产生式规则的形式体现专家知识，并模仿专家推理过程。系统通过和内科医生之间的对话收集关于病人的基本情况，如临床情况、症状、病历以及详细的实验室观测数据等。系统首先询问一些基本情况。内科医生在回答询问时所输入的信息被用于做出诊断。诊断过程中如需要进一步的信息，系统就会进一步询问医生。MYCIN 一旦做出合理的诊断，就列出可能的处方，然后在与医生做进一步对话的基础上选择适合病人的处方。

医生经常需要在信息不完全或不十分准确的情况下，决定病人是否需要治疗，如果需要治疗的话，应选择什么样的处方。而 MYCIN 的重要特性之一是以不确定和不完全的信息进行推理。

MYCIN 由三个子系统组成：咨询子系统，解释子系统和规则获取子系统。系统所有信息都存放在静态数据库和动态数据库两个数据库中。其中，静态数据库存放咨询过程中用到的所有规则，它实际上是专家系统的知识库；动态数据库存放关于病人的信息，以及到目前为止咨询子系统所询问的问题，并且每咨询一次，动态数据都要重建一次。

在咨询子系统中 MYCIN 逐步建立了必要信息。这些信息包括关于病人的一般情况、培植的培养物、从培养物中分离的细菌以及已服用的药物等。这些信息被分别归类到相应的项目中，这些项目称为语境。MYCIN 中有如下一些语境类型：

1）CURCULS：正在从中分离细菌的培养物。

2）CURORGS：目前从培养物中分离出的细菌。

3）OPDRGS：在最近治疗过程中病人已服用的抗生素药物。

4）OPERS：病人正在接受的治疗。

5）PERSON：病人状况。

6）POSSTHER：正在考虑的处方。

7）PRIORCULS：以前取得的培养物。

8）PRIORDRGS：病人以前服过的抗生素。

9）PRIORORGS：以前分离的细菌。

在咨询过程中系统把病人的相关信息填入上述这些语境类型中，称为语境实例。所得结果以树形结构组织成一棵语境树。语境树中的结点为语境实例，括弧中所示为相应的语境类型。每种语境类型都由一组临床参数来描述。例如，描述 PERSON 语境的参数称为 PROPPT，其中包括 NAME、AGE 和 SEX，分别表示姓名、年龄和性别。虽然某些参数如 NAME、AGE、SEX 是由用户提供的，但大部分参数只能由 MYCIN 利用规则推论出来。

MYCIN 用产生式规则把专家知识表示成一般的"if（条件或前提）-then（操作或结论）"形式。对许多临床参数，MYCIN 用一个[-1,+1]之间的数来表示其可信度。可信度等于 1 表示这个参数肯定是这个值；可信度为-1 表示这个参数肯定不是这个值。可信度通过计算得到或者由医生输入。每条规则同时具有内部形式和外部英语形式。在内部形式中，规则的前提和操作部分都以 LISP 语言中的表结构形式保存。

MYCIN 使用逆向推理的控制策略。在程序的任意一点，程序目标都是寻找某一语境参数，也就是跟踪这个参数。跟踪的方法是调用所有在其操作部分得出这个参数的规则。开始咨询时，首先把语境树的根结点具体化为某位病人。然后，试图找出这个语境类型的 REGIMEN 参数，该参数是对病人所研究的建议处方。在 MYCIN 中只有一条规则可以推论出 REGIMEN 的值，这条规则称为目标规则。为了求得 REGIMEN 的值，系统需要跟踪目标规则前提部分所涉及的参数。医生很可能也不知道这些值，所以需要应用可以推论出这些值的规则。然后跟踪这些规则的前提部分中的参数。这样跟踪下去，直到通过医生的回答以及推论可以找到所需的参数为止。

MYCIN 有一个静态数据库，包括所有的产生式规则以及所有的咨询程序所需的信息。每一类语境、规则、参数都有若干特性，这些特性都存储在静态数据库中。这样的静态数据库是专家系统知识库的一部分。

在静态数据库中，每个规则有以下四个属性：

1）PREMISE：规则的前提部分。

2）ACTION：规则的动作部分。

3）CATEGORY：语境类型。每条规则都有对应的适用语境类型，以便调用。

4）SETFREF：规则是否是自我引用。如果是自我引用为 1；反之，则为 0。

每种类型的语境都有一组有关临床参数，这些参数可以用于这种类型的所有语境。但如果语境类型不同，相应的参数也随之不同。例如，PERSON 语境类型的参数组包括病人的姓名、年龄和性别；而 CURCULS 语境类型的参数组包括参数 SITE，即培养物取自的部位；CURORGS 语境类型的参数组包括参数 IDENT，即细菌的类别。

MYCIN 的静态数据库中，每种语境有 10 种属性。这些属性也用于检验一个规则是否可用于合适的语境。

1）ASSOCWITH：父辈结点的语境类型。每一种语境只可能是另一种类型的语境的直接后代。

2）TYPE：这种类型语境的词干。

3）PROPTYPE：参数的分类，相应于语境的类型。

4）SUBJECT：可用于这类语境的规则分类表。

5）MAINPROPS：一个参数表。每当这种类型的语境被实例化时，就立即跟踪此表中的参数。

6）TRANS：由解释程序翻译成英语。

7）SYN：用于构成向用户提出的询问。

8）PROMPT1：问号，可询问是否已有这种类型的语境。

9）PROMPT2：在第一次建立这种类型的语境以后，PROMPT2 给出一个问句以询问是否另有同一类型的语境。如果回答是肯定的，那么这另外的语境类型被实例化，并重复询问这个问题。

10）PROMPT3：如果对某种语境类型来说必须至少有另一个语境与之对应，那么就用 PROMPT3 代替 PROMPTl。PROMPT3 是一个语句（不是询问）。

MYCIN 的知识库中大约有 600 条规则。根据斯坦福大学医学院（Stanford University Medical，School of Medicine）的报告，MYCIN 对 69% 的病例都给出了可接受的诊断结果和治疗方案。这甚至优于人类专家在相同条件下的表现。这个结果充分说明了专家系统的可行性和有效性。但是，MYCIN 从未应用于真正的医疗活动。其原因并不是技术和性能上的缺陷，而是法律和伦理限制。因为，没有一个专家系统能够保证其结论 100% 正确。一旦依据专家系统的结果而造成重大失误或者损失，那么应该由计算机负责还是由人来负责？

2.5 本章小结

本章首先介绍了多种多样的知识表示方法，包括经典逻辑表示法、产生式表示法、框架表示法、Petri 网表示法、语义网络表示法、脚本表示法和过程表示法等，说明了这些表示法的基本原理和形式。因为产生式表示法可以很方便地表示因果关系，并且容易进行不确定性推理，所以产生式表示法是人工智能中应用最广泛的一种知识表示方法。语义网络表示法非常灵活、直观，所以近年来语义网络表示法在本体论中应用很多。知识图谱实际上也是语义网络的一种应用。每种知识表示方法都有其各自的特点，没有一种知识表示方法对所有问题都是最适用的。所以，在实践中往往根据实际需要，把多种知识表示方法结合起来使用，可更合理、全面地表示知识。人们也正在试图不断地发展出新的知识表示方法。

知识获取和管理是知识系统中的核心功能。也是目前知识系统发展中遇到的最大的瓶颈问题。近年来，知识图谱已经成为大规模知识库的主流形式。构建大规模知识库仍需要消耗大量的人力、物力和时间，其中还需要综合运用知识抽取、知识融合、知识表示、知识推理等多种智能信息处理技术。所以，利用机器学习和数据挖掘方法进行自动知识获取是当前知识系统乃至人工智能正在研究的一个热点。目前，知识系统利用机器学习的研究成果已经在很大程度上减轻了知识工程师的工作量，在一定意义上实现了半自动知识获取。要想实现完全自动知识获取，则必须对知识本身有深入的认识。本体论就是研究用显式的、概念化的方式来刻画不同知识，并在此基础上实现知识共享和重用。本体论对自然语言处理、知识图谱都具有重要的意义。

本章最后讨论了知识系统的一般特性。拥有知识库和推理机是知识系统有别于其他系统最显著的特点。目前，人工智能中应用最多的知识系统就是各种各样的专家系统。近年来，问答系统也取得了很大进步，一些问答系统回答问题的正确率甚至可以超过人类。但是问答系统仍然面临着语义理解、情感分析、常识推理、语境识别等一系列难题。本章还介绍了专家系统和问答系统的一般结构。

习题

2.1　什么是知识？知识的特性是什么？

2.2　知识的表示方法有哪些？各自具有怎样的表示形式？

2.3　在选择知识表示模式时，应该考虑哪些主要因素？

2.4　经典逻辑表示法适合表示哪些类型的知识？它有哪些特点？

2.5　设有下列语句，请用相应的谓词公式把它们表示出来。

（1）有的人喜欢打篮球，有的人喜欢踢足球，有的人既喜欢打篮球又喜欢踢足球。

（2）并不是每个人都喜欢花。

（3）欲穷千里目，更上一层楼。

2.6　产生式的基本形式是什么？它与经典逻辑表示法中的蕴含式有什么相同和不同之处？

2.7　什么是产生式系统？它由哪几部分组成？其求解问题的一般步骤是什么？

2.8　产生式系统有什么特点？

2.9　何谓层次结构表示法？它的一般表示形式是什么？

2.10　层次结构表示法中求解问题的一般过程是什么？有什么特点？

2.11　试写出"教师框架"和"学生框架"的描述。

2.12　什么是语义网络？它与层次结构表示法有什么区别？

2.13　请把下列命题用一个语义网络表示出来。

（1）树和草都是植物。

（2）树和草都是有根有叶的。

（3）海藻是草，且长在水中。

（4）苹果树是果树，且结苹果。

（5）果树是树，且会结果。

2.14　网络结构表示法有什么特点？

2.15　知识获取的任务是什么？知识获取的方式是什么？

2.16　什么是知识工程？知识管理的原则有哪些？

2.17　本体的定义和作用是什么？可分为哪些种类？

2.18　请举出几个通用本体和领域本体的例子，并介绍一下它们的具体应用。

2.19　调研文献，了解有关本体学习的研究现状。

2.20　什么是知识图谱？试举例说明知识图谱的应用。

2.21　什么是知识系统？它一般具备什么要素？它有什么特点？

2.22　专家系统的一般结构是什么？

2.23　问答系统可以分为哪几类？请分别举一个实例。

2.24　调研文献，论述问答系统的发展方向。

第3章 确定性推理

推理就是运用知识解决问题的过程。通过推理可以得到以前未知的新结果。这样就使得人可以突破基于动物本能所达目标的限制。人能够综合运用多种不同推理模式（演绎的、归纳的、确定的、不确定的等）达到不同目的。但是，目前的计算机还只能根据人设定好的程序，运用超级运算能力来计算结果。这只是一种严密、精确的演绎推理模式。本章主要介绍让计算机进行精确演绎推理的方法。

3.1 概述

前面讨论了知识及其表示的有关问题，即用某种形式把知识表示出来并存储到计算机中。但是要使计算机具有智能，还必须使其具有思维能力，即运用知识进行推理、求解问题的能力。因此，关于推理及其方法的研究就成为人工智能的一个重要课题。

目前，人们已经提出了多种可在计算机上实现的推理方法。本章介绍的是基于一阶谓词逻辑的经典逻辑推理。其主要推理方法包括谓词逻辑的演绎推理（自然演绎推理）、归结演绎推理及与或形演绎推理。由于这些推理的结果只有"真"和"假"两种，因此它们都是精确推理，或称为确定性推理。有关不确定性推理将在第4章讨论。

3.1.1 推理方式与分类

人们在对各种事物进行分析、综合并最后做出决策时，通常是从已知事实出发，通过运用已掌握的知识，找出其中蕴含的事实，或归纳出新的事实，这一过程就是推理。严格地说，推理就是按某种策略由已知判断推出另一判断的思维过程。推理包括两种判断：一种是已知判断，它包括已掌握的与求解问题有关的知识及关于问题的已知事实；另一种是由已知判断推出的新判断，即推理的结论。在人工智能系统中，推理由程序实现，称为推理机。已知事实和知识是构成推理的两个基本要素。已知事实又称为证据，用以指出推理的出发点及推理时应该使用的知识。知识是使推理得以向前推进，并逐步达到最终目标的依据。

人工智能的推理方法多种多样，从不同角度可以分为以下几种：

1）按推出结论的途径划分，推理可分为演绎推理、归纳推理、默认推理。演绎推理是从全称判断推导出特称判断或单称判断的过程，即由一般性知识推出适合于某一具体情况的结论。这是一种从一般到个别的推理。三段论就是经常使用的一种演绎推理方法。归纳推理是从足够多的事例中归纳出一般性结论的推理过程，是一种从个别到一般的推理。默认推理又称为缺省推理，它是在知识不完全的情况下假设某些条件已经具备所进行的推理。在人工智能的缺省推理中认为"在没有证据可以证明某事件不存在的情况下，就认为它是存在的"。在默认推理过程中，如果到某一时刻发现原先所做的默认不正确，则要撤销所做的默认以及由此默认推出的所有结论，重新按新情况进行推理。

2）按推理时所使用知识的确定性划分，推理可分为确定性推理和不确定性推理。确定性推理是指推理时所用的知识都是精确的，推出的结论也是确定的，其真值要么为真要么为假。

本章所讨论的内容就是确定性推理。不确定性推理是指推理时所用的知识不都是精确的，推出的结论也不完全是肯定的。其真值不限于真和假，可能还有其他值。

3）按推理过程中推出的结论是否单调地增加，或者说是否越来越接近最终目标来划分，推理又分为单调推理和非单调推理。单调推理是指在推理过程中随着推理的向前推进以及新知识的加入，推出结论的数目呈单调增加的趋势，并且越来越接近最终目标，在推理过程中不会出现反复的情况，即不会由于新知识的加入就否定了前面推出的结论，从而使推理又退回到前面的某一步。本章讨论的基于经典逻辑的归结推理过程就属于单调推理。非单调推理是指在推理过程中由于新知识的加入，不仅没有加强已推出的结论，反而要否定它，使得推理退回到前面的某一步，重新开始。非单调推理多是在知识不完全的情况下发生的。显然，前面所说的默认推理是非单调推理。在人们的日常生活及社会实践中，很多情况下进行的推理也都是非单调推理。这是人们常用的一种思维方式。

4）按推理中是否运用与问题有关的启发性知识，推理可分为启发式推理与非启发式推理。启发性知识是指与问题有关且能加快推理进程、求得问题最优解的知识。这部分内容将在第 5 章进行讨论。

3.1.2　推理控制策略

推理过程是一个思维过程，即求解问题的过程。问题求解的质量与效率不仅依赖所采用的求解方法（如匹配方法、不确定性的传递方法等），而且还依赖求解问题的策略，即推理的控制策略。

3.1.2 推理与控制策略

推理的控制策略主要包括推理方向、搜索策略、求解策略、限制策略及冲突消解策略等。推理方向用于确定推理的驱动方式，分为正向推理、逆向推理及混合推理等。本书在讨论产生式系统的推理方式时，已经介绍过了这三种推理方式，此处不再赘述。搜索策略将在第 5 章介绍。关于推理的求解策略是指推理只是求一个解，还是求所有解以及最优解等。限制策略是指在推理过程中对各种资源的限制条件，如对推理的深度、宽度、时间、空间等进行限制。冲突消解策略请见产生式表示法一节中的有关讨论。

正、逆向推理各有其特点和适用场合。正向推理由数据驱动，从一组事实出发推导结论，其优点是算法简单、容易实现，允许用户一开始就把有关的事实数据存入黑板，在执行过程中系统能很快获得这些数据，而不必等到系统需要数据时才向用户询问，其主要缺点是盲目搜索，可能会求解许多与总目标无关的子目标，每当黑板内容更新后都要遍历整个知识库，推理效率较低。因此，正向推理策略主要用于已知初始数据，而无法提供推理目标，或者解空间很大的一类问题，如监控、预测、规划、设计等问题的求解。

逆向推理由目标驱动，从一组假设出发验证结论。其优点是搜索目的性强，当假设合理时推理效率高；缺点是目标的选择具有盲目性，可能会求解很多假目标而降低效率。当可能结论数目很多，即目标空间很大时，逆向推理效率不高。当知识后件是执行某种动作（如打开阀门、提高控制电压等）而不是结论时，逆向推理不便使用。因此，逆向推理主要用于结论单一或者已知目标结论，而要求证实的系统，如选择、分类、故障诊断等问题的求解。

混合推理是为了克服正向推理与逆向推理各自的缺点，综合利用其优点而提出的。既有正向又有反向的推理称为混合推理。混合推理策略有多种。其中一种是通过数据驱动帮助选择某个目标，即从初始证据（事实）出发进行正向推理。而以目标驱动求解该目标，通过交替使用正、反向混合推理对问题进行求解。混合推理的控制策略比前两种方法都要复杂。另一种情况是先假设一个目标进行逆向推理，再利用逆向推理中得到的信息进行正向推理，以推出更多的结论。美国斯坦福研究院人工智能中心研制的基于规则的专家系统工具 KAS 就是采用混合推理的一个典型例子。

3.1.3　知识匹配

知识匹配是指对两个知识模式（如两个谓词公式、两个框架片断或两个网络片断等）的比较与耦合，即检查这两个知识模式是否完全一致或近似一致。如果两者完全一致，或者其相似程度落在指定的限度内，就称它们是可匹配的，否则为不可匹配。

在推理过程中，知识匹配是必须进行的一项重要工作。只有经过知识匹配，推理机才能从知识库中选择出当前适用的知识，才能进行推理。按照匹配时两个知识模式的相似程度划分，知识匹配可分为确定性匹配与不确定性匹配两种。确定性匹配是指两个知识模式完全一致，或者经过变量代换后变得完全一致。例如，设有如下两个知识模式：

P_1 : stuCourse(小明, 英语) and course(英语)

P_2 : stuCourse(x,y) and course(y)

"小明, 英语" 与 "x, y" 显然是不同的字符串，不能相等。此时不能简单地进行匹配。若用 "小明" 代换 x，用 "英语" 代换 y，则 P_1 与 P_2 就完全一致。这样这两个模式就是确定性匹配。

若两个知识模式不完全一致，但从总体上看，它们的相似程度又落在规定限度内，则为不确定性匹配。此内容将在第 4 章介绍。

无论是确定性匹配还是不确定性匹配，在进行匹配时都要进行变量代换。为了处理谓词逻辑中子句之间的匹配，下面讨论代换和合一的有关概念和方法。

定义 3.1　代换是形如 $\{t_1/x_1, t_2/x_2, \cdots, t_n/x_n\}$ 的有限集合。其中，$t_1, t_2, \cdots, t_n$ 是项；$x_1, x_2, \cdots, x_n$ 是互不相同的变元。t_i/x_i 表示用 t_i 代换 x_i，并且不允许 t_i 与 x_i 相同，也不允许变元 x_i 循环地出现在另一个 t_j 中。

例如

$$\{a/x, f(b)/y, w/z\}$$

是一个代换。但是

$$\{g(y)/x, f(x)/y\}$$

不是一个代换。因为，代换的目的是使某些变元被另外的变元、常量或函数取代，使之在公式中不再出现。而 $\{g(y)/x, f(x)/y\}$ 在 x 与 y 之间出现了循环代换。它既没有消去 x，也没有消去 y。若将它改为

$$\{g(a)/x, f(x)/y\}$$

就成为一个代换。因为，上式中变元 x 和 y 不会无限循环地代换下去，经过有限步代换就结束了。上式最终会消去变元 x 和 y。

定义 3.2　设有如下两个代换：

$$\theta = \{t_1/x_1, t_2/x_2, \cdots, t_n/x_n\}$$
$$\lambda = \{u_1/y_1, u_2/y_2, \cdots, u_m/y_m\}$$

则此两个代换的复合也是一个代换。它是从

$$\{t_1\lambda/x_1, t_2\lambda/x_2, \cdots, t_n\lambda/x_n, u_1/y_1, u_2/y_2, \cdots, u_m/y_m\}$$

中删去如下两种元素：

$$t_i\lambda/x_i \quad \text{当 } t_i\lambda = x_i$$
$$u_i/y_i \quad \text{当 } y_i \in \{x_1, x_2, \cdots, x_n\}$$

后剩下的元素所构成的集合，记为 $\theta°\lambda$。其中，$t_i\lambda$ 表示对 t_i 运用 λ 代换。实际上 $\theta°\lambda$ 就是对一个公式先运用 θ 代换，再运用 λ 代换。

例 3.1 设有如下两个代换：
$$\theta = \{f(y)/x, z/y\}$$
$$\lambda = \{a/x, b/y, y/z\}$$

求上述两个代换的复合。

解：
$$\theta°\lambda = \{f(y)\lambda/x, z\lambda/y, a/x, b/y, y/z\}$$
$$= \{f(b)/x, y/y, a/x, b/y, y/z\}$$
$$= \{f(b)/x, y/z\}$$

定义 3.3 设有公式集 $F = \{F_1, F_2, \cdots, F_n\}$。若存在一个代换 λ 使得
$$F_1\lambda = F_2\lambda = \cdots = F_n\lambda$$
则称 λ 为公式集 F 的一个合一，且称 $F_1, F_2, \cdots, F_n$ 是可合一的。

例如，对于公式集
$$F = \{P(x, y, f(y)), P(a, g(x), z)\}$$
则下式是它的一个合一：
$$\lambda = \{a/x, g(a)/y, f(g(a))/z\}$$
一个公式集的合一不是唯一的。

定义 3.4 设 σ 是公式集 F 的一个合一。如果对 F 的任意一个合一 θ 都存在一个代换 λ，使得
$$\theta = \sigma°\lambda$$
则称 σ 是 F 的最一般合一。

一个公式集的最一般合一是唯一的。若用最一般合一去代换那些可合一的谓词公式，则可使它们变成完全一致的谓词公式，即一模一样的字符串。那么如何求最一般合一呢？需要先引入差异集的概念。差异集是指两个公式中相同位置不同符号的集合。

例如，两个谓词公式
$$F_1: P(x, y, z)$$
$$F_2: P(x, f(a), h(b))$$
分别从 F_1 和 F_2 的第一个符号开始，逐项向右比较。此时可发现 F_1 中的 y 与 F_2 中的 $f(a)$ 不同；再继续比较，又可知 F_1 中的 z 与 F_2 中的 $h(b)$ 不同。于是得到两个差异集
$$D_1 = \{y, f(a)\}$$
$$D_2 = \{z, h(b)\}$$

求公式集 F 最一般合一的算法如下：
1）令 $k=0$，$F_k = F$，$\sigma_k = \varepsilon$。其中，ε 代表空代换，F 为欲求最一般合一的公式集。
2）若 F_k 只含一个表达式，则算法停止。σ_k 就是最一般合一。否则执行 3）。
3）找出 F_k 的差异集 D_k。
4）若 D_k 中存在元素 x_k 和 t_k，其中，x_k 是变元，t_k 是项，且 x_k 不在 t_k 中出现，则置
$$\sigma_{k+1} = \sigma_k°\{t_k/x_k\}$$

$$F_{k+1} = F_k \{ t_k / x_k \}$$
$$k = k+1$$

然后转2）。若不存在这样的 x_k 和 t_k 则执行5）。

5）算法终止。F 的最一般合一不存在。

例 3.2 求出下面公式集的最一般合一。

$$F = \{ P(a, x, f(g(y))), P(z, f(z), f(u)) \}$$

解：

1）令 $F_0 = F$，$\sigma_0 = \varepsilon$。F_0 中有两个表达式，所以 σ_0 不是最一般合一。

2）得到差异集 $D_0 = \{ a, z \}$。

3）

$$\sigma_1 = \sigma_0 \circ \{ a/z \} = \{ a/z \}$$
$$F_1 = \{ P(a, x, f(g(y))), P(a, f(a), f(u)) \}$$

4）得到差异集 $D_1 = \{ x, f(a) \}$。

5）

$$\sigma_2 = \sigma_1 \circ \{ f(a)/x \} = \{ a/z, f(a)/x \}$$
$$F_2 = F_1 \{ f(a)/x \} = \{ P(a, f(a), f(g(y))), P(a, f(a), f(u)) \}$$

6）得到差异集 $D_2 = \{ g(y), u \}$。

7）

$$\sigma_3 = \sigma_2 \circ \{ g(y)/u \} = \{ a/z, f(a)/x, g(y)/u \}$$
$$F_3 = F_2 \{ g(y)/u \} = \{ P(a, f(a), f(g(y))) \}$$

8）因为 F_3 中只有一个表达式，所以 σ_3 就是最一般合一。

9）所求最一般合一为

$$\{ a/z, f(a)/x, g(y)/u \}$$

3.2 自然演绎推理

3.2 自然
演绎推理

自然演绎推理是从一组已知为真的事实出发，直接运用经典推理规则，推出结论的过程。其中，基本的推理规则有 P 规则、T 规则、假言推理、拒取式推理等。P 规则是指在推理的任何步骤上都可以引入前提，继续进行推理。T 规则是指在推理时，如果前面步骤中有一个或多个公式永真蕴涵 S，则可以把 S 引入到推理过程中。

假言推理的一般形式是

$$P, P \rightarrow Q \Rightarrow Q \tag{3.1}$$

式（3.1）表示：由 $P \rightarrow Q$ 及 P 为真，可推出 Q 为真。例如，由"如果 x 是食物，则 x 能吃"及"馒头是食物"可推出"馒头能吃"的结论。

拒取式推理的一般形式是

$$P \rightarrow Q, \neg Q \Rightarrow \neg P \tag{3.2}$$

式（3.2）表示：由 $P \rightarrow Q$ 为真及 Q 为假，可推出 P 为假。例如，由"如果下雨，则地上湿"及"地上不湿"可推出"没有下雨"的结论。

这里应注意避免两种错误：一种是肯定后件(Q)的错误；另一种是否定前件(P)的错误。肯定后件是指，当 $P \rightarrow Q$ 为真时，希望通过肯定后件 Q 为真来推出前件 P 为真。这是不成立的，会导致逻辑错误。例如，伽利略在论证哥白尼的日心说时，曾使用了如下推理：

1）如果行星系统是以太阳为中心的，则金星会显示出位相变化。

2）金星显示出位相变化。

3）所以，行星系统是以太阳为中心的。

这就是使用了肯定后件的推理。这违反了经典逻辑的逻辑规则。为此他曾遭到非难。否定前件是指，当 $P{\rightarrow}Q$ 为真时，希望通过否定前件 P 来推出后件 Q 为假。这也是不成立的。例如，下面的推理就是使用了否定前件的推理，违反了逻辑规则。

1）如果看报纸，则能知道新闻。

2）没有看报纸。

3）所以，不知道新闻。

这显然是不正确的。因为通过聊天、打电话、上网或者听人汇报，都会知道新闻。事实上，只要仔细分析关于 $P{\rightarrow}Q$ 的定义，就会发现当 $P{\rightarrow}Q$ 为真时，肯定后件或否定前件所得的结论既可能为真，也可能为假。

例 3.3　设已知如下事实：

1）凡是容易的课程小王（Wang）都喜欢。

2）C 班的课程都是容易的。

3）ds 是 C 班的一门课程。

求证：小王喜欢 ds 这门课程。

证明：

（1）定义谓词

EASY(x)：x 是容易的。

LIKE(x,y)：x 喜欢 y。

C(x)：x 是 C 班的一门课程。

将上述事实及待求的问题用谓词公式表示出来为：

EASY(x)$\rightarrow$LIKE(Wang,x)　　　　　凡是容易的课程小王都喜欢

$(\forall x)($C(x)$\rightarrow$EASY(x)$)$　　　　　　C 班的课程都是容易的

C(ds)　　　　　　　　　　　　　ds 是 C 班的一门课程

LIKE(Wang,ds)　　　　　　　　　小王喜欢 ds 这门课程（待求证的问题）

（2）应用推理规则进行推理

∵ $(\forall x)($C(x)$\rightarrow$EASY(x)$)$

∴ C(y)$\rightarrow$EASY(y)　　　　　　　　　　　　　　　全称固化

∴ C(ds)，C(y)$\rightarrow$EASY(y)$\Rightarrow$ EASY(ds)　　　　　　　P 规则及假言推理

∴ EASY(ds)，EASY(x)$\rightarrow$LIKE(Wang,x)$\Rightarrow$ LIKE(Wang,ds)　　T 规则及假言推理

即小王喜欢 ds 这门课。

证毕。

一般来说，由已知事实推出的结论可能有多个，只要其中包含了待证明的结论，就认为问题得到了解决。

自然演绎推理的优点是表达定理证明过程自然，容易理解。它拥有丰富的推理规则，推理过程灵活，便于在它的推理规则中嵌入领域启发式知识。其缺点是容易产生组合爆炸，推理过程中得到的中间结论一般呈指数形式递增。这对于一个大的推理问题来说是十分不利的，甚至是不可能实现的。

3.3 归结演绎推理

归结演绎推理本质上就是一种反证法。它是在归结推理规则的基础上实现的。欲证一个命题 P 恒真，可证明其反命题 $\neg P$ 恒假，即不存在使得 $\neg P$ 为真的解释。由于量词以及嵌套的函数符号，使得谓词公式往往有无穷的指派，不可能一一测试 $\neg P$ 是否为真或假。那么如何来解决这个问题呢？幸运的是存在一个域——海伯伦域，它是一个可数的无穷集合。如果一个公式在海伯伦域上解释为假，则就在所有的解释中取假值。基于海伯伦域，海伯伦给出了重要的定理，为不可满足公式的判定过程奠定了理论基础。鲁滨逊提出了用于从不可满足公式推出空子句（代表假）的归结原理，使定理证明的机械化变为现实。

3.3.1 归结原理

海伯伦从理论上证明了归结方法的可行性，即不需要在无限集合上证明子句集的不可满足，只要在特定有限集上证明子句集是不可满足的就足够了。这样就使得我们用计算机自动证明定理具备了理论可能。海伯伦定理只是给出了理论可能，并没有给出具体方法。鲁滨逊归结原理则给出了可以自动归结子句集的具体方法。我们先介绍子句和子句集的有关概念，然后再把它们的理论应用到演绎推理中。

1. 子句集

在谓词逻辑中，把原子谓词公式及其否定统称为文字。

定义 3.5 任何文字的析取式称为子句。

例如，$P(x) \lor Q(x)$ 和 $\neg P(x, f(x)) \lor Q(x, g(x))$ 都是子句。

定义 3.6 不包含任何文字的子句称为空子句。

空子句不含有文字，不能被任何解释满足。所以空子句是永假的，不可满足的。由子句构成的集合称为子句集。在谓词逻辑中，任何一个谓词公式都可通过等价关系及推理规则化成相应的子句集。把谓词公式化为子句集的步骤如下：

1）利用下列等价关系消去蕴含连接词和等价连接词（"→"和"↔"）。

$$P \rightarrow Q \Leftrightarrow \neg P \lor Q \tag{3.3}$$

$$P \leftrightarrow Q \Leftrightarrow (P \land Q) \lor (\neg P \land \neg Q) \tag{3.4}$$

例如，公式

$$(\forall x)(((\forall y) P(x, y)) \rightarrow \neg (\forall y)(Q(x, y) \rightarrow R(x, y)))$$

可等价变换成

$$(\forall x)(\neg((\forall y) P(x, y)) \lor \neg (\forall y)(\neg Q(x, y) \lor R(x, y)))$$

2）利用下列等价关系把"¬"移到紧靠谓词的位置上。

$$\neg(\neg P) \Leftrightarrow P \tag{3.5}$$

$$\neg(P \land Q) \Leftrightarrow \neg P \lor \neg Q \tag{3.6}$$

$$\neg(P \lor Q) \Leftrightarrow \neg P \land \neg Q \tag{3.7}$$

$$\neg(\forall x)P \Leftrightarrow (\exists x)\neg P \tag{3.8}$$

$$\neg(\exists x)P \Leftrightarrow (\forall x)\neg P \tag{3.9}$$

步骤 1）例式经等价变换后为

$$(\forall x)(((\exists y)\neg P(x, y)) \lor (\exists y)(Q(x, y) \land \neg R(x, y)))$$

3）重新命名变元名，使不同量词约束的变元有不同的名字。

上式经重新命名后变为

$$(\forall x)(((\exists y)\neg P(x,y))\vee(\exists z)(Q(x,z)\wedge\neg R(x,z)))$$

4）消去存在量词。这里有两种情况：一种情况是存在量词不出现在全称量词的辖域内，则只要用一个新的个体常量替换受该存在量词约束的变元就可以消去存在量词；另一种情况是存在量词位于一个或者多个全称量词的辖域内，此时要用 Skolem 函数 $f(x_1,x_2,\cdots,x_n)$ 替换受该存在量词约束的变元。其中 $x_1,x_2,\cdots,x_n$ 就是约束该存在量词的全称量词所对应的变元。

上式中的存在量词 $(\exists y)$ 及 $(\exists z)$ 都位于 $(\forall x)$ 的辖域内，所以需要用 Skolem 函数替换。设替换 y 和 z 的 Skolem 函数分别是 $f(x)$ 和 $g(x)$，则替换后得到

$$(\forall x)((\neg P(x,f(x))\vee(Q(x,g(x))\wedge\neg R(x,g(x)))))$$

5）把全称量词全部移到公式的左边。在上式中由于只有一个全称量词，而且它已经位于公式的最左边，所以这里不需要做任何工作。如果公式内部有全称量词，就需要把它们都移到公式的左边。

6）利用下面的等价关系把公式化为 Skolem 标准形。

$$P\vee(Q\wedge R)\Leftrightarrow(P\vee Q)\wedge(P\vee R) \qquad (3.10)$$

Skolem 标准形的一般形式是

$$(\forall x_1)(\forall x_2)\cdots(\forall x_n)M \qquad (3.11)$$

其中，M 是子句的合取式，称为 Skolem 标准形的母式。

将步骤 5）得到的式子化为 Skolem 标准形后得到

$$(\forall x)((\neg P(x,f(x))\vee Q(x,g(x)))\wedge(\neg P(x,f(x))\vee\neg R(x,g(x))))$$

7）消去全称量词。

上式只有一个全称量词，可直接把它消去。

$$(\neg P(x,f(x))\vee Q(x,g(x)))\wedge(\neg P(x,f(x))\vee\neg R(x,g(x)))$$

8）对变元更名，使不同子句中的变元不同名。

更名之后上式化为

$$(\neg P(x,f(x))\vee Q(x,g(x)))\wedge(\neg P(y,f(y))\vee\neg R(y,g(y)))$$

9）消去合取词，得到子句集。

$$\neg P(x,f(x))\vee(Q(x,g(x))$$
$$\neg P(y,f(y))\vee\neg R(y,g(y))$$

上面把谓词公式化成了相应的子句集。显然，在子句集中各子句之间是合取关系。如果谓词公式是不可满足的，则其子句集也一定是不可满足的，反之亦然。因此，在不可满足的意义上两者是等价的。下述定理 3.1 证明了该论断的正确性。

定理 3.1 设有谓词公式 F，其标准形的子句集为 S，则 F 不可满足的充要条件是 S 不可满足。

由此定理可知，如果要证明一个谓词公式是不可满足的，则只要证明其相应的子句集是不可满足的就可以了。判断一个子句的不可满足性，需要对个体域上的一切解释逐个进行判定。只有当子句对任何非空个体域上的任何一个解释都是不可满足的，该子句才是不可满足的。这也就是说需要对无限多种解释都判定之后，才能断定子句是否不可满足。这种判断方法只在理论上是可行的，在实践中根本不可行。

幸运的是，海伯伦构造了一个特殊的域（海伯伦域），并证明只要对这个特殊域上的一切解释进行判定，就可知子句集是否不可满足。然而，海伯伦只是从理论上证明了子句集不可满足性的可行性和方法。直到 1956 年鲁滨逊提出了归结原理，机器定理证明才变为现实。

2. 鲁滨逊归结原理

子句集中子句之间是合取关系，只要有一个子句不可满足，则子句集就不可满足。而空子句是不可满足的。所以若一个子句集中包含空子句，则这个子句集一定是不可满足的。

鲁滨逊归结原理又称为消解原理。它的基本思想是：检查子句集 S 中是否包含空子句。若包含，则 S 不可满足；若不包含，就在子句集中选择合适的子句进行归结。一旦通过归结能推出空子句，就说明子句集 S 是不可满足的。

定义 3.7 若 P 是原子谓词公式，则称 P 与 $\neg P$ 为互补文字。

（1）命题逻辑中的归结原理

定义 3.8 设 C_1 与 C_2 是子句集中的任意两个子句。如果 C_1 中的文字 L_1 与 C_2 中的文字 L_2 互补，那么从 C_1 和 C_2 中分别消去 L_1 和 L_2，并将两个子句中余下的部分析取，构成一个新子句 C_{12}。这一过程称为归结。称 C_{12} 为 C_1 和 C_2 的归结式，C_1 和 C_2 为 C_{12} 的亲本子句。

例 3.4 对如下子句进行归结。

$$C_1 = \neg P \vee Q, \quad C_2 = \neg Q \vee R, \quad C_3 = P$$

解：

C_1 与 C_2 归结得到 $C_{12} = \neg P \vee R$。

C_{12} 与 C_3 归结得到：$C_{123} = R$。

如果首先对 C_1 与 C_3 进行归结，然后再把其归结式与 C_2 进行归结，将得到相同的结果。

定理 3.2 归结式是其亲本子句的逻辑结论。

证明：

设 $C_1 = L \vee C_1'$，$C_2 = \neg L \vee C_2'$，则通过归结得到

$$C_{12} = C_1' \vee C_2'$$

C_1 和 C_2 为 C_{12} 的亲本子句。

因为

$$C_1' \vee L \Leftrightarrow \neg C_1' \to L$$
$$\neg L \vee C_2' \Leftrightarrow L \to C_2'$$

所以

$$C_1 \wedge C_2 = (\neg C_1' \to L) \wedge (L \to C_2')$$

根据假言三段论得到

$$(\neg C_1' \to L) \wedge (L \to C_2') \Rightarrow \neg C_1' \to C_2'$$
$$\neg C_1' \to C_2' \Leftrightarrow C_1' \vee C_2' = C_{12}$$

所以

$$C_1 \wedge C_2 \Rightarrow C_{12} \tag{3.12}$$

该定理是归结原理中的一个很重要的定理。由它可得到如下两个推论：

推论 1 设 C_1 与 C_2 是子句集 S 中的两个子句，C_{12} 是它们的归结式。若用 C_{12} 代替 C_1 和 C_2 后得到新子句集 S_1，则由 S_1 的不可满足性可推出原子句集 S 的不可满足性。即

$$S_1 \text{的不可满足性} \Rightarrow S \text{的不可满足性} \tag{3.13}$$

推论 2 设 C_1 与 C_2 是子句集 S 中的两个子句，C_{12} 是它们的归结式。若把 C_{12} 加入 S 中得到

新子句集 S_2，则 S 与 S_2 在不可满足的意义上是等价的。即

$$S_2 \text{的不可满足性} \Leftrightarrow S \text{的不可满足性} \qquad (3.14)$$

由此可知，为了要证明子句集 S 的不可满足性，只要对其中可进行归结的子句进行归结，并把归结式加入子句集 S，或者用归结式替换它的亲本子句；然后，对新子句集（S_1 或者 S_2）证明不可满足性就可以了。如果经过归结能得到空子句，根据空子句的不可满足性，立即可得原子句集 S 是不可满足的结论。这就是用归结原理证明子句集不可满足性的基本思想。

在命题逻辑中对不可满足的子句集 S，归结原理是完备的，即若子句集 S 不可满足，则必然存在一个从 S 到空子句的归结演绎；若存在一个从 S 到空子句的归结演绎，则 S 一定是不可满足的。对于可满足的子句集，用归结原理得不到任何结果。

（2）谓词逻辑中的归结原理

在谓词逻辑中，由于子句中含有变元，所以不能像命题逻辑那样直接消去互补文字，而需要先用最一般合一对变元进行代换，然后才能进行归结。例如，有如下两个子句：

$$C_1 = P(x) \vee Q(x),$$
$$C_2 = \neg P(a) \vee R(y)$$

由于 $P(x)$ 与 $P(a)$ 不同，所以 C_1 与 C_2 不能直接进行归结。但是若用最一般合一

$$\sigma = \{a/x\}$$

对两个子句分别进行代换之后得到

$$C_1\sigma = P(a) \vee Q(a)$$
$$C_2\sigma = \neg P(a) \vee R(y)$$

就可对它们进行归结，消去 $P(a)$ 与 $\neg P(a)$ 得到归结式

$$Q(a) \vee R(y)$$

下面给出谓词逻辑中关于归结的定义。

定义 3.9 设 C_1 与 C_2 是两个没有相同变元的子句，L_1 和 L_2 分别是 C_1 和 C_2 中的文字。若 σ 是 L_1 和 $\neg L_2$ 的最一般合一，则称

$$C_{12} = (C_1\sigma - \{L_1\sigma\}) \cup (C_2\sigma - \{L_2\sigma\}) \qquad (3.15)$$

为 C_1 和 C_2 的二元归结式（或称二元消解式），L_1 和 L_2 称为归结式上的消解文字。

例 3.5 试对如下子句进行归结。

$$C_1 = P(a) \vee \neg Q(x) \vee R(x), \quad C_2 = \neg P(y) \vee Q(b)$$

解：

若选 $L_1 = P(a)$，$L_2 = \neg P(y)$，则 $\sigma = \{a/y\}$ 是 L_1 与 $\neg L_2$ 的最一般合一。

根据定义 3.9，可得

$C_{12} = (C_1\sigma - \{L_1\sigma\}) \cup (C_2\sigma - \{L_2\sigma\})$

$= (\{P(a), \neg Q(x), R(x)\} - \{P(a)\}) \cup (\{\neg P(a), Q(b)\} - \{\neg P(a)\})$

$= (\{\neg Q(x), R(x)\}) \cup (\{Q(b)\})$

$= \{\neg Q(x), R(x), Q(b)\}$

$= \neg Q(x) \vee R(x) \vee Q(b)$

如果参加归结的两个子句有相同的变元，则需修改其中一个子句中的变元的名字，使其不同，然后再按照定义 3.9 进行归结。

一般来说，若子句 C 中有两个或两个以上的文字具有最一般合一 σ，则称 $C\sigma$ 为子句 C 的因子。如果 $C\sigma$ 是一个单文字，则称它为 C 的单元因子。

定义 3.10 子句 C_1 和 C_2 的归结式是下列二元归结式之一：

1) C_1 与 C_2 的二元归结式。

2) C_1 与 C_2 的因子 $C_2\sigma_2$ 的二元归结式。

3) C_1 的因子 $C_1\sigma_1$ 与 C_2 的二元归结式。

4) C_1 的因子 $C_1\sigma_1$ 与 C_2 的因子 $C_2\sigma_2$ 的二元归结式。

对于谓词逻辑，定理 3.2 仍然适用，即归结式是其亲本子句的逻辑结论仍然成立。用归结式取代它在子句集 S 中的亲本子句所得的新子句集仍然保持着原子句集 S 的不可满足性。

另外，对于一阶谓词逻辑，在不可满足意义上归结原理也是完备的。即若子句集是不可满足的，则必然存在一个从该子句集到空子句的归结演绎；若从子句集存在一个到空子句的演绎，则该子句集是不可满足的。

3. 归结反演

应用归结原理证明定理的过程称为归结反演。谓词逻辑的归结反演是仅有一条推理规则的问题求解方法。使用归结反演证明 $A \to B$（其中 A、B 为谓词公式）成立时，实际上是证明其反面不成立，即 $\neg(A \to B)$ 不可满足。因为 $\neg(A \to B) = A \wedge \neg B$，所以先建立合取公式 $G = A \wedge \neg B$，进而得到相应的子句集 S，然后只需运用归结原理证明 S 是不可满足的即可。

假设 F 为前提公式集，Q 为目标公式（结论），则用归结反演证明 Q 为真的步骤如下：

1) 否定 Q，得到 $\neg Q$。

2) 把 $\neg Q$ 并入公式集 F 中，得到 $\{F, \neg Q\}$。

3) 把公式集 $\{F, \neg Q\}$ 化为子句集 S。

4) 对子句集 S 进行归结，并把每次归结得到的归结式都并入 S。如此反复归结，直到出现空子句为止。此时就证明了 Q 为真。

例 3.6 证明下面的论断（储蓄问题）。

前提：每个储蓄钱的人都要获得利息。

结论：如果没有利息，那么就没有人去储蓄钱。

证明：

令

$S(x, y)$ 表示 "x 储蓄 y"；

$M(x)$ 表示 "x 是钱"；

$I(x)$ 表示 "x 是利息"；

$E(x, y)$ 表示 "x 获得 y"。

于是可以把上述命题写成下列形式：

前提：$(\forall x)\{[(\exists y)(S(x, y) \wedge M(y))] \Rightarrow [(\exists y)(I(y) \wedge E(x, y))]\}$

结论：$[\neg(\exists x)I(x)] \Rightarrow (\forall x)(\forall y)(M(y) \to \neg S(x, y))$

把前提化为子句形：

$(\forall x)\{\neg[(\exists y)(S(x, y) \wedge M(y))] \vee (\exists y)(I(y) \wedge E(x, y))\}$

$(\forall x)\{[(\forall y)(\neg(S(x, y) \wedge M(y)))] \vee (\exists y)(I(y) \wedge E(x, y))\}$

$(\forall x)\{(\forall y)(\neg S(x, y) \vee \neg M(y)) \vee (\exists y)(I(y) \wedge E(x, y))\}$

令 $y = f(x)$ 为 Skolem 函数，则可得子句如下：

① $\neg S(x, y) \vee \neg M(y) \vee I(f(x))$

② $\neg S(x, y) \vee \neg M(y) \vee E(x, f(x))$

又知结论的否定为

$$\neg(\neg(\exists x)I(x) \Rightarrow (\forall x)(\forall y)(S(x,y) \Rightarrow \neg M(y)))$$

化为子句形为

$$\neg((\exists x)I(x) \vee (\forall x)(\forall y)(\neg S(x,y) \vee \neg M(y)))$$
$$(\neg(\exists x)I(x) \wedge (\neg(\forall x)(\forall y)(\neg S(x,y) \vee \neg M(y))))$$

变量分离标准化之后得下列各子句：

③ $\neg I(z)$

④ $S(a,b)$

⑤ $M(b)$

下面通过归结反演来求得空子句 NIL。

⑥ $\neg S(x,y) \vee \neg M(y)$ 由①与③归结，其中使用了最一般合一 $\{f(x)/z\}$

⑦ $\neg M(b)$ 由④与⑥归结，其中使用了最一般合一 $\{a/x, b/y\}$

⑧ NIL   由⑤与⑦归结

至此，储蓄问题的结论获得证明。

上述归结反演的过程可以表示为一棵归结树，如图 3.1 所示。其叶子结点为初始子句，根结点为空子句 NIL。

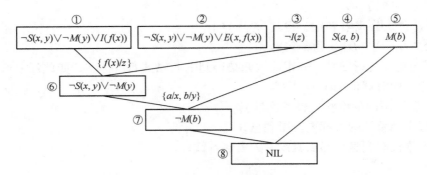

图 3.1　储蓄问题的归结树

3.3.2　归结策略

为了更好、更快地对子句集进行归结，可以使用一些归结策略。归结策略的主要任务是选择哪个子句做归结，以及决定两个子句中对哪一个文字做归结。下面先给出计算机进行归结的一般过程，然后再讨论各种归结策略。

1. 归结的一般过程

设有子句集 $S = \{C_1, C_2, C_3, C_4\}$，则计算机对此子句集归结的一般过程如下：

1）对 S 内任意子句两两进行归结，得到一组归结式，记为 S_1。

2）把 S 与 S_1 内的任意子句两两进行归结，得到一组归结式，记为 S_2。

3）将 S 和 S_1 内的子句与 S_2 内的任意子句两两进行归结，得到一组归结式，记为 S_3。

4）依此继续，直到出现空子句或者不能再继续归结为止。只要子句集是不可满足的，上述归结过程一定会归结出空子句而终止。

例 3.7　归结子句集 $S = \{P, \neg R, \neg P \vee Q, \neg Q \vee R\}$。

解：

S：　①P

　　　　②$\neg R$

　　　　③$\neg P \lor Q$

　　　　④$\neg Q \lor R$

S_1：　①与②无法归结

　　　　①与③归结得　　　Q　　　　⑤

　　　　①与④无法归结

　　　　②与③无法归结

　　　　②与④归结得　　　$\neg Q$　　　⑥

　　　　③与④归结得　　　$\neg P \lor R$　⑦

S_2：　①与⑤无法归结

　　　　①与⑥无法归结

　　　　①与⑦归结得　　　R　　　　⑧

　　　　②与⑤无法归结

　　　　②与⑥无法归结

　　　　②与⑦归结得　　　$\neg P$　　　⑨

　　　　③与⑤无法归结

　　　　③与⑥归结得　　　$\neg P$　　　⑩

　　　　③与⑦无法归结

　　　　④与⑤归结得　　　R　　　　⑪

　　　　④与⑥无法归结

　　　　④与⑦无法归结

S_3：　①与⑧无法归结

　　　　①与⑨归结得　　　NIL　　　（结束）

归结结束。

在对子句集进行归结时，关键的一步是从子句集中找出可进行归结的一对子句。由上例可以看出，由于事先不知道哪两个子句可以进行归结，更不知道通过对哪些子句对的归结可以尽快地得到空子句，因而必须对子句集中的所有子句逐对地进行比较，对任意一对可归结的子句对都要进行归结。这样不仅归结出了许多无用的子句，而且有一些归结式还是重复的。这种做法既耗费时间，又多占存储空间，造成了时空的浪费，降低了效率。为解决这个问题，人们研究出了多种归结策略。归结策略可分为两大类：一类是删除策略，另一类是限制策略。前一类通过删除某些无用的子句来缩小归结的范围；后一类通过对参加归结的子句进行种种限制，尽可能地减小归结的盲目性，使其尽快归结出空子句。下面介绍几种常用的归结策略。

2. 删除策略

删除策略有以下几种删除方法：

（1）纯文字删除法

如果某文字 L 在子句集中不存在可与之互补的文字$\neg L$，则称该文字为纯文字。

显然，在归结时纯文字不可能被消去。因而用包含纯文字的子句进行归结时不可能得到空子句，即这样的子句对归结是无意义的。所以，可以把纯文字所在的子句从子句集中删去，这样并不影响子句集的不可满足性。例如，子句集 $S = \{P \vee Q \vee R, \neg Q \vee R, Q, \neg R\}$，其中 P 是纯文字，因此可将子句 $P \vee Q \vee R$ 从 S 中删去。

（2）重言式删除法

如果一个子句中同时包含互补文字对，则称该子句为重言式。例如，$P(x) \vee \neg P(x)$，$P(x) \vee Q(x) \vee \neg P(x)$ 都是重言式。重言式是真值为真的子句。对于一个子句集来说，不管是增加还是删去一个真值为真的子句都不会影响它的不可满足性。所以，可从子句集中删去重言式。

（3）包孕删除法

设有子句 C_1 和 C_2，如果存在一个代换 σ，使得 $C_1\sigma \subseteq C_2$，则称 C_1 包孕于 C_2。

例如：

$P(x)$ 包孕于 $P(y) \vee Q(z)$ $\sigma = \{y/x\}$

$P(x)$ 包孕于 $P(a) \vee Q(z)$ $\sigma = \{a/x\}$

$P(x) \vee Q(a)$ 包孕于 $P(f(a)) \vee Q(a) \vee R(y)$ $\sigma = \{f(a)/x\}$

删去子句集中包孕的子句（即较长的子句），不会影响子句集的不可满足性。所以，可从子句集中删去包孕子句。

3. 支持集策略

支持集策略是一种限制策略。其限制的方法是：每次归结时，参与归结的子句中至少应有一个是由目标公式的否定所得到的子句，或者是它们的后裔。支持集策略是完备的，即假如对一个不可满足的子句集合运用支持集策略进行归结，那么最终会导出空子句。

例 3.8 用支持集策略归结子句集 $S = \{\neg I(x) \vee R(x), I(a), \neg R(y) \vee \neg L(y), L(a)\}$，其中 $\neg I(x) \vee R(x)$ 是目标公式否定后得到的子句。

解：

用支持集策略进行归结的过程是：

S：   ①$\neg I(x) \vee R(x)$

       ②$I(a)$

       ③$\neg R(y) \vee \neg L(y)$

       ④$L(a)$

S_1： ①与②归结得 $R(a)$ ⑤，其中运用了最一般合一 $\{a/x\}$

       ①与③归结得 $\neg I(x) \vee \neg L(x)$ ⑥，其中运用了最一般合一 $\{x/y\}$

       ①与④无法归结

S_2： ⑤与①无法归结

       ⑤与②无法归结

       ⑤与③归结得 $\neg L(a)$ ⑦，其中运用了最一般合一 $\{a/y\}$

       ⑤与④无法归结

       ⑥与①无法归结

       ⑥与②归结得 $\neg L(a)$ ⑧，其中运用了最一般合一 $\{a/x\}$

⑥与③无法归结

⑥与④归结得 $\neg I(a)$ ⑨，其中运用了最一般合一 $\{a/x\}$

S_3： ⑦与①无法归结

⑦与②无法归结

⑦与③无法归结

⑦与④归结得   NIL   ⑩，结束

归结结束。

上述支持集策略的归结过程用归结树来表示，如图3.2所示。

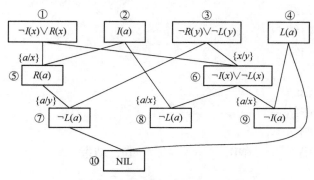

图3.2 支持集策略的归结树

4. 线性输入策略

线性输入策略的限制方法是：参与归结的两个子句中至少有一个是原始子句集中的子句（包括那些待证明公式的否定）。线性输入策略可限制生成归结式的数量，具有简单、高效的优点。但是线形输入策略是不完备的。例如，用线性输入策略对子句集 $\{P \lor Q, P \lor \neg Q, \neg P \lor Q, \neg P \lor \neg Q\}$ 进行归结，得不到空子句。但是该子句集是不可满足的，用支持集策略可以归结出空子句。

例3.9 用线性输入策略对例3.9中的子句集进行归结。

解：

用线性输入策略进行归结的过程是：

S： ①$\neg I(x) \lor R(x)$

②$I(a)$

③$\neg R(y) \lor \neg L(y)$

④$L(a)$

S_1： ①与②归结得 $R(a)$ ⑤，其中运用了最一般合一 $\{a/x\}$

①与③归结得 $\neg I(x) \lor \neg L(x)$ ⑥，其中运用了最一般合一 $\{x/y\}$

①与④无法归结

②与③无法归结

②与④无法归结

③与④归结得 $\neg R(a)$ ⑦，其中运用了最一般合一 $\{a/y\}$

S_2：　⑤与①无法归结

　　　　　⑤与②无法归结

　　　　　⑤与③归结得　　　　　$\neg L(a)$　　　　　⑧，其中运用了最一般合一$\{a/y\}$

　　　　　⑤与④无法归结

　　　　　⑥与①无法归结

　　　　　⑥与②归结得　　　　　$\neg L(a)$　　　　　⑨，其中运用了最一般合一$\{a/x\}$

　　　　　⑥与③无法归结

　　　　　⑥与④归结得　　　　　$\neg I(a)$　　　　　⑩，其中运用了最一般合一$\{a/x\}$

　　　　　⑦与①归结得　　　　　$\neg I(a)$　　　　　⑪，其中运用了最一般合一$\{a/x\}$

　　　　　⑦与②无法归结

　　　　　⑦与③无法归结

　　　　　⑦与④无法归结

S_3：　⑧与①无法归结

　　　　　⑧与②无法归结

　　　　　⑧与③无法归结

　　　　　⑧与④归结得　　　　　NIL　　　　　　⑫，结束

归结结束。

上述线性输入策略的归结过程用归结树来表示，如图 3.3 所示。

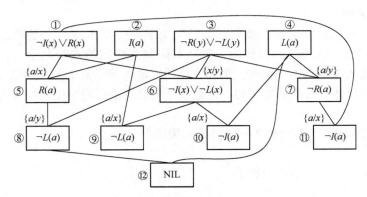

图 3.3　线性输入策略的归结树

5. 祖先过滤策略

线性输入策略是不完备的，但是对其改进之后可以获得完备的归结策略。祖先过滤策略就是对线性输入策略的一种改进。可以证明它是完备的。祖先过滤策略的限制方法是：满足下列条件之一的子句可以参加归结。

1）参与归结的两个子句中至少有一个是初始子句集中的句子。

2）如果两个子句都不是初始子句集中的子句，则一个子句应是另一个子句的祖先。

一个子句（如 C_1）是另一个子句（如 C_2）的祖先是指：C_2 是由 C_1 与别的子句归结后得到的归结式或者其后裔。

用祖先过滤策略归结例 3.9 中子句集的过程与线性输入策略一样。这是因为归结过程较

短。如果归结过程较长的话，可以看到在线性输入策略的 S_3 中只有初始子句（S 中的子句）能够与 S_2 中的子句进行归结。而在祖先过滤策略的 S_3 中除了初始子句以外，还允许 S_1 中的子句与 S_2 中的子句进行归结。下面通过另外一个例子来说明祖先过滤策略。

例 3.10　用祖先过滤策略归结如下子句集：

$$S = \{\neg P(x) \vee R(x), \neg P(y) \vee \neg R(y), P(u) \vee R(u), P(t) \vee \neg R(t)\}$$

解：

用祖先过滤策略进行归结的过程是：

S：　①$\neg P(x) \vee R(x)$

　　　②$\neg P(y) \vee \neg R(y)$

　　　③$P(u) \vee R(u)$

　　　④$P(t) \vee \neg R(t)$

S_1：　①与②归结得　　　　$\neg P(x)$　　　　⑤，其中运用了最一般合一 $\{x/y\}$

　　　①与③归结得　　　　$R(x)$　　　　⑥，其中运用了最一般合一 $\{x/u\}$

　　　①与④归结得　　　　$R(x) \vee \neg R(x)$　重言式删除，其中运用了最一般合一 $\{x/t\}$

　　　②与③归结得　　　　$R(y) \vee \neg R(y)$　重言式删除，其中运用了最一般合一 $\{y/u\}$

　　　②与④归结得　　　　$\neg R(y)$　　　　⑦，其中运用了最一般合一 $\{y/t\}$

　　　③与④归结得　　　　$P(u)$　　　　⑧，其中运用了最一般合一 $\{u/t\}$

S_2：　⑤与①无法归结

　　　⑤与②无法归结

　　　⑤与③归结得　　　　$R(x)$　　　　⑨，其中运用了最一般合一 $\{x/u\}$

　　　⑤与④归结得　　　　$\neg R(x)$　　　　⑩，其中运用了最一般合一 $\{x/t\}$

　　　⑥与①无法归结

　　　⑥与②归结得　　　　$\neg P(x)$　　　　⑪，其中运用了最一般合一 $\{x/y\}$

　　　⑥与③无法归结

　　　⑥与④归结得　　　　$P(x)$　　　　⑫，其中运用了最一般合一 $\{x/t\}$

　　　⑦与①归结得　　　　$\neg P(x)$　　　　⑬，其中运用了最一般合一 $\{x/y\}$

　　　⑦与②无法归结

　　　⑦与③归结得　　　　$P(y)$　　　　⑭，其中运用了最一般合一 $\{y/u\}$

　　　⑦与④无法归结

　　　⑧与①归结得　　　　$R(x)$　　　　⑮，其中运用了最一般合一 $\{x/u\}$

　　　⑧与②归结得　　　　$\neg R(y)$　　　　⑯，其中运用了最一般合一 $\{y/u\}$

　　　⑧与③无法归结

　　　⑧与④无法归结

S_3：　⑨与①无法归结

　　　⑨与②归结得　　　　$\neg P(x)$　　　　⑰，其中运用了最一般合一 $\{x/y\}$

　　　⑨与③无法归结

　　　⑨与④归结得　　　　$P(x)$　　　　⑱，其中运用了最一般合一 $\{x/t\}$

⑨与⑤无法归结

⑨与⑥不符合限制策略

⑨与⑦不符合限制策略

⑨与⑧不符合限制策略

⑩与①归结得 $\neg P(x)$ ⑲

⋮

⑯与⑧无法归结

S_4： ⑰与①无法归结

⋮

⑰与⑯不符合限制策略

⑱与①归结得 $R(x)$ ⑳，

⑱与②归结得 $\neg R(x)$ ㉑，其中运用了最一般合一 $\{x/y\}$

⑱与③无法归结

⑱与④无法归结

⑱与⑤归结得 NIL ㉒，结束

归结结束。

上述归结过程⑤子句是⑱子句的祖先，所以两者可以归结。而⑦子句不是⑨子句的祖先，所以两者不符合限制策略。上例如果使用线性输入策略，会进入无限循环，所以线性输入策略不是完备的归结策略。

以上讨论了几种基本的归结策略。在具体应用的时候，可以把几种策略组合在一起使用。例如，在例 3.11 的祖先过滤策略中就使用了删除策略。另外，上面示例的归结过程都是按照广度优先的策略进行搜索。实际上也可以结合具体情况采用其他的搜索策略来搜索下一条待归结的子句。

3.3.3 应用归结原理求解问题

归结原理不仅可以用于定理证明，而且可以用来求解问题。其求解问题的思想与定理证明类似，具体过程如下：

1）把已知前提用谓词公式表示出来，并且化为相应的子句集。设该子句集为 S。

2）把待求解的问题也用谓词公式表示出来，然后把它否定并与谓词 ANSWER 构成析取式。Answer 是一个为了求解问题而专设的谓词，其变元必须与问题公式的变元完全一致。

3）把问题的否定与 ANSWER 的析取式化为子句集，并把该子句集并入子句集 S 中，得到子句集 S'。

4）对子句集 S' 应用归结原理进行归结。

5）若得到归结式 Answer，则答案就在 ANSWER 中。

例 3.11 设 A，B，C 三人中有人从不说真话，也有人从不说假话。某人向这三人分别提出同一个问题："谁是说谎者？" A 答："B 和 C 都是说谎者。" B 答："A 和 C 都是说谎者。" C 答："A 和 B 中至少有一个是说谎者。"求谁是老实人，谁是说谎者？

解：

设用 $T(x)$ 表示 x 说真话。

如果 A 说的是真话，则

$$T(A) \rightarrow \neg T(B) \wedge \neg T(C)$$

如果 A 说的是假话，则

$$\neg T(A) \rightarrow T(B) \vee T(C)$$

对 B 和 C 说的话做相同处理，可得

$$T(B) \rightarrow \neg T(A) \wedge \neg T(C)$$
$$\neg T(B) \rightarrow T(A) \vee T(C)$$
$$T(C) \rightarrow \neg T(A) \vee \neg T(B)$$
$$\neg T(C) \rightarrow T(A) \wedge T(B)$$

把上述公式化成子句集，得到 S：

① $\neg T(A) \vee \neg T(B)$

② $\neg T(A) \vee \neg T(C)$

③ $T(C) \vee T(A) \vee T(B)$

④ $\neg T(B) \vee \neg T(C)$

⑤ $\neg T(C) \vee \neg T(A) \vee \neg T(B)$

⑥ $T(A) \vee T(C)$

⑦ $T(B) \vee T(C)$

在这些子句中可以明显看出③包孕了⑥和⑦，⑤包孕了①和②。所以，在归结时可以删除③和⑤。精简之后的子句集 S 为

① $\neg T(A) \vee \neg T(B)$

② $\neg T(A) \vee \neg T(C)$

③ $\neg T(B) \vee \neg T(C)$

④ $T(A) \vee T(C)$

⑤ $T(B) \vee T(C)$

我们先求谁是老实人。把 $\neg T(x) \vee \text{Answewer}(x)$ 并入 S 得到 S'，即 S' 比 S 多一个子句

⑥ $\neg T(x) \vee \text{Answewer}(x)$

应用线性输入策略对 S' 进行归结：

S'_1：①与②无法归结

①与③无法归结

①与④归结得　$\neg T(B) \vee T(C)$　　　　⑦

①与⑤归结得　$\neg T(A) \vee T(C)$　　　　⑧

①与⑥无法归结

②与③无法归结

②与④归结得　$\neg T(C) \vee T(C)$　　　　重言式删除

②与⑤归结得　$\neg T(A) \vee T(B)$　　　　⑨

②与⑥无法归结

③与④归结得　$T(A) \vee \neg T(B)$　　　　⑩

③与⑤归结得　$T(C) \vee \neg T(C)$　　　　重言式删除

③与⑥无法归结

④与⑤无法归结

④与⑥归结得　$T(C) \vee \text{Answer}(A)$　　　　⑪，其中应用了最一般合一 $\{A/x\}$

⑤与⑥归结得　$T(C) \vee \text{Answer}(B)$　　　　⑫，其中应用了最一般合一 $\{B/x\}$

S_2：　①与⑦无法归结

　　　　①与⑧无法归结

　　　　①与⑨归结得　$\neg T(A)$　　　　⑬

　　　　①与⑩归结得　$\neg T(B)$　　　　⑭

　　　　①与⑪无法归结

　　　　①与⑫无法归结

　　　　②与⑦归结得　$\neg T(A) \vee \neg T(B)$　　　　与①重复

　　　　②与⑧归结得　$\neg T(A)$　　　　与⑬重复

　　　　②与⑨无法归结

　　　　②与⑩归结得　$\neg T(B) \vee \neg T(C)$　　　　与③重复

　　　　②与⑪归结得　$\neg T(A) \vee \text{Answer}(A)$　　　　⑮

　　　　②与⑫归结得　$\neg T(A) \vee \text{Answer}(B)$　　　　⑯

　　　　③与⑦归结得　$\neg T(B)$　　　　与⑭重复

　　　　③与⑧归结得　$\neg T(A) \vee \neg T(B)$　　　　与①重复

　　　　③与⑨归结得　$\neg T(A) \vee \neg T(C)$　　　　与②重复

　　　　③与⑩无法归结

　　　　③与⑪归结得　$\neg T(B) \vee \text{Answer}(A)$　　　　⑰

　　　　③与⑫归结得　$\neg T(B) \vee \text{Answer}(B)$　　　　⑱

　　　　④与⑦无法归结

　　　　④与⑧归结得　$T(C)$　　　　⑲

　　　　④与⑨归结得　$T(B) \vee T(C)$　　　　与⑤重复

　　　　④与⑩无法归结

　　　　④与⑪无法归结

　　　　④与⑫无法归结

　　　　⑤与⑦归结得　$T(C)$　　　　与⑲重复

　　　　⑤与⑧无法归结

　　　　⑤与⑨无法归结

　　　　⑤与⑩归结得　$T(A) \vee T(C)$　　　　与④重复

　　　　⑤与⑪无法归结

　　　　⑤与⑫无法归结

　　　　⑥与⑦归结得　$\neg T(B) \vee \text{Answer}(C)$　　　　⑳，其中应用了最一般合一 $\{C/x\}$

　　　　⑥与⑧归结得　$\neg T(A) \vee \text{Answer}(C)$　　　　㉑，其中应用了最一般合一 $\{C/x\}$

　　　　⑥与⑨归结得　$\neg T(A) \vee \text{Answer}(B)$　　　　与⑯重复

　　　　⑥与⑩归结得　$\neg T(B) \vee \text{Answer}(A)$　　　　与⑰重复

　　　　⑥与⑪归结得　$\text{Answer}(A) \vee \text{Answer}(C)$　　　　㉒，其中应用了最一般合一 $\{C/x\}$

　　　　⑥与⑫归结得　$\text{Answer}(B) \vee \text{Answer}(C)$　　　　㉓，其中应用了最一般合一 $\{C/x\}$

S_3：　①与⑬无法归结

　　　　⋮

　　　　⑥与⑬无法归结

　　　　⑥与⑭无法归结

　　　　⑥与⑮无法归结

　　　　⑥与⑯无法归结

　　　　⑥与⑰无法归结

　　　　⑥与⑱无法归结

　　　　⑥与⑲归结得　Ansewer(C)　　　　　　　　结束，其中应用了最一般合一$\{C/x\}$

归结结束。答案为 C，即 C 是老实人，从不说假话。

同理，也可以求证 A 不是老实人，以及 B 不是老实人。其实在归结过程中，并不要求把子句集中所有的子句都用到。只要在定理证明时能归结出空子句，在求取问题答案时能归结出 Answer 就可以了。且在归结过程中，一个子句可以多次被用来进行归结。

归结原理是自动定义证明领域中影响较大的一种推理方法。由于它比较简单且又便于在计算机上实现，因而受到人们的普遍重视。但它存在着不少问题。例如，归结策略仍然不能彻底解决大量无用归结式的产生。再从其本身来看，谓词公式的子句集表达掩盖了蕴含词所表示的因果关系。例如，下列逻辑公式

$$(\neg A \wedge \neg B) \rightarrow C$$
$$(\neg A \wedge \neg C) \rightarrow B$$
$$(\neg B \wedge \neg C) \rightarrow A$$
$$\neg A \rightarrow (B \vee C)$$
$$\neg B \rightarrow (A \vee C)$$
$$\neg C \rightarrow (A \vee B)$$

表示不同的前因后果，具有不同的逻辑控制信息。但是若把它们分别化为子句，所得子句却是相同的，即

$$A \vee B \vee C$$

这样不仅丢掉了很多控制性信息，而且很容易造成一些混淆或者错误。子句集把前提与结论混在一起，不便在推理中使用启发式信息，知识表示的可读性也差。求解复杂的现实问题时，归结反演搜索工作量太大，效率低，可能出现组合爆炸。所以，人们就研究了很多非归结演绎推理的方法。

3.4　与或形演绎推理

本节将在经典逻辑的基础上讨论用与或形表示知识进行定理证明的方法。与或形演绎推理与归结演绎推理不同。归结演绎推理要求把有关问题的知识及目标的否定都化成子句形式，然后通过归结进行演绎推理。归结演绎所遵循的推理规则只有一条，即归结规则。与或形演绎推理则不再把有关知识转化为子句集，而是把领域知识和已知事实分别用蕴含式及与或形表示出来，然后通过运用蕴含式进行演绎推理，从而证明某个目标公式。

与或形演绎推理分为正向演绎、逆向演绎和双向演绎三种推理形式，下面分别进行讨论。

3.4.1 与或形正向演绎推理

与或形正向演绎推理方法是从已知事实出发，正向使用蕴含式（F 规则）进行演绎推理，直至得到某个目标公式的一个终止条件为止。在这种推理中，对已知事实、F 规则及目标公式的表示形式均有一定要求。如果不是所要求的形式，则需要进行变换。

1. 事实表达式的与或形变换及其树形表示

与或形正向演绎推理要求已知事实用不含蕴含连接词"→"的与或形表示。把一个公式化为与或形的步骤与化为子句集的步骤类似。只是不必把公式化为子句的合取形式，也不能消去公式中的合取词。其具体过程如下：

1）利用 $P{\rightarrow}Q \Leftrightarrow \neg P \vee Q$ 消去公式中的蕴含连接词"→"。

2）利用德·摩根律及量词转换律把否定词"¬"移到紧靠谓词的位置上。

3）重新为变元命名，使不同量词约束的变元有不同的名字。

4）引入 Skolem 函数，消去存在量词。

5）消去全称量词，且使各主要合取式中的变元不同名。

例如，对谓词公式

$$(\exists x)(\forall y)\{Q(y,x)\} \wedge \neg [R(y) \vee P(y) \wedge S(x,y)]\}$$

按上述步骤转化后得到

$$Q(z,a) \wedge \{[\neg R(y) \wedge \neg P(y)] \vee \neg S(a,y)\}$$

这个不包含蕴含连接词"→"的表达形式，称为与或形。

事实表达式的与或形可用一棵与或树表示，称为事实与或树。例如，上式可用图 3.4 所示的与或树表示。

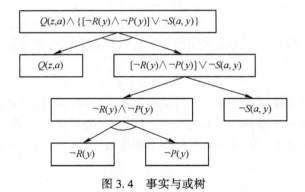

图 3.4　事实与或树

在图 3.4 中，根节点代表整个表达式，叶子结点表示不可再分解的原子公式，其他结点表示还可分解的子表达式。对于用合取符号"∧"连接而成的表达式，用一个 n 连接符（即图中的半圆弧）把它们连接起来。对于用析取符号"∨"连接而成的表达式，无须使用连接符。由与或树也可以很方便地获得原表达式的子句集。

2. F 规则的表示形式

在与或形正向演绎推理中，通常要求 F 规则具有如下形式：

$$L{\rightarrow}W \tag{3.16}$$

式中，L 为单文字，W 为与或形。

之所以限制 F 规则的左部为单文字，是因为在进行演绎推理时，要用 F 规则作用于事实与或树，而事实与或树的叶子结点都是单文字。这样，就可用 F 规则的左部与叶子结点进行简单匹配（合一）。

如果知识领域的表示形式不是所要求的形式，则需要通过变换将它变成规定的形式。变换步骤如下：

1）暂时消去蕴含连接词"→"。例如，对公式

$$(\forall x)\{[(\exists y)(\forall z)P(x,y,z)] \rightarrow (\forall u)Q(x,u)\}$$

运用等价关系可化为

$$(\forall x)\{\neg[(\exists y)(\forall z)P(x,y,z)] \vee (\forall u)Q(x,u)\}$$

2）把否定词"¬"移到紧靠谓词的位置上。运用德·摩根律及量词转换律可把否定词"¬"移到括弧中。则上式化为

$$(\forall x)\{(\forall y)(\exists z)[\neg P(x,y,z)] \vee (\forall u)Q(x,u)\}$$

3）引入 Skolem 函数消去存在量词。消去存在量词之后上式化为

$$(\forall x)\{(\forall y)[\neg P(x,y,f(x,y))] \vee (\forall u)Q(x,u)\}$$

4）消去全称量词。将上式消去全称量词之后化为

$$\neg P(x,y,f(x,y)) \vee Q(x,u)$$

此时，公式中的变元都被视为受全称量词约束的变元。

5）恢复为蕴含式。利用等价关系将上式变为

$$P(x,y,f(x,y)) \rightarrow Q(x,u)$$

3. 目标公式的表示形式

在与或形正向演绎推理中，要求目标公式用子句表示。如果目标公式不是子句形式，就需要将其化成子句形式，转化方法如上节所述。

4. 推理过程

应用 F 规则进行推理的目的在于证明某个目标公式。如果从已知事实的与或树出发，通过运用 F 规则最终推出了欲证明的目标公式，则推理成功结束。具体推理过程如下：

1）用与或树将已知事实表示出来。

2）用 F 规则的左部和与或树的叶子结点进行匹配，并将匹配成功的 F 规则加入到与或树中。

3）重复步骤 2），直到产生一个以目标结点作为终止结点的解图为止。

例 3.12 设已知事实为

$$A \vee B$$

F 规则为

$$R_1: A \rightarrow C \wedge D$$
$$R_2: B \rightarrow E \wedge G$$

欲证明的目标公式为

$$C \vee G$$

证明：

具体的证明过程如图 3.5 所示。图中的空心箭头表示匹配。

对谓词公式运用与或形推理的时候，与归结反演类

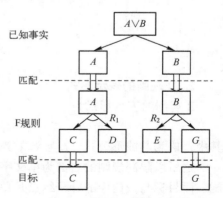

图 3.5 与或形正向演绎推理过程

75

似，都需要对公式运用最一般合一进行变换代换。经过代换之后变为一致的公式才能匹配。

3.4.2 与或形逆向演绎推理

与或形逆向演绎推理是从待证明的问题（目标）出发，通过逆向使用蕴含式（B 规则）进行演绎推理，直到得到包含已知事实的终止条件为止。

与或形逆向演绎推理对目标公式、B 规则及已知事实的表示形式也有一定的要求。若不符合要求，则需进行转换。

1. 目标公式的与或形变换及与或树表示

在与或形逆向演绎推理中，要求目标公式用与或形表示。其变换过程与或形逆向演绎推理中对已知事实的变换基本相似。但是，要用存在量词约束的变元的 Skolem 函数替换由全称量词约束的相应变元；并且先消去全称量词，再消去存在量词。这是与或形逆向演绎与正向演绎进行变换的不同之处。例如，将目标公式

$$(\exists y)(\forall x)\{P(x)\rightarrow[Q(x,y)]\wedge\neg R(x)\wedge S(y))]\}$$

经过与或形逆向演绎方法转化后得到

$$\neg P(f(z))\vee\{Q(f(y),y)\wedge[\neg R(f(y))\vee\neg S(y)]\}$$

在变换时应注意使各个主要的析取式具有不同的变元名。

目标公式的与或形也可用与或树表示，但其表示方式与或形正向演绎中事实与或树的表示略有不同。目标公式与或树中 n 连接符用来把具有合取关系的子表达式连接起来，而在与或形正向演绎中是把已知事实中具有析取关系的子表达式连接起来。上述目标公式的与或树如图 3.6 所示。

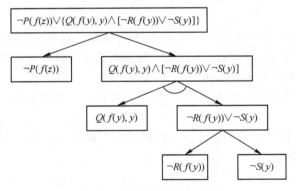

图 3.6　目标公式的与或树

2. B 规则的表示形式

B 规则的表示形式为

$$W\rightarrow L \tag{3.17}$$

其中，W 为与或形公式，L 为单文字。

之所以限制规则的右部为单文字，是因为推理时要用它与目标与或树中的叶子结点进行匹配，而目标与或树中的叶子结点是单文字。如果已知的 B 规则不是所要求的形式，则可用与转换 F 规则类似的方法将其转化成规定的形式。特别是对于像

$$W \rightarrow (L_1 \land L_2) \tag{3.18}$$

这样的蕴含式可化为两个 B 规则

$$W \rightarrow L_1, \ W \rightarrow L_2 \tag{3.19}$$

3. 已知事实的表示形式

在与或形逆向演绎推理中，要求已知事实是文字的合取式，即形如

$$F_1 \land F_2 \land \cdots \land F_n$$

由于每个 $F_i (i=1,2,\cdots,n)$ 都可单独起作用，因此可把上式表示为事实的集合

$$\{F_1, F_2, \cdots, F_n\}$$

4. 推理过程

应用 B 规则进行与或形逆向演绎推理的目的在于求解问题。当从目标公式的与或树出发，通过运用 B 规则最终得到了某个终止在事实结点上的一致解图时，推理就成功结束。一致解图是指在推理过程中所用到的代换应该是一致的。与或形逆向演绎推理过程如下：

1）用与或树将目标公式表示出来。

2）用 B 规则的右部和与或树的叶子结点进行匹配，并将匹配成功的 B 规则加入到与或树中。

3）重复步骤2），直到产生某个终止在事实结点上的一致解图为止。

例3.13 设有如下事实和规则。

事实：

f_1：DOG(Fido)　　　　　　　　　　　　　　Fido 是一只狗

f_2：¬BARKS(Fido)　　　　　　　　　　　　Fido 不吠叫

f_3：WAGS-TAIL(Fido)　　　　　　　　　　Fido 摇尾巴

f_4：MEOWS(Myrtle)　　　　　　　　　　　Myrtle 咪咪叫

规则：

r_1：(WAGS-TAIL(x) ∧ DOG(x)) → FRIENDLY(x)　　狗以摇尾巴表示友好

r_2：(FRIENDLY(z) ∧ ¬BARKS(z)) → ¬AFRAID(y,z)　友好且不吠叫的狗不可怕

r_3：DOG(s) → ANIMAL(s)　　　　　　　　狗是动物

r_4：CAT(t) → ANIMAL(t)　　　　　　　　猫是动物

r_5：MEOWS(m) → CAT(m)　　　　　　　咪咪叫的是猫

求解：是否有一只不怕狗的猫？

解：

问题的目标公式为

$$(\exists u)(\exists w)[\text{CAT}(u) \land \text{DOG}(w) \land \neg\text{AFRAID}(u,w)]$$

具体求解问题的过程如图 3.7 所示。该推理过程得到的解图是一致解图。图中有 8 个匹配粗箭头，每个粗箭头上都有一个代换。终止在事实结点上的代换为 $\{\text{Myrtle}/u\}$ 和 (Fido/w)。把它们应用到目标公式，就得到了该问题的解：

$$\text{CAT(Myrtle)} \land \text{DOG(Fido)} \land \neg\text{AFRAID(Myrtle, Fido)}$$

上式表示：有一只名叫 Myrtle 的猫和一条名叫 Fido 的狗，并且猫 Myrtle 不怕狗 Fido。

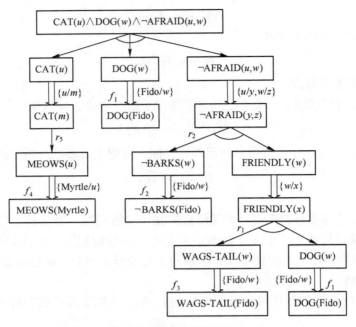

图 3.7　与或形逆向演绎推理过程

3.4.3　与或形双向演绎推理

与或形正向演绎推理要求目标公式是文字析取式，与或形逆向演绎推理要求事实公式为文字合取式。这两点都有一定的局限。双向演绎推理可以克服这种局限，充分发挥各自的优势。

正向和逆向组合系统是建立在两个系统相结合的基础上的。此组合系统的黑板由表示目标和表示事实的两个与或图结构组成。这些与或图最初用来表示给出的事实和目标的某些表达式集合，现在这些表达式的形式不受约束。这些与或图结构分别用正向系统的 F 规则和逆向系统的 B 规则来修正。设计者必须决定哪些规则用来处理事实图以及哪些规则用来处理目标图。尽管新系统在修正由两部分构成的黑板时实际上只沿一个方向进行，但仍然把这些规则分别称为 F 规则和 B 规则。继续限制 F 规则为单文字前项和 B 规则为单文字后项。

组合演绎系统的主要复杂之处在于其终止条件。终止涉及两个图结构之间的适当交接。在完成两个图之间的所有可能匹配之后，目标图中根结点上的表达式是否已经根据事实图中根结点上的表达式和规则得到证明的问题仍然需要判定。只有得到这样的证明时，推理过程才算成功终止。当然，若能断定在给定方法限度内找不到证明时，推理则以失败告终。

也就是说，分别从正、反两个方向进行推理，其与或树分别向着对方扩展。只有当它们对应的叶子结点都可以合一时，推理才能结束。在推理过程中用到的所有代换必须是一致的。

定义 3.11　设代换集合

$$\theta = \{\theta_1, \theta_2, \cdots, \theta_n\}$$

中第 i 个代换 $\theta_i(i=1,2,\cdots,n)$ 为

$$\theta_i = \{t_{i1}/x_{i1}, t_{i2}/x_{i2}, \cdots, t_{im(i)}/x_{im(i)}\}$$

其中，t_{ij} 为项，$x_{ij}(j=1,2,\cdots,m(i))$ 为变元。则代换集是一致的充要条件是如下两个元组可合一。

$$T = \{t_{11}, t_{12}, \cdots, t_{1m(1)}, t_{21}, \cdots, t_{2m(2)}, \cdots, t_{nm(n)}\}$$

$$X = \{x_{11}, x_{12}, \cdots, x_{1m(1)}, x_{21}, \cdots, x_{2m(2)}, \cdots, x_{nm(n)}\}$$

例如，

1）设 $\theta_1 = \{x/y\}$，$\theta_2 = \{y/z\}$，则 $\theta = \{\theta_1, \theta_2\}$ 是一致的。

2）设 $\theta_1 = \{f(g(x_1))/x_3, f(x_2)/x_4\}$，$\theta_2 = \{x_4/x_3, g(x_1)/x_2\}$，则 $\theta = \{\theta_1, \theta_2\}$ 是一致的。

3）设 $\theta_1 = \{a/x\}$，$\theta_2 = \{b/x\}$，则 $\theta = \{\theta_1, \theta_2\}$ 是不一致的。

4）设 $\theta_1 = \{g(y)/x\}$，$\theta_2 = \{f(x)/y\}$，则 $\theta = \{\theta_1, \theta_2\}$ 是不一致的。

与或形演绎推理不必把公式化为子句集，保留了蕴含连接词"→"，这样就可直观地表达出因果关系，比较自然。但是与或形正向演绎推理把目标表达式限制为文字的析取式。与或形逆向演绎推理把已知事实表达式限制为文字的合取式。与或形双向推理虽然可以克服以上限制，但是其终止时机与判断却难以掌握。

3.5 本章小结

本章主要介绍了确定性推理。首先，介绍了一些关于推理的一般概念，包括推理的方式及分类、推理的控制策略、知识匹配、冲突消解等。然后，讨论了基于经典逻辑的三种演绎推理方法。

关于推理及其方法的研究是人工智能中的一个重要研究课题。所谓推理就是按某种策略由已知判断推出另一判断的思维过程。人工智能中的推理就是对人类思维过程的一种模拟。推理有多种方式。演绎推理和归纳推理是用得较多的两种推理方式。演绎推理是从全称判断推导出特称判断或单称判断的过程，即由一般性知识推出适合某一具体情况的结论。这是一种从一般到个别的推理，经常用的是三段论。归纳推理是从足够多的事例中归纳出一般性结论的推理过程，是一种从个别到一般的推理。归纳推理主要用在机器学习中。

经典逻辑推理是通过运用经典逻辑规则，从已知事实中演绎出逻辑上蕴含的结论。按演绎方法不同可分为归结演绎推理和非归结演绎推理。归结演绎推理的理论基础是海伯伦理论及鲁滨逊归结原理。归结原理的基本思想是检查子句集 S 中是否包含矛盾。若包含，则 S 不可满足。或者能从 S 中导出矛盾来，就说明子句集 S 是不可满足的。非归结演绎推理可运用的推理规则比较丰富。本章仅讨论了自然演绎推理和与或形演绎推理中的部分方法。

习题

3.1 推理一般有几种方式？每一种推理方式有什么特点？

3.2 什么是正向推理？请画出正向推理一般过程的流程图。

3.3 什么是逆向推理？请画出逆向推理一般过程的流程图。

3.4 什么是双向推理？在哪些情况下需要进行双向推理？双向推理的主要问题是什么？

3.5 什么是冲突消解？冲突消解的策略有哪些？

3.6 请把下列谓词公式分别化为相应的子句集。

（1）$(\forall x)(\forall y)(P(x,y) \wedge Q(x,y))$

（2）$(\forall x)(\forall y)(P(x,y) \rightarrow Q(x,y))$

（3）$(\forall x)(\exists y)(P(x,y) \vee (Q(x,y) \rightarrow R(x,y)))$

（4）$(\forall x)(\forall y)(\exists z)(P(x,y) \rightarrow Q(x,y) \vee R(x,z))$

(5) $(\exists x)(\exists y)(\forall z)(\exists u)(\forall v)(\exists w)(P(x,y,z,u,v,w) \land (Q(x,y,z,u,v,w) \lor \neg R(x,z,w)))$

3.7 判断下列子句集中哪些是不可满足的。

(1) $S = \{\neg P \lor Q, \neg Q, P, \neg P\}$

(2) $S = \{P(y) \lor Q(y), \neg P(f(x)) \lor R(a)\}$

(3) $S = \{\neg P(x) \lor Q(x), \neg P(y) \lor R(y), P(a), S(a), \neg S(a), \neg S(z) \lor \neg R(z)\}$

(4) $S = \{\neg P(x) \lor \neg Q(y) \lor \neg L(x,y), P(a), \neg R(z) \lor L(a,z), R(b), Q(b)\}$

(5) $S = \{\neg P(x) \lor Q(f(x),a), \neg P(h(y)) \lor Q(f(h(y)),a) \lor \neg P(z)\}$

(6) $S = \{P(x) \lor Q(x) \lor R(x), \neg P(y) \lor R(y), \neg Q(a), \neg R(b)\}$

(7) $S = \{P(x) \lor Q(x), \neg Q(y) \lor R(y), \neg P(z) \lor Q(z), \neg R(u)\}$

3.8 证明下面各小题中 G 是否为 F_1，F_2，F_3 的逻辑结论。

(1) F_1: $(\exists x)(\exists y)P(x,y)$

  G: $(\forall y)(\exists x)P(x,y)$

(2) F_1: $(\forall x)(P(x) \land (Q(a) \lor Q(b)))$

  G: $(\exists x)(P(x) \land Q(x))$

(3) F_1: $(\exists x)(\exists y)(P(f(x)) \land Q(f(b)))$

  G: $P(f(a)) \land P(y) \land Q(y)$

(4) F_1: $(\forall x)(P(x) \to (\forall y)(Q(y) \to \neg L(x,y)))$

  F_2: $(\exists x)(P(x) \land (\forall y)(R(y) \to L(x,y)))$

  G: $(\forall x)(R(x) \to \neg Q(x))$

(5) F_1: $(\forall x)(P(x) \to (Q(x) \land R(x)))$

  F_2: $(\exists x)(P(x) \land S(x))$

  G: $(\exists x)(S(x) \land R(x))$

(6) F_1: $(\forall x)(A(x) \land \neg B(x) \to (\exists y)(D(x,y) \land C(y)))$

  F_2: $(\exists x)(E(x) \land A(x) \land (\forall y)(D(x,y) \to E(y)))$

  F_3: $(\forall x)(E(x) \to \neg B(x))$

  G: $(\forall x)(R(x) \to \neg Q(x))$

3.9 设已知：

(1) 如果甲是乙的父亲，乙是丙的父亲，则甲是丙的祖父。

(2) 每个人都有一个父亲。

试用归结演绎推理证明：对于某人庚，一定存在一个人辛，辛是庚的祖父。

3.10 设已知事实为

$$[(P \lor Q) \land R] \lor [S \land (T \lor U)]$$

F 规则为

$$S \to (X \land Y) \lor Z$$

试用与或树正向演绎推理推出所有可能的目标子句。

3.11 设已知事实为

$$f_1: E > 0$$

$$f_2: B > 0$$

$$f_3: A > 0$$

$$f_4: C>0$$

$$f_5: C>E$$

B 规则为

r_1: $[G(x,0) \land G(y,0)] \rightarrow G(\text{times}(x,y),0)$

r_2: $[G(x,0) \land G(y,z)] \rightarrow G(\text{plus}(x,y),z)$

r_3: $[G(x,w) \land G(y,z)] \rightarrow G(\text{plus}(x,y),\text{plus}(w,z))$

r_4: $[G(x,0) \land G(y,z)] \rightarrow G(\text{times}(x,y),\text{times}(x,z))$

r_5: $[G(1,w) \land G(x,0)] \rightarrow G(x,\text{times}(x,w))$

r_6: $G(x,\text{plus}(\text{times}(w,z),\text{times}(y,z))) \rightarrow G(x,\text{times}(\text{plus}(w,y),z))$

r_7: $[G(x,\text{times}(w,y)) \land G(y,0)] \rightarrow G(\text{divides}(x,y),w)$

其中，谓词 $G(x,y)$ 表示 $x>y$，函数 $\text{plus}(x,y)$ 表示 $x+y$，函数 $\text{times}(x,y)$ 表示 $x \times y$，函数 $\text{divides}(x,y)$ 表示 x/y。

求证目标为

$$G(\text{divides}(\text{times}(B,\text{plus}(A,C)),E),B)$$

请用与或树逆向演绎推理证明该目标公式的正确性，并画出它的与或树。

第4章 不确定性推理

不确定性推理是人类智能性的一个重要表现。目前的冯·诺依曼型数字计算机无法真正像人一样灵活地处置各种不确定性，只能通过一些手段借助精确的数字来模拟不确定性。所以，不确定性推理是人工智能中的一个难点问题。本章主要介绍常用的不确定性推理方法以及一些重要的不确定性推理理论。

4.1 概述

1. 什么是不确定性推理

不确定性问题就是不能用二值逻辑来处理的问题。不确定性是智能问题的重要特征之一。在现实世界中大量的实际问题都有一定的不确定性。确定性问题往往是对现实世界高度抽象和简化之后得到的模型。所以，确定性推理模型无法有效解决现实世界中的很多问题。例如，"今天的天气如何？""这道菜好吃吗？""你觉得幸福吗？"这些问题都无法用"好坏""真假"这种二值逻辑来准确地回答。对不确定性问题进行快速、有效的求解正是人类智能性的有力体现。因此，不确定推理是人工智能研究的一个核心课题。

导致不确定性知识的原因有很多，主要有以下几种：

（1）不完全知识

当人们对某事物还不完全了解，或者认识得不够完整、深入的时候，会产生很多不完全的知识。这些知识往往只是部分正确；或者结论的覆盖范围很大，不能精确地限定两个事物间的联系。例如，冠状病毒会导致人感冒、发烧，严重时会导致肺炎，甚至死亡。事实上，我们对冠状病毒的认识很不完全，对新型冠状病毒的研究还在不断深入进行中。

（2）经验性知识

经验性知识是指人通过对客观事实进行大量、重复的观察、统计之后，运用归纳推理得到的一些知识。经验性知识在没有经过严密的理论分析论证和运用演绎推理进行预言验证之前，都不能保证其推理结果的绝对正确性。所以，经验性知识往往都带有一定的可信度，其结论可能正确也可能不正确，更可能是部分正确。例如，先雷后雨雨必小，先雨后雷雨必大。

（3）概率性知识

概率性是不确定性的一种重要表现形式。概率性就是说已知一个事件发生后有多个可能结果，虽然在该事件发生之前，谁也无法确定具体哪个结果会出现，但是我们能预先知道每个结果发生的可能性是多少。例如，某型导弹命中 300 km 外目标误差半径小于 100 m 的概率是 0.93，误差半径小于 50 m 的概率是 0.86。概率理论已经建立起了严密的数学体系，具有非常丰富的工具和方法来处理很多问题，其推理过程和结论相对比较客观、可靠。所以，概率理论是人工智能领域中解决不确定性问题最常用的一种手段。

（4）模糊性知识

模糊性是另一种非常重要的不确定性表现形式。模糊性与概率性不同。概率性是指事件在发生之前，其结果是不确定的；一旦事件已经发生，则其结果是明确的。而模糊性是指即便事件已经发生，但是事物（结论）本身也无法进行精确的刻画。所谓"进行精确的刻画"就是说可以用二值逻辑进行判定。例如，"张三的枪法很好"就是一条模糊性知识，因为"好"是一个模糊概念。每枪都打 10 环当然是"枪法好"，但 10 枪中 9 枪是 10 环，1 枪为 9.8 环能说是"枪法不好"吗？又如果 10 枪中 9 枪是 10 环，1 枪为 8 环，是"好"还是"不好"呢？

对于不确定性问题不能用经典逻辑（一阶谓词逻辑）来处理。所以，不确定性推理是建立在非经典逻辑基础上的一种推理。它是对不确定性知识的运用与处理。严格来说，所谓不确定性推理就是从不确定性的初始证据出发，通过运用不确定性的知识，最终推出具有一定程度不确定性但是合理或者近乎合理结论的思维过程。

2. 不确定性推理的基本问题

在不确定性推理中，知识和证据都具有某种程度的不确定性，这就为推理机的设计与实现增加了复杂性和难度。它除了必须解决推理方向、推理方法、控制策略等基本问题外，还需要解决不确定性的表示与量度、不确定性匹配、不确定性的传递算法以及不确定性的合成等重要问题。

（1）不确定性的表示

不确定性推理中的"不确定性"一般分为两类：一是知识的不确定性；二是证据的不确定性。它们都要求有相应的表示方式和量度标准。

一般知识的不确定性是由领域专家给出或者通过实验统计的方法得到。它通常是一个数值，表示相应知识的不确定性程度，称为知识的静态强度或者知识的可信度。静态强度可以是相应知识在应用中成功的概率，也可以是该条知识的可信程度、被支持的程度或者其他。其值的大小、范围因其意义与使用方法的不同而不同。后面在讨论各种不确定性推理模型时，将会具体给出静态强度的表示方法及其含义。

证据就是已知事实。在推理中有两种来源不同的证据：一种是用户在求解问题时提供的初始证据，另一种是在推理过程中用前面推出的结论作为当前推理时的证据。一般来说，证据不确定性的表示方法应与知识不确定性的表示方法保持一致，以便在推理过程中对不确定性进行统一处理。证据的不确定性通常也是一个数值表示，代表相应事实（结论）的不确定性程度，称之为动态强度。

在同一个知识系统中，对于不同知识和不同证据，一般要采用相同的不确定性度量方法。对于不确定性度量要事先规定它的取值范围，使每个数据都有明确的意义。

（2）不确定性匹配算法

只有匹配成功的知识和证据才有可能应用到推理过程中。那么怎样才算匹配成功？在确定性推理中，经过代换（合一）之后的字符串如果相同，则就是匹配成功。但这是精确匹配，在不确定性推理中一般不采用精确匹配，而采用不确定性匹配算法。不确定性匹配需要设计一个算法用来计算匹配双方相似的程度；然后，另外指定一个相似的"限度"，用来衡量匹配双方相似的程度是否落在指定的限度内。在推理过程中证据和知识相似的程度称为匹配度。确定这个匹配度（相似程度）的算法称为不确定性匹配算法。用来指出相似"限度"的值称为阈值。不确定性匹配算法往往与具体应用相关。我们将在后面结合具体推理方法介绍一些不确定性匹配算法。

（3）组合证据的不确定性

在推理过程中，当知识前件有多个子条件时，就会有多个证据与之相应。而对于不确定性推理，每个证据都有自己的不确定性。有时候需要把所有的相关证据综合在一起作为一个整体考虑，这就需要把多个证据各自的不确定性综合为一个总的不确定性，这就称为组合证据的不确定性。组合证据不确定性的算法有很多种，目前用得较多的有如下三种：

1）最大/最小方法：

$$T(E_1 \quad AND \quad E_2) = \min\{T(E_1), T(E_2)\}$$
$$T(E_1 \quad OR \quad E_2) = \max\{T(E_1), T(E_2)\}$$

（4.1）

2）概率方法：

$$T(E_1 \quad AND \quad E_2) = T(E_1) \times T(E_2)$$
$$T(E_1 \quad OR \quad E_2) = T(E_1) + T(E_2) - T(E_1) \times T(E_2)$$

（4.2）

3）有界方法：

$$T(E_1 \quad AND \quad E_2) = \max\{0, T(E_1) + T(E_2) - 1\}$$
$$T(E_1 \quad OR \quad E_2) = \min\{1, T(E_1) + T(E_2)\}$$

（4.3）

其中，E_1 和 E_2 表示两个证据。$T(E_1)$ 和 $T(E_2)$ 表示证据各自的不确定性。$T(E_1 \quad AND \quad E_2)$ 和 $T(E_1 \quad OR \quad E_2)$ 则分别表示两种组合情况下的组合证据的不确定性。应当注意的是，不同的公式有不同的使用条件。例如，概率方法中一般使用概率表示不确定性，并且式（4.2）中要求证据 E_1 和 E_2 之间完全独立。

（4）不确定性的传递算法

不确定性推理的根本目的是根据用户提供的初始证据，通过运用不确定性知识，最终推出不确定性的结论，并推算出结论不确定性的程度。要达到这个目的，除了需要解决前面提出的问题以外，还需要解决推理过程中不确定性的传递问题，即以下两个问题：

1）在每一步推理中，如何把证据及知识的不确定性传递给结论。

2）在多步推理中，如何把初始证据的不确定性传递给最终结论。

也就是说，已知规则前提 E 的不确定性和规则强度 $f(H, E)$，求假设 H 的不确定性 $C(H)$，即定义函数 R，使得 $C(H) = R(C(E), f(H, E))$。在不确定性推理过程中，对于第一个子问题所采用的处理方法各不相同，我们将在后面几节中分别介绍；对于第二个子问题，一般都是把当前推出的结论及其不确定性作为新证据，放入到黑板中，供下面的推理使用。

（5）结论不确定性的合成

推理中经常会出现这样一种情况：用不同知识进行推理得到了相同结论，但不确定性程度却不相同。也就是说，经过不同的推理路径，得到了相同的推理结论，但是结论的不确定性却不相同。一般系统在给出最终推理结论时，都是给出一个不确定性度量值。所以，这时系统就需要把相同结论的多个不确定性进行综合，即对结论不确定性进行合成。

3. 不确定性推理方法分类

不确定性推理方法的研究主要沿着两条不同的路线发展：模型方法和控制方法。

1）模型方法是对确定性推理框架的一种扩展。模型方法把不确定性证据和不确定性知识分别与某种度量标准对应起来，并且给出了更新结论不确定性的算法，从而构成了相应的不确定性推理的模型。模型方法与控制策略无关，即无论使用何种控制策略，推理结果都是唯一的。

模型方法又分为数值方法和非数值方法两种。数值方法就是对不确定性进行定量表示和处理的方法。目前对它的研究和应用都比较多。例如，基于概率论的不确定性推理和基于模糊理论的不确定性推理等。非数值方法是指除数值方法以外的其他各种处理不确定性的方法。例如，邦地（Bundy）于 1984 年提出的发生率计算方法采用集合来描述和处理不确定性。

2）控制方法主要是在控制策略一级来处理不确定性。其特点是通过识别领域中引起不确定性的某些特征及相应的控制策略来限制或者减少不确定性对系统产生的影响。这类方法没有处理不确定性的统一模型，其效果极大地依赖于控制策略。目前常用的控制方法有启发式搜索、相关性制导回溯、机缘控制等。

本章只对模型方法展开讨论。有兴趣的读者可以查阅文献，自行了解有关控制方法。

4.2　基本概率方法

1. 概率论基础

概率论是研究随机现象中数量规律的一门学科。随机现象是现实世界中广泛存在的一种现象，而且反映了事物的一种不确定性——随机性。所以，对随机性的研究为人们提供了一种表示和处理不确定性的强有力的工具。

在概率论中把试验中每一个可能出现的结果称为试验的一个样本点。由全体样本点构成的集合称为样本空间。我们把要考察的一些样本点构成一个集合，称为随机事件，简称事件。

我们对随机事件进行定量研究，用一个数来表示随机事件发生的可能性。事件发生的可能性大时，用一个较大的数表示；发生的可能性小时，用一个较小的数表示。这个表示事件发生可能性大小的数称为事件的概率。假若用 A 表示某一事件，则它的概率一般记作 $P(A)$。概率必须满足下面三个条件，即概率公理。

1）$0 \leqslant P(A) \leqslant 1$，即任何事件的概率都是 $[0,1]$ 闭区间上的实数。不可能事件的概率为 0，必然事件的概率为 1。

2）$P(D)=1$，即全体事件集的概率为 1。也就是说，在样本空间之外不存在基本事件。

3）若事件集 $\{E_1, E_2, \cdots\}$ 中任意两个事件互不相交，则

$$P(E_1 \cup E_2 \cup \cdots) = \sum_i P(E_i) \tag{4.4}$$

即概率的可列可加性。注意，若两个事件之间有交集，则上式不成立。

概率的具体定义有多种，常见的有古典概型、统计概型和条件概型。

定义 4.1（古典概型）　如果随机试验 E 的样本空间 D 中只包含有限个基本事件，并且在每次试验中每个基本事件发生的可能性相同，则称 E 为古典型概率试验，简称古典概型。此时事件 A 的概率 $P(A)$ 为

$$P(A) = \frac{m}{n} \tag{4.5}$$

其中，n 为样本空间中的事件数，m 为事件 A 中的基本事件数。

定义 4.2（统计概型）　在同一组条件下所做的大量重复试验中，如果事件 A 出现的频率 $f_n(A)$ 总是在一个确定的常数 p 附近摆动，并且稳定于 p，则称 p 为事件 A 的概率。即

$$P(A) = \lim_{n \to \infty} f_n(A) \tag{4.6}$$

其中，$f_n(A)$ 表示事件 A 出现的频率，即若在 n 次试验中，事件 A 出现了 m 次，则

$$f_n(A) = \frac{m}{n} \tag{4.7}$$

定义 4.3（条件概型） 假设 A 与 B 是某随机试验中的两个事件。如果在事件 B 发生的条件下考虑事件 A 发生的概率，则称之为事件 A 的条件概率，记为 $P(A/B)$

$$P(A/B) = \frac{P(A \cap B)}{P(B)} \tag{4.8}$$

2. 贝叶斯理论

贝叶斯理论（Bayesian Theory）是概率论中非常重要的一个理论。这个理论也是人工智能领域中运用概率理论解决问题的一个基石。贝叶斯理论本身很简单，可以用一个公式来表示，称之为贝叶斯公式。但是这个理论为人们实现人工智能的推理、判断、学习、识别等很多活动提供了一个客观的、理论严密的依据。简而言之，贝叶斯公式在人工智能中有着极其重要的地位。

贝叶斯公式可由全概率公式推导出来。

定理 4.1 设事件 $A_1, A_2, \cdots, A_n$ 满足下列条件：

1）任意事件两两互不相容（不相交），即

$$A_i \cap A_j = \varnothing, \quad i \neq j$$

2）任意事件概率不为 0，即

$$P(A_i) > 0, \quad 1 \leq i \leq n$$

3）所有事件之和构成一个事件全集 D，即

$$D = \bigcup_{i=1}^{n} A_i$$

则对任何事件 B 有下式成立：

$$P(B) = \sum_{i=1}^{n} P(A_i) \times P(B/A_i) \tag{4.9}$$

这个公式称为全概率公式，它提供了一种计算 $P(B)$ 的方法。由全概率公式和条件概率的定义式就可以推导出贝叶斯公式。

定理 4.2（贝叶斯定理） 设事件 $A_1, A_2, \cdots, A_n$ 满足定理 4.1 规定的条件，则对任何事件 B 有下式成立：

$$P(A_i/B) = \frac{P(A_i) \times P(B/A_i)}{\sum\limits_{j=1}^{n} P(A_j) \times P(B/A_j)} \quad i = 1, 2, \cdots, n \tag{4.10}$$

这个定理就是贝叶斯定理，式（4.10）称为贝叶斯公式。实际上，

$$P(A_i/B) = \frac{P(A_i \cap B)}{P(B)}$$

$$= \frac{P(B \cap A_i)}{\sum\limits_{j=1}^{n} P(A_j) \times P(B/A_j)}$$

$$= \frac{P(A_i) \times P(B/A_i)}{\sum\limits_{j=1}^{n} P(A_j) \times P(B/A_j)}$$

本书在第 6 章还将介绍贝叶斯理论在机器学习中的一些应用。

3. 简单概率推理

（1）经典概率方法

经典概率方法就是直接运用条件概率的定义来进行推理。也就是说，证据是已知事件，知识的不确定性就是在已知前提的情况下，关于结论的条件概率。这个条件概率就是推理之后得到的关于结论的不确定性。设有如下产生式规则：

$$IF \quad E \quad THEN \quad H$$

其中，E 为前提条件，H 为结论。如果我们在实践中经大量统计能得出在 E 发生条件下 H 的条件概率 $P(H/E)$，那么就可把它作为在证据 E 出现时结论 H 的确定性程度。对于复合条件也类似，即

$$E = E_1 \quad AND \quad E_2 \quad AND \quad \cdots \quad AND \quad E_n$$

当已知条件概率 $P(H/E_1, E_2, \cdots, E_n)$ 时，就可把它作为在证据 $E_1, E_2, \cdots, E_n$ 都出现时结论 H 的确定性程度。

（2）逆概率方法

经典概率方法要求给出在证据 E 出现情况下结论 H 的条件概率 $P(H/E)$。这在实际应用中相当困难。因为在一般情况下，只有做了大量的统计工作之后才能得到这个条件概率 $P(H/E)$。特别是对于复合条件，每个子条件都有不同取值，这样组合以后的状态数目往往非常巨大。所以，人们就利用贝叶斯定理，通过一些比较容易获得的概率，来计算那些不容易获得的概率。这就是逆概率方法的思路。逆概率方法就是通过贝叶斯公式用 $P(E/H)$ 来求原概率 $P(H/E)$。因为 H 对应于结论，一般 H 的取值状态数目很少；而 E 对应于条件，并且往往是复合条件，其可能的取值状态数目非常多。所以，同样是进行统计工作，但是获得 $P(E/H)$ 的工作量一般要大大小于获得 $P(H/E)$ 的工作量。

用贝叶斯理论进行不确定性推理的基本思路是：假如观测到某事件 E（可能是复合条件），对应于 E 有多个可能结论 $H_1, H_2, \cdots, H_n$；然后，我们可以用每个结论的先验概率 $P(H_i)$ 和条件概率 $P(E/H_i)$ 来计算在观察到 E 时得到结论 H_i 的概率 $P(H_i/E)$（后验概率），即

$$P(H_i/E) = \frac{P(H_i) \times P(E/H_i)}{\sum\limits_{j=1}^{n} P(H_j) \times P(E/H_j)} \quad i = 1, 2, \cdots, n \tag{4.11}$$

实际上，与式（4.10）相对照，证据（前提条件）E 就对应于事件 B，结论 H_i 就对应于 A_i。所以，在应用贝叶斯理论进行推理的时候，要注意贝叶斯公式的重要限制条件，特别是结论 H_i（事件 A_i）应该是两两相互独立的。

4.3 主观贝叶斯方法

运用贝叶斯公式进行不确定性推理，必然受到贝叶斯公式运用条件的限制。事实上，事件之间彼此独立的要求是很苛刻的，在现实中往往不能保证这个条件被严格满足。而且在贝叶斯公式中还要求事先知道已知结论时前件（证据）的条件概率和结论的先验概率。要获得这些概率，就必须做一些统计工作。然而，在实践中未必能够进行足够的重复实验来获得充分的观察数据。再者，用贝叶斯公式得到的后验概率实际上是对先验概率的修正。假如先验概率偏差比较大，那么必然会对后验概率造成不良影响。所

4.3 基于
概率理论的
不确定性推理

以在人工智能实践中，为了应用简便和省事，往往用主观决定代替客观观察，用主观指定的数值来代替统计概率。主观贝叶斯方法就是这种思想的一种体现。主观贝叶斯方法是由杜达（R. O. Duda）等人于1976年在贝叶斯公式基础上进行改进，而提出的一种不确定性推理模型。这种不确定性推理方法在地矿勘探专家系统PROSPECTOR中得到了成功应用。

4.3.1 不确定性的表示

1. 知识的不确定性

在主观贝叶斯方法中，知识是如下形式的产生式规则表示：

$$\text{IF} \quad E \quad \text{THEN} \quad (\text{LS,LN}) \quad H \quad (P(H))$$

其中 E——知识的前提条件，既可以是简单条件，也可以是复合条件。

     H——结论。$P(H)$是结论H的先验概率，表示在没有任何已知证据的情况下，结论H为真的概率。先验概率可由领域专家给出或者根据以往实践经验给出。

    LS——充分性度量。它表示E对H的支持程度，取值范围为$[0,+\infty)$。其定义为

$$\text{LS} = \frac{P(E/H)}{P(E/\neg H)} \tag{4.12}$$

    LS的值由领域专家给出。

    LN——必要性度量。它表示$\neg E$对H的支持程度，即E对H为真的必要性程度，也就是当证据E不存在时对结论H的影响程度。必要性度量取值范围为$[0,+\infty)$。其定义为

$$\text{LN} = \frac{P(\neg E/H)}{P(\neg E/\neg H)} = \frac{1-P(E/H)}{1-P(E/\neg H)} \tag{4.13}$$

LN的值也由领域专家给出。

    LS和LN相当于知识的静态强度。我们将在下面讨论LS和LN取值的原则及其意义。

2. 证据的不确定性

在主观贝叶斯方法中，证据的不确定性也使用概率表示。对于初始证据E，由用户根据观察S给出$P(E/S)$，这相当于动态强度。但是直接给出$P(E/S)$往往非常困难，所以在实践应用中可以采取一些变通方法。例如，在PROSPECTOR系统中就引入了离散化表示的确信值，即让用户根据实际情况在$[-5,5]$中选取一个整数，作为用户相信所提供初始证据为真的程度。确信值$C(E/S)$与概率$P(E/S)$之间存在如下对应关系：

$$P(E/S) = \begin{cases} \dfrac{C(E/S) + P(E) \times (5 - C(E/S))}{5} & 0 \leqslant C(E/S) \leqslant 5 \\[3mm] \dfrac{P(E) \times (C(E/S) + 5)}{5} & -5 \leqslant C(E/S) \leqslant 0 \end{cases} \tag{4.14}$$

特别地，

$C(E/S) = -5$，表示在观察S下证据E肯定不存在，即$P(E/S) = 0$；

$C(E/S) = 0$，表示在观察S下与证据E无关，即$P(E/S) = P(E)$；

$C(E/S) = 5$，表示在观察S下证据E肯定存在，即$P(E/S) = 1$。

这样，用户只要对证据E给出在观察S下的确信值$C(E/S)$，系统即可求出相应的概率$P(E/S)$。

3. 组合证据的不确定性

对于组合证据的不确定性，可以采取简单的最大最小法来处理。

（1）对于由多个单一证据的合取形成的组合证据

$$E = E_1 \quad \text{AND} \quad E_2 \quad \text{AND} \quad \cdots \quad \text{AND} \quad E_n$$

如果已知 $P(E_1/S), P(E_2/S), \cdots, P(E_n/S)$，则取其最小者作为组合证据的不确定性：

$$P(E/S) = \min\{P(E_1/S), P(E_2/S), \cdots, P(E_n/S)\}$$

（2）对于由多个单一证据的析取形成的组合证据

$$E = E_1 \quad \text{OR} \quad E_2 \quad \text{OR} \quad \cdots \quad \text{OR} \quad E_n$$

如果已知 $P(E_1/S), P(E_2/S), \cdots, P(E_n/S)$，则取其最大者作为组合证据的不确定性：

$$P(E/S) = \max\{P(E_1/S), P(E_2/S), \cdots, P(E_n/S)\}$$

（3）对于"非"（¬）运算，则

$$P(\neg E/S) = 1 - P(E/S)$$

4.3.2　不确定性的传递算法

主观贝叶斯方法推理的任务就是根据初始证据 E 的概率 $P(E)$ 及 LS 和 LN 的值，把 H 的先验概率 $P(H)$ 更新为后验概率 $P(H/E)$ 或者 $P(H/\neg E)$。先验概率 $P(H)$ 是在没有考虑任何证据的情况下关于结论 H 的概率。那么当获得新证据后，我们对结论 H 的信任程度就应该有所改变，即获得后验概率。但是，由于一条知识所对应的证据可能是肯定存在的，也可能是肯定不存在的，还有可能是不确定的。主观贝叶斯方法考虑到了这些情况的不同之处，采取了不同的后验概率更新方法。下面我们分别进行讨论。在讨论中为了使公式更简洁一些，我们引入了几率函数。

1. 几率函数

几率函数就是对概率的一种变换，把取值在 $[0,1]$ 上的概率映射到 $[0, +\infty]$ 上。几率函数的定义如下：

$$O(x) = \frac{P(x)}{1 - P(x)} \tag{4.15}$$

几率函数表示 x 的出现概率与不出现概率之比。显然 $P(x)$ 与 $O(x)$ 有相同的单调性，即若 $P(x_1) < P(x_2)$，则 $O(x_1) < O(x_2)$，反之亦然。

2. 证据肯定存在时

当证据肯定存在时，$P(E) = P(E/S) = 1$。由贝叶斯公式可知

$$P(H/E) = P(E/H) \times P(H) / P(E) \tag{4.16}$$

同理有

$$P(\neg H/E) = P(E/\neg H) \times P(\neg H) / P(E) \tag{4.17}$$

上两式相除可得

$$\frac{P(H/E)}{P(\neg H/E)} = \frac{P(E/H)}{P(E/\neg H)} \times \frac{P(H)}{P(\neg H)} \tag{4.18}$$

由 LS 的定义和几率函数的定义，可将式（4.18）改为

$$O(H/E) = \text{LS} \times O(H) \tag{4.19}$$

这就是当证据肯定存在时，把先验几率 $O(H)$ 更新为后验几率 $O(H/E)$ 的公式。如果把几率函数换成概率，则可得

$$P(H/E) = \frac{\text{LS} \times P(H)}{(\text{LS}-1) \times P(H) + 1} \tag{4.20}$$

这是把先验概率 $P(H)$ 更新为后验概率 $P(H/E)$ 的计算公式。

3. 证据肯定不存在时

当证据肯定不存在时，$P(E)=P(E/S)=0$，$P(\neg E)=1$。由贝叶斯公式可知

$$P(H/\neg E)=P(\neg E/H)\times P(H)/P(\neg E) \tag{4.21}$$

同理有

$$P(\neg H/\neg E)=P(\neg E/\neg H)\times P(\neg H)/P(\neg E) \tag{4.22}$$

上两式相除可得

$$\frac{P(H/\neg E)}{P(\neg H/\neg E)}=\frac{P(\neg E/H)}{P(\neg E/\neg H)}\times\frac{P(H)}{P(\neg H)} \tag{4.23}$$

由 LN 的定义和几率函数的定义，可将式（4.23）改为

$$O(H/\neg E)=\text{LN}\times O(H) \tag{4.24}$$

这就是当证据肯定不存在时，把先验几率 $O(H)$ 更新为后验几率 $O(H/\neg E)$ 的公式。如果把几率函数换成概率，则可得

$$P(H/\neg E)=\frac{\text{LN}\times P(H)}{(\text{LN}-1)\times P(H)+1} \tag{4.25}$$

这是把先验概率 $P(H)$ 更新为后验概率 $P(H/\neg E)$ 的计算公式。

4. 证据不确定时

在证据不确定的情况下，用户观察到的证据具有不确定性，即 $0<P(E/S)<1$。此时就不能再用式（4.25）计算后验概率。而要用杜达等人在 1976 年证明过的如下公式来计算后验概率 $P(H/S)$：

$$P(H/S)=P(H/E)\times P(E/S)+P(H/\neg E)\times P(\neg E/S) \tag{4.26}$$

下面分四种情况对这个公式进行讨论。

（1）$P(E/S)=1$

当 $P(E/S)=1$ 时，$P(\neg E/S)=0$。此时，式（4.26）变成

$$P(H/S)=P(H/E)=\frac{\text{LS}\times P(H)}{(\text{LS}-1)\times P(H)+1} \tag{4.27}$$

这就是证据肯定存在的情况。

（2）$P(E/S)=0$

当 $P(E/S)=0$ 时，$P(\neg E/S)=1$。此时，式（4.26）变成

$$P(H/S)=P(H/\neg E)=\frac{\text{LN}\times P(H)}{(\text{LN}-1)\times P(H)+1} \tag{4.28}$$

这就是证据肯定不存在的情况。

（3）$P(E/S)=P(E)$

当 $P(E/S)=P(E)$ 时，表示 E 与 S 无关，则利用全概率公式可知

$$P(H/S)=P(H/E)\times P(E)+P(H/\neg E)\times P(\neg E)=P(H) \tag{4.29}$$

即观察与证据无关，观察与结论无关。也就是说，该观察不影响结论，所以在该观察下，结论的概率没有变，还是原来的先验概率。

（4）其他情况

当 $P(E/S)$ 为其他值时，通过分段线性插值可计算出 $P(H/S)$，如图 4.1 所示。其具体公式如下：

$$P(H/S) = \begin{cases} P(H/\neg E) + \dfrac{P(H) - P(H/\neg E)}{P(E)} \times P(E/S) & 0 \leqslant P(E/S) \leqslant P(E) \\[3mm] P(H) + \dfrac{P(H/E) - P(H)}{1 - P(E)} \times [P(E/S) - P(E)] & P(E) \leqslant P(E/S) \leqslant 1 \end{cases} \quad (4.30)$$

该公式称为 EH 公式或者 UED 公式。

如果初始证据的不确定性是用确信值 $C(E/S)$ 给出的,则此时只要把 $P(E/S)$ 与 $C(E/S)$ 的对应关系带入 EH 公式,就可以得到用确信值 $C(E/S)$ 计算 $P(E/S)$ 的公式

$$P(H/S) = \begin{cases} P(H/\neg E) + [P(H) - P(H/\neg E)] \times \left[\dfrac{1}{5}C(E/S) + 1\right] & C(E/S) \leqslant 0 \\[3mm] P(H) + [P(H/E) - P(H)] \times \dfrac{1}{5}C(E/S) & C(E/S) > 0 \end{cases} \quad (4.31)$$

该公式称为 CP 公式。

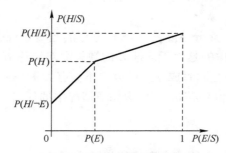

图 4.1　EH 公式的分段线性插值

5. LS 和 LN 的性质

我们从式（4.19）可以看出:

（1）当 LS>1 时

$O(H/E) > O(H)$,即后验几率 $O(H/E)$ 大于先验几率。这说明证据 E 支持结论 H;并且 LS 越大,后验几率比先验几率大得越多,即充分性度量（LS）越大,E 对 H 的支持越充分。当 LS $\rightarrow +\infty$ 时,$O(H/E) \rightarrow +\infty$,即 $P(H/E) \rightarrow 1$。这表示由 E 的确定存在,将导致 H 确定为真。

（2）当 LS=1 时

$O(H/E) = O(H)$,即后验几率等于先验几率。这说明证据 E 对结论 H 无关,没有影响。

（3）当 LS<1 时

$O(H/E) < O(H)$,即后验几率 $O(H/E)$ 小于先验几率。这说明证据 E 不支持结论 H。也就是说,由于证据 E 的出现,导致结论更加不可信了。

（4）当 LS=0 时

$O(H/E) = 0$ 说明由于证据 E 的存在而使结论 H 为假。

由上述分析可以看出,LS 反映的是证据 E 的出现对 H 为真的影响程度。因此,称 LS 为知识的充分性度量。

我们从式（4.24）可以看出:

（1）当 LN>1 时

$O(H/\neg E) > O(H)$,即后验几率 $O(H/\neg E)$ 大于先验几率。这说明证据 $\neg E$ 支持结论 H;并且 LN 越大,后验几率 $O(H/\neg E)$ 比先验几率大得越多,即 LN 越大,$\neg E$ 对 H 的支持越充

分。当 LN→+∞ 时，$O(H/\neg E)$→+∞，即 $P(H/\neg E)$→1。这表示由于证据 E 确定不存在，将导致 H 确定为真。

（2）当 LN=1 时

$O(H/\neg E)=O(H)$，即后验几率 $O(H/\neg E)$ 等于先验几率。这说明证据 E 与结论 H 无关，没有影响。

（3）当 LN<1 时

$O(H/\neg E)<O(H)$，即后验几率 $O(H/\neg E)$ 小于先验几率。这说明证据 $\neg E$ 不支持结论 H，即由于没有证据 E，将导致结论更加不可信了。也就是说，证据 E 对结论 H 是必要的。

（4）当 LN=0 时

$O(H/\neg E)=0$ 说明由于证据 E 不存在而使结论 H 为假，即没有证据 E，结论 H 就不成立。这就是说，证据 E 对结论 H 是不可缺的，是完全必要的。

由上述分析可以看出，LN 反映的是当 E 不存在时对 H 为真的影响程度。因此，称 LN 为知识的必要性度量。

通过以上讨论可以看出，充分性度量（LS）考虑的是由于证据 E 出现而对结论 H 造成的影响；必要性度量（LN）考虑的是由于证据 E 的缺失而对结论 H 造成的影响。显而易见，证据 E 存在与否（E 和 $\neg E$）不会同时成立。所以，不会有 E 和 $\neg E$ 同时支持或者同时排斥结论 H。于是在一条知识中的 LN 和 LS 不应该出现如下情况中的任何一种：

1）LS>1 并且 LN>1；

2）LS<1 并且 LN<1。

前面说过，LS 和 LN 一般由领域专家根据经验主观给定。领域专家为 LS 赋值的原则是：当证据 E 支持结论 H 时，LS 的取值应该大于 1；并且证据 E 越支持结论 H 为真，相应的 LS 值越大。领域专家为 LN 赋值的原则是：当证据 E 对结论 H 是必要的（不可缺少的）时，LN 的取值应该小于 1；并且证据 E 对结论 H 为真的必要性越强，相应的 LN 值越小（LN 值最小为 0）。

4.3.3 结论不确定性的合成算法

若有 n 条规则都支持相同的结论，而且每条规则的前提条件所对应的证据 $E_i(i=1,2,\cdots,n)$ 都有相应的观察 S_i 与之对应。此时，只要先对每条规则分别求出 $O(H/S_i)$，就可以运用下述公式求出一个综合的结论不确定性：

$$O(H/S_1,S_2,\cdots,S_n)=\frac{O(H/S_1)}{O(H)}\times\frac{O(H/S_2)}{O(H)}\times\cdots\times\frac{O(H/S_n)}{O(H)}\times O(H) \tag{4.32}$$

主观贝叶斯方法也是在概率论的基础上发展起来的，具有较完善的理论基础。它是一种比较实用且比较灵活的不确定性推理方法。

主观贝叶斯方法的主要优点如下：

1）主观贝叶斯方法的计算公式是在概率论基础上推导出来的，具有较坚实的理论基础。

2）知识的静态强度 LS 及 LN 由领域专家根据实践经验给出，避免了大量统计工作。

3）主观贝叶斯方法既用 LS 指出了 E 对 H 的支持程度，又用 LN 指出了 E 对 H 的必要性程度。这样就比较全面地反映了证据与结论间的因果关系，符合现实世界中某些领域的实际情况，使推出的结论有较大的确定性。

主观贝叶斯方法的主要缺点如下：

1）主观贝叶斯方法要求领域专家在给出知识时，同时给出H的先验概率$P(H)$。这在实践中往往比较困难。

2）贝叶斯定理中关于事件间独立性的要求使主观贝叶斯方法的应用受到了限制。

4.4 可信度方法

可信度方法是在确定性理论的基础上，结合概率论等提出的一种不确定性推理方法。由于该方法比较直观、简单，而且效果也比较好，因而在实践中得到了广泛应用。我们首先讨论可信度的概念以及基于可信度表示的不确定性推理的基本方法，然后在此基础上讨论三种一般性的推理方法。

4.4.1 基本可信度模型

4.4.1 可信度模型

1. 可信度的概念

可信度是对信任的一种度量，是指人们根据以往的经验对某个事物或现象为真的程度的一个判断，或者说是人们对某个事物或现象为真的相信程度。可信度带有较大的主观性和经验性，其准确性难以把握。但是，由于人工智能所面临的问题多是结构不良的复杂问题，往往难以给出精确的数学解析模型，而先验概率及条件概率的准确确定又比较困难。所以，用主观给定的可信度来表示知识及证据的不确定性是工程实践中一种常用的思路。实际上，领域专家根据经验给出的可信度在一般情况下偏差不太大。而且人工智能实践中大量的成功应用也充分说明了可信度方法是一种行之有效的不确定性推理解决方法。

C-F模型是基于可信度表示不确定性推理的基本方法，其他可信度方法都是在此基础上发展而来的。

2. C-F模型中知识的不确定性

在所有可信度模型中，知识都是用产生式规则表示。C-F模型中规则的一般形式为

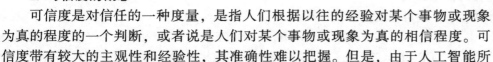

$$\text{IF} \quad E \quad \text{THEN} \quad H \quad (\text{CF}(H,E))$$

其中 E——知识的前提条件。它既可以是一个简单条件也可以是一个复合条件。

        H——结论。它可以是一个单一的结论，也可以是多个结论。

$\text{CF}(H,E)$——该条知识的可信度，称为可信度因子或规则强度，即前面所说的静态强度。一般为了计算方便，$\text{CF}(H,E)$在$[0,1]$上取值。在有的系统中，$\text{CF}(H,E)$也可以在$[-1,1]$上取值。在实际应用中，可信度$\text{CF}(H,E)$的值由领域专家直接给出。其原则是：若证据使结论为真的可能性越大，则可信度越大。

3. 证据的不确定性

证据的不确定性也用可信度因子表示。证据可信度值的来源分两种情况：对于初始证据，其可信度的值由提供证据的用户给出；对于用先前推出的结论作为当前推理的证据，其可信度的值在推出该结论时通过不确定性传递算法计算得到。

证据E的可信度$\text{CF}(E)$的取值范围与知识可信度$\text{CF}(H,E)$的取值范围相同。对于初始证据，若对它的所有观察S能肯定它为真，则使$\text{CF}(E)=1$；反之，则为0。在可信度模型中，静态强度$\text{CF}(H,E)$表示的是知识的强度，即当E所对应的证据为真时对H的影响程度，而动态强度$\text{CF}(E)$表示的是证据E当前的不确定性程度。

4. 组合证据的不确定性

对于组合证据的不确定性，可以采取简单的最大最小法来处理。

（1）对于由多个单一证据的合取形成的组合证据

$$E = E_1 \quad \text{AND} \quad E_2 \quad \text{AND} \quad \cdots \quad \text{AND} \quad E_n$$

如果已知各个单一证据的可信度 $CF(E_1), CF(E_2), \cdots, CF(E_n)$，则取其最小者作为组合证据的不确定性：

$$CF(E) = \min \{ CF(E_1), CF(E_2), \cdots, CF(E_n) \}$$

（2）对于由多个单一证据的析取形成的组合证据

$$E = E_1 \quad \text{OR} \quad E_2 \quad \text{OR} \quad \cdots \quad \text{OR} \quad E_n$$

如果已知各个单一证据的可信度 $CF(E_1), CF(E_2), \cdots, CF(E_n)$，则取其最大者作为组合证据的不确定性：

$$CF(E) = \max \{ CF(E_1), CF(E_2), \cdots, CF(E_n) \}$$

5. 不确定性的传递算法

C-F 模型中结论 H 的可信度由下式计算：

$$CF(H) = CF(H, E) \times CF(E) \tag{4.33}$$

当 $CF(E) = 1$ 时，$CF(H) = CF(H, E)$。说明当知识的前提条件所对应的证据存在且绝对为真时，结论 H 有 $CF(H, E)$ 大小的可信度。

4.4.2 带阈值限度的可信度模型

在基本的可信度方法 C-F 模型中，不论证据的确定性为多少都可以参与推理。显然，证据的可信度越低，结论的可信度就越低。极不可靠的证据必然导致不可信的结论。实际上，在现实世界中，我们对于不可信的证据一般都不采纳，不会让其进入推理过程。因为用不可信的证据进行推理完全是浪费时间和资源。所以针对这一点，我们对基本可信度模型进行了改进，通过一个阈值来摒弃那些不可信的证据，阻止其进入推理过程。这个模型就是带有阈值限度的可信度模型。

1. 知识的不确定性

知识的表示形式如下：

$$\text{IF} \quad E \quad \text{THEN} \quad H \quad (CF(H, E), \lambda)$$

其中，E 为知识的前提条件，H 为结论，与 C-F 模型相同。在这个模型中，$CF(H, E)$ 仍然为知识的可信度因子，即规则强度。$CF(H, E)$ 值越大，表示相应的可信度越高。但是其可信度因子的取值范围是

$$0 < CF(H, E) \leq 1$$

λ 是阈值，它对相应知识的可应用性定了一个限度。只有当前提条件 E 的可信度 $CF(E)$ 达到或超过这个限度，即 $CF(E) \geq \lambda$ 时，相应的知识才有可能被应用。λ 的取值范围为

$$0 < \lambda \leq 1$$

2. 证据的不确定性

证据 E 的不确定性表示为 $CF(E)$，其取值范围为

$$0 \leq CF(E) \leq 1$$

$CF(E)$ 的值越大，表示证据的可信度越高。对于初始证据，其值由用户给出。对于用前面推理所得结论作为当前推理的证据，其值由推理得到。

3. 组合证据的不确定性

对于组合证据的不确定性，仍然采取简单的最大最小法来处理，即

（1）对于由多个单一证据的合取形成的组合证据

$$E = E_1 \quad \text{AND} \quad E_2 \quad \text{AND} \quad \cdots \quad \text{AND} \quad E_n$$

如果已知各个单一证据的可信度 $\mathrm{CF}(E_1), \mathrm{CF}(E_2), \cdots, \mathrm{CF}(E_n)$，则取其最小者作为组合证据的不确定性：

$$\mathrm{CF}(E) = \min\{\mathrm{CF}(E_1), \mathrm{CF}(E_2), \cdots, \mathrm{CF}(E_n)\}$$

（2）对于由多个单一证据的析取形成的组合证据

$$E = E_1 \quad \text{OR} \quad E_2 \quad \text{OR} \quad \cdots \quad \text{OR} \quad E_n$$

如果已知各个单一证据的可信度 $\mathrm{CF}(E_1), \mathrm{CF}(E_2), \cdots, \mathrm{CF}(E_n)$，则取其最大者作为组合证据的不确定性：

$$\mathrm{CF}(E) = \max\{\mathrm{CF}(E_1), \mathrm{CF}(E_2), \cdots, \mathrm{CF}(E_n)\}$$

4. 不确定性的传递算法

在带阈值的可信度模型中进行推理时，不是所有的知识都可以进行匹配，而是要首先查看证据的可信度。只有当证据的可信度不小于知识的阈值时，相应知识才能进行推理，传递不确定性。

当证据可信度 $\mathrm{CF}(E) \geq \lambda$ 时，结论 H 的可信度 $\mathrm{CF}(H)$ 可由下式计算得到：

$$\mathrm{CF}(H) = \mathrm{CF}(H,E) \times \mathrm{CF}(E) \tag{4.34}$$

其中，算符"×"一般采用实数"乘法"运算，也可以采用"取极小"或其他运算。这可以根据实际情况确定。但是，在同一个推理系统中，不确定性传递的算法应该是一致的。

5. 结论不确定性的合成算法

设有多条规则有相同的结论，即

$$\text{IF} \quad E_1 \quad \text{THEN} \quad H \quad (\mathrm{CF}(H,E_1), \lambda_1)$$
$$\text{IF} \quad E_2 \quad \text{THEN} \quad H \quad (\mathrm{CF}(H,E_2), \lambda_2)$$
$$\vdots$$
$$\text{IF} \quad E_n \quad \text{THEN} \quad H \quad (\mathrm{CF}(H,E_n), \lambda_n)$$

如果这 n 条规则都满足 $\mathrm{CF}(E_i) \geq \lambda_i (i=1,2,\cdots,n)$，并且都被启用，则首先分别对每条知识求出其结论可信度 $\mathrm{CF}_i(H)(i=1,2,\cdots,n)$，即

$$\mathrm{CF}_i(H) = \mathrm{CF}(H,E_i) \times \mathrm{CF}(E_i)$$

然后，可用下述方法中的任何一种求出结论 H 的综合可信度 $\mathrm{CF}(H)$。

（1）极大值法

$$\mathrm{CF}(H) = \max\{\mathrm{CF}_1(H), \mathrm{CF}_2(H), \cdots, \mathrm{CF}_n(H)\} \tag{4.35}$$

（2）加权求和法

$$\mathrm{CF}(H) \frac{1}{\sum_{i=1}^{n} \mathrm{CF}(H,E_i)} \sum_{i=1}^{n} \mathrm{CF}(H,E_i) \times \mathrm{CF}(E_i) \tag{4.36}$$

（3）有限和法

$$\mathrm{CF}(H) = \min\left\{\sum_{i=1}^{n} \mathrm{CF}_i(H), 1\right\} \tag{4.37}$$

（4）递推法

令 $C_1 = CF(H, E_1) \times CF(E_1)$，然后对任意的 $k > 1$，按下式进行递推：

$$C_k = C_{k-1} + (1 - C_{k-1}) \times CF(H, E_k) \times CF(E_k) \qquad (4.38)$$

当 $k = n$ 时，求出的 C_k 就是综合可信度 $CF(H)$。

4.4.3 加权的可信度模型

当知识的前提条件是复合条件时，即

$$E = E_1 \quad AND \quad E_2 \quad AND \quad \cdots \quad AND \quad E_n$$

则前面所讨论的模型都认为各个子条件的重要性是完全相等的，各个子条件之间的地位是完全平等的。但是，现实中并非都是如此。很可能有一些子条件对结论的影响相对其他更大，有些子条件更重要。例如，

如果	学生善于思考
并且	动手能力强
并且	经常上自习
并且	坚持锻炼身体
并且	不抽烟
那么	该生是一位比较好的学生

在这条知识中，"善于思考"和"动手能力强"显然比"不抽烟"对结论的影响更重要一些，"经常上自习"和"坚持锻炼身体"的重要性则居中。为了体现出知识中各个子条件之间重要性和地位的不平等，可以在知识的前提条件中引入加权因子，使得不同的子条件具有不同的"权"，即通过不同大小权值表示重要性的不同。由此我们就得到了加权的可信度模型。

在下面的讨论中凡是与前面模型相同的内容，不再做专门说明。

1. 知识的不确定性

加权可信度模型中知识的表示形式一般如下：

$$IF \quad E_1(\omega_1) \quad AND \quad E_2(\omega_2) \quad AND \quad \cdots \quad AND \quad E_n(\omega_n)$$
$$THEN \quad H \quad (CF(H, E), \lambda)$$

其中，$\omega_i(i = 1, 2, \cdots, n)$ 是加权因子，λ 是阈值，其值均由领域专家给出。权值的取值范围一般规定为 $[0, 1]$，且应满足归一条件，即

$$0 \leqslant \omega_i \leqslant 1 \qquad i = 1, 2, \cdots, n$$
$$\sum_{i=1}^{n} \omega_i = 1 \qquad (4.39)$$

2. 组合证据的不确定性

在加权可信度模型中，证据的不确定性仍然用可信度因子表示。对于复合前提条件

$$E = E_1(\omega_1) \quad AND \quad E_2(\omega_2) \quad AND \quad \cdots \quad AND \quad E_n(\omega_n)$$

所对应的组合证据，其可信度用加权求和公式计算：

$$CF(E) = \sum_{i=1}^{n} \omega_i \times CF(E_i) \qquad (4.40)$$

如果 $\omega_i(i = 1, 2, \cdots, n)$ 不满足归一条件，即

$$\sum_{i=1}^{n} \omega_i \neq 1$$

则对权值进行归一化处理之后再进行加权求和。这个过程可化为如下公式：

$$\mathrm{CF}(E) = \frac{1}{\displaystyle\sum_{i=1}^{n} \omega_i} \sum_{i=1}^{n} (\omega_i \times \mathrm{CF}(E_i)) \tag{4.41}$$

3. 不确定性的传递算法

当组合证据的不确定性满足阈值条件时（$\mathrm{CF}(E) \geqslant \lambda$），该条知识可以被应用，从而推出结论 H。结论 H 的可信度 $\mathrm{CF}(H)$ 可由下式计算得到：

$$\mathrm{CF}(H) = \mathrm{CF}(H,E) \times \mathrm{CF}(E) \tag{4.42}$$

其中，算符"×"一般采用实数"乘法"运算，也可以采用"取极小"或其他运算。这可以根据实际情况确定。但是在同一个推理系统中，不确定性传递的算法应该是一致的。

4.4.4 前件带不确定性的可信度模型

在加权的可信度模型中，我们通过权值表示了子条件之间的不平等性。在客观世界中还存在一种情况，就是子条件本身对结论是否支持（有用）还存在着不确定性。例如，多喝水并且适当服用板蓝根冲剂有助于抵抗非典。实际上，"多喝水"和"服用板蓝根冲剂"对于治疗非典到底有多大作用，医学专家也未必有确定性的结论。此时，就可以用前件带不确定性的可信度模型来表示这样的知识。也就是说，给前提条件设置了可信度。这样即便证据和前提条件绝对匹配，也不能保证结论的确定性。

1. 知识的不确定性

前件带不确定性的可信度模型中知识的表示形式如下：

IF $E_1(cf_1)$ AND $E_2(cf_2)$ AND   ⋯   AND $E_n(cf_n)$
THEN H $(\mathrm{CF}(H,E), \lambda)$

或

IF $E_1(cf_1, \omega_1)$ AND $E_2(cf_1, \omega_1)$ AND   ⋯   AND $E_n(cf_n, \omega_n)$
THEN H $(\mathrm{CF}(H,E), \lambda)$

其中，前一种表示形式是不带加权因子的表示形式，后一种是带加权因子的表示形式。

$cf_i (i=1,2,\cdots,n)$ 是子条件 E_i 的可信度，在 $[0,1]$ 区间上取值，其值由领域专家给出；ω_i 是子条件权值，其含义与取值同加权的可信度模型；$\mathrm{CF}(H,E)$ 及 λ 分别为知识的静态强度及阈值，其值由领域专家给出。第二种形式的前件带不确定性可信度模型是最复杂的一种可信度模型。前面介绍的几种可信度模型可以看作是这第二种形式的特殊情况。

证据的不确定性仍用可信度因子表示，取值范围为 $[0,1]$。

2. 不确定性匹配算法

在前面的可信度模型中都没有考虑证据和子条件之间的匹配问题。实际上，它们都认为证据和子条件之间是精确匹配的。而在前件带不确定性的可信度模型中，证据和子条件之间可以执行不确定性匹配。该模型针对不带加权因子和带加权因子，分别有不同的匹配算法。

（1）不带加权因子时

设对知识

IF $E_1(cf_1)$ AND $E_2(cf_1)$ AND   ⋯   AND $E_n(cf_n)$
THEN H $(\mathrm{CF}(H,E), \lambda)$

有如下证据存在：

$$E_1(cf'_1),E_2(cf'_2),\cdots,E_n(cf'_n)$$

则其不确定性匹配算法为

$$\sum_{i=1}^{n}(cf'_i-cf_i)\geqslant\lambda \tag{4.43}$$

实际上就是要求证据可信度大于对应子条件可信度，并且满足阈值条件。其中，累计求和运算也可以改为取极大运算。在应用时可根据实际情况确定。

（2）带加权因子时

设对知识

$$IF \quad E_1(cf_1,\omega_1) \quad AND \quad E_2(cf_1,\omega_1) \quad AND \quad \cdots \quad AND \quad E_n(cf_n,\omega_n)$$
$$THEN \quad H \quad (CF(H,E),\lambda)$$

有如下证据存在：

$$E_1(cf'_1),E_2(cf'_2),\cdots,E_n(cf'_n)$$

则其不确定性匹配算法为

$$\sum_{i=1}^{n}\omega_i(cf'_i-cf_i)\geqslant\lambda \tag{4.44}$$

其思想仍然是要求证据可信度大于对应子条件可信度，并且满足阈值条件，只不过把简单的累计求和变成了加权求和。

3. 不确定性的传递算法

针对两种知识表示形式，下面分别讨论它们的不确定性传递算法。

（1）不带加权因子时

如果知识的前提条件可与相应证据匹配，则结论的可信度可用下式计算：

$$CF(H)=CF(H,E)\times\sum_{i=1}^{n}(cf'_i-cf_i) \tag{4.45}$$

其中，算符"×"一般为实数"乘法"运算，也可根据实际需要改为"取极小"运算。

（2）带加权因子时

如果知识的前提条件可与相应的证据匹配，则结论的可信度可用下式计算：

$$CF(H)=CF(H,E)\times\sum_{i=1}^{n}\omega_i(cf'_i-cf_i) \tag{4.46}$$

上面讨论了基于可信度的四种不确定性推理方法。这些方法的优点是比较直观、简单，其缺点是推理结论的准确性依赖于领域专家对可信度因子的指定。另外，推理中随着推理链的延伸，可信度的传递将会越来越不可靠，误差会越来越大，当推理深度达到一定程度时，有可能出现推理结果不再可信的情况。

4.5 模糊推理

现实世界中在类似事物之间往往存在一系列过渡状态。它们互相渗透，互相贯通，使得彼此之间没有明显的分界线，这就是模糊性。模糊推理就是利用模糊性知识进行的一种不确定性推理。模糊推理所处理的事物自身是模糊的，概念本身没有明确的外延，一个对象是否符合这个概念难以明确地确定。

4.5 模糊推理

模糊推理的理论基础是模糊集理论以及在此基础上发展起来的模糊逻辑。1965 年，扎德

（L. A. Zadeh）等人从集合论的角度对模糊性的表示与处理进行了大量研究，提出了模糊集、隶属函数、语言变量以及模糊推理等重要概念，开创了模糊数学这一重要分支。目前，模糊理论的研究还在不断深入。模糊理论已经成为人工智能领域中处理不确定性的基本工具之一。

4.5.1 模糊理论

1. 模糊集

定义4.4 设 U 是论域，μ_A 是把任意 $u \in U$ 映射为 $[0,1]$ 上某个值的函数，即

$$\mu_A : U \rightarrow [0,1]$$

则称 μ_A 为定义在 U 上的一个隶属函数。由 $\mu_A(u)$ $(u \in U)$ 所构成的集合 A 称为 U 上的一个模糊集，$\mu_A(u)$ 称为 u 对 A 的隶属度。

由此定义可以看出，模糊集 A 完全由其隶属函数所刻画。隶属函数 μ_A 把 U 中的每一个元素 u 都映射为 $[0,1]$ 上的一个值 $\mu_A(u)$，表示该元素隶属于 A 的程度。$\mu_A(u)$ 值越大表示隶属程度越高。假如 $\mu_A(u)$ 的值只能取 0 或 1 二者之一时（即假如 $\mu_A(u) \in \{0,1\}$），模糊集 A 便退化为一个普通集合，隶属函数退化为特征函数。也就是说，一个模糊集与一个隶属函数是等价的，一个普通集合也与一个特征函数等价。

当论域是离散且为有限集 $U = \{u_1, u_2, \cdots, u_n\}$ 时，其上的模糊集 A 可用如下枚举方式表示：

$$A = \{\mu_A(u_1), \mu_A(u_2), \cdots, \mu_A(u_n)\}$$

扎德为了具体地指出论域元素与其隶属度的对应关系，给出了另一种形式的表示方法：

$$A = \mu_A(u_1)/u_1 + \mu_A(u_2)/u_2 + \cdots + \mu_A(u_n)/u_n$$

或

$$A = \sum_{i=1}^{n} \mu_A(u_i)/u_i$$

其中，$\mu_A(u_i)/u_i$ 不是分子与分母的相除关系，它只是指出"分子"部分 $\mu_A(u_i)$ 是"分母"部分 u_i 对模糊集 A 的隶属度；$\sum$ 也不表示累加的意思，只是借用加号作为不同元素之间的分隔符。有时还可以表示为如下形式：

$$A = \{\mu_A(u_1)/u_1, \mu_A(u_2)/u_2, \cdots, \mu_A(u_n)/u_n\}$$

或

$$A = \{(\mu_A(u_1), u_1), (\mu_A(u_2), u_2), \cdots, (\mu_A(u_n), u_n)\}$$

在上下文很清晰的时候，为了记录方便，往往把隶属度为 0 的元素省略不写，即模糊集中缺失元素的隶属度都是 0。

例如，在论域 $U = \{0,1,2,3,4,5,6,7,8,9\}$ 上，以下形式都可以用来表示模糊集"大"：

大 $= \{0, 0.2, 0.3, 0.4, 0.5, 0.6, 0.7, 0.8, 0.9, 1\}$

大 $= 0/0 + 0.2/1 + 0.3/2 + 0.4/3 + 0.5/4 + 0.6/5 + 0.7/6 + 0.8/7 + 0.9/8 + 1/9$

大 $= \{0/0, 0.2/1, 0.3/2, 0.4/3, 0.5/4, 0.6/5, 0.7/6, 0.8/7, 0.9/8, 1/9\}$

大 $= \{0.2/1, 0.3/2, 0.4/3, 0.5/4, 0.6/5, 0.7/6, 0.8/7, 0.9/8, 1/9\}$

当论域 U 是连续的实数区间时，则模糊集可用实函数表示。例如，扎德以年龄为论域，取 $U = [0,100]$，分别给出了"年轻"和"年老"两个模糊集。

$$\mu_{年轻}(u) = \begin{cases} 1, & 0 \leqslant u \leqslant 25 \\ \left[1 + \left(\dfrac{u-25}{5}\right)^2\right]^{-1}, & 25 < u \leqslant 100 \end{cases}$$

$$\mu_{年老}(u) = \begin{cases} 0, & 0 \leqslant u \leqslant 50 \\ \left[1 + \left(\dfrac{5}{u-50}\right)^2\right]^{-1}, & 50 < u \leqslant 100 \end{cases}$$

无论论域 U 是有限的还是无限的，是连续的还是离散的，扎德都用如下记号作为模糊集 A 的一般表示形式：

$$A = \int_{u \in U} \mu_A(u)/u$$

其中，"$\int$"不是数学中的积分符号也不是求和符号，只是表示论域中各元素与其隶属度对应关系的总括，是一个记号。

在给定的论域 U 上可以有多个模糊集。用 $F(U)$ 表示论域 U 上的全体模糊集，即

$$F(U) = \{A \mid \mu_A : U \to [0,1]\}$$

2. 模糊集的运算

与普通集合类似，模糊集合也有包含、交、并、补等运算。

定义 4.5 设 $A, B \in F(U)$，若对任意 $u \in U$，都有

$$\mu_B(u) \leqslant \mu_A(u)$$

成立，则称 A 包含 B，记为 $B \subseteq A$。

定义 4.6 设 $A, B \in F(U)$，分别称 $A \cup B$ 和 $A \cap B$ 为 A 与 B 的并集和交集，称 $\neg A$ 为 A 的补集或者余集。它们的隶属函数分别为

$$A \cup B：\quad \mu_{A \cup B}(u) = \mu_A(u) \vee \mu_B(u)$$

$$A \cap B：\quad \mu_{A \cap B}(u) = \mu_A(u) \wedge \mu_B(u)$$

$$\neg A：\quad \mu_{\neg A}(u) = 1 - \mu_A(u)$$

其中，"$\vee$"表示取极大运算，"$\wedge$"表示取极小运算。注意，它们与谓词逻辑中的析取符号和合取符号在形式上一样，但是在不同的场合中，这些符号表示的含义是不相同的。

3. 模糊关系

定义 4.7 设 $U_1, U_2, \cdots, U_n$ 是 n 个论域，A_i 是 $U_i(i=1,2,\cdots,n)$ 上的模糊集。则称

$$A_1 \times A_2 \times \cdots \times A_n = \int (\mu_{A_1}(x_1) \wedge \mu_{A_2}(x_2) \wedge \cdots \wedge \mu_{A_n}(x_n))/(x_1, x_2, \cdots, x_n)$$

为 $A_1 \times A_2 \times \cdots \times A_n$ 的笛卡儿乘积，它是 $U_1 \times U_2 \times \cdots \times U_n$ 上的一个模糊集。

定义 4.8 设 $U_1, U_2, \cdots, U_n$ 是 n 个论域。则 $U_1 \times U_2 \times \cdots \times U_n$ 上的 n 元模糊关系 R 就是以 $U_1 \times U_2 \times \cdots \times U_n$ 为论域的模糊集。R 可以定义为

$$R = \int_{U_1 \times U_2 \times \cdots \times U_n} \mu_R(x_1, x_2, \cdots, x_n)/(x_1, x_2, \cdots, x_n)$$

在上述定义中，$\mu_{Ai}(x_i)(i=1,2,\cdots,n)$ 是模糊集 A_i 的隶属函数，$\mu_R(x_1, x_2, \cdots, x_n)$ 是模糊关系 R 的隶属函数。它把 $U_1 \times U_2 \times \cdots \times U_n$ 上的任意一个元素 $(x_1, x_2, \cdots, x_n)$ 映射为 $[0,1]$ 上的一个实数，该实数反映出 $x_1, x_2, \cdots, x_n$ 具有关系 R 的程度。

模糊关系是经典集合论中关系的推广。一个有限论域上的二元模糊关系可以表示成隶属度矩阵的形式。假设有如下两个论域：

$$U = \{x_1, x_2, \cdots, x_m\}$$

$$V = \{y_1, y_2, \cdots, y_n\}$$

则 $U \times V$ 上的二元模糊关系 R 可表示为

$$\boldsymbol{R} = \begin{pmatrix} \mu_R(x_1,y_1) & \mu_R(x_1,y_2) & \cdots & \mu_R(x_1,y_n) \\ \mu_R(x_2,y_1) & \mu_R(x_2,y_2) & \cdots & \mu_R(x_2,y_n) \\ \vdots & \vdots & & \vdots \\ \mu_R(x_m,y_1) & \mu_R(x_m,y_2) & \cdots & \mu_R(x_m,y_n) \end{pmatrix}$$

对于模糊关系，同样可以像经典集合论那样定义它的包含、相等、交、并、补等关系和操作，这些概念与一般模糊集的概念相同。下面定义模糊关系的合成操作。

定义 4.9 设 $\boldsymbol{R}_1$ 和 $\boldsymbol{R}_2$ 分别为 $U \times V$ 和 $V \times W$ 上的两个模糊关系。则 $\boldsymbol{R}_1$ 和 $\boldsymbol{R}_2$ 的合成是指从 U 到 W 的一个模糊关系，记为

$$\boldsymbol{R}_1 \circ \boldsymbol{R}_2$$

其隶属函数为

$$\mu_{\boldsymbol{R}_1 \circ \boldsymbol{R}_2}(u,w) = \bigvee \{\mu_{\boldsymbol{R}_1}(u,v) \wedge \mu_{\boldsymbol{R}_2}(v,w)\} \tag{4.47}$$

模糊关系的合成运算过程与矩阵乘法运算过程非常类似。两者都需要一个中间论域搭成"桥梁"才能进行运算，并且都不满足交换律。实际上，如果把矩阵乘法中的乘法运算换成取极小运算，把加法运算换成取极大运算，则矩阵乘法的运算过程与模糊关系合成的运算过程就一样了。下面通过一个例子来说明模糊关系合成的方法。

例 4.1 设论域 $U = V = \{a, b, c\}$，论域 $W = \{x, y\}$。$\boldsymbol{R}_1$ 是 $U \times V$ 上的模糊关系，$\boldsymbol{R}_2$ 是 $V \times W$ 上的模糊关系。求 $\boldsymbol{R}_1$ 与 $\boldsymbol{R}_2$ 的合成。其中，

$$\boldsymbol{R}_1 = \begin{pmatrix} 0.8 & 0.2 & 0.5 \\ 0.2 & 0.4 & 0.9 \\ 1 & 0 & 0.7 \end{pmatrix}, \quad \boldsymbol{R}_2 = \begin{pmatrix} 0.1 & 0.9 \\ 0.7 & 0.8 \\ 0 & 1 \end{pmatrix}$$

解：

$\boldsymbol{R}_1$ 与 $\boldsymbol{R}_2$ 的合成是

$\boldsymbol{R} = \boldsymbol{R}_1 \circ \boldsymbol{R}_2$

$$= \begin{pmatrix} (0.8 \wedge 0.1) \vee (0.2 \wedge 0.7) \vee (0.5 \wedge 0) & (0.8 \wedge 0.9) \vee (0.2 \wedge 0.8) \vee (0.5 \wedge 1) \\ (0.2 \wedge 0.1) \vee (0.4 \wedge 0.7) \vee (0.9 \wedge 0) & (0.2 \wedge 0.9) \vee (0.4 \wedge 0.8) \vee (0.9 \wedge 1) \\ (1 \wedge 0.1) \vee (0 \wedge 0.7) \vee (0.7 \wedge 0) & (1 \wedge 0.9) \vee (0 \wedge 0.8) \vee (0.7 \wedge 1) \end{pmatrix}$$

$$= \begin{pmatrix} 0.2 & 0.8 \\ 0.4 & 0.9 \\ 0.1 & 0.9 \end{pmatrix}$$

具体的运算过程可以把式（4.47）中的 u、v、w 换成相应的下标，即可计算出合成矩阵的每个元素。

4. 模糊逻辑

模糊逻辑可以用来处理不确定性以及模拟常识推理。这常常是经典逻辑难以做到的。经典逻辑的根本缺陷是其二值性。二值性有利也有弊。其主要优点是基于二值逻辑的系统易于建模，并且推理结果是精确的；而其主要缺点是现实世界中很少有东西是真正二值的，很多事物难以精确刻画，导致二值逻辑常常难以使用。

模糊逻辑可以看作是多值逻辑的扩展，但是模糊逻辑的目的和应用不同。模糊逻辑是面向事物特性和能力的不精确描述，它是一种近似推理，而不是精确推理。本质上，近似或模糊推理是在一组可能不精确的前提下推出一个可能不精确的结论。近似推理既不精确，也不像纯猜

测那样完全不精确。

模糊逻辑的基本思想是将常规数值变量模糊化，使变量成为以定性术语为值域的语言变量。模糊逻辑的核心概念是语言变量。当用语言变量来描述对象，用定性术语来刻画其取值（程度）时，这些定性术语就构成模糊语言值。扎德等人主张对模糊语言值用定义在 $[0,1]$ 上的表示大小的一些模糊集来表示。扎德还建议，若用 $\mu_{大}(u)$ 表示"大"的隶属函数，则"很大""相当大""有点大"……的隶属函数可以通过对 $\mu_{大}(u)$ 的计算得到。具体为

$$\mu_{很大}(u) = \mu_{大}^2(u)$$
$$\mu_{相当大}(u) = \mu_{大}^{1.5}(u)$$
$$\mu_{有点大}(u) = \mu_{大}^{0.5}(u) \tag{4.48}$$
$$\mu_{不大}(u) = 1 - \mu_{大}(u)$$
$$\cdots$$

注意："不大"的概念与"小"的概念是不同的，"不大"未必就意味着"小"。所以，"不大"的模糊集与"小"的模糊集是不相同的。这是模糊逻辑中的一大特色。这种由基本模糊集获得其他相关模糊集的方法被称为基本概念扩充法。显然，这种方法具有很浓厚的主观意识，但是这也是实践中经常使用的一种策略。由于用模糊语言值来表示不确定性时，对不熟悉模糊理论的人（如一般用户、其他领域的专家等）来说容易理解，其模糊集形式只是内部表示。

凡是带有模糊概念、模糊数或带有确信程度的命题都可称为模糊命题。例如，"姚明很高""地球很可能正在变暖""西安到北京的距离有大约 1000 km"等。模糊命题可用

$$x \quad is \quad A$$

的形式来表示。其中，x 表示被描述的对象，即语言变量；A 表示模糊语言值，即一个模糊集。例如，

$$张三 \quad 是(is) \quad 年轻的$$

就用"年轻"的隶属函数来表示关于张三年龄的模糊命题。

可以对模糊命题做合取、析取、取反等逻辑操作。每个模糊命题均由相应的一个模糊集做细化描述。所以，模糊逻辑操作与模糊集操作是一致的。模糊逻辑运算符的定义见表 4.1。

表 4.1　模糊逻辑运算符的定义

$x(\neg A)$	$= x(\text{NOT } A)$	$= 1 - \mu_A(x)$
$x(A) \vee x(B)$	$= x(A \text{ OR } B)$	$= \max(\mu_A(x), \mu_B(x))$
$x(A) \wedge x(B)$	$= x(A \text{ AND } B)$	$= \min(\mu_A(x), \mu_B(x))$
$x(A) \rightarrow x(B)$	$= x(A \rightarrow B)$	$= x((\neg A) \vee B) = \max(1 - \mu_A(x), \mu_B(x))$

5. 模糊匹配

由于因果关系是现实世界中最常见、应用最多的一种关系，所以本书只讨论基于产生式规则表示法的模糊推理方法。基于规则进行推理的时候，需要用证据和规则前件或者后件进行匹配。前面介绍的推理方法都是基于谓词逻辑或者概率论，其证据匹配的本质是字符串（经过合一的）匹配。而在模糊推理中，规则和证据都是用模糊命题表示的。一个模糊命题实际上就是一个模糊集。在模糊推理中，证据和规则中的模糊命题不必绝对一样，只要达到一定的相似度就可以了。所以，本书中用

$$x \quad is \quad A'$$

来表示模糊推理中的证据，其中 A' 是论域 U 上的模糊集。由于证据和规则前件（后件）模糊集一般都不完全一样，所以需要计算二者之间的匹配程度。

同一论域上两个模糊集所表示的模糊概念的相似程度称为匹配度。一般地，匹配度取值在 $[0,1]$ 区间上。两个模糊集越相似，则匹配度越高。匹配度为 1 表示两个模糊集一模一样。计算模糊集匹配度的方法有很多，如贴近度、语义距离以及其他计算相似度的方法等。

（1）贴近度

贴近度是指两个模糊概念互相贴近的程度。用贴近度作为匹配度时，贴近度越大表示越匹配。设 A 与 B 分别是论域 U 上的两个模糊集，则它们的贴近度定义为

$$(A,B) = \frac{1}{2}[A \cdot B + (1 - A \odot B)] \tag{4.49}$$

其中，

$$A \cdot B = \bigvee_U \{\mu_A(u_i) \wedge \mu_B(u_i)\}$$

$$A \odot B = \bigwedge_U \{\mu_A(u_i) \vee \mu_B(u_i)\}$$

例 4.2 设论域 $U = \{甲,乙,丙,丁,戊\}$，其上的两个模糊集分别为

$$A = 0.1/甲 + 0.6/乙 + 1/丙 + 1/丁 + 0.3/戊$$
$$B = 0.2/甲 + 0.8/乙 + 0.9/丙 + 1/丁 + 0.4/戊$$

求二者的匹配度。

解：

用贴近度方法求二者匹配度。

$$\begin{aligned}
A \cdot B &= (0.1 \wedge 0.2) \vee (0.6 \wedge 0.8) \vee (1 \wedge 0.9) \vee (1 \wedge 1) \vee (0.3 \wedge 0.4) \\
&= 0.1 \vee 0.6 \vee 0.9 \vee 1 \vee 0.3 \\
&= 1
\end{aligned}$$

$$\begin{aligned}
A \odot B &= (0.1 \vee 0.2) \wedge (0.6 \vee 0.8) \wedge (1 \vee 0.9) \wedge (1 \vee 1) \wedge (0.3 \vee 0.4) \\
&= 0.2 \wedge 0.8 \wedge 1 \wedge 1 \wedge 0.4 \\
&= 0.2
\end{aligned}$$

$$(A,B) = \frac{1}{2}[1 + (1 - 0.2)] = 0.9$$

即 A 和 B 两个模糊集之间的匹配度为 0.9。

（2）语义距离

用语义距离作匹配度的思想是：首先度量两个模糊语言值（模糊集）之间的距离，距离越大则匹配度越小，距离越小则匹配度越大。如果论域 U 上两个模糊集 A 和 B 的语义距离为 $d(A,B)$，则其匹配度为 $1 - d(A,B)$。显然，这里要求语义距离取值在 $[0,1]$ 区间上。求取两个模糊集间语义距离的方法有多种，其实都是仿照矢量距离来定义的。例如，

● 曼哈顿距离（Manhattan Distance）或者海明距离（Hamming Distance）

$$d(A,B) = \frac{1}{n} \sum_{i=1}^{n} |\mu_A(u_i) - \mu_B(u_i)| \tag{4.50}$$

● 欧几里得距离（Euclidean Distance）

$$d(A,B) = \frac{1}{\sqrt{n}} \sqrt{\sum_{i=1}^{n} |\mu_A(u_i) - \mu_B(u_i)|^2} \tag{4.51}$$

- 闵可夫斯基距离（Minkowski Distance）

$$d(A,B) = \left(\frac{\sum\limits_{i=1}^{n} |\mu_A(u_i) - \mu_B(u_i)|^q}{n} \right)^{\frac{1}{q}} \quad q \geqslant 1 \tag{4.52}$$

- 切比雪夫距离（Chebyshev Distance）

$$d(A,B) = \max_{1 \leqslant i \leqslant n} |\mu_A(u_i) - \mu_B(u_i)| \tag{4.53}$$

例 4.3 用语义距离求例 4.2 中两个模糊集的匹配度。

解：

方法 1：用海明距离求二者的匹配度。

$$d(A,B) = \frac{1}{5}(|0.1-0.2| + |0.6-0.8| + |1-0.9| + |1-1| + |0.3-0.4|)$$

$$= \frac{1}{5} \times (0.1+0.2+0.1+0+0.1)$$

$$= 0.1$$

所以，A 和 B 两个模糊集之间的匹配度为 $1-0.1=0.9$。

方法 2：用欧几里得距离求二者的匹配度。

$$d(A,B) = \frac{1}{\sqrt{5}} \sqrt{|0.1-0.2|^2 + |0.6-0.8|^2 + |1-0.9|^2 + |1-1|^2 + |0.3-0.4|^2}$$

$$\approx 0.12$$

所以，A 和 B 两个模糊集之间的匹配度为 $1-0.12=0.88$。

（3）其他相似度方法

论域 U 上两个模糊集 A 和 B 的相似度与匹配度的概念是一致的。越相似自然就越匹配。计算模糊集相似度的方法还有很多，可以根据实际需要自行定义。例如，

- 最大最小法

$$r(A,B) = \frac{\sum\limits_{i=1}^{n} \min\{\mu_A(u_i), \mu_B(u_i)\}}{\sum\limits_{i=1}^{n} \max\{\mu_A(u_i), \mu_B(u_i)\}} \tag{4.54}$$

- 算术平均法

$$r(A,B) = \frac{\sum\limits_{i=1}^{n} \min\{\mu_A(u_i), \mu_B(u_i)\}}{\frac{1}{2} \sum\limits_{i=1}^{n} (\mu_A(u_i) + \mu_B(u_i))} \tag{4.55}$$

- 几何平均法

$$r(A,B) = \frac{\sum\limits_{i=1}^{n} \min\{\mu_A(u_i), \mu_B(u_i)\}}{\sum\limits_{i=1}^{n} \sqrt{\mu_A(u_i) \times \mu_B(u_i)}} \tag{4.56}$$

上面的方法只考虑了简单条件和单一证据的模糊匹配问题。在对复合条件进行模糊匹配的时候，一般按照下面的步骤进行：

1）分别计算各个子条件与其对应证据的匹配度 $\delta_{match}(A_i, A_i')$，其中 A_i 和 A_i' 分别表示一个子条件和其对应的证据。

2）选择一种方法综合各个单一证据的匹配度，求出整个前提条件 E 与组合证据 E' 之间总的匹配度。常用的综合方法有取极小法、相乘法等。

● 取极小法

$$\delta_{match}(E, E') = \min\{\delta_{match}(A_1, A_1'), \delta_{match}(A_2, A_2'), \cdots, \delta_{match}(A_n, A_n')\} \qquad (4.57)$$

● 相乘法

$$\delta_{match}(E, E') = \delta_{match}(A_1, A_1') \times \delta_{match}(A_2, A_2') \times \cdots \times \delta_{match}(A_n, A_n') \qquad (4.58)$$

3）检查总匹配度是否满足阈值条件。如果满足就可匹配，否则为不匹配。

6. 模糊推理的基本模式

模糊推理一般有三种基本模式：模糊假言推理、模糊拒取式推理和模糊三段论推理。

（1）模糊假言推理

假言推理就是证据与规则前件匹配，推出后件的过程。模糊假言推理中证据和规则中的命题都用模糊概念（模糊集）来表示。

设 A 是论域 U 上的模糊集，B 是论域 V 上的模糊集，即 $A \in F(U)$，$B \in F(V)$，并且 A、B 之间有如下关系：

$$\text{IF} \quad x \quad \text{is} \quad A \quad \text{THEN} \quad y \quad \text{is} \quad B$$

若有 $A' \in F(U)$，而且 A 与 A' 可以模糊匹配，则可推出 y is B'，$B' \in F(V)$。这种推理模式就是模糊假言推理。下面的图式直观地表示了这种模式。

知识：IF x is A THEN y is B
证据： $\quad x$ is A'
_____
结论： $\qquad\qquad\qquad y$ is B'

对于复合条件则可表示为

知识：IF x_1 is A_1 AND $\cdots$ AND x_n is A_n THEN y is B
证据： $\quad x_1$ is A_1' AND $\cdots$ AND x_n is A_n'
_____
结论： $\qquad\qquad\qquad\qquad\qquad\qquad y$ is B'

如果在知识或证据中带有可信度因子，则还需要对结论的可信度按某种算法进行计算。

（2）模糊拒取式推理

拒取式推理就是证据与规则后件匹配，推出前件的过程。模糊拒取式推理中证据和规则中的命题都用模糊概念（模糊集）来表示。

设 A 是论域 U 上的模糊集，B 是论域 V 上的模糊集，即 $A \in F(U)$，$B \in F(V)$。并且 A、B 之间有如下关系：

$$\text{IF} \quad x \quad \text{is} \quad A \quad \text{THEN} \quad y \quad \text{is} \quad B$$

若有 $B' \in F(V)$，而且 B 与 B' 可以模糊匹配，则可推出 x is A'，$A' \in F(U)$。这种推理模式就是模糊假言推理。下面的图式直观地表示了这种模式。

知识：IF x is A THEN y is B
证据： $\qquad\qquad\qquad y$ is B'
_____
结论： $\quad x$ is A'

注意：在一阶谓词逻辑中，已知 $A \rightarrow B$ 和 B 无法推出 A；只能由 $A \rightarrow B$ 和 $\neg B$ 推出 $\neg A$。但是在模糊拒取式推理中，这两者都可以成立。所以，模糊推理更接近人们的常识推理。

（3）模糊三段论推理

设 A 是论域 U 上的模糊集，B 是论域 V 上的模糊集，C 是论域 W 上的模糊集，即 $A \in F(U)$，$B \in F(V)$，$C \in F(W)$，并且由

$$\text{IF } x \text{ is } A \text{ THEN } y \text{ is } B$$
$$\text{IF } y \text{ is } B \text{ THEN } z \text{ is } C$$

可以推出

$$\text{IF } x \text{ is } A \text{ THEN } z \text{ is } C$$

则称它为模糊三段论推理。下面的图式直观地表示了这种模式。

$$\text{IF } x \text{ is } A \text{ THEN } y \text{ is } B$$
$$\text{IF } y \text{ is } B \text{ THEN } z \text{ is } C$$
$$\overline{\qquad\qquad\qquad\qquad\qquad\qquad\qquad\qquad\qquad}$$
$$\text{IF } x \text{ is } A \text{ THEN } z \text{ is } C$$

如何由已知模糊知识和证据具体地推出模糊结论，目前有多种不同方法。例如，扎德等人提出的合成推理规则，迈杰瑞斯（P. Magrez）和司迈特（P. Smets）提出的计算模型等。本书主要讨论扎德等人的方法，这种方法的基本思想是：首先，由模糊知识

$$\text{IF } x \text{ is } A \text{ THEN } y \text{ is } B$$

求出 A 与 B 之间的模糊关系 R；然后，再通过 R 与相应证据的合成求出模糊结论。由于该方法是通过模糊关系 R 与证据合成求出结论，所以又称为基于模糊关系的合成推理。

4.5.2 简单模糊推理

本小节讨论知识中只含简单条件且不带可信度因子的情况，称为简单模糊推理。

按照扎德等人提出的合成推理规则，对于知识

4.5.2 简单
模糊推理

$$\text{IF } x \text{ is } A \text{ THEN } y \text{ is } B$$

首先要构造出 A 与 B 之间的模糊关系 R，然后通过 R 与证据的合成求出结论。若已知证据

$$x \text{ is } A'$$

且 A 与 A' 可以模糊匹配，则通过下述合成运算求出 B'：

$$B' = A' \circ R$$

这就是模糊假言推理。如果已知证据是

$$y \text{ is } B'$$

且 B 与 B' 可以模糊匹配，则可运用模糊拒取式推理通过下述合成运算求出 A'：

$$A' = R \circ B'$$

显然，在这种推理方法中，关键工作是如何构造模糊关系 R。对此，扎德等人分别提出了多种构造 R 的方法。

1. 扎德方法

为了构造模糊关系 R，扎德提出了两种方法：一种称为条件命题的极大极小规则；另一种称为条件命题的算术规则。由它们获得的模糊关系分别记为 R_m 和 R_a。

设 A 和 B 分别是论域 U 和 V 上的模糊集，即 $A \in F(U)$，$B \in F(V)$，其表示分别为

$$A = \int_U \mu_A(u)/u$$

$$B = \int_V \mu_B(v)/v$$

并且×，∪，∩，¬，⊕分别表示模糊集的笛卡儿乘积、并、交、补及有界和运算，则扎德定义的 $\boldsymbol{R}_m$ 和 $\boldsymbol{R}_a$ 分别为：

$$\boldsymbol{R}_m = (A \times B) \cup (\neg A \times V)$$
$$= \int_{U \times V} (\mu_A(u) \wedge \mu_B(v)) \vee (1 - \mu_A(u))/(u,v)$$
$$\boldsymbol{R}_a = (\neg A \times V) \oplus (U \times B)$$
$$= \int_{U \times V} 1 \wedge (1 - \mu_A(u) + \mu_B(v))/(u,v) \tag{4.59}$$

将式（4.59）中的 u 和 v 换成相应下标，就可以很方便地得到相应的模糊关系。也就是说，$\boldsymbol{R}_m$ 和 $\boldsymbol{R}_a$ 的第 i 行第 j 列元素 $\boldsymbol{R}_m(i,j)$ 和 $\boldsymbol{R}_a(i,j)$ 分别为

$$\boldsymbol{R}_m(i,j) = (\mu_A(u_i) \wedge \mu_B(v_j)) \vee (1 - \mu_A(u_i))$$
$$\boldsymbol{R}_a(i,j) = 1 \wedge (1 - \mu_A(u_i) + \mu_B(v_j)) \tag{4.60}$$

用 $\boldsymbol{R}_m$ 和 $\boldsymbol{R}_a$ 通过模糊假言推理得到的结论分别记为 B'_m 和 B'_a。它们的隶属函数分别为

$$\mu_{B'_m}(v) = \bigvee_{u \in U} \{\mu_{A'}(u) \wedge [(\mu_A(u) \wedge \mu_B(v)) \vee (1 - \mu_A(u))]\}$$
$$\mu_{B'_a}(v) = \bigvee_{u \in U} \{\mu_{A'}(u) \wedge [1 \wedge (1 - \mu_A(u) + \mu_B(v))]\} \tag{4.61}$$

对于通过模糊拒取式推理得到的结论分别记为 A'_m 和 A'_a。则它们的隶属函数分别为

$$\mu_{A'_m}(u) = \bigvee_{v \in V} \{[(\mu_A(u) \wedge \mu_B(v)) \vee (1 - \mu_A(u))] \wedge \mu_{B'}(v)\}$$
$$\mu_{A'_a}(u) = \bigvee_{v \in V} \{[1 \wedge (1 - \mu_A(u) + \mu_B(v))] \wedge \mu_{B'}(v)\} \tag{4.62}$$

例4.4 设论域 $U = V = \{金, 木, 水, 火, 土\}$，其上的两个模糊集分别为

$$A = 1/金 + 0.7/木 + 0.3/土$$
$$B = 0.1/水 + 1/火 + 0.2/土$$

又已知模糊知识

$$\text{IF} \quad x \quad \text{is} \quad A \quad \text{THEN} \quad y \quad \text{is} \quad B$$

和证据 "x is A'"，其中 A' 的模糊集为

$$A' = 0.8/金 + 1/木 + 0.4/土$$

请进行模糊推理，求出模糊结论。

解：
由模糊知识可分别得到 $\boldsymbol{R}_m$ 和 $\boldsymbol{R}_a$：

$$\boldsymbol{R}_m = \begin{pmatrix} 0 & 0 & 0.1 & 1 & 0.2 \\ 0.3 & 0.3 & 0.3 & 0.7 & 0.3 \\ 1 & 1 & 1 & 1 & 1 \\ 1 & 1 & 1 & 1 & 1 \\ 0.7 & 0.7 & 0.7 & 0.7 & 0.7 \end{pmatrix}$$

$$\boldsymbol{R}_a = \begin{pmatrix} 0 & 0 & 0.1 & 1 & 0.2 \\ 0.3 & 0.3 & 0.4 & 1 & 0.5 \\ 1 & 1 & 1 & 1 & 1 \\ 1 & 1 & 1 & 1 & 1 \\ 0.7 & 0.7 & 0.8 & 1 & 0.9 \end{pmatrix}$$

然后，由 $\boldsymbol{R}_\mathrm{m}$ 和 $\boldsymbol{R}_\mathrm{a}$ 及证据 "x is A'" 可分别得到 B'_m 和 B'_a：

$$B'_\mathrm{m} = A' \circ \boldsymbol{R}_\mathrm{m}$$

$$= \{0.8, 1, 0, 0, 0.4\} \circ \begin{pmatrix} 0 & 0 & 0.1 & 1 & 0.2 \\ 0.3 & 0.3 & 0.3 & 0.7 & 0.3 \\ 1 & 1 & 1 & 1 & 1 \\ 1 & 1 & 1 & 1 & 1 \\ 0.7 & 0.7 & 0.7 & 0.7 & 0.7 \end{pmatrix}$$

$$= \{0.4, 0.4, 0.4, 0.8, 0.4\}$$

$$B'_\mathrm{a} = A' \circ \boldsymbol{R}_\mathrm{a}$$

$$= \{0.8, 1, 0, 0, 0.4\} \circ \begin{pmatrix} 0 & 0 & 0.1 & 1 & 0.2 \\ 0.3 & 0.3 & 0.4 & 1 & 0.5 \\ 1 & 1 & 1 & 1 & 1 \\ 1 & 1 & 1 & 1 & 1 \\ 0.7 & 0.7 & 0.8 & 1 & 0.9 \end{pmatrix}$$

$$= \{0.4, 0.4, 0.4, 1, 0.5\}$$

所以，由 $\boldsymbol{R}_\mathrm{m}$ 方法推出的模糊结论是 $\{0.4/金, 0.4/木, 0.4/水, 0.8/火, 0.4/土\}$，由 $\boldsymbol{R}_\mathrm{a}$ 方法推出的模糊结论是 $\{0.4/金, 0.4/木, 0.4/水, 1/火, 0.5/土\}$。一般来说，用不同模糊关系得到的模糊结论是不相同的。

2. 麦姆德尼方法

麦姆德尼（Mamdani）提出了一个称为条件命题的最小运算规则来构造模糊关系，记为 $\boldsymbol{R}_\mathrm{c}$。其定义为

$$\boldsymbol{R}_\mathrm{c} = A \times B = \int_{U \times V} \mu_A(u) \wedge \mu_B(v)/(u, v) \tag{4.63}$$

$\boldsymbol{R}_\mathrm{c}$ 通过模糊假言推理，所得结论 B'_c 的隶属函数为

$$\mu_{B'_\mathrm{c}}(v) = \bigvee_{u \in U} [\mu_{A'}(u) \wedge (\mu_A(u) \wedge \mu_B(v))] \tag{4.64}$$

$\boldsymbol{R}_\mathrm{c}$ 通过模糊拒取式推理，所得结论 A'_c 的隶属函数为

$$\mu_{A'_\mathrm{c}}(u) = \bigvee_{v \in V} [(\mu_A(u) \wedge \mu_B(v)) \wedge \mu_{B'}(v)] \tag{4.65}$$

例 4.5 仍以例 4.4 中的数据和知识为例。但是已知证据为 "y is B'"，其中 B' 的模糊集为

$$B' = 0.1/金 + 0.9/木 + 0.4/水 + 1/火 + 0.3/土$$

请进行模糊推理，求出模糊结论。

解：

由模糊知识可得到 $\boldsymbol{R}_\mathrm{c}$：

$$\boldsymbol{R}_\mathrm{c} = \begin{pmatrix} 0 & 0 & 0.1 & 1 & 0.2 \\ 0 & 0 & 0.1 & 0.7 & 0.2 \\ 0 & 0 & 0 & 0 & 0 \\ 0 & 0 & 0 & 0 & 0 \\ 0 & 0 & 0.1 & 0.3 & 0.2 \end{pmatrix}$$

$$A'_c = R_c \circ B'$$

$$
= \begin{pmatrix}
0 & 0 & 0.1 & 1 & 0.2 \\
0 & 0 & 0.1 & 0.7 & 0.2 \\
0 & 0 & 0 & 0 & 0 \\
0 & 0 & 0 & 0 & 0 \\
0 & 0 & 0.1 & 0.3 & 0.2
\end{pmatrix} \circ \begin{pmatrix}
0.1 \\
0.9 \\
0.4 \\
1 \\
0.3
\end{pmatrix}
$$

$$= \{1, 0.7, 0, 0, 0.3\}$$

所以，最终推出的模糊结论就是$\{1/金, 0.7/木, 0.3/土\}$。

3. Mizumoto 方法

Mizumoto 等人根据多值逻辑中计算 $T(A \rightarrow B)$ 的定义，提出了一组构造模糊关系的方法。由此构造出的模糊关系分别记为 R_s, R_g, R_{sg}, R_{gg}, R_{gs}, R_{ss}, R_b, $R_\triangle$, $R_\blacktriangle$, R_*, $R_\#$, $R_\diamond$ 等。其中几种模糊关系的定义如下

$$R_s = A \times B \underset{s}{\Rightarrow} U \times B = \int_{U \times V} [\mu_A(u) \underset{s}{\rightarrow} \mu_B(v)]/(u,v) \tag{4.66}$$

其中，

$$\mu_A(u) \underset{s}{\rightarrow} \mu_B(v) = \begin{cases} 1 & \mu_A(u) \leqslant \mu_B(v) \\ 0 & \mu_A(u) > \mu_B(v) \end{cases} \tag{4.67}$$

$$R_g = A \times B \underset{g}{\Rightarrow} U \times B = \int_{U \times V} [\mu_A(u) \underset{g}{\rightarrow} \mu_B(v)]/(u,v) \tag{4.68}$$

其中，

$$\mu_A(u) \underset{g}{\rightarrow} \mu_B(v) = \begin{cases} 1 & \mu_A(u) \leqslant \mu_B(v) \\ \mu_B(v) & \mu_A(u) > \mu_B(v) \end{cases} \tag{4.69}$$

$$R_{sg} = (A \times B \underset{s}{\Rightarrow} U \times B) \cap (\neg A \times B \underset{g}{\Rightarrow} U \times \neg B)$$

$$= \int_{U \times V} \{[\mu_A(u) \underset{s}{\rightarrow} \mu_B(v)] \wedge [(1 - \mu_A(u)) \underset{g}{\rightarrow} (1 - \mu_B(v))]\}/(u,v) \tag{4.70}$$

$$R_{gg} = (A \times B \underset{g}{\Rightarrow} U \times B) \cap (\neg A \times B \underset{g}{\Rightarrow} U \times \neg B)$$

$$= \int_{U \times V} \{[\mu_A(u) \underset{g}{\rightarrow} \mu_B(v)] \wedge [(1 - \mu_A(u)) \underset{g}{\rightarrow} (1 - \mu_B(v))]\}/(u,v) \tag{4.71}$$

$$R_{gs} = (A \times B \underset{g}{\Rightarrow} U \times B) \cap (\neg A \times B \underset{s}{\Rightarrow} U \times \neg B)$$

$$= \int_{U \times V} \{[\mu_A(u) \underset{g}{\rightarrow} \mu_B(v)] \wedge [(1 - \mu_A(u)) \underset{s}{\rightarrow} (1 - \mu_B(v))]\}/(u,v) \tag{4.72}$$

$$R_{ss} = (A \times B \underset{s}{\Rightarrow} U \times B) \cap (\neg A \times B \underset{s}{\Rightarrow} U \times \neg B)$$

$$= \int_{U \times V} \{[\mu_A(u) \underset{s}{\rightarrow} \mu_B(v)] \wedge [(1 - \mu_A(u)) \underset{s}{\rightarrow} (1 - \mu_B(v))]\}/(u,v) \tag{4.73}$$

例 4.6 仍以例 4.4 中的数据、知识和证据为例。请进行模糊推理，求出模糊结论。

解：

由模糊知识可分别得到 R_s 和 R_g：

$$\boldsymbol{R}_{\mathrm{s}} = \begin{pmatrix} 0 & 0 & 0 & 1 & 0 \\ 0 & 0 & 0 & 1 & 0 \\ 1 & 1 & 1 & 1 & 1 \\ 1 & 1 & 1 & 1 & 1 \\ 0 & 0 & 0 & 1 & 0 \end{pmatrix}$$

$$\boldsymbol{R}_{\mathrm{g}} = \begin{pmatrix} 0 & 0 & 0.1 & 1 & 0.2 \\ 0 & 0 & 0.1 & 1 & 0.2 \\ 1 & 1 & 1 & 1 & 1 \\ 1 & 1 & 1 & 1 & 1 \\ 0 & 0 & 0.1 & 1 & 0.2 \end{pmatrix}$$

然后，由 $\boldsymbol{R}_{\mathrm{s}}$ 和 $\boldsymbol{R}_{\mathrm{g}}$ 及证据 "x is A'" 可分别得到 B'_{s} 和 B'_{g}：

$$B'_{\mathrm{s}} = A' \circ \boldsymbol{R}_{\mathrm{s}}$$
$$= \{0, 0, 0, 1, 0\}$$
$$B'_{\mathrm{g}} = A' \circ \boldsymbol{R}_{\mathrm{g}}$$
$$= \{0, 0, 0.1, 1, 0.2\}$$

所以，由 $\boldsymbol{R}_{\mathrm{s}}$ 推出的模糊结论是 $\{1/火\}$，由 $\boldsymbol{R}_{\mathrm{g}}$ 推出的模糊结论是 $\{0.1/水, 1/火, 0.2/土\}$。

4. 各种模糊关系的性能分析

从上面的讨论可以看出，同一条知识可以生成不同的模糊关系。对相同的知识及证据使用不同的模糊关系进行推理，得到的结论一般不相同。这就意味着不同的模糊关系在推理结果性能上存在着差异。为此，我们建立一些评判原则用以评比不同模糊关系的性能。

（1）原则 1

知识：IF　x　is　A　THEN　y　is　B
证据：　　x　is　A

结论：　　　　　　　　　　　y　is　B

原则 1 指出，当已知证据 A' 与前提条件 A 相同时，推出的结论 B' 就应该是知识所指示的结论 B。

（2）原则 2

知识：IF　x　is　A　THEN　y　is　B
证据：　　x　is　very　A

结论：　　　　　　　　　　　y　is　very　B
　　　　　　　或　　　　　y　is　B

原则 2 指出，当已知证据 A' 是 "very A" 时，推出的结论应该是 "very B" 或是 B。

（3）原则 3

知识：IF　x　is　A　THEN　y　is　B
证据：　　x　is　more or less　A

结论：　　　　　　　　　　　y　is　more or less B
　　　　　　　或　　　　y　is　B

原则 3 指出，当已知证据 A' 是 "more or less A" 时，推出的结论应该是 "more or less B" 或者是 B。

（4）原则4

　　　　　　　知识：IF　x　is　A　THEN　y　is　B
　　　　　　　证据：　　　x　is　not A
　　　　　　　────────────────────────────
　　　　　　　结论：　　　　　　　　　　　　y　is　not　B
　　　　　　　　　　　或　　　　　　　y　is　unknown

　　原则4指出，当已知证据A'是"not A"时，推出的结论应该是"not B"或者推不出任何结论。

　　以上几个原则都是针对模糊假言推理的。其中，除了原则1以外，在其他三个原则中的第一种有效结论，特别是原则4的第一种有效结论，都是由经典谓词逻辑无法得到的结论。但是这种推理结果在日常生活中，特别是在常识推理中却常会碰见。例如，已知"好人有好报"，并且"李四不是好人"，所以李四没有好报。这说明日常生活中很多推理并不是严密的，人们只要其推理结果在大部分情况下是有效的就足以了。这种要求用经典谓词逻辑无法实现，但是用模糊逻辑却可以达到。

　　下面还有四条原则用于模糊拒取式推理。

　　（5）原则5

　　　　　　　知识：IF　x　is　A　THEN　y　is　B
　　　　　　　证据：　　　　　　　　y　is　not　B
　　　　　　　────────────────────────────
　　　　　　　结论：　　x　is　not A

　　原则5相当于经典逻辑中否定后件的拒取式推理。

　　（6）原则6

　　　　　　　知识：IF　x　is　A　THEN　y　is　B
　　　　　　　证据：　　　　　　　　y　is　not very　B
　　　　　　　────────────────────────────
　　　　　　　结论：　　x　is　not very　A

　　原则6指出，当已知证据B'是"not very B"时，推出的结论应该是"not very A"。

　　（7）原则7

　　　　　　　知识：IF　x　is　A　THEN　y　is　B
　　　　　　　证据：　　　　　　　　y　is　not more or less　B
　　　　　　　────────────────────────────
　　　　　　　结论：　　x　is　not more or less A

　　原则7指出，当已知证据B'是"not more or less B"时，推出的结论应该是"not more or less A"。

　　（8）原则8

　　　　　　　知识：IF　x　is　A　THEN　y　is　B
　　　　　　　证据：　　　　　　　　y　is　B
　　　　　　　────────────────────────────
　　　　　　　结论：　　x　is　A
　　　　　　　　　　　或　x　is　unknown

　　原则8指出，当已知证据B'与知识中的结论B相同时，无论推出A或者推不出任何结论都可以。

原则6、7、8（除了第二种结论）所得到的结论也是经典谓词逻辑所无法得到的。

在上述原则中，我们用到了"very A"、"more or less A"等模糊概念。这些概念所对应的模糊集可从基本概念 A 的模糊集扩充而来，即已知模糊集 A，运用基本概念扩充法可得：

$$\text{very } A = \int_U \mu_A^2(u)/u \tag{4.74}$$

$$\text{more or less } A = \int_U \mu_A^{0.5}(u)/u \tag{4.75}$$

$$\text{not } A = \neg A = \int_U 1 - \mu_A(u)/u \tag{4.76}$$

$$\text{not very } A = \int_U 1 - \mu_A^2(u)/u \tag{4.77}$$

$$\text{not more or less } A = \int_U 1 - \mu_A^{0.5}(u)/u \tag{4.78}$$

例如，已知论域 $U=\{1,2,3,4,5,6,7,8,9,10\}$ 上的模糊集 A 为

$$A = 1/1+0.8/2+0.6/3+0.4/4+0.2/5$$

则由基本概念扩充法可得

very $A = 1/1+0.64/2+0.36/3+0.16/4+0.04/5$

more or less $A = 1/1+0.89/2+0.77/3+0.63/4+0.45/5$

not $A = 0.2/2+0.4/3+0.6/4+0.8/5+1/6+1/7+1/8+1/9+1/10$

not very $A = 0.36/2+0.64/3+0.84/4+0.96/5+1/6+1/7+1/8+1/9+1/10$

not more or less $A = 0.11/2+0.23/3+0.37/4+0.55/5+1/6+1/7+1/8+1/9+1/10$

我们可以对模糊集 A、B 取具体数值，按照以上评判原则进行推理计算，然后对比其计算结果。若结果与原则预期相同则记为"√"，否则记为"×"。各种常见模糊关系符合推理原则的情况见表4.2。

表4.2 各种模糊关系符合推理原则情况一览表

原则	A'	B'	R_m	R_a	R_c	R_s	R_g	R_{sg}	R_{gg}	R_{gs}	R_{ss}	R_b	$R_\triangle$	$R_\blacktriangle$	R_*	$R_\#$	$R_\diamond$
1	A	B	×	×	√	√	√	√	√	√	√	×	×	×	×	×	×
2	very A	very B	×	×	×	√	√	√	×	√	√	×	×	×	×	×	×
	very A	B	×	×	√	×	√	×	√	√	×	×	×	×	×	×	×
3	more or less A	more or less B	×	×	×	√	√	√	√	√	√	×	×	×	×	×	×
	more or less A	B	×	×	√	×	√	×	×	×	×	×	×	×	×	×	×
4	not A	not B	×	×	×	√	×	√	√	√	√	×	×	×	×	×	×
	not A	unknown	√	√	×	√	√	×	×	×	×	√	√	√	√	√	√
5	not A	not B	×	×	×	√	√	×	√	×	×	×	×	×	×	×	×
6	not very A	not very B	×	×	×	√	√	×	√	×	×	×	×	×	×	×	×
7	not more or less A	not more or less B	×	×	×	√	√	×	×	×	×	×	×	×	×	×	×
8	A	B	×	×	√	×	√	×	×	×	×	×	×	×	×	×	×
	unknown	B	×	√	×	√	√	×	×	×	×	√	√	√	√	√	√

从表4.2中可以看出，无论是对于模糊假言推理还是对于模糊拒取式推理，模糊关系 R_s、R_{sg}、R_{ss} 性能比较好，R_g、R_{gg}、R_{gs}、R_c 次之，其他的模糊关系性能比较差。

4.5.3　模糊三段论推理

4.5.3 模糊
三段论

从模糊推理的基本模式可知，对于如下模糊知识：

$$r_1: \quad \text{IF} \quad x \quad \text{is} \quad A \quad \text{THEN} \quad y \quad \text{is} \quad B$$
$$r_2: \quad \text{IF} \quad y \quad \text{is} \quad B \quad \text{THEN} \quad z \quad \text{is} \quad C$$
$$r_3: \quad \text{IF} \quad x \quad \text{is} \quad A \quad \text{THEN} \quad z \quad \text{is} \quad C$$

如果 r_3 能够从 r_1 和 r_2 推导出来，则称该模糊三段论成立。其中，A、B、C 分别是论域 U、V、W 上的模糊集。设 $R(A,B)$、$R(B,C)$ 和 $R(A,C)$ 分别是从上述模糊知识中得到的模糊关系。它们分别定义在 $U×V$、$V×W$ 和 $U×W$ 上。则当模糊三段论成立时，应有

$$R(A,B) \circ R(B,C) = R(A,C)$$

成立，反之亦然。

不过，并不是所有的模糊关系都能满足模糊三段论。

例4.7　设论域 $U=V=W=\{a,b,c,d,e\}$，其上有三个模糊集分别为

$$A = 0.7/c + 0.8/d + 1/e$$
$$B = 0.6/a + 0.7/b + 1/c$$
$$C = 0.1/a + 0.2/b + 1/c$$

并且已知知识：

$$r_1: \quad \text{IF} \quad x \quad \text{is} \quad A \quad \text{THEN} \quad y \quad \text{is} \quad B$$
$$r_2: \quad \text{IF} \quad y \quad \text{is} \quad B \quad \text{THEN} \quad z \quad \text{is} \quad C$$
$$r_3: \quad \text{IF} \quad x \quad \text{is} \quad A \quad \text{THEN} \quad z \quad \text{is} \quad C$$

请分别验证模糊关系 R_m 和 R_g 是否满足模糊三段论。

解：

对于 R_m 由 r_1、r_2、r_3 分别得到

$$R_m(A,B) = \begin{pmatrix} 1 & 1 & 1 & 1 & 1 \\ 1 & 1 & 1 & 1 & 1 \\ 0.6 & 0.7 & 0.7 & 0.3 & 0.3 \\ 0.6 & 0.7 & 0.8 & 0.2 & 0.2 \\ 0.6 & 0.7 & 1 & 0 & 0 \end{pmatrix}$$

$$R_m(B,C) = \begin{pmatrix} 0.4 & 0.4 & 0.6 & 0.4 & 0.4 \\ 0.3 & 0.3 & 0.7 & 0.3 & 0.3 \\ 0.1 & 0.2 & 1 & 0 & 0 \\ 1 & 1 & 1 & 1 & 1 \\ 1 & 1 & 1 & 1 & 1 \end{pmatrix}$$

$$R_m(A,C) = \begin{pmatrix} 1 & 1 & 1 & 1 & 1 \\ 1 & 1 & 1 & 1 & 1 \\ 0.3 & 0.3 & 0.7 & 0.3 & 0.3 \\ 0.2 & 0.2 & 0.8 & 0.2 & 0.2 \\ 0.1 & 0.2 & 1 & 0 & 0 \end{pmatrix}$$

将 $\boldsymbol{R}_{\mathrm{m}}(A,B)$ 与 $\boldsymbol{R}_{\mathrm{m}}(B,C)$ 合成得到

$$\boldsymbol{R}_{\mathrm{m}}(A,B)\circ\boldsymbol{R}_{\mathrm{m}}(B,C)=\begin{pmatrix} 1 & 1 & 1 & 1 & 1 \\ 1 & 1 & 1 & 1 & 1 \\ 0.4 & 0.4 & 0.7 & 0.4 & 0.4 \\ 0.4 & 0.4 & 0.8 & 0.4 & 0.4 \\ 0.4 & 0.4 & 1 & 0.4 & 0.4 \end{pmatrix}$$

显然，

$$\boldsymbol{R}_{\mathrm{m}}(A,B)\circ\boldsymbol{R}_{\mathrm{m}}(B,C)\neq\boldsymbol{R}_{\mathrm{m}}(A,C)$$

这说明 $\boldsymbol{R}_{\mathrm{m}}$ 不满足模糊三段论。

对于 $\boldsymbol{R}_{\mathrm{g}}$ 由 r_1、r_2、r_3 分别得到

$$\boldsymbol{R}_{\mathrm{g}}(A,B)=\begin{pmatrix} 1 & 1 & 1 & 1 & 1 \\ 1 & 1 & 1 & 1 & 1 \\ 0.6 & 1 & 1 & 0 & 0 \\ 0.6 & 0.7 & 1 & 0 & 0 \\ 0.1 & 0.2 & 1 & 0 & 0 \end{pmatrix}$$

$$\boldsymbol{R}_{\mathrm{g}}(B,C)=\begin{pmatrix} 0.1 & 0.2 & 1 & 0 & 0 \\ 0.1 & 0.2 & 1 & 0 & 0 \\ 0.1 & 0.2 & 1 & 0 & 0 \\ 1 & 1 & 1 & 1 & 1 \\ 1 & 1 & 1 & 1 & 1 \end{pmatrix}$$

$$\boldsymbol{R}_{\mathrm{g}}(A,C)=\begin{pmatrix} 1 & 1 & 1 & 1 & 1 \\ 1 & 1 & 1 & 1 & 1 \\ 0.1 & 0.2 & 1 & 0 & 0 \\ 0.1 & 0.2 & 1 & 0 & 0 \\ 0.1 & 0.2 & 1 & 0 & 0 \end{pmatrix}$$

将 $\boldsymbol{R}_{\mathrm{g}}(A,B)$ 与 $\boldsymbol{R}_{\mathrm{g}}(B,C)$ 合成得到

$$\boldsymbol{R}_{\mathrm{g}}(A,B)\circ\boldsymbol{R}_{\mathrm{g}}(B,C)=\begin{pmatrix} 1 & 1 & 1 & 1 & 1 \\ 1 & 1 & 1 & 1 & 1 \\ 0.1 & 0.2 & 1 & 0 & 0 \\ 0.1 & 0.2 & 1 & 0 & 0 \\ 0.1 & 0.2 & 1 & 0 & 0 \end{pmatrix}$$

显然，

$$\boldsymbol{R}_{\mathrm{g}}(A,B)\circ\boldsymbol{R}_{\mathrm{g}}(B,C)=\boldsymbol{R}_{\mathrm{g}}(A,C)。$$

这说明 $\boldsymbol{R}_{\mathrm{g}}$ 满足模糊三段论。

表 4.3 给出了各种模糊关系满足模糊三段论的情况。满足模糊三段论的关系记为"√"，否则记为"×"。

表4.3　各种模糊关系满足模糊三段论情况

模糊关系	$\boldsymbol{R}_{\mathrm{m}}$	$\boldsymbol{R}_{\mathrm{a}}$	$\boldsymbol{R}_{\mathrm{c}}$	$\boldsymbol{R}_{\mathrm{s}}$	$\boldsymbol{R}_{\mathrm{g}}$	$\boldsymbol{R}_{\mathrm{sg}}$	$\boldsymbol{R}_{\mathrm{gg}}$	$\boldsymbol{R}_{\mathrm{gs}}$	$\boldsymbol{R}_{\mathrm{ss}}$	$\boldsymbol{R}_{\mathrm{b}}$	$\boldsymbol{R}_{\triangle}$	$\boldsymbol{R}_{\blacktriangle}$	$\boldsymbol{R}_{*}$	$\boldsymbol{R}_{\#}$	$\boldsymbol{R}_{\diamond}$
模糊三段论	×	×	√	√	√	√	√	√	×	×	×	×	×	×	√

4.5.4 多维模糊推理

多维模糊推理是指知识的前提条件是复合条件的一类推理，其一般模式为

知识：IF x_1 is A_1 AND x_2 is A_2 AND $\cdots$ AND x_n is A_n THEN y is B

证据：$\quad x_1$ is A_1' $\qquad x_2$ is A_2' $\qquad \cdots \qquad x_n$ is A_n'

结论： $\hspace{9cm} y$ is B'

其中，$U_i(i=1,2,\cdots,n)$ 和 V 是论域，$A_i, A_i' \in F(U_i)$，$B, B' \in F(V)$。

对多维模糊推理，目前主要有三种处理方法。

1. 扎德方法

扎德方法的基本思想是：用前件各子条件对应模糊集的交集代表整个前件，然后运用简单模糊推理的方法进行推理。其具体过程如下：

1）求出 A_1，A_2，$\cdots$，A_n 的交集，并记为 A，即

$$A = A_1 \cap A_2 \cap \cdots \cap A_n$$
$$= \int_{U_1 \times U_2 \times \cdots \times U_n} \mu_{A_1}(u_1) \wedge \mu_{A_2}(u_2) \wedge \cdots \wedge \mu_{A_n}(u_n)/(u_1, u_2, \cdots, u_n)$$

其中，$\mu_{Ai}(u_i)$ 是 $A_i(i=1,2,\cdots,n)$ 的隶属函数。

2）用前面讨论的任何一种构造模糊关系的方法构造出前件 A 与后件 B 之间的模糊关系 $\boldsymbol{R}(A,B)$，记为 $\boldsymbol{R}(A_1, A_2, \cdots, A_n, B)$。

3）求出证据中 $A_1', A_2', \cdots A_n'$ 的交集，记为 A'，即

$$A' = A_1' \cap A_2' \cap \cdots \cap A_n'$$
$$= \int_{U_1 \times U_2 \times \cdots \times U_n} \mu_{A_1'}(u_1) \wedge \mu_{A_2'}(u_2) \wedge \cdots \wedge \mu_{A_n'}(u_n)/(u_1, u_2, \cdots, u_n)$$

其中，$\mu_{A_i'}(u_i)$ 是 $A_i'(i=1,2,\cdots,n)$ 的隶属函数。

4）由 A' 与 $\boldsymbol{R}(A,B)$ 的合成求出 B'，即

$$B' = A' \circ \boldsymbol{R}(A,B)$$
$$= (A_1' \cap A_2' \cap \cdots \cap A_n') \circ \boldsymbol{R}(A_1, A_2, \cdots, A_n, B)$$

例 4.8 设论域 $U = V = W = \{a, b, c, d, e\}$，及其上的模糊集

$$A_1 = \{1, 0.8, 0.2, 0, 0\}$$
$$A_2 = \{0, 0.4, 1, 1, 0.7\}$$
$$B = \{0.2, 0.7, 1, 0.7, 0.2\}$$
$$A_1' = \{0.9, 1, 0.1, 0, 0\}$$
$$A_2' = \{0.1, 0.5, 1, 0.8, 0.5\}$$

又已知知识

$$\text{IF} \quad x_1 \text{ is } A_1 \quad \text{AND} \quad x_2 \text{ is } A_2 \quad \text{THEN } y \text{ is } B$$

及证据

$$x_1 \text{ is } A_1'$$
$$x_2 \text{ is } A_2'$$

求模糊推理结果。

解：

由已知知识可得

$$A_1 \cap A_2 = \{0, 0.4, 0.2, 0, 0\}$$

由已知证据可得

$$A_1' \cap A_2' = \{0.1, 0.5, 0.1, 0, 0\}$$

对已知知识用 $\boldsymbol{R}_s$ 构造模糊关系可得

$$\boldsymbol{R}_s(A_1, A_2, B) = \begin{pmatrix} 1 & 1 & 1 & 1 & 1 \\ 0 & 1 & 1 & 1 & 0 \\ 1 & 1 & 1 & 1 & 1 \\ 1 & 1 & 1 & 1 & 1 \\ 1 & 1 & 1 & 1 & 1 \end{pmatrix}$$

$$\boldsymbol{B}_s' = (A_1' \cap A_2') \circ \boldsymbol{R}_s(A_1, A_2, B)$$

$$= \{0.1, 0.5, 0.1, 0, 0\} \circ \begin{pmatrix} 1 & 1 & 1 & 1 & 1 \\ 0 & 1 & 1 & 1 & 0 \\ 1 & 1 & 1 & 1 & 1 \\ 1 & 1 & 1 & 1 & 1 \\ 1 & 1 & 1 & 1 & 1 \end{pmatrix}$$

$$= \{0.1, 0.5, 0.5, 0.5, 0.1\}$$

即用 $\boldsymbol{R}_s$ 模糊关系推出的模糊结论是 $\{0.1, 0.5, 0.5, 0.5, 0.1\}$。

2. Tsukamoto 方法

该方法的基本思想是：先对复合条件中每一个简单条件按简单模糊推理求出相应的中间结论，再把所有中间结论求交集得到最终结论。其具体过程如下：

1）用简单模糊推理方法对每个简单条件 $A_i(i=1,2,\cdots,n)$ 和相应证据 A_i' 求出一个中间结论 B_i'，即

$$B_i' = A_i' \circ \boldsymbol{R}(A_i, B) \quad i = 1, 2, \cdots, n$$

2）对所有中间结论 $B_i'(i=1,2,\cdots,n)$ 求交集，从而得到最终结论 B'，即

$$B' = B_1' \cap B_2' \cap \cdots \cap B_n'$$

例 4.9 对例 4.8 中的数据、知识和证据，用 Tsukamoto 方法进行模糊推理。

解：

用 $\boldsymbol{R}_s$ 构造模糊关系，得到

$$\boldsymbol{R}_s(A_1, B) = \begin{pmatrix} 0 & 0 & 1 & 0 & 0 \\ 0 & 0 & 1 & 0 & 0 \\ 1 & 1 & 1 & 1 & 1 \\ 1 & 1 & 1 & 1 & 1 \\ 1 & 1 & 1 & 1 & 1 \end{pmatrix}$$

$$B_{s1}' = A_1' \circ \boldsymbol{R}_s(A_1, B)$$

$$= \{0.1, 0.1, 1, 0.1, 0.1\}$$

$$\boldsymbol{R}_s(A_2, B) = \begin{pmatrix} 1 & 1 & 1 & 1 & 1 \\ 0 & 1 & 1 & 1 & 0 \\ 0 & 0 & 1 & 0 & 0 \\ 0 & 0 & 1 & 0 & 0 \\ 0 & 1 & 1 & 1 & 0 \end{pmatrix}$$

$$B'_{s2} = A'_2 \circ \boldsymbol{R}_s(A_2, B)$$
$$= \{0.1, 0.5, 1, 0.5, 0.1\}$$

最后可得

$$B'_s = B'_{s1} \cap B'_{s2} = \{0.1, 0.1, 1, 0.1, 0.1\}$$

即祖卡莫托方法用 $\boldsymbol{R}_s$ 模糊关系推出的模糊结论是 $\{0.1, 0.1, 1, 0.1, 0.1\}$。

3. Sugeno 方法

该方法通过递推计算求出 B'。其具体过程如下：
$$B'_1 = A'_1 \circ \boldsymbol{R}(A_1, B)$$
$$B'_2 = A'_2 \circ \boldsymbol{R}(A_2, B'_1)$$
$$\vdots$$
$$B' = B'_n = A'_n \circ \boldsymbol{R}(A_n, B'_{n-1})$$

例 4.10 对例 4.8 中的数据、知识和证据，用 Sugeno 方法进行模糊推理。

解：

用 $\boldsymbol{R}_s$ 构造模糊关系，得到

$$\boldsymbol{R}_s(A_1, B) = \begin{pmatrix} 0 & 0 & 1 & 0 & 0 \\ 0 & 0 & 1 & 0 & 0 \\ 1 & 1 & 1 & 1 & 1 \\ 1 & 1 & 1 & 1 & 1 \\ 1 & 1 & 1 & 1 & 1 \end{pmatrix}$$

$$B'_{s1} = A'_1 \circ \boldsymbol{R}_s(A_1, B)$$
$$= \{0.1, 0.1, 1, 0.1, 0.1\}$$

$$\boldsymbol{R}_s(A_2, B'_{s1}) = \begin{pmatrix} 1 & 1 & 1 & 1 & 1 \\ 0 & 0 & 1 & 0 & 0 \\ 0 & 0 & 1 & 0 & 0 \\ 0 & 0 & 1 & 0 & 0 \\ 0 & 0 & 1 & 0 & 0 \end{pmatrix}$$

$$B'_s = B'_{s2} = A'_2 \circ \boldsymbol{R}_s(A_2, B'_{s1})$$
$$= \{0.1, 0.1, 1, 0.1, 0.1\}$$

即 Sugeno 方法用 $\boldsymbol{R}_s$ 模糊关系推出的模糊结论是 $\{0.1, 0.1, 1, 0.1, 0.1\}$。

4.5.5 多重模糊推理

多重模糊推理一般是指其知识具有如下表示形式的一种推理：

IF x is A_1 THEN y is B_1 ELSE

    IF x is A_2 THEN y is B_2 ELSE

$$\vdots$$

        IF x is A_n THEN y is B_n

其中，$A_i \in F(U)$，$B_i \in F(V)$，$i = 1, 2, \cdots, n$。

这里只讨论它的一种简单形式，其他情形都可以化作一系列简单形式获得解决，即知识具有如下表示形式：

IF x is A THEN y is B ELSE y is C

其中，$A \in F(U)$，$B \in F(V)$，$C \in F(V)$。其推理模式为

知识：IF　x　is　A　THEN　y　is　B　ELSE　y　is　C

证据：　　　x　is　A'

结论：　　　　　　　　　　　　　　y　is　D

设 $\boldsymbol{R}$ 为 $U \times V$ 上 A 与 B、C 之间的模糊关系，则 D 可通过 A' 与 $\boldsymbol{R}$ 的合成得到，即

$$D = A' \circ \boldsymbol{R}$$

关于 $\boldsymbol{R}$ 的具体形式，扎德等人给出了多种构造方法，如 $\boldsymbol{R}'_m$，$\boldsymbol{R}'_a$，$\boldsymbol{R}'_b$，$\boldsymbol{R}'_{gg}$ 等。下面以 $\boldsymbol{R}'_{gg}$ 为例，说明这种情况下模糊关系的构造方法。其他几种方法的构造思想与此类似，有兴趣的读者可以参阅有关文献。

$\boldsymbol{R}'_{gg}$ 的定义为

$$\boldsymbol{R}'_{gg} = [A \times V \underset{g}{\Rightarrow} U \times B] \cap [\neg A \times V \underset{g}{\Rightarrow} U \times C]$$

$$= \int_{U \times V} [\mu_A(u) \underset{g}{\rightarrow} \mu_B(v)] \wedge [(1 - \mu_A(u)) \underset{g}{\rightarrow} \mu_C(v)]/(u,v) \tag{4.79}$$

其中，

$$\mu_A(u) \underset{g}{\rightarrow} \mu_B(v) = \begin{cases} 1 & \mu_A(u) \leqslant \mu_B(v) \\ \mu_B(v) & \mu_A(u) > \mu_B(v) \end{cases} \tag{4.80}$$

由已知证据 A' 及模糊关系 $\boldsymbol{R}'_{gg}$ 可得到结论：

$$D_{gg} = A' \circ \boldsymbol{R}'_{gg} = A' \circ [(A \times V \underset{g}{\Rightarrow} U \times B) \cap (\neg A \times V \underset{g}{\Rightarrow} U \times C)] \tag{4.81}$$

其隶属函数为

$$\mu_{D_{gg}}(v) = \bigvee_{u \in U} \{\mu_{A'}(u) \wedge [(\mu_A(u) \underset{g}{\rightarrow} \mu_B(v)) \wedge ((1 - \mu_A(u)) \underset{g}{\rightarrow} \mu_C(v))]\} \tag{4.82}$$

我们仍然可以用简单模糊推理中的模糊关系评价原则来评判多重模糊推理下的模糊关系性能。其具体过程与前述过程基本相同，此处不再赘述。在"IF…THEN…ELSE…"形式的模糊推理中，用 $\boldsymbol{R}'_{gg}$ 构造的模糊关系性能好于 $\boldsymbol{R}'_m$、$\boldsymbol{R}'_a$、$\boldsymbol{R}'_b$ 等构造的模糊关系。

4.5.6　带有可信度因子的模糊推理

带有可信度因子的模糊推理是把模糊性和随机性结合起来处理问题的一种方法。在这种推理中，由随机性引起的不确定性用可信度因子 CF 表示，由模糊性引起的不确定性仍用模糊集的方法进行表示和处理。其推理模型为

知识：IF　x　is　A　THEN　y　is　B　　　CF_1

证据：　　　x　is　A'　　　　　　　　　　　CF_2

结论：　　　　　　　　　　y　is　B'　　CF

其中，$A, A' \in F(U)$，$B, B' \in F(V)$，CF 是可信度因子。

对于带有可信度因子的多维模糊推理，即知识的前提条件是复合条件的情况，推理模式为

知识：IF　x_1　is　A_1　AND　x_2　is　A_2　AND　$\cdots$　AND　x_n　is　A_n　THEN　y　is　B　CF_1

证据：　　x_1　is　A'_1　　　　　　　　　　　　　　　　　　　　　　　　　　CF_2

　　　　　x_2　is　A'_2　　　　　　　　　　　　　　　　　　　　　　　　　　CF_3

　　　　　$\vdots$　　　　　　　　　　　　　　　　　　　　　　　　　　　　　　$\vdots$

　　　　　x_n　is　A'_n　　　　　　　　　　　　　　　　　　　　　　　　　　CF_{n+1}

结论：　　　　　　　　　　　　　　　　　　　　　　　　　　y　is　B'　CF

其中，$A_i, A_i' \in F(U)$，$i=1,2,\cdots,n$，$B, B' \in F(V)$，$\mathrm{CF}_i(i=1,2,\cdots,n+1)$ 是可信度因子。可信度因子既可以是 $[0,1]$ 区间上的确定实数，也可以是用模糊集表示的模糊数或模糊语言值。

对于如何运用相关知识和证据推出结论，我们可以直接用前面讨论的方法。下面讨论如何对 $\mathrm{CF}_1, \mathrm{CF}_2, \cdots, \mathrm{CF}_{n+1}$ 进行适当运算，以求出结论的可信度因子 CF。

1. 当知识的前提条件是简单条件时

此时，又可分为 $A=A'$ 及 $A \neq A'$ 两种情况。

当 $A=A'$ 时，结论的可信度因子 CF 可用如下三种方法计算得到：

（1）$\mathrm{CF} = \mathrm{CF}_1 \times \mathrm{CF}_2$

（2）$\mathrm{CF} = min(\mathrm{CF}_1, \mathrm{CF}_2)$

（3）$\mathrm{CF} = max(0, \mathrm{CF}_1 + \mathrm{CF}_2 - 1)$

如果 CF_1 与 CF_2 都是确定的实数，上述运算很容易实现。但若它们是用模糊集表示的模糊数或者模糊语言值时，对它们的计算就需要按模糊集的运算规则来进行。

当 $A \neq A'$，但是二者可模糊匹配并满足阈值条件时，此时不仅需要考虑知识的可信度因子 CF_1 及证据的可信度因子 CF_2，还要考虑模糊条件与模糊证据的匹配度。设用 $\delta_{\mathrm{match}}(A, A')$ 表示 A 与 A' 的匹配度，则结论的可信度因子 CF 可用如下四种方法计算得到：

（1）$\mathrm{CF} = \delta_{\mathrm{match}}(A, A') \times \mathrm{CF}_1 \times \mathrm{CF}_2$

（2）$\mathrm{CF} = \delta_{\mathrm{match}}(A, A') \times min(\mathrm{CF}_1, \mathrm{CF}_2)$

（3）$\mathrm{CF} = \delta_{\mathrm{match}}(A, A') \times max(0, \mathrm{CF}_1 + \mathrm{CF}_2 - 1)$

（4）$\mathrm{CF} = min\{\delta_{\mathrm{match}}(A, A'), \mathrm{CF}_1, \mathrm{CF}_2\}$

2. 当知识的前提条件是复合条件时

此时，有多个证据与前提条件分别对应，而且每个证据都有一个与相应子条件的匹配度，同时还有一个可信度因子。因此，在计算结论的可信度因子 CF 之前，需先把这些证据的总匹配度和总可信度计算出来。关于总匹配度的计算在前面已经做过介绍。对总可信度的计算，常用的方法有取极小或相乘等。

例如，设 CF_1，CF_2，$\cdots$，CF_n 分别是证据 "x_1 is A_1'" "x_2 is A_2'" $\cdots$ "x_n is A_n'" 的可信度因子，则总可信度为

$$\mathrm{CF}_1 \wedge \mathrm{CF}_2 \wedge \cdots \wedge \mathrm{CF}_n$$

或

$$\mathrm{CF}_1 \times \mathrm{CF}_2 \times \cdots \times \mathrm{CF}_n$$

总匹配和总可信度求出后，复合条件就可被当作简单条件来处理，用相应的方法求出结论的可信度因子 CF。

3. 结论不确定性的合成

有时可能同时存在多个模糊证据，它们都可与知识的模糊条件匹配，但推出的结论却不相同，或者求出的可信度因子不相同。此时，就需要对它们进行合成，以便得到它们共同支持的结论及其支持程度。

设有两组证据分别推出了如下两个结论：

$$y \quad \text{is} \quad B_1' \quad \mathrm{CF}_1$$
$$y \quad \text{is} \quad B_2' \quad \mathrm{CF}_2$$

则可用如下方法得到它们合成后的结论及可信度因子：

$$B' = B'_1 \cap B'_2$$
$$CF = CF_1 + CF_2 - CF_1 \times CF_2 \qquad (4.83)$$

也就是说，对于不同的模糊结论取其交集作为最终的模糊结论，对于不同的可信度则采用某种综合算法合成为一个总可信度。上面采用了"概率和"方法综合不同的可信度。使用这种方法时，要求两个推理序列相互独立。当然，在实践中也可以采用其他各种方法来综合可信度。

上面用较多篇幅讨论了模糊推理的有关问题，给出了多种处理方法。模糊性是现实世界中广泛存在的一种不确定性，在人工智能诸多领域中都有广阔的应用前景，其重要性是不言而喻的。目前，在模糊推理中存在一个重要问题，就是建立隶属函数仍然比较困难。目前获得隶属函数的常用方法有：①专家主观指定或者根据经验设定；②依据统计规律设定隶属函数；③用机器学习方法发现隶属函数。

4.6 证据理论

证据理论是由德普斯特（A. P. Denmpster）首先提出，并由沙佛（G. Shafer）进一步发展起来的一种处理不确定性的理论，因此又称为 D-S 理论。由于该理论能满足比概率论弱的公理，能够区分"不确定"与"不知道"的差异，并能处理由"不知道"引起的不确定性，具有较大的灵活性，因而受到了人们的重视。

4.6.1 D-S 理论

证据理论是用集合表示命题的。设 D 是变量 x 所有可能取值的集合，且 D 中的元素是互斥的，在任一时刻 x 都取且只能取 D 中的某一个元素为值，则称 D 为 x 的样本空间。在证据理论中，D 的任何一个子集 A 都对应一个关于 x 的命题，称该命题为"x 的值在 A 中"。

证据理论为了描述和处理不确定性，引入了概率分配函数、信任函数及似然函数等概念。

1. 概率分配函数

设 D 为样本空间，领域内的命题都用 D 的子集表示，则概率分配函数定义如下：

定义 4.10 设函数 $M:2^D \to [0,1]$，且满足

$$M(\varnothing) = 0$$
$$\sum_{A \subseteq D} M(A) = 1$$

则称 M 是 2^D 上的概率分配函数，$M(A)$ 称为 A 的基本概率数。

关于这个定义有以下几点说明：

1）设样本空间 D 中有 n 个元素，则 D 中子集的个数为 2^n 个。定义中的 2^D 就是表示这些子集，即集合 D 的幂集。

2）概率分配函数的作用是把 D 的任意一个子集 A 映射为 $[0,1]$ 上的一个数 $M(A)$。当 $A \subset D$ 时，$M(A)$ 表示对相应命题的精确信任度。

3）概率分配函数不是概率。

2. 信任函数

定义 4.11 命题的信任函数 Bel$:2^D \to [0,1]$，且

$$Bel(A) = \sum_{B \subseteq A} M(B)$$

对所有的 $A \subseteq D$ 都成立，Bel 函数又称为下限函数，$Bel(A)$ 表示对命题 A 为真的信任程度。

由信任函数及概率分配函数的定义容易推出：

$$Bel(\varnothing) = M(\varnothing) = 0$$
$$Bel(D) = \sum_{B \subseteq D} M(B) = 1 \qquad (4.84)$$

3. 似然函数

似然函数又称为不可驳斥函数或上限函数。

定义 4.12 似然函数 $Pl:2^D \rightarrow [0,1]$，且

$$Pl(A) = 1 - Bel(\neg A)$$

对所有的 $A \subseteq D$ 都成立。

由于 $Bel(A)$ 表示对 A 为真的信任程度，所以 $Bel(\neg A)$ 就表示对 $\neg A$ 为真，即 A 为假的信任程度。由此可推出 $Pl(A)$ 表示对 A 为非假的信任程度。

信任函数与似然函数的关系如下：

$$\because Bel(A) + Bel(\neg A) = \sum_{B \subseteq A} M(B) + \sum_{C \subseteq \neg A} M(C)$$
$$\leqslant \sum_{E \subseteq D} M(E) = 1$$
$$\therefore Pl(A) - Bel(A) = 1 - Bel(\neg A) - Bel(A)$$
$$= 1 - (Bel(\neg A) + Bel(A))$$
$$\geqslant 0$$
$$\therefore Pl(A) \geqslant Bel(A)$$

因为 $Bel(A)$ 表示对 A 为真的信任程度，$Pl(A)$ 表示对 A 为非假的信任程度，所以可分别称 $Bel(A)$ 和 $Pl(A)$ 为对 A 信任程度的下限与上限，记为

$$A(Bel(A), Pl(A))$$

4. 概率分配函数的正交和

有时对同样的证据会得到两个不同的概率分配函数。例如，对样本空间 $D = \{a, b\}$ 从不同的来源分别得到如下两个概率分配函数：

$$M_1(\{a\}) = 0.3, \quad M_1(\{b\}) = 0.6, \quad M_1(\{a,b\}) = 0.1, \quad M_1(\varnothing) = 0$$
$$M_2(\{a\}) = 0.4, \quad M_2(\{b\}) = 0.4, \quad M_2(\{a,b\}) = 0.2, \quad M_2(\varnothing) = 0$$

此时，需对它们进行组合。德普斯特提出组合方法对这两个概率分配函数进行正交和运算。

定义 4.13 设 M_1 和 M_2 是两个概率分配函数，则其正交和 $M = M_1 \oplus M_2$ 为

$$M(\varnothing) = 0$$
$$M(A) = K^{-1} \times \sum_{x \cap y = A} M_1(x) \times M_2(y) \qquad (4.85)$$

其中，

$$K = 1 - \sum_{x \cap y = \varnothing} M_1(x) \times M_2(y) = \sum_{x \cap y \neq \varnothing} M_1(x) \times M_2(y) \qquad (4.86)$$

如果 $K \neq 0$，则正交和 M 也是一个概率分配函数；如果 $K = 0$，则不存在正交和 M，称 M_1 和 M_2 矛盾。

对于多个概率分配函数 $M_1, M_2, \cdots, M_n$，如果它们可以组合，则可通过正交和运算将它们组合为一个概率分配函数。其定义如下：

定义 4.14 设 $M_1, M_2, \cdots, M_n$ 是 n 个概率分配函数，则其正交和 $M = M_1 \oplus M_2 \oplus \cdots \oplus M_n$ 为

$$M(\varnothing) = 0$$

$$M(A) = K^{-1} \times \sum_{\cap A_i = A} \Big(\prod_{1 \leqslant i \leqslant n} M_i(A_i) \Big) \tag{4.87}$$

其中，

$$K = \sum_{\cap A_i \neq \varnothing} \Big(\prod_{1 \leqslant i \leqslant n} M_i(A_i) \Big) \tag{4.88}$$

4.6.2 基于证据理论的不确定性推理

在证据理论中，信任函数 $\mathrm{Bel}(A)$ 和似然函数 $\mathrm{Pl}(A)$ 分别表示对命题 A 信任程度的下限与上限，因而可用二元组 $(\mathrm{Bel}(A), \mathrm{Pl}(A))$ 来表示证据的不确定性。同理，对于不确定性知识也可用 Bel 和 Pl 分别表示规则强度的下限与上限。这样，就可在此表示的基础上建立相应的不确定性推理模型。

当然，也可以依据证据理论的基本理论用其他方法表示知识及证据的不确定性，从而建立起一个适合领域问题特点的推理模型。另外，由于信任函数与似然函数都是在概率分配函数的基础上定义的，因而随着概率分配函数的定义不同，将会产生不同的应用模型。这里，我们将针对一个特殊的概率分配函数讨论一种具体的不确定性推理模型。

1. 概率分配函数与类概率函数

在该模型中，样本空间 $D = \{s_1, s_2, \cdots, s_n\}$ 上的概率分配函数满足如下要求：

1）基本事件的概率分配函数值非负，即

$$M(\{s_i\}) \geqslant 0 \quad \forall s_i \in D \tag{4.89}$$

2）全体基本事件的概率分配函数之和不大于 1，即

$$\sum_{i=1}^{n} M(\{s_i\}) \leqslant 1 \tag{4.90}$$

3）全集的概率分配函数为

$$M(D) = 1 - \sum_{i=1}^{n} M(\{s_i\}) \tag{4.91}$$

4）当 $A \subset D$ 且 $|A| > 1$ 或 $|A| = 0$ 时，$M(A) = 0$。其中，$|A|$ 表示 A 对应集合中元素的个数。

在此概率分配函数中，只有单个元素构成的子集及样本空间 D 的概率分配数才有可能大于 0，其他子集的概率分配数均为 0。这是它与基本定义的主要区别。

对此概率分配函数 M，可得：

$$\mathrm{Bel}(A) = \sum_{s_i \in A} M(\{s_i\})$$

$$\mathrm{Bel}(D) = \sum_{i=1}^{n} M(\{s_i\}) + M(D) = 1$$

$$\mathrm{Pl}(A) = 1 - \mathrm{Bel}(\neg A)$$

$$= 1 - \sum_{s_i \in \neg A} M(\{s_i\})$$

$$= 1 - \Big[\sum_{i=1}^{n} M(\{s_i\}) - \sum_{s_i \in A} M(\{s_i\})\Big]$$
$$= 1 - [1 - M(D) - \text{Bel}(A)]$$
$$= M(D) + \text{Bel}(A)$$
$$\text{Pl}(D) = 1 - \text{Bel}(\neg D)$$
$$= 1 - \text{Bel}(\varnothing)$$
$$= 1$$

显然，对任何 $A \subset D$ 及 $B \subset D$ 均有

$$\text{Pl}(A) - \text{Bel}(A) = \text{Pl}(B) - \text{Bel}(B) = M(D)$$

它表示对 A（或 B）不知道的程度。

定义 4.15 命题 A 的类概率函数为

$$f(A) = \text{Bel}(A) + \frac{|A|}{|D|} \times [\text{Pl}(A) - \text{Bel}(A)] \tag{4.92}$$

其中，$|A|$ 和 $|D|$ 分别是 A 及 D 中元素的个数。

类概率函数具有如下性质：

1）全体基本事件的类概率函数之和为 1，即

$$\sum_{i=1}^{n} f(\{s_i\}) = 1 \tag{4.93}$$

2）对任何 $A \subseteq D$，有

$$\text{Bel}(A) \leqslant f(A) \leqslant \text{Pl}(A)$$
$$f(\neg A) = 1 - f(A) \tag{4.94}$$

由以上性质很容易得到如下推论：

1）空集的类概率函数值为 0，即 $f(\varnothing) = 0$。

2）全集的类概率函数值为 1，即 $f(D) = 1$。

3）任何事件的类概率函数值在 0 和 1 之间，即对任何 $A \subseteq D$，有 $0 \leqslant f(A) \leqslant 1$。

2. 知识不确定性的表示

在该模型中，不确定性知识用如下形式的产生式规则表示：

$$\text{IF} \quad E \quad \text{THEN} \quad H = \{h_1, h_2, \cdots, h_n\} \quad \text{CF} = \{c_1, c_2, \cdots, c_n\}$$

其中 E——前提条件。它既可以是简单条件，也可以是用 AND 或 OR 连接起来的复合条件。

H——结论。它用样本空间中的子集表示，$h_1, h_2, \cdots, h_n$ 是该子集中的元素。

CF——可信度因子，用集合形式表示。其中，c_i 用来指出 $h_i(i = 1, 2, \cdots, n)$ 的可信度，c_i 与 h_i 一一对应。c_i 应满足如下条件：

$$c_i \geqslant 0, \quad i = 1, 2, \cdots, n$$
$$\sum_{i=1}^{n} c_i \leqslant 1 \tag{4.95}$$

3. 组合证据不确定性的算法

不确定性证据 E 的确定性用 $\text{CER}(E)$ 表示。初始证据的确定性由用户给出。若当前推理的证据是前面推理所得的结论，则其确定性由推理得到。$\text{CER}(E)$ 的取值范围为 $[0,1]$。

当组合证据是多个证据的合取时，即

$$E = E_1 \quad \text{AND} \quad E_2 \quad \text{AND} \quad \cdots \quad \text{AND} \quad E_n$$

则 E 的确定性 $CER(E)$ 为

$$CER(E) = \min\{CER(E_1), CER(E_2), \cdots, CER(E_n)\}$$

当组合证据是多个证据的析取时，即

$$E = E_1 \quad OR \quad E_2 \quad OR \quad \cdots \quad OR \quad E_n$$

则 E 的确定性 $CER(E)$ 为

$$CER(E) = \max\{CER(E_1), CER(E_2), \cdots, CER(E_n)\}$$

4. 不确定性的传递算法

对于知识

$$IF \quad E \quad THEN \quad H = \{h_1, h_2, \cdots, h_n\} \quad CF = \{c_1, c_2, \cdots, c_n\}$$

结论 H 的确定性通过下述步骤求出：

（1）求出 H 的概率分配函数

对上述知识，H 的概率分配函数为

$$M(\{h_1\}, \{h_2\}, \cdots, \{h_n\}) = \{CER(E) \times c_1, CER(E) \times c_2, \cdots, CER(E) \times c_n\}$$

$$M(D) = 1 - \sum_{i=1}^{n} CER(E) \times c_i$$

如果有两条知识支持同一结论 H，即

$$IF \quad E_1 \quad THEN \quad H = \{h_1, h_2, \cdots, h_n\} \quad CF = \{c_1, c_2, \cdots, c_n\}$$

$$IF \quad E_2 \quad THEN \quad H = \{h_1, h_2, \cdots, h_n\} \quad CF = \{c_1', c_2', \cdots, c_n'\}$$

则首先分别对每条知识求出概率分配函数：

$$M_1(\{h_1\}, \{h_2\}, \cdots, \{h_n\})$$

$$M_2(\{h_1\}, \{h_2\}, \cdots, \{h_n\})$$

然后用公式

$$M = M_1 \oplus M_2$$

对 M_1 与 M_2 求正交和，从而得到 H 的概率分配函数 M。

如果有 n 条知识都支持同一结论 H，则用公式

$$M = M_1 \oplus M_2 \oplus \cdots \oplus M_n$$

对 $M_1, M_2, \cdots, M_n$ 求其正交和，从而得到 H 的概率分配函数 M。

（2）求出 $Bel(H)$、$Pl(H)$ 及 $f(H)$

$$Bel(H) = \sum_{i=1}^{n} M(\{h_i\})$$

$$Pl(H) = 1 - Bel(\neg H)$$

$$f(H) = Bel(H) + \frac{|H|}{|D|} \times [Pl(H) - Bel(H)]$$

$$= Bel(H) + \frac{|H|}{|D|} \times M(D)$$

（3）求出 H 的确定性 $CER(H)$

$$CER(H) = MD(H/E) \times f(H)$$

其中，$MD(H/E)$ 是知识前提条件与相应证据 E 的匹配度，其定义为

$$MD(H/E) = \begin{cases} 1, & \text{如果 } H \text{ 所要求的证据都已出现} \\ 0, & \text{如果 } H \text{ 所要求的证据未出现} \end{cases}$$

这样，就对一条知识或者多条有相同结论的知识求出了结论的确定性。如果该结论不是最终结论，即它又要作为另一条知识的证据继续进行推理，则重复上述过程就可得到新的结论及其确定性。如此反复，就可推出最终结论及它的确定性。

4.7 粗糙集理论

在现实世界中，很多实际系统均不同程度地存在着不确定性因素。例如，采集到的数据常常是被噪声干扰的、不精确的，甚至不完整的。粗糙集理论是继概率论、模糊理论、证据理论之后的又一个处理不确定性的数学工具。作为一种较新的软计算方法，粗糙集理论越来越受到重视。其有效性已经在许多科学与工程领域的成功应用中得到了证实，是当前人工智能理论及应用领域中的研究热点之一。

1982年，波兰学者卜洛克（Z. Pawlak）发表了经典论文《粗糙集》（*Rough Sets*），宣告了粗糙集理论的诞生。此后，粗糙集理论引起了许多数学家、逻辑学家和计算机研究人员的兴趣。越来越多的科技人员在粗糙集理论和应用方面做了大量的研究工作。目前，粗糙集理论已经在机器学习、知识获取、决策分析和过程控制等许多领域得到了广泛应用。

4.7.1 粗糙集理论的基本概念

1. 近似空间与不可区分关系

首先建立近似空间（Approximate Space）的概念，作为后面讨论的基础。

定义4.16 设 U 为所讨论对象的非空有限集合，称为论域，r 为建立在 U 上的一个等价关系，则称二元有序组 AS $=(U,r)$ 为近似空间。

近似空间构成论域 U 的一个划分。若 r 是 U 上的一个等价关系，以 $[x]_r$ 表示 x 的 r 等价类；U/r 表示 r 的所有等价类构成的集合，即商集；r 的所有等价类构成 U 的一个划分，划分块与等价类相对应。等价关系组成的集合为等价关系族。

例如，论域 $U = \{x_1, x_2, x_3, x_4, x_5\}$，$r_1$、$r_2$ 是等价关系。根据这两个等价关系可以将论域 U 进行划分：

$$U/r_1 = \{\{x_1, x_2\}, \{x_3, x_4\}, \{x_5\}\}$$
$$U/r_2 = \{\{x_1, x_3\}, \{x_2\}, \{x_4, x_5\}\}$$

U/r_1 中的 $\{x_1, x_2\}$ 代表 $[x_1]_{r_1}$ 的等价类。若记 $R = \{r_1, r_2\}$，即 R 为等价关系族，其中包含两个等价关系。

定义4.17 令 R 为等价关系族，设 $P \subseteq R$ 且 $P \neq \varnothing$。则 P 中所有等价关系的交集称为 P 上的不可区分关系，记作 IND(P)，即有

$$[x]_{\text{IND}(P)} = \bigcap_{r \in P} [x]_r \tag{4.96}$$

显然，IND(P) 也是等价关系。这样，我们可以根据此等价关系，进行论域的划分了。例如，
$$U/\text{IND}(P) = \{\{x_1, x_2, x_3\}, \{x_4, x_5\}\}$$

不可区分关系是粗糙集理论中最基本的概念。若 $(x, y) \in \text{IND}(P)$，则称对象 x 与 y 是不可区分的，即 x 与 y 存在于不可区分关系 IND(P) 的同一个等价类中。依据等价关系族 P 形成的分类知识 x 与 y 无法区分。我们将 $U/\text{IND}(P)$ 中的各等价类称为 P 基本集。

2. 知识与知识库

有了近似空间和不区分关系的定义后，我们可以为知识与知识库做出定义。其实粗糙集理

论将分类方法看成知识，将分类方法的族集看成知识库。等价关系对应论域的一个划分，即关于论域中对象的一个分类。所以，通过一个等价关系可以形成与之对应的论域知识，即等价类的集合——商集。

定义 4.18 称论域 U 的子集为 U 上的概念，并约定空集 $\varnothing$ 也是一个概念，则概念的族集称为 U 上的知识，U 上知识的族集构成关于 U 的知识库。

近似空间对应 U 的一个划分，因此近似空间形成关于论域 U 的知识。

定义 4.19 设 U 为论域，R 为等价关系族，$P \subseteq R$ 且 $P \neq \varnothing$。则不可区分关系 $\mathrm{IND}(P)$ 的所有等价类的集合，即商集 $U/\mathrm{IND}(P)$ 称为 U 上 P 的基本知识；相应等价类称为知识 P 的基本概念。特别地，若等价关系 $q \in R$，则称 U/q 为 U 上 q 的初等知识，相应等价类称为 q 的初等概念。

显然，P 基本概念与 P 的基本集相对应。给定知识库 $K=(U,R)$，则知识库的知识粒度由不可区分关系 $\mathrm{IND}(P)$ 的等价类反映。可以证明，对所有 $P \subseteq R$，有 $\mathrm{IND}(P) \supseteq \mathrm{IND}(R)$。也就是说，任给一个 R 基本概念（R 等价类），都可以找到一个 P 基本概念，包含给定的 R 基本概念。

3. 粗糙集

在定义粗糙集之前，先给出近似的概念。因为粗糙概念无法用论域上的知识精确表示。例如，在知识 $U/r_1 = \{\{x_1,x_2\},\{x_3,x_4\},\{x_5\}\}$ 中，概念 $\{x_1,x_2,x_3\}$ 就不能用其中的知识精确表示。

定义 4.20 设集合 $X \subseteq U$，r 是一个等价关系。则

集合 X 的 r 下近似集为

$$\underline{r}X = \{x \mid x \in U, [x]_r \subseteq X\} \tag{4.97}$$

集合 X 的 r 上近似集为

$$\bar{r}X = \{x \mid x \in U, \text{且} [x]_r \cap X \neq \varnothing\} \tag{4.98}$$

X 的 r 边界域为集合

$$\mathrm{BN}_r(X) = \bar{r}X - \underline{r}X \tag{4.99}$$

X 的 r 正域为

$$\mathrm{POS}_r(X) = \underline{r}X \tag{4.100}$$

X 的 r 负域为

$$\mathrm{NEG}_r(X) = U - \bar{r}X \tag{4.101}$$

由上述定义可以知道，下近似是由必定属于 X 的对象组成的集合；而上近似是由可能属于 X 的对象组成的集合；$\mathrm{BN}_r(X)$ 表示既不能明确判断属于 X，也不能明确判断不属于 X 的对象组成的集合；$\mathrm{NEG}_r(X)$ 则表示一定不属于 X 的对象组成的集合。

基于以上概念就能给出粗糙集的定义了：当 $\mathrm{BN}_r(X) = \varnothing$ 时，即 X 的 r 上近似集与下近似集相等时，称 X 是 r 精确集；否则，称 X 是 r 粗糙集。

4. 约简与核

知识库中的知识可能会有冗余的现象，所以约简就是必要的了。所谓知识约简就是在保持知识库分类能力不变的条件下，删除其中不相关或不重要的知识。这里面有两个基本概念：约简与核。

定义 4.21 令 R 为等价关系族，$p \in R$。如果有 $\mathrm{IND}(R) = \mathrm{IND}(R-\{p\})$，则称 p 为 R 中不必要的；否则，称 p 为 R 中必要的。如果每一个 $p \in R$ 都为 R 中必要的，则称 R 为独立的；否则，称 R 为依赖的。

定义 4.22 设 $Q \subseteq R$，若 Q 是独立的，且 $\text{IND}(R) = \text{IND}(Q)$，则称 Q 是等价关系族 R 的一个约简，记作 $\text{RED}(R)$。R 中所有必要关系的集合称为等价关系族 R 的核，记作 $\text{CORE}(R)$。

定理 4.3 等价关系族 R 的核等于 R 的所有约简的交集，即 $\text{CORE}(R) = \cap \text{RED}(P)$

定理 4.3 说明了约简与核的关系：一方面，核是所有约简的计算基础；另一方面，核可以被看作知识库中最重要的部分。这里的约简称为一般约简，核称为一般核。

在应用中，一个分类（知识）相对于另一个分类（知识）的关系十分重要，因此需要引入知识的相对约简和相对核的概念。下面先介绍正域和可省、不可省的概念。

定义 4.23 设 P 和 Q 为论域上的等价关系，Q 的 P 正域记作 $\text{POS}_P(Q)$

$$\text{POS}_P(Q) = \bigcup_{X \in U/Q} \underline{P}X \tag{4.102}$$

定义 4.24 设 P 和 Q 为论域上的等价关系族，$r \in P$，若有

$$\text{POS}_{\text{IND}(P)}(\text{IND}(Q)) = \text{POS}_{\text{IND}(P - \{r\})}(\text{IND}(Q))$$

则称 r 为 P 中 Q 不必要的，否则称 r 为 P 中 Q 必要的。若 P 中的任一关系 r 都是 Q 必要的，则称 P 为 Q 独立的。

定义 4.25 设 $S \subseteq P$，称 S 为 P 的 Q 约简，当且仅当 S 是 P 的 Q 独立子族，且有 $\text{POS}_S(Q) = \text{POS}_P(Q)$。$P$ 中所有 Q 必要的原始关系构成的集合称为 P 的 Q 核，记作 $\text{CORE}_Q(P)$。

定理 4.4 P 的 Q 核等于 P 的所有 Q 约简的交集，即 $\text{CORE}_Q(P) = \cap \text{RED}_Q(P)$。

P 的 Q 核是知识 P 的本质部分。P 的 Q 约简是 P 的子集，且是独立的。它具有与知识 P 相同的分类能力。这里的约简称为相对约简，核称为相对核。

一般约简是在不改变对论域中对象的分类能力的前提下消去冗余知识。而相对约简是在不改变将对象划分到另一个分类中去的分类能力的前提下消去冗余知识。

5. 知识的依赖性

知识的依赖性可定义为如下形式：

定义 4.26 令 $K = (U, R)$ 是一个知识库，P、$Q \subseteq R$。则

1）知识 Q 依赖于知识 P（记作 $P \Rightarrow Q$）当且仅当 $\text{IND}(P) \subseteq \text{IND}(Q)$。

2）知识 Q 与知识 P 等价（记作 $P \equiv Q$）当且仅当 $P \Rightarrow Q$ 且 $Q \Rightarrow P$。

3）知识 Q 与知识 P 独立（记作 $P \neq Q$）当且仅当 $P \Rightarrow Q$ 与 $Q \Rightarrow P$ 均不成立。

当知识 Q 依赖于知识 P 时，也可以说知识 Q 是由知识 P 导出的。

有时候知识的依赖性可能是部分的，这意味着知识 Q 仅有部分是由知识 P 导出的。这可以由知识的正域来定义。

定义 4.27 令 $K = (U, R)$ 是一个知识库，P、$Q \subseteq R$。则下式成立时，

$$k = \gamma_P(Q) = \frac{|\text{POS}_P(Q)|}{|U|} \tag{4.103}$$

称知识 Q 是 k 度依赖于知识 P 的，记作 $P \Rightarrow_k Q$。当 $k = 1$ 时，称 Q 完全依赖于 P；当 $0 < k < 1$ 时，称 Q 粗糙依赖于 P；当 $k = 0$ 时，称 Q 完全独立于 P。

系数 $\gamma_P(Q)$ 可以看作 Q 和 P 之间的依赖度。

6. 信息系统与决策表

信息系统是一个四元组 $S = (U, A, V, f)$。其中，U 是对象的非空有限集合，即论域；A 是属性的非空有限集合；V 是属性的值域集合，即

$$V = \bigcup_{a \in A} V_a$$

其中，V_a是属性a的值域；$f:U{\times}A{\rightarrow}V$是一个信息函数，它为每个对象的每个属性赋予一个信息值，即

$$\forall a \in A, \quad x \in U, \quad f(x,a) \in V_a$$

信息系统可以用数据表格来表示。表格的行对应论域中的对象，列对应对象的属性。一个对象的全部信息由表中一行属性的值来反映。

定义 4.28 设 $P \subseteq A$ 且 $P \neq \varnothing$，则由属性子集 P 导出的二元关系定义为

$$\text{IND}(P) = \{(x,y) \mid (x,y) \in U{\times}U \text{ 且 } \forall a \in P \text{ 有 } f(x,a) = f(y,a)\} \tag{4.104}$$

可以证明 IND(P) 是等价关系，称其为由属性集 P 导出的不可区分关系。若$(x,y) \in \text{IND}(P)$，则称 x 和 y 是 P 不可区分的，即依据 P 中所含各属性无法区分 x 和 y。

若定义由属性 $a \in A$ 导出的等价关系为

$$\widetilde{a} = \{(x,y) \mid (x,y) \in U{\times}U \text{ 且 } f(x,a) = f(y,a)\}$$

则 $P \subseteq A$ 且 $P \neq \varnothing$ 导出的不可区分关系亦可定义为

$$\text{IND}(P) = \bigcap_{a \in P} \widetilde{a} \tag{4.105}$$

给定一个信息系统 $S = (U, A, V, f)$，A 的每个属性对应一个等价关系，而属性子集对应不可区分关系。信息系统与一个知识库相对应，因此一个数据表格可以看成一个知识库。

决策表是信息系统的一个特例，它是信息系统中最为常用的一个决策系统。多数决策问题都可以用决策表形式来表达。它可以根据信息系统定义如下：

定义 4.29 设 $S = (U, A, V, f)$ 是一个信息系统（知识表达系统），并且 $A = C \cup D$，$C \cap D = \varnothing$，C 为条件属性集合，D 为决策属性集，则具有条件属性和决策属性的信息系统称为决策表。

决策表分为一致的和不一致的两类：①决策表是一致的当且仅当 D 依赖于 C，即 $C \Rightarrow D$；否则，决策表是不一致的。②不一致的决策表中有可能在条件完全相同的情况下，出现不同的结论（决策属性）。

4.7.2　粗糙集在知识发现中的应用

知识发现是指从大量数据中提取有效的、新颖的、潜在有用的、最终可被理解的模式的非平凡过程。由于数据一般都存储在数据库中，"知识发现"这个术语最早由研究数据库的学者提出。所以，知识发现的英文是 Knowledge Discovery in Database，一般缩写为 KDD。

在粗糙集理论中，一个对象由若干属性描述，对象按照属性的取值情况形成若干等价类，同一等价类中的对象不可区分。给定集合 A，粗糙集基于不可区分关系，定义集合 A 的上近似和下近似，用这两个精确集合表示给定的集合。粗糙集还可以利用对信息系统中的属性进行约简，即求出原有属性集合的一个极小子集，该子集具有与原属性集合相同的分类能力。

下面通过一个简单例子，来说明粗糙集在知识发现中的应用过程。

表4.4 给出了一个关于 8 个病人的决策表。其中，论域 $U = \{x_1, x_2, x_3, x_4, x_5, x_6, x_7, x_8\}$，属性集 $A = C \cup D$，条件属性集 $C = \{$流鼻涕,咳嗽,发烧$\}$，决策属性集 $D = \{$流感$\}$。

表 4.4　关于病人的决策表

U	条件属性			决策属性
	流鼻涕	咳嗽	发烧	流感
x_1	是	是	正常	否
x_2	是	是	高	是

U	条件属性			决策属性
	流鼻涕	咳嗽	发烧	流感
x_3	是	是	很高	是
x_4	否	是	正常	否
x_5	否	否	高	否
x_6	否	是	很高	是
x_7	否	否	高	是
x_8	否	是	很高	否

令 $a=$ 流鼻涕，$b=$ 咳嗽，$c=$ 发烧，$d=$ 流感。由决策表可以得出

$$U/\{a\} = \{\{x_1, x_2, x_3\}, \{x_4, x_5, x_6, x_7, x_8\}\}$$
$$U/\{b\} = \{\{x_1, x_2, x_3, x_4, x_6, x_8\}, \{x_5, x_7\}\}$$
$$U/\{c\} = \{\{x_1, x_4\}, \{x_2, x_5, x_7\}, \{x_3, x_6, x_8\}\}$$
$$U/\{a, b\} = \{\{x_1, x_2, x_3\}, \{x_4, x_6, x_8\}, \{x_5, x_7\}\}$$
$$U/(a, c) = \{\{x_1\}, \{x_2\}, \{x_3\}, \{x_4\}, \{x_5, x_7\}, \{x_6, x_8\}\}$$
$$U/\{b, c\} = \{\{x_1, x_4\}, \{x_2\}, \{x_5, x_7\}, \{x_3, x_6, x_8\}\}$$
$$U/D = \{\{x_2, x_3, x_6, x_7\}, \{x_1, x_4, x_5, x_8\}\}$$

根据相对约简和依赖度的定义，可以得到

$$\text{POS}_C(D) = \{x_1, x_2, x_3, x_4\}$$
$$k = |\text{POS}_C(D)| / |U| = 4/8 = 0.5$$

所以，可得到结论：D 部分依赖于 C。

又因为

$$\text{POS}_{(C-\{a\})}(D) = \{x_1, x_2, x_4\} \neq \text{POS}_C(D)$$
$$\text{POS}_{(C-\{b\})}(D) = \{x_1, x_2, x_3, x_4\} = \text{POS}_C(D)$$
$$\text{POS}_{(C-\{c\})}(D) = \varnothing \neq \text{POS}_C(D)$$
$$\text{POS}_{(C-\{a,b\})}(D) = \{x_1, x_4\} \neq \text{POS}_C(D)$$
$$\text{POS}_{(C-\{a,c\})}(D) = \varnothing \neq \text{POS}_C(D)$$
$$\text{POS}_{(C-\{b,c\})}(D) = \varnothing \neq \text{POS}_C(D)$$

所以，由以上可知，属性 b 是不必要的，$C-\{b\} = \{a, c\}$ 是 C 的 D 约简，C 的 D 核也是 $C-\{b\} = \{a, c\}$。

也就是说，经过以上过程之后，得到了一个约简后的决策表。这个新决策表已经对比较复杂的原知识系统进行了简化。约简后关于病人的决策表见表 4.5。

表 4.5　约简后关于病人的决策表

U	条件属性		决策属性
	流鼻涕	发烧	流感
x_1	是	正常	否
x_2	是	高	是
x_3	是	很高	是
x_4	否	正常	否

U	条件属性		决策属性
	流鼻涕	发烧	流感
x_5	否	高	否
x_6	否	很高	是
x_7	否	高	是
x_8	否	很高	否

以上介绍了粗糙集理论的一些基本概念和应用实例。粗糙集理论可应用于解释不精确数据间的关系，发现对象和属性间的依赖，评价属性对分类的重要性，去除冗余数据，从而对信息系统进行约简。

粗糙集理论建立在完善的数学基础上。相对于概率方法和模糊集等方法，粗糙集最显著的特点是无需提供问题所需处理的数据集合之外的任何先验信息。高效的约简算法是粗糙集理论应用于知识发现领域的基础。寻求快速约简算法仍是粗糙集理论的主要研究课题之一。另外，粗糙集如何快速处理大数据集也需要探索相应的高效解决方法。

4.8 本章小结

本章重点介绍不确定性推理方法。首先介绍了不确定性推理的基本概念，以及不确定性研究的主要问题和主要研究方法。这里所说的"不确定性"是针对已知事实和推理中所用到的知识而言的，应用这种不确定的事实和知识的推理称为不确定性推理。

目前，关于不确定性处理方法的研究，主要沿着两条路线发展：一条路线是在推理一级扩展确定性推理，建立各种不确定性推理的模型。它又分为数值方法和非数值方法。本章主要介绍的是数值方法，如基本概率方法、主观贝叶斯方法、可信度方法、模糊理论、证据理论、粗糙集理论等。另一条路线是在控制一级上处理不确定性，称为控制方法。对于处理不确定的最优秀方法，现在还没有统一的意见。在实践中，需要结合具体情况选择最合适的方法。

基本概率方法是一个以概率论中有关理论为基础建立的纯概率方法。由于在使用过程中需要事先确定给出先验概率和条件概率，并且计算量较大，因此应用受到了限制。主观贝叶斯方法通过使用专家的主观概率，避免了大量的统计和计算工作。可信度方法是实践中应用最广泛的一种处理不确定性的方法。由于可信度方法比较直观、易于理解，领域专家凭经验就可给出其可信度值，所以该方法在 MYCIN 系统中获得成功应用后，很快就引起了人们的重视，并提出了多种改进方案。例如，增加了"权"、阈值限度和不确定性匹配等。这几种方法都是以概率理论为基础的不确定性推理方法。

模糊推理是在扎德等人提出的模糊集理论基础上发展起来的一种不确定性推理方法，用于处理事物自身所具有的模糊性引起的不确定性。本章介绍了模糊数学基础、模糊关系、模糊逻辑等基础知识，还介绍了简单模糊推理及模糊三段论推理，最后简要地介绍了多重、多维及带可信度的模糊推理方法。

本章最后，简单介绍了有关证据理论和粗糙集理论的概念及推理方法。证据理论和粗糙集理论是近年发展起来的处理不确定性推理的重要理论。它们在实践中也都得到了很多成功应用。

人们对不确定性推理的研究仍在不断深入，还有很多问题没有被很好解决。例如，非单调推理是人类在解决日常生活中的不确定性推理时经常使用的推理模式。在非单调推理过程中，后面推出的结论可能与已有知识相矛盾，从而导致一系列的知识更新或者撤销假设等操作。也就是说，在非单调推理过程中，系统得到的中间结论数目不一定是单调增长的，有可能会减少。非单调推理还涉及非常复杂的逻辑系统。目前，已经有学者提出了一些关于非单调推理的理论和模型，但是这些模型还不够完善，距离实践应用还有不少问题需解决。关于非单调推理以及不确定性推理的其他内容，请读者自行查阅相关文献。

习题

4.1 什么是不确定性推理？不确定性推理中需要解决的基本问题有哪些？

4.2 设有三个独立的结论 H_1，H_2，H_3 及两个独立的证据 E_1 与 E_2，它们的先验概率和条件概率分别为

$$P(H_1)=0.4, \qquad P(H_2)=0.3, \qquad P(H_3)=0.3$$
$$P(E_1/H_1)=0.5, \quad P(E_1/H_2)=0.6, \quad P(E_1/H_3)=0.3$$
$$P(E_2/H_1)=0.7, \quad P(E_2/H_2)=0.9, \quad P(E_2/H_3)=0.1$$

利用逆概率方法分别求出：

（1）当只有证据 E_1 出现时，$P(H_1/E_1)$，$P(H_2/E_1)$，$P(H_3/E_1)$ 的值各为多少？这说明了什么？

（2）当 E_1 和 E_2 同时出现时，$P(H_1/E_1E_2)$，$P(H_2/E_1E_2)$，$P(H_3/E_1E_2)$ 的值各为多少？这说明了什么？

4.3 在主观贝叶斯方法中，请说明 LS 与 LN 的意义。

4.4 设有如下推理规则：

r_1: IF E_1 THEN E_3 （LS = 300, LN = 1）

r_2: IF E_2 THEN E_3 （LS = 900, LN = 0.1）

r_3: IF E_3 THEN H （LS = 1, LN = 0.004）

且已知概率 $P(H)=0.4$，$P(E_1)=0.7$，$P(E_2)=1$。请推理出 H 的后验概率。

4.5 假设下面是某飞船故障诊断规则，请根据已知证据进行推理。

r_1: IF 总压小于 60 kPa（0.4）AND 氧分压小于 12 kPa（0.2）AND 氧瓶压力小于 50 MPa（0.4）THEN 启动低压预警（1.0, 0.6）

r_2: IF 低压预警（0.8）AND 仪表报警（0.2）THEN 启动压力应急程序（1.0, 0.6）

r_3: IF 压降速率大于 10 kPa/min（0.3）AND 氧瓶压力大于 100 MPa（0.3）AND 氮瓶压力大于 100 MPa（0.1）AND 总压大于 100 kPa（0.3）THEN 10 min 后总压小于 60 kPa（0.9, 0.8）

r_4: IF 压降速率大于 10 kPa/min（0.7）AND 氧瓶压力大于 100 MPa（0.3）THEN 10 分钟后氧瓶压力小于 50 MPa（0.9, 0.9）

r_5: IF 氧瓶压力小于 50 MPa（0.8）AND 氮瓶压力小于 50 MPa（0.2）THEN 启动仪表报警（1.0, 0.6）

其中，前件中的数字表示子条件权值，后件中第一个数字表示结论可信度，第二个数字表示阈值。

已知：当前飞船压降速率为 15 kPa/min（0.9），氧瓶压力为 110 MPa（1.0），总压为

105 kPa（1.0）。

要求：给出每一步推理过程，给出最终推理结果。

4.6 设学生成绩的论域为{优,良,中,及格,不及格}。张三的成绩是优、良、优或者良的基本概率数分别为 0.1、0.2、0.3。若已知 Bel({及格,不及格})=0.2。请分别计算 Bel(至少为良)，Pl(至少为良)和 f(至少为良)的值。

4.7 设有如下推理规则：

r_1：IF E_1 AND E_3 THEN $A=\{a_1,a_2,a_3\}$ （CF$=\{0.3,0.3,0.2\}$）

r_2：IF E_2 OR（E_3 AND E_4）THEN $B=\{b_1,b_2\}$ （CF$=\{0.2,0.7\}$）

r_3：IF A THEN $H=\{h_1,h_2,h_3\}$ （CF$=\{0.1,0.4,0.5\}$）

r_4：IF B THEN $H=\{h_1,h_2,h_3\}$ （CF$=\{0.4,0.3,0.2\}$）

且已知初始证据的确定性分别为

CER$(E_1)=0.7$，CER$(E_2)=0.8$，CER$(E_3)=0.9$，CER$(E_4)=0.8$。

假设 $|D|=12$，请根据证据理论求出 H 的确定性 CER(H)。

4.8 设已知知识：

如果天很蓝，并且水很清澈，并且污染比较少，并且人口不多也不少，那么环境好。

并且还已知：

甲地有蓝蓝的天空，清澈的水源，污染少，人口很少。

请用三种不同的方法推测甲地的环境状况。

假设蓝、清澈、少、多、好的论域都为{1,2,3,4,5}，其模糊集分别如下：

$$蓝 = 0.1/1+0.3/2+1/3+0.3/4+0.1/5$$

$$清澈 = 0.2/1+0.4/2+0.6/3+0.8/4+1/5$$

$$少 = 1/1+0.8/2+0.5/3+0.1/4$$

$$多 = 0.1/2+0.5/3+0.8/4+1/5$$

$$好 = 0.3/2+1/3+1/4+0.1/5$$

4.9 请查阅有关文献，回答非单调推理有哪些理论。试阐述两种非单调推理理论的基本思想。

4.10 表 4.6 给出了一个决策信息系统。其中，论域 $U=\{x_1,x_2,x_3,x_4,x_5,x_6,x_7,x_8\}$，属性集 $A=\{$甲,乙,丙,丁,戊$\}$，条件属性集 $C=\{$甲,乙,丙,丁$\}$，决策属性集 $D=\{$戊$\}$。请用粗糙集理论对该系统进行属性约简。

表 4.6 决策信息系统

U	甲	乙	丙	丁	戊
x_1	1	2	3	2	无
x_2	1	3	2	1	无
x_3	2	2	3	2	有
x_4	2	2	3	1	有
x_5	2	2	1	1	有
x_6	3	1	1	1	无
x_7	1	1	3	2	有
x_8	3	1	2	2	有

第5章　搜索与优化策略

推理模式给出了求解问题的方法。但是在求解过程中，具体的每一步往往有多种可能选择。例如，有多条知识可以用，或者有多种操作可以用。哪一个是最佳选择呢？不同的选择方案首先影响求解问题的效率，其次可能影响是否会得到解（或者最优解）。搜索策略决定从起点到终点的每一步如何走，特别是面对岔路时如何选择。而优化策略则是要解决如何在给定条件下获得尽可能最好解的问题。搜索的关键其实在于优化策略。所以运用合理的、优化的搜索策略解决具体问题是人工智能乃至计算机科学一直在研究的问题。本章主要介绍常用的几种搜索策略和智能优化策略。

5.1　概述

5.1.1 搜索
与问题表示

5.1.1　什么是搜索

搜索是人工智能中的一个基本问题。理论上有解的问题，在现实世界中由于各种约束（主要是时空资源的约束）而未必能得到解（或者最优解）。搜索策略最关心的问题就是能否尽可能快地得到（有效或者最优）解。搜索策略合适与否直接关系到智能系统的性能和运行效率。尼尔逊（Nilsson）把它列为人工智能研究中的四个核心问题之一。

我们把用常规算法无法解决的问题分为两类：一类是结构不良或非结构化问题；另一类是结构比较好，理论上也有算法可依，但问题本身的复杂性超过了计算机在时间、空间上的局限性的问题。对于这两类问题，我们往往无法用某些巧妙的算法来获取它们的精确解，而只能是利用已有的知识，一步步摸索着前进。在这个过程中，就存在如何寻找可用知识，确定出开销尽可能少的一条推理路线的问题。所以，根据问题的实际情况寻找可用知识，并以此构造出一条代价较小的推理路线，使得问题获得圆满解决的过程称为搜索。

简单地说，搜索就是利用已知条件（知识）寻求解决问题办法的过程。

搜索分为盲目搜索和启发式搜索。盲目搜索是按照预定的控制策略进行搜索，在搜索的过程中获得的中间信息不被用来改进控制策略。这种搜索方式不考虑问题本身的特性，仅仅是教条的按照预定路线前进，具有盲目性，效率也不高，不适于复杂问题的求解。启发式搜索在搜索中加入了与问题有关的启发式信息，用以指导搜索朝着最有希望的方向前进，加速问题的求解过程并找到最优解。启发式搜索一般优于盲目搜索。但是启发信息的抽取往往具有一定的难度。因此，对于某些并不复杂的问题，盲目搜索仍旧不失为一种值得考虑的解决办法。

5.1.2　状态空间表示法

人工智能解决问题的实质可以抽象为一个"问题求解"的过程。而该过程的实质就是一个搜索的过程。状态空间表示法是用来描述搜索过程的一种常见方法。该方法把问题抽象为寻求初始结点到目标结点可行路径的问题。这是讨论求解问题的基础所在。

一个状态空间可以用三元组 (S, F, G) 描述。其中：

S 是状态集合。其中每个元素表示一种状态。

F 是操作算符集。利用它来把一个状态转换为另一个状态。

G 是 S 的一个非空子集，表示目标状态集。它可以是若干具体的状态，也可以是对某些状态性质的描述。

状态空间的图示形式称为状态空间图。其中，结点表示状态，有向边（弧）表示算符。

例 5.1 二阶梵塔问题。设有三根钢针，在 1 号钢针上穿有 A、B 两个金片，A 小于 B，A 位于 B 的上面。要求把这两个金片全部移到另一根钢针上；而且规定每次只能移动一片，任何时刻都不能使 B 位于 A 的上面。

解：

设用 $S_k = (S_{k_0}, S_{k_1})$ 表示问题的状态，S_{k_0} 表示金片 A 所在的钢针号，S_{k_1} 表示金片 B 所在的钢针号。则全部可能的状态有 9 种：

$$S_0 = (1,1), \quad S_1 = (1,2), \quad S_2 = (1,3)$$
$$S_3 = (2,1), \quad S_4 = (2,2), \quad S_5 = (2,3)$$
$$S_6 = (3,1), \quad S_7 = (3,2), \quad S_8 = (3,3)$$

问题的初始状态集合为 $S = \{S_0\}$，目标状态集合为 $G = \{S_4, S_8\}$。算符分别用 $A(i,j)$ 及 $B(i,j)$ 表示：$A(i,j)$ 表示把金片 A 从第 i 号钢针移动到第 j 号钢针上；$B(i,j)$ 表示把金片 B 从第 i 号钢针移动到第 j 号钢针上。共有 12 个算符：

$$A(1,2), A(1,3), A(2,1), A(2,3), A(3,1), A(3,2)$$
$$B(1,2), B(1,3), B(2,1), B(2,3), B(3,1), B(3,2)$$

根据 9 种可能的状态和 12 种算符，可构成二阶梵塔问题的状态空间图，如图 5.1 所示。

在图 5.1 所示的状态空间图中，从初始结点（1,1）到目标结点（2,2）及（3,3）的任何一条通路都是问题的一个解。其中最短的路径长度是 3，它由 3 个算符组成，如 $A(1,3)$、$B(1,2)$、$A(3,2)$。

由此例可以看出：

1）用状态空间方法表示问题时，首先必须定义状态的描述形式，通过使用这种描述形式可把问题的一切状态都表示出来。其次，还要定义一组算符，通过使用算符可把问题的一种状态转换为另一种状态。

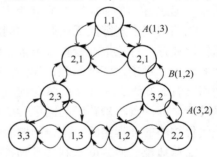

图 5.1 二阶梵塔问题的状态空间图

2）问题的求解过程是一个不断把算符作用于状态的过程。如果在使用某个算符后得到的新状态是目标状态，就得到了问题的一个解。这个解是从初始状态到目标状态所用算符构成的序列。

3）算符的一次使用，就使问题由一种状态转变为另一种状态。可能有多个算符序列都可使问题从初始状态变到目标状态，这就得到了多个解。其中有的使用算符较少，有的使用算符较多，把使用算符最少的解称为最优解。例如在例 5.1 中，使用 3 个算符的解是最优解。这只是从解中算符的个数来评价算符的优劣。今后将会看到评价解的优劣不仅看使用算符的数量，还要看使用算符时所付出的代价，只有总代价最小的解才是最优解。

4）对任何一个状态，可使用的算符可能不止一个。这样由一个状态所生成的后继状态就可能有多个。当对这些后继状态使用算符生成更进一步的状态时，首先对哪一个状态进行操作呢？这取决于搜索策略，不同搜索策略的操作顺序各不相同。这正是本章要讨论的问题。

5.1.3 与或树表示法

当求解的问题比较复杂时，直接用状态空间法去解决问题的工作量往往很大，甚至无法承受。这时我们会想办法把大问题分解成小问题，采用分而治之的策略来解决整个大问题。与或树表示法就是符合这种思想的一种方法。

对一个复杂问题，与或树可以使用分解和等价变换的手段对问题进行化简。分解就是把一个复杂问题分解为若干个较为简单的子问题。每个子问题又可继续分解为若干个更为简单的子问题，重复此过程，直到不需要再分解或者不能再分解为止。然后，对每个子问题分别进行求解。最后，把各子问题的解复合起来就得到了原问题的解。对问题的这种分解过程可用一个树表示出来。例如，把问题 P 分解为三个子问题 P_1、P_2、P_3，可用图 5.2 所示的与树来表示。

在图 5.2 中，P_1、P_2、P_3 是问题 P 的三个子问题。只有当这三个子问题都可解时，问题 P 才可解，称 P_1、P_2、P_3 之间存在"与"关系；称结点 P 为"与"结点；由 P、P_1、P_2、P_3 所构成的图称为与树。在图中，为了标明某个结点是"与"结点，通常用一条弧把各条边连接起来，如图 5.2 所示。

对于一个复杂问题，除了可用"分解"方法进行求解外，还可利用同构或同态的等价变换，把它变换为若干个比较容易求解的新问题。若新问题中有一个可求解，则就得到了原问题的解。

问题的等价变换过程，也可用一个图表示出来，称为或树。例如，问题 P 被等价变换为新问题 P_1、P_2、P_3，可用图 5.3 所示的或树来表示。其中，新问题 P_1、P_2、P_3 中只要有一个可解，则原问题就可解，称 P_1、P_2、P_3 之间存在"或"关系；结点 P 称为"或"结点；由 P、P_1、P_2、P_3 所构成的图是一个或树。

上述两种方法可以结合起来使用，此时的图称为与或树。其中既有"与"结点，也有"或"结点，如图 5.4 所示。

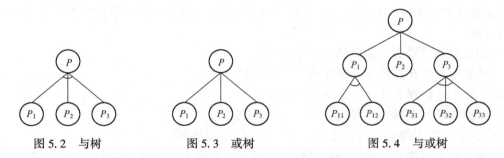

图 5.2　与树　　　　图 5.3　或树　　　　图 5.4　与或树

为了叙述方便，我们把一个问题经"分解"得到的子问题或经"变换"得到的新问题统称为子问题，把与树及或树统称为与或树，把子问题所对应的结点称为子结点。

下面介绍与或树的一些基本概念。

（1）本原问题

不能再分解或变换，而且直接可解的子问题称为本原问题。

（2）端结点与终止结点

在与或树中，没有子结点的结点称为端结点；本原问题所对应的结点称为终止结点。显然，终止结点一定是端结点，但端结点不一定是终止结点。

（3）可解结点

在与或树中，满足下列条件之一者，称为可解结点。

- 它是一个终止结点。
- 它是一个或结点，且其子结点中至少有一个是可解结点。
- 它是一个与结点，且其子结点全部是可解结点。

（4）不可解结点

关于可解结点的三个条件全部不满足的结点称为不可解结点。

（5）解树

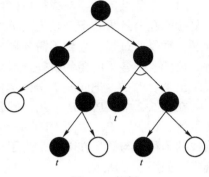

图 5.5　解树

由可解结点构成，并且由这些可解结点可推出初始结点（它对应于原始问题）为可解结点的子树称为解树。在解树中一定包含初始结点。

在图 5.5 中，用 t 标出的结点是终止结点。根据可解结点的定义，很容易推出黑色结点组成的树就是解树。

例 5.2　三阶梵塔问题。设有 A、B、C 三个金片以及三根钢针，三个金片按自上而下从小到大的顺序穿在 1 号钢针上，要求把它们全部移到 3 号钢针上，而且每次只能移动一个金片，任何时候都不能把大的金片压在小的金片上面。

解：

这个问题并不十分复杂，用状态空间法亦可表示。但是，我们希望用它来说明如何把一个问题分解为若干个子问题，并用与或树把它表示出来。

1）首先进行问题分析，可得：

为了把三个金片全部移到 3 号钢针上，必须先把金片 C 移到 3 号钢针上。

为了移金片 C，必须先把金片 A 及 B 移到 2 号钢针上。

当把金片 C 移到 3 号钢针上后，就可把 A，B 从 2 号钢针移到 3 号钢针上，这样就可完成问题的求解。

2）由此分析，得到了原问题的三个子问题：

① 把金片 A 及 B 移到 2 号钢针的双金片问题。

② 把金片 C 移到 3 号钢针的单金片问题。

③ 把金片 A 及 B 移到 3 号钢针的双金片问题。

其中，子问题①与子问题③又分别可分解为三个子问题。

3）为了用与或树把问题的分解过程表示出来，先要定义问题的形式化表示方法。

设仍用状态表示问题在任一时刻的状况，并用三元组 (i,j,k) 表示状态，用"⇒"表示状态的转换。在表示状态的三元组中，i 代表金片 C 所在的钢针号，j 表示金片 B 所在的钢针号；k 代表金片 A 所在的钢针号。这样原始问题就可以表示为

$$(1,1,1) \Rightarrow (3,3,3)$$

有了这些约定，就可用与或树把分解过程表示出来，如图 5.6 所示。

在图 5.6 所示的与或树中，共有 7 个终止结点，对应 7 个基本问题。它们是通过"分解"得到的。若把这些本原问题的解按从左至右的顺序排列，就得到了原始问题的解：

$$(1,1,1) \Rightarrow (1,1,3),(1,1,3) \Rightarrow (1,2,3),(1,2,3) \Rightarrow (1,2,2)$$
$$(1,2,2) \Rightarrow (3,2,2),(3,2,2) \Rightarrow (3,2,1),(3,2,1) \Rightarrow (3,3,1)$$
$$(3,3,1) \Rightarrow (3,3,3)$$

它指出了移动金片的次序。

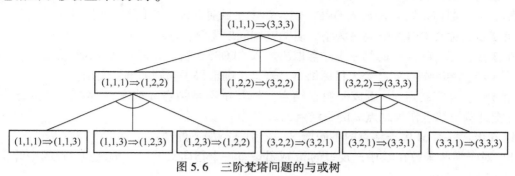

图 5.6　三阶梵塔问题的与或树

5.2　状态空间搜索

状态空间的搜索策略分为盲目搜索和启发式搜索两大类。下面讨论的广度优先搜索、深度优先搜索和有界深度优先搜索都属于盲目搜索策略。其特点如下：

1）搜索按规定的路线进行，不使用与问题有关的启发性信息。

2）适用于其状态空间图是树状结构的一类问题。

局部择优搜索及全局择优搜索属于启发式搜索策略，搜索中要使用与问题有关的启发性信息，并以这些启发性信息指导搜索过程，可以高效地求解结构复杂的问题。

5.2.1　状态空间的一般搜索过程

前面说过，在人工智能中是通过搜索技术来生成状态空间对问题进行求解的。其基本思想是：首先把问题的初始状态（即初始结点）作为当前状态，选择适用的算符对其进行操作。生成一组子状态（或称后继状态、后继结点、子结点），然后检查目标状态是否在其中出现。若出现，则搜索成功，找到了问题的解；若不出现，则按某种搜索策略从已生成的状态中再选一个状态作为当前状态。重复上述过程，直到目标状态出现或者不再有可供操作的状态及算符时为止。

下面列出状态空间的一般搜索过程。在此之前，先对搜索过程中要用到的两个数据结构（OPEN 表与 CLOSED 表）做些简单说明。

OPEN 表用于存放刚生成的结点，其形式如表 5.1 所示。对于不同的搜索策略，结点在 OPEN 表中的排列顺序是不同的。例如广度优先搜索，结点按生成的顺序排列，先生成的结点排在前面，后生成的结点排在后面。

CLOSED 表用于存放将要扩展或者已扩展的结点，其形式如表 5.2 所示。所谓对一个结点进行"扩展"是指用合适的算符对该结点进行操作，生成一组子结点。

表 5.1　OPEN 表

状 态 结 点	父 结 点

表 5.2　CLOSED 表

编　　号	状 态 结 点	父 结 点

搜索的一般过程如下：

第 1 步：把初始结点 S_0 放入 OPEN 表，并建立目前只包含 S_0 的图，记为 G。

第 2 步：检查 OPEN 表是否为空，若为空则问题无解，退出。

第 3 步：把 OPEN 表的第一个结点取出放入 CLOSED 表，并记该结点为结点 n。

第 4 步：判断结点 n 是否为目标结点。若是，则求得了问题的解，退出。

第 5 步：考察结点 n，生成一组子结点。把其中不是结点 n 先辈的那些子结点记作集合 M，并把这些子结点作为结点 n 的子结点加入 G 中。

第 6 步：针对 M 中子结点的不同情况，分别进行如下处理：

1）对于那些未曾在 G 中出现过的 M 成员设置一个指向父结点（即结点 n）的指针，并它们放入 OPEN 表中。

2）对于那些先前已在 G 中出现过的 M 成员，确定是否要修改它们指向父结点的指针。

3）对于那些先前已经在 G 中出现并且已经扩展了的 M 成员，确定是否需要修改其后继结点指向父结点的指针。

第 7 步：按某种搜索策略对 OPEN 表中的结点进行排序。

第 8 步：转第 2 步。

下面对上述过程做一些说明：

1）上述过程是状态空间的一般搜索过程，具有通用性。后面讨论的各种搜索策略都可看作它的特例。各种搜索策略的主要区别是对 OPEN 表中结点排序的准则不同。例如，广度优先搜索把先生成的子结点排在前面，而深度优先搜索则把后生成的子结点排在前面。

2）一个结点经一个算符操作后一般只生成一个子结点。但适用于一个结点的算符可能有多个，此时就会生成一组子结点。在这些子结点中可能有些是当前扩展结点（即结点 n）的父结点、祖父结点等，此时不能把这些先辈结点作为当前扩展结点的子结点。余下的子结点记作集合 M，并加入图 G 中。这就是第 5 步要说明的意思。

3）对于一个新生成的结点，可能是第一次生成的结点；也可能是先前已作为其他结点的后继结点生成过，当前又作为另外一个结点的后继结点再次生成。此时，它究竟应作为哪个结点的后继结点呢？一般由原始结点到该结点路径上所付出的代价来决定。哪条路径付出的代价小，哪个相应的结点就作为它的父结点。

4）通过搜索所得到的图称为搜索图。由搜索图中所有的结点及反向指针（在第 6 步形成的指向父结点的指针）所构成的集合是一棵树，称为搜索树。

5）在搜索过程中，一旦某个被考察的结点是目标结点（第 4 步）就得到了一个解。该解是从初始结点到该目标结点路径的算符构成的，而路径由第 6 步形成的反向指针指定。

6）如果在搜索中一直找不到目标结点，而且 OPEN 表中不再有可供扩展的结点，则搜索失败，在第 2 步退出。

7）对于树状结构的状态空间，每个结点经扩展后生成的子结点都是第一次出现的结点，不必检查并修改指针方向。

由上述搜索过程可以看出，问题的求解过程实际上就是搜索过程。问题求解的状态空间图是通过搜索逐步形成的，边搜索边形成；而且搜索每前进一步，就要检查一下是否达到了目标状态。这样就可尽量少生成与问题求解无关的状态，即节省了存储空间，又提高了效率。

下面各小节将具体讨论各种搜索策略，通过这些讨论可加深对上述搜索过程的理解。

5.2.2 广度优先搜索

广度优先搜索又称为宽度优先搜索。从图 5.7 可见（标号代表搜索次序），这种搜索逐层进行，在对下一层的任一结点进行考察之前，必须完成本层所有结点的搜索。

广度优先搜索的基本思想是：从初始结点 S_0 开始，逐层地对结点进行扩展并考察它是否为目标结点，在第 n 层的结点没有全部扩展并考察完之前，不对第 $n+1$ 层的结点进行扩展。OPEN 表中的结点总是按进入的先后顺序排列，先进入的结点排在前面，后进入的结点排在后面。其搜索过程如下：

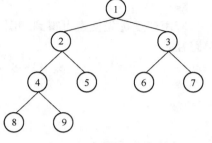

图 5.7 广度优先搜索示意图

第 1 步：把初始结点 S_0 放入 OPEN 表。

第 2 步：如果 OPEN 表为空，则问题无解，退出。

第 3 步：把 OPEN 表的第一个结点（记为结点 n）取出放入 CLOSED 表。

第 4 步：考察结点 n 是否为目标结点。若是，则求得了问题的解，退出。

第 5 步：若结点 n 不可扩展，则转第 2 步。

第 6 步：扩展结点 n，将其子结点放入 OPEN 表的尾部，并为每一个子结点都配置指向父结点的指针，然后转第 2 步。

广度优先搜索流程示意图如图 5.8 所示。

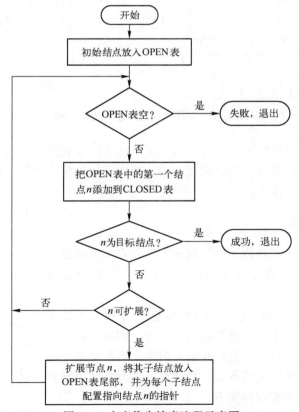

图 5.8 广度优先搜索流程示意图

例 5.3　重排九宫问题。在 3×3 的方格棋盘上放置分别标有数字 1，2，3，4，5，6，7，8 的 8 张牌，初始状态为 S_0，目标状态为 S_g，如图 5.9 所示。可使用的算符有空格左移、空格上移、空格右移和空格下移，即它们只允许把位于空格左、上、右、下边的牌移入空格。要求寻找从初始状态到目标状态的路径。

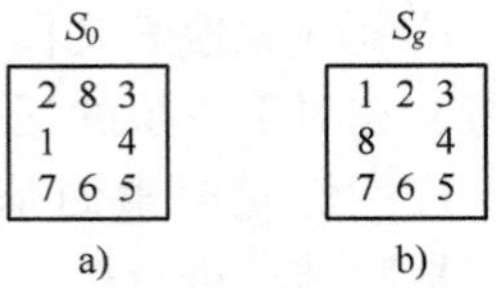

解：

应用广度优先搜索可得到如图 5.10 所示的搜索树。可以看出，解路径是

$$S_0 \rightarrow 3 \rightarrow 8 \rightarrow 16 \rightarrow 26$$

图 5.9　重排九宫问题

a) 初始状态　b) 目标状态

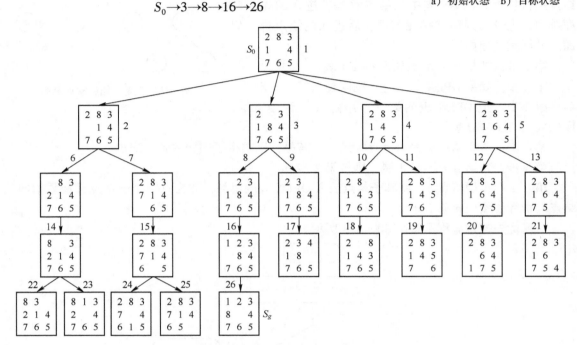

图 5.10　重排九宫的广度优先搜索树

广度优先搜索的盲目性较大。当目标结点距离初始结点较远时将会产生许多无用点，搜索效率低，这是它的缺点。但是，只要问题有解，用广度优先搜索总可以得到解，而且得到的是路径最短的解，这是它的优点。

5.2.3　深度优先搜索

深度优先搜索也是一种经典的盲目搜索策略。它的特点是优先扩展最新产生的结点。如图 5.11 所示，标号为搜索的先后次序。

深度优先搜索的基本思想是：从初始结点 S_0 开始，在其子结点中选择一个结点进行考察，若不是目标结点，则再在该子结点中选择一个结点进行考察，一直如此向下搜索。当到达某个子结点，且该子结点既不是目标结点又不能继续扩展时，才选择其兄弟结点进行考察。其搜索过程如下：

第 1 步：把初始结点 S_0 放入 OPEN 表。

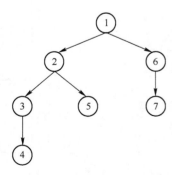

图 5.11　深度优先搜索示意图

第 2 步：如果 OPEN 表为空，则问题无解，退出。

第 3 步：把 OPEN 表的第一个结点（记为结点 n）取出放入 CLOSED 表。

第 4 步：考察结点 n 是否为目标结点。若是，则求得了问题的解，退出。

第 5 步：若结点 n 不可扩展，则转第 2 步。

第 6 步：扩展结点 n，将其子结点放入到 OPEN 表的首部，并为其配置指向父结点的指针，然后转向第 2 步。

该过程与广度优先搜索的唯一区别是：广度优先搜索是将结点 n 的子结点放入到 OPEN 表的尾部；而深度优先搜索是把结点 n 的子结点放入到 OPEN 表的首部。仅此一点不同就使得搜索的路线完全不一样。

例 5.4 用深度优先搜索解决例 5.3 中的问题。

解：

用深度优先搜索可得到如图 5.12 所示的搜索树。这只是搜索树的一部分，尚未到达目标结点，仍可继续往下搜索。

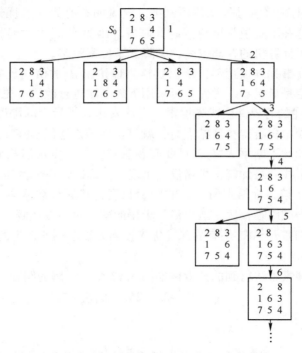

图 5.12 重排九宫的深度优先搜索树（局部）

在深度优先搜索中，搜索一旦进入某个分支，就将沿着该分支一直向下搜索。如果目标结点恰好在此分支上，则可较快地得到解。但是，如果目标结点不在此分支上，且该分支又是一个无穷分支，则不可能得到解。可见，深度优先搜索是不完备的，即使问题有解，它也不一定能求得解。

另外，深度优先搜索求得的第一个解不一定是路径最短的解，原因留给读者自己思考。

5.2.4 有界深度优先搜索

由前面可知，深度优先搜索有可能陷入无穷分支的死循环而得不到解。为了解决深度优先搜索不完备的问题，提出了有界深度优先搜索方法。有界深度优先搜索的基本思想是：对深度优先搜索引入搜索深度的界限（设为 d_m）；当搜索深度达到了深度界限，且尚未出现目标结点时，就换一个分支进行搜索。

有界深度优先搜索的搜索过程为：

第 1 步：把初始结点 S_0 放入 OPEN 表中，置 S_0 的深度 $d(S_0)=0$。

第 2 步：如果 OPEN 表为空，则问题无解，退出。

第 3 步：把 OPEN 表中的第一个结点（记为结点 n）取出放入 CLOSED 表中。

第 4 步：考察结点 n 是否为目标结点。若是，则求得了问题的解，退出。

第 5 步：如果结点 n 的深度 $d=d_m$，则转第 2 步。

第 6 步：若结点 n 不可扩展，则转第 2 步。

第 7 步：扩展结点 n，将其子结点放入 OPEN 表的首部，并为其配置指向父结点的指针，置其深度为 $d+1$。然后，转第 2 步。

如果问题有解，且其路径长度不大于 d_m，则上述搜索过程一定能求得解。但是，若解的路径长度大于 d_m，则上述搜索过程就得不到解。这说明在有界深度优先搜索中，深度界限的选择是很重要的。但这并不是说深度界限越大越好。因为当 d_m 太大时，搜索时将产生许多无用的子结点，既浪费了计算机的存储空间，又降低了搜索效率。

由于解的路径长度事先难以预料，所以要恰当地给出 d_m 的值是比较困难的。另外，即使能求出解，它也不一定是最优解。为此，可采用下述办法进行改进：先任意给定一个较小的数作为 d_m，然后进行上述的有界深度优先搜索；当搜索达到了指定的深度界限 d_m 仍未发现目标结点，并且 CLOSED 表中仍有待扩展结点时，就将这些结点送回 OPEN 表，同时增大深度界限 d_m，继续向下搜索。如此不断增大 d_m，只要问题有解，就一定可以找到它。但此时找到的解不一定是最优解。为了找到最优解，可增设一个表 R，每找到一个目标结点 S_g 后，就把它放到 R 的前面，并令 d_m 等于该目标结点所对应的路径长度，然后继续搜索。由于后求得的解的路径长度不会超过先求得的路径长度，所以最后求得的解一定是最优解。

例 5.5 设深度界度 $d_m=4$，用有界深度优先搜索方法求例 5.3 中的问题。

解：

用有界深度优先搜索方法得到的搜索树如图 5.13 所示。解的路径是

$$S_0 \rightarrow 20 \rightarrow 25 \rightarrow 26 \rightarrow 28(S_g)$$

5.2.5 启发式搜索

前面讨论的各种搜索方法都是非启发式搜索。它们或者是按事先规定的路线进行搜索，或者是按照已经付出的代价决定下一步要搜索的结点。例如，广度优先搜索是按"层"进行搜索，先进入 OPEN 表的结点先被考察；深度优先搜索是沿着纵深方向进行搜索，后进入 OPEN 表的结点先被考察。它们的共同点是都没有利用问题本身的特性信息；在决定要被扩展的结点时，都没有考虑该

5.2.5 状态空间启发式搜索

结点在解的路径上的可能性有多大；它是否有利于问题求解以及求出的解是否为最优解等。可见，这些搜索方法都具有较大的盲目性，产生的无用结点较多，搜索空间较大，效率不高。为克服这些局限性，可用启发式搜索。

启发式搜索要用到问题自身的某些特性信息，以指导搜索朝着最有希望的方向前进。由于这种搜索针对性较强，因而原则上只需要搜索问题的部分状态空间，故效率较高。

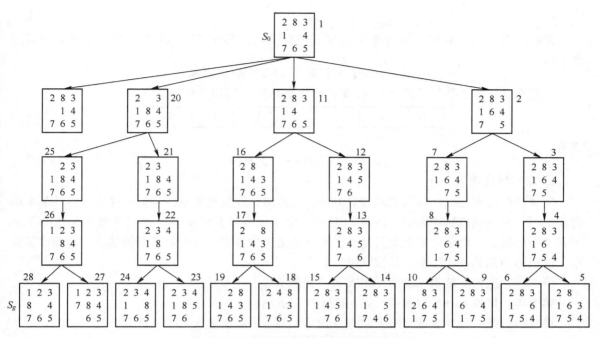

图 5.13　重排九宫的有界深度优先搜索树

1. 启发式信息与估价函数

在启发式搜索过程中，关键是如何确定下一个要考察的结点，确定的方法不同就形成了不同的搜索策略。如果在确定结点时能充分利用与问题求解有关的特性信息，估计出结点的重要性，就能在搜索时选择重要性较高的结点，以利于求得最优解。像这样可用于指导搜索过程，且与具体问题求解有关的控制信息称为启发式信息。

用于估价结点重要性的函数称为估价函数。其一般形式为

$$f(x) = g(x) + h(x) \tag{5.1}$$

其中，$g(x)$ 是代价函数，表示从初始结点 S_0 到结点 x 已经实际付出的代价；$h(x)$ 是启发式函数，表示从结点 x 到目标结点 S_g 的最优路径的估计代价。启发式函数 $h(x)$ 体现了问题的启发性信息，其形式要根据问题的特性确定。例如，$h(x)$ 可以是结点 x 到目标结点的距离，也可以是结点 x 处于最优路径上的概率等。

估价函数 $f(x)$ 表示从初始结点 S_0 经过结点 x 到达目标结点 S_g 的最优路径的代价估计值。它的作用是估价 OPEN 表中各结点的重要程度，决定它们在 OPEN 表中的次序。其中，代价函数 $g(x)$ 指出了搜索的横向趋势，它有利于搜索的完备性，但影响搜索的效率。如果我们只关心到达目标结点的路径，并且希望有较高的搜索效率，则 $g(x)$ 可以忽略，但此时会影响搜索的完备性。因此，在确定 $f(x)$ 时，要权衡各种利弊得失，使 $g(x)$ 与 $h(x)$ 各占适当的比重。

例 5.6　设有如下结构的移动奖牌游戏：

B	B	B	W	W	W	E

其中，B 代表黑色奖牌；W 代表白色奖牌；E 代表该位置为空。该游戏的玩法如下：

1）当一个奖牌移入相邻的空位置时，费用为 1 个单位。

2）一个奖牌至多可跳过两个奖牌进入空位置，其费用等于跳过的奖牌数加 1。

要求把所有的 B 都移至所有的 W 的右边，请设计启发式函数。

解：

根据要求可知，W 左边的 B 越少越接近目标，因此可用 W 左边 B 的个数作为启发式函数。即

$$h(x) = 3 \times (每个 W 左边 B 个数的总和)$$

这里乘以系数 3 是为了扩大 $h(x)$ 在 $f(x)$ 中的比重。例如，对于

B	E	B	W	W	B	W

则有

$$h(x) = 3 \times (2+2+3) = 21$$

2. 局部择优搜索

局部择优搜索也是一种启发式搜索方法，它是对深度优先搜索方法的一种改进。其基本思想是：当一个结点被扩展以后，按 $f(x)$ 对每一个子结点计算估价值，并选择最小者作为下一个要考察的结点。由于它每次都只是在子结点的范围内选择下一个要考察的结点，范围比较狭窄，所以称为局部择优搜索。其搜索过程如下：

第 1 步：把初始结点 S_0 放入 OPEN 表，计算 $f(S_0)$。

第 2 步：如果 OPEN 表为空，则问题无解，退出。

第 3 步：把 OPEN 表的第一个结点（记为结点 n）取出放入 CLOSED 表。

第 4 步：考察结点 n 是否为目标结点。若是，则求得了问题的解，退出。

第 5 步：若结点 n 不可扩展，则转第 2 步。

第 6 步：扩展结点 n，用估价函数 $f(x)$ 计算每个子结点的估价值，并按估价值从小到大的顺序依次放到 OPEN 表的首部，为每个子结点配置指向父结点的指针。然后，转第 2 步。

局部择优搜索过程的流程示意图如图 5.14 所示。

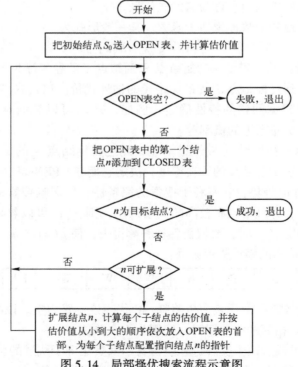

图 5.14　局部择优搜索流程示意图

在局部择优搜索中，若令 $f(x) = g(x)$，则局部择优搜索就成为代价树的深度优先搜索；若令 $f(x) = d(x)$，这里 $d(x)$ 表示结点 x 的深度，则局部择优搜索就成为深度优先搜索。所以，深度优先搜索和代价树的深度优先搜索可看作局部择优搜索的两个特例。

深度优先搜索、代价树的深度优先搜索以及局部择优搜索都是以子结点作为考察范围的，这是它们的共同处。不同的是它们选择结点的标准不一样：深度优先搜索以子结点的深度作为选择标准，后生成的子结点先被考察；代价树深度优先搜索以各子结点到父结点的代价作为选择标准，代价小者优先被选择；局部择优搜索以估价函数的值作为选择标准，哪一个子结点的估价值最小就优先被选择。

3. 全局择优搜索

每当要选择一个结点进行考察时，局部择优搜索只是从刚生成的子结点中进行选择，选择的范围比较狭窄。而全局择优搜索方法每次总是从 OPEN 表的全体结点中选择一个估价值最小的结点。其搜索过程如下：

第 1 步：把初始结点 S_0 放入 OPEN 表，计算 $f(S_0)$。

第 2 步：如果 OPEN 表为空，则搜索失败，退出。

第 3 步：把 OPEN 表中的第一个结点（记为结点 n）从表中移出放入 CLOSED 表。

第 4 步：考察结点 n 是否为目标结点。若是，则求得了问题的解，退出。

第 5 步：若结点 n 不可扩展，则转第 2 步。

第 6 步：扩展结点 n，用估价函数 $f(x)$ 计算每个子结点的估价值；并为每个子结点配置指向父结点的指针，把这些子结点都送入 OPEN 表中；然后，对 OPEN 表中的全部结点按估价值从小至大的顺序排序。

第 7 步：转第 2 步。

比较全局择优搜索与局部择优搜索的搜索过程可以看出，它们的区别仅在于第 6 步。因此，只要把全局择优搜索的第 6 步用局部择优搜索流程图的最后一框替换，就可得到全局择优搜索的流程图。这里不再具体给出。

在全局择优搜索中，如果 $f(x) = g(x)$，则它就成为代价树的广度优先搜索；如果 $f(x) = d(x)$，这里 $d(x)$ 表示结点 x 的深度，则它就成为广度优先搜索。所以，广度优先搜索和代价树的广度优先搜索是全局择优搜索的两个特例。

例 5.7 用全局择优搜索求解重排九宫问题，其初始状态和目标状态仍如例 5.3 所示。

解：

设估价函数为
$$f(x) = d(x) + h(x)$$

其中，$d(x)$ 表示结点 x 的深度，$h(x)$ 表示结点 x 的格局与目标结点格局不相同的牌数。所得搜索树如图 5.15 所示。图中结点旁的数字为该结点的估价值。

由图可知该问题的解为

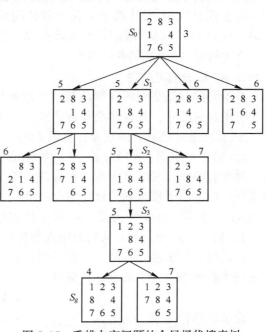

图 5.15　重排九宫问题的全局择优搜索树

$$S_0 \rightarrow S_1 \rightarrow S_2 \rightarrow S_3 \rightarrow S_g$$

在启发式搜索下，估价函数的定义是十分重要的。如果定义不当，则上述搜索算法不一定能找到问题的解，即使找到解，也不一定是最优解。为此，需要对估价函数进行某些限制。下面以 A* 算法为例，说明对估价函数进行限制的方法。

5.2.6　A* 算法

满足以下条件的搜索过程称为 A* 算法：

1）把 OPEN 表中的结点按估价函数

$$f(x) = g(x) + h(x)$$

的值从小至大进行排序（一般搜索过程的第 7 步）。

2）$g(x)$ 是对 $g^*(x)$ 的估计，且 $g(x) > 0$。

3）$h(x)$ 是 $h^*(x)$ 的下界，即对所有的结点 x 均有

$$h(x) \leqslant h^*(x) \tag{5.2}$$

其中，$g^*(x)$ 是从初始结点 S_0 到结点 x 的最小代价；$h^*(x)$ 是从结点 x 到目标结点的最小代价，若有多个目标结点，则为其中最小的一个。

在 A* 算法中，$g(x)$ 比较容易得到，它实际上就是从初始结点 S_0 到结点 x 的路径代价，恒有 $g(x) \geqslant g^*(x)$；而且在算法执行过程中随着更多搜索信息的获得，$g(x)$ 的值呈下降趋势。例如，在图 5.16 中，从结点 S_0 开始，经扩展得到 x_1 与 x_2，且

$$g(x_1) = 3, \quad g(x_2) = 7$$

对 x_1 扩展后得到 x_2 与 x_3，此时

$$g(x_2) = 6, \quad g(x_3) = 5$$

显然，后来算出的 $g(x_2)$ 比先前算出的小。

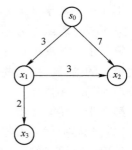

图 5.16　$g(x)$ 的计算

启发式函数 $h(x)$ 的确定依赖于具体问题领域的启发式信息，其中，$h(x) \leqslant h^*(x)$ 的限制是十分重要的，它可保证 A* 算法能找到最优解。

下面讨论 A* 算法的有关特性。

1. A* 算法的可纳性

对于可解状态空间图（即从初始结点到目标结点有路径存在）来说，如果一个搜索算法能在有限步内终止，并且能找到最优解，则称该搜索算法是可纳的。

A* 算法是可纳的，即它能在有限步内终止并找到最优解。下面分三步证明这一结论。

1）对于有限图，A* 算法一定会在有限步内终止。

对于有限图，其结点个数是有限的。所以，A* 算法在经过若干次循环之后只可能出现两种情况：或者由于搜索到了目标结点在第 4 步终止；或者由于 OPEN 表中的结点被取完而在第 2 步终止。不管发生哪种情况，A* 算法都在有限步内终止。

2）对于无限图，只要从初始结点到目标结点有路径存在，则 A* 算法也必然会终止。

该证明分两步进行。第一步先证明在 A* 算法结束之前，OPEN 表中总存在结点 x'。该结点是最优路径上的一个结点，且满足

$$f(x') \leqslant f^*(S_0) \tag{5.3}$$

设最优路径是 $S_0, x_1, x_2, \cdots, x_m, S_g^*$。由于 A* 算法中的 $h(x)$ 满足 $h(x) \leqslant h^*(x)$，所以 $f(S_0), f(x_1), f(x_2), \cdots, f(x_m)$ 均不大于 $f(S_g^*), f(S_g^*) = f^*(S_0)$。

又因为 A* 算法是全局择优的，所以在它结束之前，OPEN 表中一定含有 $S_0, x_1, x_2, \cdots, x_m,$ S_g^* 中的一些结点。设 x' 是其中最前面的一个，则它必然满足

$$f(x') \leqslant f^*(S_0)$$

至此，第一步证明结束。

现在来进行第二步的证明。这一步用反证法，即假设 A* 算法不终止，则会得出与上一步矛盾的结论，从而说明 A* 算法一定会终止。

假设 A* 算法不终止，并设 e 是图中各条边的最小代价，$d^*(x_n)$ 是从 S_0 到结点 x_n 的最短路径长度，则显然有

$$g^*(x_n) \geqslant d^*(x_n) \times e$$

又因为

$$g(x_n) \geqslant g^*(x_n)$$

所以有

$$g(x_n) \geqslant d^*(x_n) \times e$$

因为

$$h(x_n) \geqslant 0, \; f(x_n) \geqslant g(x_n)$$

故得到

$$f(x_n) \geqslant d^*(x_n) \times e$$

由于 A* 算法不终止，随着搜索的进行，$d^*(x_n)$ 会无限增长，从而使 $f(x_n)$ 也无限增长。这就与上一步证明得出的结论矛盾。因为对可解状态空间来说，$f^*(S_0)$ 一定是有限值。

所以，只要从初始结点到目标结点有路径存在，即使对于无限图，A* 算法也一定会终止。

3）A* 算法一定终止在最优路径上。

假设 A* 算法不是终止在最优路径上，而是终止在某个目标结点 t 处，即 A* 算法未能找到一条最优路径，则

$$f(t) = g(t) > f^*(S_0) \tag{5.4}$$

但由 2）的证明可知，在 A* 算法结束之前，OPEN 表中存在结点 x'。它在最优路径上，且满足

$$f(x') \leqslant f^*(S_0)$$

此时，A* 算法一定会选择 x' 来扩展而不会选择 t，这就与假设矛盾。所以，A* 算法一定终止在最优路径上。

根据可纳性的定义及以上证明可知，A* 算法是可纳的。同时由上面的证明还可知，A* 算法选择扩展的任何一个结点 x' 都满足如下性质：

$$f(x') \leqslant f^*(S_0) \tag{5.5}$$

2. A* 算法的最优性

A* 算法的搜索效率在很大程度上取决于 $h(x)$，在满足 $h(x) \leqslant h^*(x)$ 的前提下，$h(x)$ 的值越大越好。启发式函数 $h(x)$ 的值越大，表明它携带的启发式信息越多，搜索时扩展的结点数越少，搜索的效率越高。

设 $f_1(x)$ 与 $f_2(x)$ 是对同一问题的两个估价函数：

$$f_1(x) = g_1(x) + h_1(x)$$
$$f_2(x) = g_2(x) + h_2(x)$$

A_1^* 与 A_2^* 分别是以 $f_1(x)$ 及 $f_2(x)$ 为估价函数的 A^* 算法，且设对所有非目标结点 x 均有

$$h_1(x) < h_2(x)$$

在此情况下，我们将证明 A_1^* 扩展的结点数不会比 A_2^* 扩展的结点数少，即 A_2^* 扩展的结点集是 A_1^* 扩展的结点集的子集。用归纳法证明如下：

证明：

设 K 表示搜索树的深度。当 $K=0$ 时，结论显然成立。因为若初始状态就是目标状态，则 A_1^* 与 A_2^* 都无须扩展任何结点。若初始状态不是目标状态，它们都要对初始结点进行扩展，此时 A_1^* 与 A_2^* 扩展的结点数是相同的。

设当搜索树的深度为 $K-1$ 时结论成立，即凡是 A_2^* 扩展了的前 $K-1$ 代结点，A_1^* 也都扩展了。此时，只要证明 A_2^* 扩展的第 K 代的任一结点 x_k 也被 A_1^* 扩展就可以了。

由假设可知，A_2^* 扩展的前 $K-1$ 代结点 A_1^* 也都扩展了。因此，在 A_1^* 搜索树中有一条从初始结点 S_0 到 x_k 的路径，其费用不会比 A_2^* 搜索树中从 S_0 到 x_k 的费用更大，即

$$g_1(x_k) \leqslant g_2(x_k)$$

假设 A_1^* 不扩展结点 x_k，这表示 A_1^* 能找到另一个具有更小估价值的结点进行扩展并找到最优解。此时有

$$f_1(x_k) \geqslant f^*(S_0)$$

即

$$g_1(x_k) + h_1(x_k) \geqslant f^*(S_0)$$

对上述不等式应用如下关系式：

$$g_1(x_k) \leqslant g_2(x_k)$$

得到

$$h_1(x_k) \geqslant f^*(S_0) - g_2(x_k)$$

这与我们最初的假设 $h_1(x) < h_2(x)$ 是矛盾的。

由此可得出"A_1^* 所扩展的结点数不会比 A_2^* 扩展的结点数少"这一结论是正确的，即启发式函数所携带的启发式信息越多，搜索时扩展的结点数越少，搜索效率越高。

3. 启发式函数的单调性限制

在 A^* 算法中，每当要扩展一个结点时都要先检查其子结点是否已在 OPEN 表或 CLOSED 表中，有时还需要调整指向父结点的指针，这就增加了搜索的代价。如果对启发式函数 $h(x)$ 加上单调性限制，就可减少检查及调整的工作量，从而降低搜索代价。

所谓单调性限制是指 $h(x)$ 满足如下两个条件：

1）$h(S_g) = 0$。

2）设 x_j 是结点 x_i 的任意子结点，则有

$$h(x_i) - h(x_j) \leqslant c(x_i, x_j) \tag{5.6}$$

其中，S_g 是目标结点，$c(x_i, x_j)$ 是结点 x_i 到其子结点 x_j 的边代价。

若把上述不等式改写为如下形式：

$$h(x_i) \leqslant h(x_j) + c(x_i, x_j) \tag{5.7}$$

则可看出，结点 x_i 到目标结点最优费用的估价不会超过从 x_i 到其子结点 x_j 的边代价加上从 x_j 到目标结点最优费用的估价。

可以证明，当 A^* 算法的启发式函数 $h(x)$ 满足单调限制时，有如下两个结论：

1）若 A^* 算法选择结点 x_n 进行扩展，则

$$g(x_n) = g^*(x_n) \tag{5.8}$$

2）由 A^* 算法所扩展的结点序列其估价值是非递减的。

这两个结论都是在 $h(x)$ 满足单调限制时才成立的；否则，它们不一定成立。例如，对于结论 2），当 $h(x)$ 不满足单调限制时，有可能某个要扩展的结点比以前扩展的结点具有较小的估价值。

5.3 与或树搜索

与或树表示法求解的搜索策略和状态空间法相似。下面讨论的与或树的广度优先搜索及深度优先搜索属于盲目搜索策略，而与或树的有序搜索及博弈树的启发式搜索属于启发式搜索策略。

5.3.1 与或树的一般搜索过程

与或树通常用于复杂问题的简化，前面已经做过简单介绍。使用与或树解决问题时，首先要定义问题的描述方法及分解或变换问题的算符；然后就可用它们通过搜索树生成与或树，从而求得原始问题的解。

我们在前面曾讨论了可解结点及不可解结点的概念。可以看出，一个结点是否为可解结点是由它的子结点确定的。对于一个"与"结点，只有当其子结点全部为可解结点时，它才为可解结点；只要子结点中有一个为不可解结点，它就是不可解结点。对于一个"或"结点，只要子结点中有一个是可解结点，它就是可解结点；只有当全部子结点都是不可解结点时，它才是不可解结点。像这样由可解子结点来确定父结点、祖父结点等为可解结点的过程称为可解标示过程；由不可解子结点来确定其父结点、祖父结点等为不可解结点的过程称为不可解标示过程。在与或树的搜索过程中将反复使用这两个过程，直到初始结点（即原始问题）被标示为可解或不可解结点为止。

下面给出与或树的一般搜索过程：

第 1 步：把原始问题作为初始结点 S_0，并把它作为当前结点。

第 2 步：应用分解或等价变换算符对当前结点进行扩展。实际上就是把原始问题变换为等价问题或者分解成几个子问题。

第 3 步：为每个子结点设置指向父结点的指针。

第 4 步：选择合适的子结点作为当前结点，反复执行第 2 步和第 3 步。在此期间，要多次调用可解标示和不可解标示过程，直到初始结点被标示为可解结点或不可解结点为止。

由这个搜索过程所形成的结点和指针结构称为搜索树。

与或树搜索的目标是寻找解树，从而求得原始问题的解。如果在搜索的某一时刻，通过可解标示过程可确定初始结点是可解的，则由此初始结点及其下属的可解结点就构成了解树。如果在某时刻被选为扩展的结点不可扩展，并且它不是终止结点，则此结点就是不可解结点。此时，可应用不可解标示过程确定初始结点是否为不可解结点，如果可以肯定初始结点是不可解的，则搜索失败；否则，继续扩展结点。

可解与不可解标示过程都是自下而上进行的，即由子结点的可解性确定父结点的可解性。由于与或树搜索的目标是寻找解树，因此，如果已确定某个结点为可解结点，则其不可解的后

裔结点就不再有用，可从搜索树中删去。同样，如果已确定某个结点是不可解结点，则其全部后裔结点都不再有用，可从搜索树中删去。但当前这个不可解结点还不能删去，因为在判断其先辈结点的可解性时还要用到它。这是与或树搜索的两个特有性质，可用来提高搜索效率。

5.3.2　与或树的广度优先搜索

与或树的广度优先搜索与状态空间的广度优先搜索类似，也是按照"先产生的结点先扩展"的原则进行搜索，只是在搜索过程中要多次调用可解标示过程和不可解标示过程。其搜索过程如下：

第1步：把初始结点 S_0 放入 OPEN 表。

第2步：把 OPEN 表中的第一个结点（记为结点 n）取出放入 CLOSED 表。

第3步：如果结点 n 可扩展，则做如下工作：

① 扩展结点 n，将其子结点放入 OPEN 表的尾部，并为每个子结点配置指向父结点的指针，以备标示过程使用。

② 考察这些子结点中是否有终止结点。若有，则标示这些终止结点为可解结点，并应用可解标示过程对其父结点、祖父结点等先辈结点中的可解结点进行标示。如果初始结点 S_0 也被标示为可解结点，就得到解树，搜索成功，退出搜索过程。如果不能确定 S_0 为可解结点，则从 OPEN 表中删去具有可解先辈的结点。

③ 转第2步。

第4步：如果结点 n 不可扩展，则做如下工作：

① 标示结点 n 不可扩展。

② 应用不可解标示过程对结点 n 的先辈结点中不可解的结点进行标示。如果初始结点 S_0 也被标示为不可解结点，则搜索失败，表明原始问题无解，退出搜索过程。如果不能确定 S_0 为不可解结点，则从 OPEN 表中删去具有不可解先辈的结点。

③ 转第2步。

例 5.8　设有如图 5.17 所示的与或树，结点按图中所标注的顺序号进行扩展。其中，标有 t_1、t_2、t_3、t_4 的结点均为终止结点，A 和 B 为不可解的端结点。

解：

搜索过程如下：

1）扩展1号结点，得到2号结点和3号结点。由于这两个子结点均不是终止结点，所以接着扩展2号结点。此时，OPEN 表中只剩下3号结点。

2）扩展2号结点后，得到4号结点和 t_1 结点。此时，OPEN 表中的结点有3号结点、4号结点和 t_1 结点。由于 t_1 是终止结点，则标示它为可解结点，并应用可解标示过

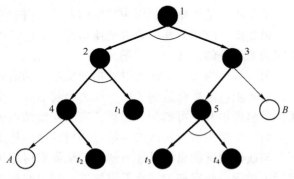

图 5.17　与或树的广度优先搜索

程，对其先辈结点中的可解结点进行标示。在此例中，t_1 的父结点是一个"与"结点，因此仅由 t_1 可解尚不能确定2号结点是否为可解结点。所以继续搜索，下一步扩展的是3号结点。

3）扩展3号结点得到5号结点与 B 结点，两者均不是终止结点，所以接着扩展4号结点。

4）扩展4号结点后得到结点 A 和 t_2。由于 t_2 是终止结点，所以标示它为可解结点，并应

用可解标示过程标示出 4 号结点和 2 号结点均为可解结点。但 A 结点目前还不能确定是否为可解结点。此时，5 号结点是 OPEN 表中的第一个待考察的结点，所以下一步扩展 5 号结点。

5）扩展 5 号结点，得到 t_3 和 t_4。由于 t_3 和 t_4 均为终止结点，所以被标示为可解结点，通过应用可解标示过程可得到 5 号、3 号及 1 号结点均为可解结点。

6）搜索成功，得到了由 1、2、3、4、5 号结点及 t_1、t_2、t_3、t_4 结点构成的解树。

5.3.3 与或树的深度优先搜索

与或树的深度优先搜索过程和与或树的广度优先搜索过程基本相同。只是要把第 3 步的第①点改为"扩展结点 n，将其子结点放入 OPEN 表的首部，并为每个子结点配置指向父结点的指针，以备标示过程使用"。这样就可使后产生的结点先被扩展。

也可以像状态空间的有界深度优先搜索那样为与或树的深度优先搜索规定一个深度界限，使搜索在规定的范围内进行。与或树的深度优先搜索过程如下：

第 1 步：把初始结点 S_0 放入 OPEN 表。

第 2 步：把 OPEN 表中的第一个结点（记为结点 n）取出放入 CLOSED 表。

第 3 步：如果结点 n 的深度大于或等于深度界限，则转第 5 步的第①点。

第 4 步：如果结点 n 可扩展，则做如下工作：

① 扩展结点 n，将其子结点放入 OPEN 表的首部，并为每个子结点配置指向父结点的指针，以备标示过程使用。

② 考察这些子结点中是否有终止结点。若有，则标示这些终止结点为可解结点，并应用可解标示过程对其先辈结点中的可解结点进行标示。如果初始结点 S_0 也被标示为可解结点，则搜索成功，退出搜索过程。如果不能确定 S_0 为可解结点，则从 OPEN 表中删去具有可解先辈的结点。

③ 转第 2 步。

第 5 步：如果结点 n 不可扩展，则做如下工作：

① 标示结点 n 为不可解结点。

② 应用不可解标示过程对结点 n 的先辈结点中不可解的结点进行标示。如果初始结点 S_0 也被标示为不可解结点，则搜索失败，表明原始问题无解，退出搜索过程。如果不能确定 S_0 为不可解结点，则从 OPEN 表中删去具有不可解先辈的结点。

③ 转第 2 步。

若对图 5.17 所示的与或树进行有界深度优先搜索，并规定深度界限为 4，则扩展结点的顺序是 $1 \rightarrow 3 \rightarrow B \rightarrow 5 \rightarrow 2 \rightarrow 4$。

5.3.4 与或树的有序搜索

上述介绍的广度优先搜索和深度优先搜索都是盲目搜索，其共同点如下：

1）搜索从初始结点开始，先自上而下地进行搜索，寻找终止结点及端结点；然后再自下而上地进行标示，一旦初始结点被标示为可解结点或不可解结点，搜索就不能再继续。

2）搜索都是按确定路线进行的。当要选择一个结点进行扩展时，只是根据结点在与或树中所处的位置；而没有考虑要付出的代价。因而求得的解树不一定是代价最小的解树，即不一定是最优解树。

与或树的有序搜索是用来求取代价最小的解树的一种搜索方法。为了求得代价最小的解树，就要在每次确定欲扩展的结点时，先往前多看几步；计算一下扩展这个结点可能要付出的代价，并选择代价最小的结点进行扩展。像这样根据代价决定搜索路线的方法称为与或树的有序搜索。它是一种启发式搜索。

下面分别讨论与或树有序搜索的概念及其搜索过程。

1. 解树的代价

为进行有序搜索，需要计算解树的代价。而解树的代价可通过计算解树中结点的代价得到。下面首先给出计算结点代价的方法，然后说明如何求解树的代价。

设用 $c(x,y)$ 表示结点 x 到其子结点 y 的代价，则计算结点 x 代价的方法如下：

1）如果 x 是终止结点，则定义结点 x 的代价 $h(x) = 0$。

2）如果 x 是"或"结点，$y_1, y_2, \cdots, y_n$ 是它的子结点，则结点 x 的代价为

$$h(x) = \min_{1 \leqslant i \leqslant n} | c(x, y_i) + h(y_i) | \tag{5.9}$$

3）如果 x 是"与"结点，则结点 x 的代价有两种计算方法：和代价法与最大代价法。

若按和代价法计算，则有

$$h(x) = \sum_{i=1}^{n} (c(x, y_i) + h(y_i)) \tag{5.10}$$

若按最大代价法计算，则有

$$h(x) = \max_{1 \leqslant i \leqslant n} | c(x, y_i) + h(y_i) | \tag{5.11}$$

4）如果 x 不可扩展，且又不是终止结点，则定义 $h(x) = \infty$。

由上述计算结点的代价可以看出，如果问题是可解的，则由子结点的代价就可推算出父结点的代价。只要逐层上推，最终就可求出初始结点 S_0 的代价。S_0 的代价就是解树的代价。

例 5.9 图 5.18 是一棵与或树，其中包括两棵解树：一棵解树由 S_0、A、t_1 和 t_2 组成；另一棵解树由 S_0、B、D、G、t_4 和 t_5 组成。在此与或树中，t_1、t_2、t_3、t_4、t_5 为终止结点；E 和 F 是端结点，其代价为 ∞；边上的数字是该边的代价。求解树的代价。

解：

由左边的解树可得

按和代价：$h(A) = 11$，$h(S_0) = 13$。

按最大代价：$h(A) = 6$，$h(S_0) = 8$。

由右边的解树可得

按和代价：$h(G) = 3$，$h(D) = 4$，$h(B) = 6$，$h(S_0) = 8$。

按最大代价：$h(G) = 2$，$h(D) = 3$，$h(B) = 5$，$h(S_0) = 7$。

显然，若按和代价计算，右边的解树是最优解树，其代价为 8；若按最大代价计算，右边的解树仍然是最优解树，其代价是 7。有时用不同的计算代价方法得到的最优解树不相同。

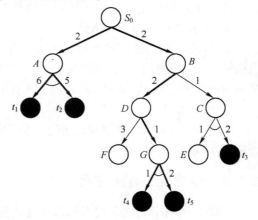

图 5.18　与或树的代价

2. 希望树

无论是用和代价方法还是用最大代价方法，当要计算任一结点 x 的代价 $h(x)$ 时，都要求已知其子结点 y_i 的代价 $h(y_i)$。但是，搜索是自上而下进行的，即先有父结点，后有子结点。除非结点 x 的全部子结点都是不可扩展结点，否则子结点的代价是不知道的。此时，结点 x 的

代价 $h(x)$ 如何计算呢？解决的办法是根据问题本身提供的启发式信息定义一个启发式函数，由此启发式函数估算出子结点 y_i 的代价 $h(y_i)$，然后再按和代价或最大代价算出结点 x 的代价值 $h(x)$。有了 $h(x)$，结点 x 的父结点、祖父结点直到初始结点 S_0 的各先辈结点的代价都可自下而上地逐层推算出来。

当结点 y_i 被扩展后，也是先用启发式函数估算出其子结点的代价，然后再算出 $h(y_i)$。此时算出的 $h(y_i)$ 可能与原先估算出的 $h(y_i)$ 不相同。这时，应该用后算出的 $h(y_i)$ 取代原先估算出的 $h(y_i)$，并且按此 $h(y_i)$ 自下而上地重新计算各先辈结点的代价值。当结点 y_i 的子结点被扩展时，上述过程又要重复进行一遍。总之，每当有一代新的结点生成时，都要自下而上地重新计算其先辈结点的代价。这是一个自上而下地生成新结点，又自下而上地计算代价的反复进行的过程。

有序搜索的目的是求出最优解树，即代价最小的解树。这就要求搜索过程中任一时刻求出的部分解树的代价都是最小的。为此，每次选择欲扩展的结点时都应挑选有希望成为最优解树一部分的结点进行扩展。由于这些结点及其先辈结点（包括初始结点 S_0）所构成的与或树有可能成为最优解树的一部分，因此称它为"希望树"。

在搜索的过程中，随着新结点的不断生成，结点的价值是在不断变化的，因此希望树也是在不断变化的。在某一个时刻，这一部分结点构成希望树；但到另一时刻，可能是另一些结点构成希望树，随当时的情况而定。但不管如何变化，任一时刻的希望树都必须包含初始结点 S_0，而且它是对最优解树近根部分的某种估计。

下面给出希望树的定义：

1）初始结点 S_0 在希望树 T 中。

2）如果结点 x 在希望树 T 中，则一定有

① 如果 x 是具有子结点 $y_1,y_2,\cdots,y_n$ 的"或"结点，则具有

$$\min\{c(x,y_i)+h(y_i)\} \tag{5.12}$$

值的那个子结点 y_i 也应在 T 中。

② 如果 x 是"与"结点，则它的全部子结点都应在 T 中。

3. 与或树的有序搜索过程

与或树的有序搜索是一个不断选择、修正希望树的过程。如果问题有解，则经过有序搜索将找到最优解树。

搜索过程如下：

第 1 步：把初始结点 S_0 放入 OPEN 表中。

第 2 步：求出希望树 T，即根据当前搜索树中结点的代价求出以 S_0 为根的希望树 T。

第 3 步：依次把 OPEN 表中 T 的端结点 n 选出，并放入 CLOSED 表中。

第 4 步：如果结点 n 是终止结点，则做如下工作：

① 标示 n 为可解结点。

② 对 T 应用可解标示过程，把 n 的先辈结点中的可解结点都标示为可解结点。

③ 若初始结点 S_0 能被标示为可解结点，则 T 就是最优解树，成功退出。

④ 否则，从 OPEN 表中删去具有可解先辈的所有结点。

第 5 步：如果结点 n 不是终止结点，且它不可扩展，则做如下工作：

① 标示 n 为不可解结点。

② 对 T 应用不可解标示过程，把 n 的先辈结点中的不可解结点都标示为不可解结点。

③ 若初始结点 S_0 也被标示为不可解结点，则失败退出。

④ 否则，从 OPEN 表中删去具有不可解先辈的所有结点。

第6步：如果结点 n 不是终止结点，但它可扩展，则做如下工作：

① 扩展结点 n，产生 n 的所有子结点。

② 把这些子结点都放入 OPEN 表中，并为每个子结点配置指向父结点（结点 n）的指针。

③ 计算这些子结点的代价值及其先辈结点的代价值。

第7步：转第2步。

例 5.10 设初始结点为 S_0，每次扩展两层，且一层是"与"结点，一层是"或"结点。假定每个结点到其子结点的代价为 1，并设 S_0 经扩展后得到如图 5.19 所示的与或树。请求解最优解树。

解：

在图 5.19 中，子结点 B，C，E，F 用启发式函数估算出的代价值分别是

$$h(B)=3, h(C)=3, h(E)=3, h(F)=2$$

若按和代价法计算，则得到

$$h(A)=8, h(D)=7, h(S_0)=8$$

此时，S_0 的右子树是希望树。下面将对此希望树的端结点进行扩展。

设对结点 E 扩展两层后得到如图 5.20 所示的与或树，结点旁的数为用启发式函数估算出的代价值。按和代价法计算，得到

$$h(G)=7, h(H)=6, h(E)=7, h(D)=11$$

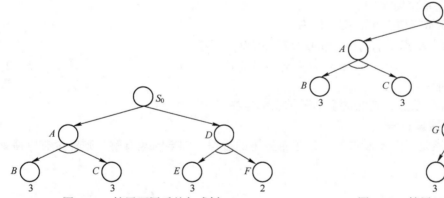

图 5.19 扩展两层后的与或树　　　　　图 5.20 扩展 E 后的与或树

此时，由 S_0 的右子树算出 $h(S_0)=12$。但是，由左子树算出 $h(S_0)=9$。显然，左子树的代价小，所以改为取左子树作为当前的希望树。

假设对结点 B 扩展两层后得到如图 5.21 所示的与或树，结点旁的数字是对相应结点的代价值，结点 L 的两个子结点是终止结点。按和代价法计算，得到

$$h(L)=2, h(M)=6, h(B)=3, h(A)=8$$

由此可推算出 $h(S_0)=9$。另外，由于 L 的两个子结点都是终止结点，所以 L 和 B 都是可解结点。因结点 C 目前还不能肯定是可解结点，故 A 和 S_0 也还不能确定为可解结点。下面对结点 C 进行扩展。

假设结点 C 扩展两层后得到如图 5.22 所示的与或树，结点旁的数字是对相应结点的代价值，结点 N 的两个子结点都是终止结点。按和代价法计算，得到

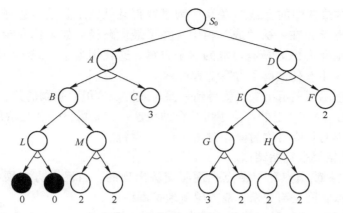

图 5.21 扩展 B 后的与或树

$$h(N) = 2, h(P) = 7, h(C) = 3, h(A) = 8$$

由此可推算出 $h(S_0) = 9$。另外，由于 N 的两个子结点都是终止结点，所以 N 和 C 都是可解结点。再由前面推出的 B 是可解结点，就可推出 A 和 S_0 都是可解结点。这样就求出了代价最小的解树，即最优解树，如图 5.22 中粗线部分所示。该最优解树是用和代价法求出来的，解树的代价为 9。

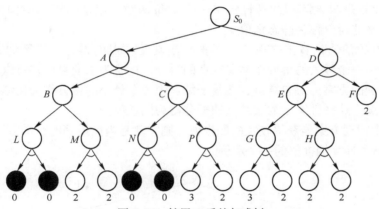

图 5.22 扩展 C 后的与或树

5.3.5 博弈树的启发式搜索

博弈是人们生活中常见的一种活动。诸如下棋、打牌等活动均是博弈活动。博弈活动中隐藏着深刻的优化理论。博弈活动中一般有对立的几方，每一方都试图使自己的利益最大化。博弈活动的整个过程其实就是一个动态的搜索过程。

不妨假设 A 和 B 正在比赛象棋。从规则上容易得出：

1）比赛采取轮流制。

2）比赛的结果只有 3 种：A 胜、B 胜、双方打和。

3）对战双方了解一切的当前形势和过去的历史。

4）对战双方都是绝对理性的，选取对自己最为有利的对策。

博弈活动中对战的双方都希望自己获得胜利。对于对战的任一方，如我们站在 A 方的立场，当比赛轮到 A 方落子的时候，A 方可以有多种落子方案。具体落哪个子，完全由 A 自己决定。这可以看作与或树中的"或"关系。为了获得胜利，A 总是会选择对自己最为有利的落子方案。这就相当于 A 在一棵"或"树中选择了最优路径。如果比赛轮到了 B 方落子，那么对于 A 来说，就必须考虑 B 所有可能的落子方案。这就相当于与或树中的"与"关系。因为主动权掌握在 B 手中，任何落子方案都有可能。

把上述博弈过程用图表示出来，就得到一棵与或树。这里要强调的是，该与或树是始终站在某一方（如 A 方）的立场上的；决不可一会站在这一方立场，一会又站在另一方立场上。

把描述博弈过程的与或树称为博弈树，它有如下特点：

1）博弈的初始格局是初始结点。

2）在博弈树中，或结点和与结点是逐层交替出现的。自己一方扩展的结点之间是或关系，对方扩展的结点之间是与关系。双方轮流地扩展结点。

3）所有能使自己一方获胜的终局都是本原问题，相应的结点是可解结点；所有使对方获胜的终局都是不可解结点。

在二人博弈问题中，为了从众多可供选择的方案中选出一个对自己有利的行动方案，就要对当前情况以及将要发生的情况进行分析，从中选出最优者。最常用的分析方法是极大极小分析法。其基本思想如下：

1）目的是为博弈双方中的一方寻找一个最优行动方案。

2）要找到这个最优方案，就要通过计算当前所有可能的方案来进行比较。

3）方案的比较是根据问题的特性定义一个估价函数，用来估算当前博弈树端结点的得分。此时估算出来的得分称为静态估值。

4）当端结点的估值计算出来以后，再推算出其父结点的得分。推算的方法是：对或结点，选其子结点中一个最大的得分作为父结点的得分。这是为了使自己在可供选择的方案中选一个对自己最有利的方案。对与结点，选其子结点中一个最小的得分作为父结点的得分。这是为了考虑最坏情况。这样计算出的父结点的得分称为倒推值。

5）如果一个行动方案能获得较大的倒推值，则它就是当前最好的行动方案。

图 5.23 给出了计算倒推值的一个示例。

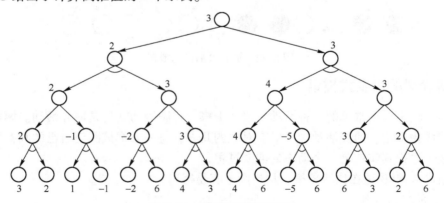

图 5.23　倒推值的计算示例

在博弈问题中，每一个格局可供选择的行动方案都有很多，因此会生成十分庞大的博弈树。据统计，西洋跳棋完整的博弈树约有 10^{40} 个结点。试图利用完整的博弈树来进行极大极小分析是困难的。可行的办法是只生成一定深度的博弈树，然后进行极大极小分析，找出当前最好的行动方案。之后，在已经选定的分支上扩展一定深度，再选出最好的行动方案。如此进行下去，直到取得胜败的结果为止。至于每次生成博弈树的深度，当然是越大越好，但由于受到计算机存储空间的限制，只能根据实际情况而定。

例 5.11 一字棋游戏。设有如图 5.24 所示的 9 个空格。由 A、B 二人对弈，轮到谁走棋就往空格上放自己的一个棋子。谁先使自己的三个棋子串成一条直线，谁就取得胜利。

解：

设 A 的棋子用 a 表示，B 的棋子用 b 表示。为了不至于生成太大的博弈树，假设每次仅扩展两层。设棋局为 p，估价函数为 $e(p)$，且满足如下条件：

1）若 p 为 A 必胜的棋局，则 $e(p) = +\infty$。

2）若 p 为 B 必胜的棋局，则 $e(p) = -\infty$。

3）若 p 为胜负未定的棋局，则 $e(p) = e(+p) - e(-p)$。

其中，$e(+p)$ 表示棋局 p 上有可能使 a 成为三子成一线的数目，$e(-p)$ 表示棋局 p 上有可能使 b 成为三子成一线的数目。例如，对于图 5.25 所示的棋局，则

$$e(p) = 6 - 4 = 2$$

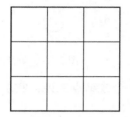

图 5.24　一字棋（1）

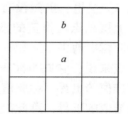

图 5.25　一字棋（2）

另外，假定具有对称性的两个棋局是相同的，将二者视为一个棋局。还假定 A 先走棋，我们站在 A 的立场上。

图 5.26 给出了 A 的第一着走棋生成的博弈树。图中结点旁的数字表示相应结点的静态估值或倒推值。由图 5.26 可以看出，对于 A 来说最好的一着棋是 S_3，因为 S_3 比 S_1 和 S_2 有较大的倒推值。

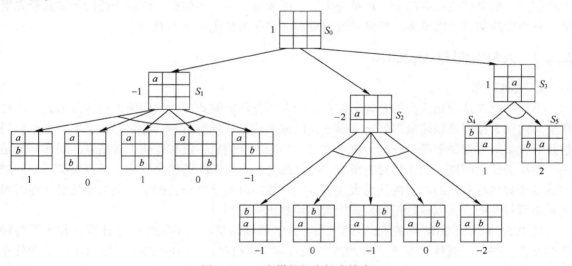

图 5.26　一字棋的极大极小搜索

在 A 走 S_3 这一着棋后，B 的最优选择是 S_4。因为这一着棋的静态估值较小，对 A 不利。不管 B 选择 S_4 或 S_5，A 都要再次运用极大极小分析法产生深度为 2 的博弈树，以决定下一步应该如何走棋。其过程与上面类似，不再重复。

5.3.6 剪枝技术

前面讨论的是通过极大极小分析法先得到一棵博弈树，再进行估值的倒推计算。两个过程完全分离，效率很低。鉴于博弈树具有"与"结点和"或"结点逐层交替出现的特点，如果可以边生成结点边计算估值和倒推值，就可能删除一些不必要的结点以提高效率。这就是下面要讨论的 $\alpha\text{-}\beta$ 剪枝技术。

考察如图 5.27 所示的博弈树。各端结点的估值如图所示，其中 G 尚未计算其估值。由 D 与 E 的估值得到 B 的倒推值为 3，这表示 A 的倒推值最小为 3。另外，由 F 的估值得知 C 的倒推值最大为 2，因此 A 的倒推值为 3。这里，虽然没有计算 G 的估值，仍然不影响对上层结点倒推值的推算，这表示这个分枝可以从博弈树中剪去。

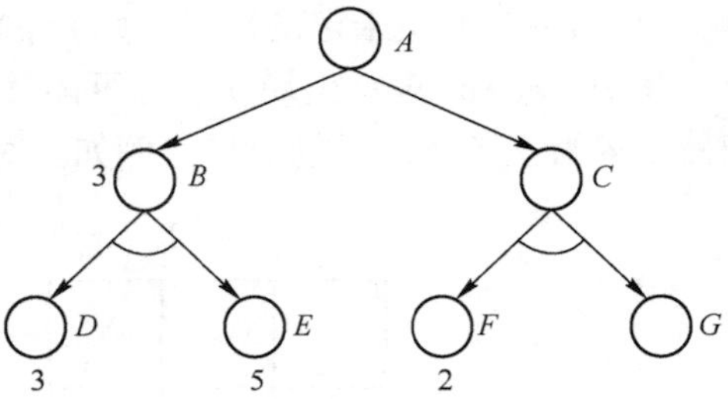

图 5.27　$\alpha\text{-}\beta$ 剪枝示例

对于一个与结点来说，它取当前子结点中的最小倒推值作为它倒推值的上界，称此值为 β 值。对于一个或结点来说，它取当前子结点中的最大倒推值作为它倒推值的下界，称此值为 α 值。

下面给出 $\alpha\text{-}\beta$ 剪枝技术的一般规律：

1）任何或结点 x 的 α 值如果不能降低其父结点的 β 值，则对结点 x 以下的分枝可停止搜索，并使 x 的倒推值为 α。这种剪枝技术称为 β 剪枝。

2）任何与结点 x 的 β 值如果不能升高其父结点的 α 值，则对结点 x 以下的分枝可停止搜索，并使 x 的倒推值为 β。这种剪枝称为 α 剪枝。

在 $\alpha\text{-}\beta$ 剪枝技术中，一个结点的第一个子结点的倒推值（或估值）是很重要的。对于一个或结点，如果估值最高的子结点最先生成；或者对于一个与结点，估值最低的子结点最先生成；则被剪除的结点数最多，搜索的效率最高。这称为最优 $\alpha\text{-}\beta$ 剪枝法。

5.3.7 人机对弈与 AlphaGo

1. 人机对弈

下棋一直被认为是人类的高智商游戏。绝大部分棋类游戏都是采用两人对弈的形式，在有限空间内两人按照规则轮流部署己方棋子，以追求己方获胜为目的。在对弈活动中，整个棋局信息对下棋双方都是平等公开的，棋手掌握棋局的完全信息，没有任何隐含信息。对弈活动是一种典型的搜索问题。由于棋局的所有可能状态是一个非常大的组合数字，所以对弈活动的难点就在于如何在有效的时间内从巨大搜索空间内找出可使己方获胜的解。用穷举法显然在时间上是不可接受的，所以只能用启发式搜索尽快找出有效解。

从 1956 年起到 2018 年的 62 年里，人工智能领域的学者在不断地研究计算机和人下各种棋的方法，并一一战胜了人类。到 2017 年底谷歌公司研制出了 AlphaZero，可以用一个软件在短时间内学会 3 种不同的棋，并轻松战胜人类。至此在人机对弈的较量上，计算机已经彻底打败人类。这也是在人工智能学科中，机器算法彻底超越人类的第一个领域。

早在 1956 年 Samuel 就研发出了具有自学习能力的西洋跳棋程序，并于 1959 年战胜设计者本人，1962 年击败美国的州冠军。1994 年加拿大阿尔伯塔大学 Jonathan Schaeffer 教授团队开发的 Chinook 跳棋程序战胜了当时的人类冠军。到 2007 年，Schaeffer 等人证明，对于跳棋只要对弈双方不犯错，最终都是和棋。而 Chinook 程序已经可以不犯错。这就是说，在跳棋上人类已经无法战胜机器了。

McCarthy 在 20 世纪 60 年代提出了著名的 $\alpha-\beta$ 剪枝算法。后来 Newell、Simon、Shaw 等人在计算机上实现了该算法。1997 年，IBM 公司的"深蓝"超级计算机第一次击败国际象棋世界冠军卡斯帕罗夫，其搜索方法也主要是并行化的 $\alpha-\beta$ 剪枝算法。在很长一段时间内，$\alpha-\beta$ 剪枝算法都是各种下棋程序的主要采用的方法，并且在除了围棋以外的各种棋类游戏上逐渐都战胜了人类。

围棋的搜索空间远远大于其他棋类游戏，所以即便使用 $\alpha-\beta$ 剪枝技术也无法有效降低其复杂度。人类在下围棋的时候更多是借助形象思维，而不仅仅是精确计算。直到 2016 年，谷歌公司下属的 DeepMind 公司研发的人工智能系统 AlphaGo 才首次战胜了人类围棋世界冠军李世石（九段）。AlphaGo 不再采用 $\alpha-\beta$ 剪枝技术，而是综合采用基于随机采样的蒙特卡洛搜索树、基于深度学习的策略和价值评估网络以及深度强化学习方法。2017 年 1 月，DeepMind 公司推出 AlphaGo 的升级版本 AlphaGo Zero。升级后的 AlphaGo Zero 增强了强化学习能力，完全不需要人类围棋专家，可以自我训练。AlphaGo Zero 只进行了 3 天自我训练就战胜了旧版AlphaGo。到 2017 年 12 月，DeepMind 公司推出了终结版本——AlphaZero。AlphaZero 同样不需要任何人类指导，从零基础开始自我学习了 8 小时就战胜了胜过李世石的 AlphaGo，自我学习 4 小时就战胜了国际象棋最强程序 Stockfish，仅自我学习 2 小时就战胜将棋（日本象棋）最强程序 Elmo。也就是说，AlphaZero 用一种模型可以解决多种问题。另外，AlphaZero 训练 34小时就胜过了训练 72 小时的 AlphaGo Zero。

至此，AlphaZero 的出现终结了人机对弈问题。以后无论下什么棋，人类都要向计算机请教学习了。

2. AlphaGo 工作原理

AlphaGo 系统主要包括以下几个部分：

1）有监督学习策略网络（Supervised Learning Policy Network，SL 策略网络）：给定当前局面，预测对手下一步的走棋落子。

2）强化学习策略网络（Reinforcement Learning Policy Network，RL 策略网络）：通过系统的自我训练来改善有监督学习策略网络，优化系统最终输出。强化学习调整策略的目标是达到获胜的目的，而不是追求最大预测准确率。

3）快速走子策略网络（Fast Rollout Policy Network，FR 策略网络）：目标和策略网络一样，但在适当牺牲走棋质量的条件下，速度要比 SL 策略网络快 1000 倍。

4）价值网络（Value Network）：在通过强化学习进行自我训练的过程中，给定当前局面，预测胜者。

5）蒙特卡洛树搜索（Monte Carlo Tree Search，MCTS）：把上述几个策略网络和价值网络联合起来，完成随机搜索过程。

其中策略网络和价值网络都是 13 层的卷积神经网络。更大的网络能得到更高的正确率，但是会降低搜索速度。

策略网络的输入是棋局状态 s（$19\times19\times48$ 的图片栈，即 48 个层叠的特征图），输出是对

手（人类高手）在棋盘上每个位置上落子的概率分布 $p(a|s)$，即对手在当前棋局状态下最可能的落子选择 a。SL 策略网络预测人类高手落子选择的正确率在 55%~57%（与人类落子选择不符未必是错误，因为人类落子选择可能是错误的）。FR 策略网络使用较小的模式特征和线性 Softmax 以求得较快速度。FR 策略网络的预测正确率在 24% 左右。RL 策略网络的拓扑与 SL 策略网络的一样；并且 RL 策略网络被初始化为与 SL 策略网络相同的权值。但是 RL 策略网络会通过策略梯度学习不断改进前一版本策略网络，使得系统胜率最大化。AlphaGo 系统通过 RL 策略网络进行自我训练，可以生成新的数据集，最后在新生成的数据集上训练价值网络。

价值网络的输入是棋局状态 s'（19×19×48 的图片栈，外加一个表示当前执子颜色的二值特征图），但是输出一个标量，表示当前棋局状态 s' 期望结果的预测值（即己方是否获胜）。

蒙特卡洛树的每条边 (s, a)（即一个棋局状态 s 和一个落子选择 a）上，还存有该行为的价值 $Q(s, a)$，访问计数 $N(s, a)$ 和先验概率 $P(s, a)$。每次仿真从根状态降序遍历树，不回溯，找出当前状态 s_t 下具有最大价值的落子选择 a_t，即

$$a_t = \underset{a}{\text{argmax}} \{ Q(s_t, a) + u(s_t, a) \} \tag{5.13}$$

也就是说，找到行为价值 $Q(s, a)$ 与该行为奖励 $u(s, a)$ 之和最大的落子选择。行为奖励 $u(s, a)$ 与先验概率 $P(s, a)$ 成正比，而与访问计数 $N(s, a)$ 成反比，即

$$u(s, a) \propto \frac{P(s, a)}{1 + N(s, a)} \tag{5.14}$$

其中，每条边的先验概率由策略网络的输出得到。对于每个叶子结点，使用回报函数根据价值网络和 FR 策略网络的输出计算回报值（获胜回报为加 1，失败回报为减 1）。每一轮的行为价值根据其子树所有回报值和价值网络输出值的平均数进行更新。使用 FR 策略网络是一个用速度来换取量的方法，从被判断位置出发，快速行棋至最后。每一次行棋结束后都会有个输赢结果，然后综合统计这个结点对应的胜率；而价值网络只要根据当前的状态便可直接评估出最后的结果。两者各有优缺点，所以 AlphaGo 系统将两者结果混合平均之后给出叶子结点的回报值。

AlphaGo 的训练分为三个阶段：第一阶段，训练 SL 策略网络预测对手的落子选择；第二阶段，通过 RL 策略网络自我训练改善策略网络权值，目的是提高系统胜率；第三阶段，训练价值网络预测结果。

AlphaGo Zero 则完全摆脱了人类经验和数据，完全通过强化学习配合深度神经网络和蒙特卡洛树搜索完成自我训练，达到超人的性能。AlphaZero 又更进一步用一个算法从零开始学习三种不同棋类游戏，并获得超人性能。这说明通用目的的强化学习算法可以在没有任何人类领域知识或数据的情况下，从零开始学习解决多个领域的问题。

5.4 智能优化搜索

"一万年太久，只争朝夕"。搜索的关键在于优化问题，即如何在限定条件下尽可能得到最优解。因为在理论上，任何可计算问题都能用穷举法逐一测试最优解，但是显然我们在时间上无法等待。所有搜索问题的首要限定条件就是时间，即所有搜索方法都必须在人可以接受的时间内给出尽可能最好的解。优化策略有很多，本节主要介绍目前能够有效解决大规模搜索问题的一些智能优化策略，即群体智能算法或者称为群体计算方法。

5.4.1 NP 问题

NP（Non-deterministic Polynomial）问题是计算机科学领域中非常重要的一个问题。该问题主要涉及计算复杂性的度量，即解决一个问题所需要的时间量级。有些问题在理论上就没有可以快速精确求解的方法，那么实践中就只能去设计快速求近似解或者次优解的算法。另一方面，这类有限时间内无法精确求解的问题又成为保证信息安全的基石。目前各种加密算法的安全性保障就来自这类难解问题。NP 问题就是这类有限时间内无法精确求解问题的典型代表。

1. 确定性算法与非确定性算法

定义 5.1 设 F 是求解问题 A 的一个算法。如果在算法的整个执行过程中，每一步只有一个确定的选择，算法的结果也是唯一确定的，则称算法 F 是确定性算法。

定义 5.2 设 F 是求解问题 A 的一个算法。如果算法 F 以如下猜测并验证的方式工作，就称算法 F 是非确定性算法。

1) 猜测阶段：算法 F 猜测某个输出 g 是一个解。

2) 验证阶段：算法 F 用确定性算法检查这个 g 是否真的是解。验证的结果有{是,否}两种可能。若验证为"是"，则找到了一个解；若验证为"否"，则说明还没有找到解。因为算法猜测的结果可能是错误的，所以验证为否不能说明无解，只能说明解还暂时没有找到而已。

可以看出，非确定性算法的操作结果并不唯一，它来自可能的集合。

以一个求解哈密顿回路的非确定性算法为例。哈密顿回路是经过图中所有顶点一次且仅一次，并返回出发点的路径。旅行商问题（Travelling Salesman Problem，TSP）的解就是最短哈密顿回路。算法先猜测一个路径 H 是一个哈密顿回路解。然后，算法再判定路径 H 是否经过所有顶点一次且仅一次，并返回出发点。如果算法回答"否"，并不意味着不存在一个满足要求的回路，因为算法猜测的路径 H 可能是错误的；如果算法回答"是"，说明当且仅当对于哈密顿回路问题的某个输入实例，至少存在一条满足要求的回路。

2. 判定问题与优化问题

判定问题是指仅仅要求回答"是"或"否"的问题。求解判定问题的算法称为判定算法。这些算法只产生"0"或"1"作为输出，即二值决策。

对于一个问题而言，通常直接计算求解比较困难，但是判定一个待定解是否为该问题的解则相对简单。例如，直接求解哈密顿回路是个难解问题，但是验证一个给定顶点序列是不是哈密顿回路却很容易，只需要检查前 n 个顶点是否互不相同，最后一个顶点和第一个顶点是否相同即可。

优化问题就是寻找一个最优解，使代价函数达到最优值。

判定问题和优化问题之间存在着一定的关系。一般来说，求解判定问题比求解优化问题更容易。如在最短路径问题中，给定一个图 G，判定一段路径 p 是不是图 G 中满足要求的一段路径要比求解图 G 的最短路径简单得多。通常，对于一个给定的最优化问题，将待优化的值指定一个界限，就可以将优化问题转化为对应的判定问题。如在最短路径问题中，假定一个路径长度的界限为 k，则对应的判断问题就是在顶点 v 和 u 之间是否存在一条路径，其长度小于或等于 k。所以，判定问题和优化问题之间存在这样的关系：如果一个优化问题可以在多项式时间内求解，则对应的判定问题也可以在多项式时间内求解；如果一个判定问题不能在多项式时间内求解，那么与它对应的优化问题也不能在多项式时间内求解。

3. P 类与 NP 类问题

定义 5.3 P（Polynomial）类问题是在多项式时间内使用确定性算法可解的所有判定问题的集合。

定义 5.4 NP（Non-deterministic Polynomial）类问题是在多项式时间内使用非确定性算法可解的所有判定问题的集合。

P 类问题可以简称为 P 问题，NP 类问题可以简称为 NP 问题。P 问题是 NP 问题的子集，即 $P \subseteq NP$。因为任何确定性算法都可以作为一个不确定性算法的检验阶段。但是，P 问题是否为 NP 问题的真子集，即是否存在一个问题是 NP 问题且不是 P 问题？$P \neq NP$ 这个命题现在还没有答案，这仍然是计算机科学领域一个悬而未决的难题。现在一般猜测 $P \neq NP$ 成立，但是还无法证明。

4. NP 难与 NP 完全问题

大多数从事算法复杂理论研究的计算机科学家之所以会相信 $P \neq NP$，是因为存在着一类"NP 完全"问题。这类问题有一个性质：如果任何一个 NP 完全问题能在多项式时间内解决，那么 NP 完全类中的每一个问题都存在一个多项式时间的解。

定义 5.5 问题 A 是 NP 完全的当且仅当

1）$A \in NP$。

2）对于 $\forall B \in NP$，问题 B 可以在多项式时间内转换为问题 A。

如果有一个问题 A 满足上述性质 2），但不一定满足性质 1），则称该问题是 NP 难（NP-Hard）的。所有 NP 完全问题构成的问题类称为 NP 完全问题类，记为 NPC（NP-Complete）。

对于 NP 完全问题，我们知道它存在多项式时间的非确定性算法，但是不知道是否存在多项式时间的确定性算法。而且，目前也不能证明 NP 完全问题中有任何一个问题不存在多项式时间的确定性算法。

NP 完全问题是 NP 问题中最难的一类问题。到目前为止，其中任何一个问题都没有找到多项式时间确定性算法。如果有一个 NP 完全问题 W 可以在多项式时间内用确定性算法解决，即 $W \in P$，那么根据 NP 完全问题的定义，所有 NP 问题都可以在多项式时间内用确定性算法求解；反之，如果 $P \neq NP$，则所有 NP 完全问题在多项式时间内都不可能用确定性算法求解。

P 问题、NP 问题、NP 完全问题、NP 难问题的关系如图 5.28 所示。

可以证明，对任意一个 NP 类判定问题 B，如果存在一个 NP 完全问题 A 能够在多项式时间内转换为问题 B，则问题 B 也是 NP 完全的。这就为证明某问题是否为 NP 完全问题提供了一个有效的途径。NP 完全问题有很多。判定一个布尔表达式是否可满足的问题 SAT（Satisfiablity）就是一个 NP 完全问题。布尔表达式可满足是指对于一个布尔表达式，如果至少存在一种该表达式的赋值使整个表达式为真，则这个布尔表达式是可满足的。例如，$(p \lor q) \land (\neg p \land \neg q)$ 是可满足的。因为当 p 为真且 q 为假时，该表达式就可为

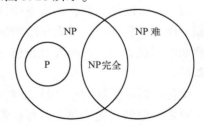

图 5.28　P 问题、NP 问题、NP 完全问题和 NP 难问题之间的关系

真。但 $p \land \neg p$ 是不可满足的，因为无论给 p 赋什么值，这个表达式都是假。原则上可以通过对布尔表达式每个变量赋所有可能的值，并根据布尔表达式的值来判定一个布尔表达式可满足性。但是，当布尔变量的个数 n 很大时，可能的赋值情况非常多，有 2^n 种。目前还没有求解此问题的高效确定性算法。

5.4.2 优化问题

1. 什么是优化问题

优化问题（Optimization Problem）又称为最优化问题，就是在满足一系列相关限制条件（约束）下，选择一组参数（变量），使设计指标（目标）达到最优值，即

$$\begin{cases} \min\{F(x)\} \\ \text{s.t.} \quad x \in \Omega \end{cases} \tag{5.15}$$

其中，x 表示被选择的参数（变量）；$F(x)$ 表示目标函数。$\min\{\}$ 表示选择最优目标，这里以求最小为例。也可以换为求最大。Ω 表示优化问题的限制条件，即约束。

在数学上不考虑时间、内存等运算资源的情况下，优化问题可分为无约束优化问题和有约束优化问题。有约束优化问题又可分为等式约束优化问题和不等式约束优化问题。例如，求函数 $f(x)$ 的最小（最大）值就是一个无约束优化问题；求当 x 为素数时函数 $f(x)$ 的最小值，就是一个等式约束优化问题；求当 $x>0$ 时函数 $f(x)$ 的最小值，就是一个不等式约束优化问题。

对于优化问题可以用数学解析法直接求出理论最优解，或者经过迭代逐步逼近理论最优解。但是当问题很复杂，无法建立精确的数学解析式，或者有些数学解析式无法求导时，数学解析法就无法使用了。而随机搜索法则是一种通用的、普适的优化求解方法。但是随机搜索法不一定总能得到理论最优解。

2. 求解优化问题的数学解析方法

数学解析法求解无约束优化问题最简单的思路就是求解导数为 0 的点。因为最优解肯定是极值点，其导数必定为 0。对于有约束优化问题，则先想办法将其转换为无约束优化问题，然后再求解。例如，对于等式约束优化问题，可通过拉格朗日乘数法将其转换成为无约束优化问题求解；对于不等式约束优化问题可通过 KKT 条件（Karush-Kuhn-Tucker Condition）将其转化成无约束优化问题求解。

5.4.2-1
优化问题与
迭代求解

用解析法通过迭代求解无约束优化问题的主要方法有梯度下降法、牛顿法、拟牛顿法、共轭梯度法和单纯形法等。求解有约束优化问题的主要方法有蒙特卡洛法、线性规划法、二次规划法、复合形法和拉格朗日乘数法等。

（1）梯度下降法（Gradient Descent Method）

梯度下降法是最简单、最为常用的优化问题求解方法。梯度下降法就是用当前位置的负梯度方向作为下一步的搜索方向。梯度方向就是指定点处函数值增加幅度最大的方向。其负方向就是当前点的最快下降方向，所以也称为"最速下降法"。梯度下降法的迭代公式为

$$x_{k+1} = x_k + \eta(-\nabla f(x_k)), \quad \eta > 0 \tag{5.16}$$

其中，η 表示步长因子，$\nabla f(x)$ 表示梯度方向。η 可以是定值，也可以每步都变化。如果 η 过大，则容易震荡，不能收敛到极小点；如果 η 过小，则收敛速度会非常慢。

当目标函数是凸函数时，梯度下降法的解是全局最优解。但是在一般情况下，梯度下降法只能得到一个局部最优解。

（2）牛顿法（Newton's Method）

牛顿法是一种在实数域和复数域上近似求解方程的方法，用于求函数零点。该方法用函数 $f(x)$ 的泰勒级数的前面几项来寻找方程 $f(x)=0$ 的根。牛顿法的迭代公式为

$$x_{k+1} = x_k - \frac{f'(x_k)}{f''(x_k)} \tag{5.17}$$

牛顿法的最大优点是收敛速度很快，具有局部二阶收敛性。其缺点是对高维向量求二阶导数时，每一步都需要求解目标函数的 Hessian 矩阵的逆矩阵，计算比较复杂。另外，基本牛顿法初始点需要足够"靠近"极小点，否则有可能导致算法不收敛。

从几何角度来看，牛顿法是基于当前位置的切线来确定下一次位置，所以牛顿法又称为"切线法"。另一种解释是，牛顿法用一个二次曲面拟合当前位置的局部曲面，而梯度下降法用一个平面来拟合当前位置的局部曲面。通常情况下，二次曲面的拟合比平面更好，所以牛顿法选择的下降路径会更符合真实的最优下降路径。从本质上看，牛顿法是二阶收敛，梯度下降法是一阶收敛，所以牛顿法更快。

（3）拟牛顿法（Quasi-Newton Method）

拟牛顿法是对牛顿法的改进，其思想是用正定矩阵来近似 Hessian 矩阵的逆，不需要每步求解复杂的 Hessian 矩阵的逆矩阵，从而简化了运算复杂度。拟牛顿法和梯度下降法一样只要求每一步迭代时知道目标函数的梯度。通过测量梯度的变化，构造一个目标函数的模型使其足以产生超线性收敛性。具体的拟牛顿法实现有 DFP 算法、BFGS 算法和 Broyden 类算法等。这类方法大大优于最速下降法。另外，因为拟牛顿法不需要二阶导数的信息，所以有时比牛顿法更为有效。

（4）共轭梯度法（Conjugate Gradient Method）

共轭梯度法是介于梯度下降法与牛顿法之间的一个方法。它仅利用一阶导数信息，但既克服了梯度下降法收敛慢的缺点，又避免了牛顿法需要存储和计算 Hesse 矩阵并求逆的缺点。共轭梯度法不仅是解决大型线性方程组最有用的方法之一，也是解大型非线性最优化问题最有效的算法之一。共轭梯度法所需存储量小，具有较快收敛速度，稳定性高，而且不需要任何外来参数，适合维数较高的优化问题。

3. 求解优化问题的随机搜索法

5.4.2-2
群体智能优
化算法

求解优化问题就是在巨大的解空间中找到最优解，这显然是一个搜索问题。最简单的搜索策略就是穷举法，即依次遍历所有可能解（或者路径）。当问题规模（即解空间）很小时穷举法有效；但是当问题规模很大时，穷举法所需要的时间就让人无法接受了。特别是对于大规模 NP 问题，目前根本无法在有效的时间内求解。而随机搜索是一种常用的有效搜索巨大解空间的策略。随机搜索策略顾名思义肯定带有随机性，但又不是彻底的盲目搜索。随机搜索都是启发式搜索，通过启发式信息合理运用随机性，尽可能概率性收敛于最优解。另外，随机搜索对数据前后之间的依赖性要求很低，很适合并行化实现。

下面介绍几种常见的随机搜索算法。

（1）爬山搜索法

爬山搜索法是对贪心算法的一种简单改进。彻底随机搜索策略只是通过随机采样来试图找到最优解。而贪心算法则试图在每一步中找到当前局部的最优解。爬山搜索法就是只接受比当前解更好或至少相等的解作为下一步当前解。对解好坏的评价则要根据待解问题的目标函数值来判断。爬山搜索法第一个解一般随机产生。然后新解可以在当前解的邻域内随机选取或者选取最优解。

例如，图 5.29 中曲线最高点是甲点，次高点是乙点。如果算法起始点随机选取到了 A 点。那么根据贪心策略，会向比 A 点更高的点搜索过去，经过迭代最终可以找到乙点。然后，在乙点周围（邻域内）再找不到比乙点更高的点，算法最后就收敛在乙点。同理，若随机初始点是 B 点，那么最终也是收敛到乙点。但是如果随机初始点是 C 点，那么就可以收敛到全局最优解甲点。由此可以看出，爬山搜索法最大的缺陷就是容易陷入局部最优解中。缓解该缺陷的一个简单方法是多次执行爬山搜索法，然后取最好一次的结果作为最终结果。

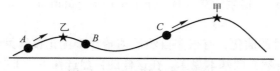

图 5.29 爬山搜索法示意图

在实践中，爬山搜索法停止搜索的终止准则一般有以下 3 种：

1）算法的总迭代次数达到设定上限。

2）最优解没有更新的迭代次数达到设定上限。

3）当前解已经满足目标要求。

（2）模拟退火法

模拟退火（Simulated Annealing）法能够克服爬山搜索法极容易陷入局部最优解的缺点。模拟退火法是一个基于概率搜索的局部搜索算法。模拟退火法的触发思想是：当物体处于较高温度时，物体内部分子热运动比较剧烈，其随机波动的幅度很大；当物体逐渐降温时（即退火过程），分子热运动也慢慢减缓，其随机波动幅度也逐渐下降；最后当物体凉透之后，分子热运动处于一个稳定的能量极低点，此时就相当于收敛到了一个系统最优值。模拟退火法也就是模拟上述物理过程，能够以较大概率收敛到最优解。

模拟退火法从一较高初始温度开始，随着温度不断下降，解空间中的跳转概率也逐渐下降，最后概率性收敛于全局最优解。令 T 表示当前温度，ΔE 表示当前状态与新状态之间的能量差，即 $f(x_i)-f(x_{i+1})$，$f(x)$ 代表系统目标函数（目标是寻找最小值）。系统发生状态转移的概率为

$$p(\Delta E)=\begin{cases} 1, & \Delta E \geqslant 0 \\ e^{\frac{\Delta E}{T}}, & \Delta E < 0 \end{cases} \tag{5.18}$$

如果 $\Delta E > 0$，那么迭代下去能量必然越来越低，也就肯定越来越接近目标最小值；但如果 $\Delta E < 0$，那么模拟退火法就以上式计算出来的概率来接受新解 $f(x_{i+1})$。可以看出，当温度较高时，转移概率较大；当温度较低时，转移概率变小。也就是说，高温时更容易跳出局部解，低温时系统逐渐收敛。

模拟退火算法还需要 3 个参数：初温 T_0、终温 T_n 和降温系数 d。初温就是算法第 0 步时的初始温度，一般设置得较大。终温是最低温度阈值。当温度降到此值后，则算法必定停止，此时的当前解就是最终解。一般终温是接近 0 的正数。降温过程一般是 $T_{i+1}=d \times T_i$。其中，降温系数 d 很关键，一般是小于 1 但接近 1 的一个值。降温系数大意味着温度衰减慢，有利于找到最优解，但是减慢了系统收敛速度。

模拟退火法的初始解也是随机产生的，新解产生规则是在当前解的邻域内随机选取。但是，模拟退火法还能够以一定概率从当前解的邻域内随机跳出来到另外一个解，这样就使其能够从局部最优解中概率性跳出，并趋于全局最优解。模拟退火法的特点是：由于它允许概率地接受恶化解，所以不容易陷入局部最优；另外，它的解与初始值无关。但是为了寻求最优解，模拟退火法通常要求较高的初温、较慢的降温速率、较低的终止温度以及各温度下足够多次的

采样。所以，模拟退火法的缺点是往往收敛过程较长。

（3）仿生群体法

仿生群体法不是一种算法而是一大类算法。这类算法主要是受到自然界生物群体一些活动的启示，通过借鉴某种生物行为而达到优化搜索的目的。所以，这类算法往往也称为进化计算（Evolutionary Computation）、仿生计算（Bio-inspired Computation）或者群体计算（Swarm Computation）。

自然界经过漫长岁月的演化，有很多自然活动暗含着优化搜索策略。"物竞天择""优胜劣汰""适者生存"是自然界的基本规律。在这样的自然选择下，非优化的种群或者行为都已经被淘汰，而剩下的就是符合当前环境条件的优胜者。人们对自然选择规律和具体生物群体活动的不同模仿就诞生了不同的仿生群体算法。这类算法的显著特征有群体性、随机性、选择性和普适性。群体性是指这类算法都以一个群体为模拟对象。群体就是指个体的集合，一般称为种群（Population）。群体中每个个体有自身的行为和活动，不同个体之间可能有较大差异，这就体现了随机性。但是作为个体集合的群体却有明显的优化方向，即选择性。一般表现为群体对环境条件的适应性提高，或者群体中个体的优化性更强。最终经过多轮迭代之后，群体可以概率性覆盖到全局最优解。仿生群体法有个很大的优点就是不需要对待解问题进行完整的解析分析，只要对求解目标进行合理表示，就可以自动获得较优解。原则上这类算法适用于任意函数类，所以具有很强的普适性。

仿生群体法的典型代表有遗传算法（Genetic Algorithm）、蚁群算法（Ant Colony Optimization）、粒子群算法（Particle Swarm Optimization）、自适应协方差矩阵进化策略算法（Covariance Matrix Adaptation Evolution Strategy）以及鱼群算法和鸟群算法等。

仿生群体算法一般包括编码表示策略、适应函数、变异算子、交叉算子和选择算子等几部分。编码表示策略就是如何用某种方法来表示一个个体，如一个字符串、一个向量或者一个函数等。适应函数就是用一个函数来评估个体（如编码字符串）对环境的适应性，也就是对一个解的好坏的评价，所以也称为目标函数。适应函数的值称为适应度。适应度越大的个体就代表越好的解。变异（即突变）算子随机改变个体特性（如改变一个编码串中的某几位）从而得到另一个新个体。这个算子模拟生物基因突变现象，是体现算法随机性的主要手段。交叉算子把两个个体混合后得到新的个体（例如，混合两个编码串得到新的编码串）。选择算子从一个群体（即多个个体）中取出多个较优个体，用于繁衍下一代。

仿生群体算法一般的计算过程如下：

1）确定个体编码表示策略，对待解决问题进行表示。

2）随机生成 n 个不同个体构成初始种群 $X(0) = \{x_1, x_2, \cdots, x_n\}$。

3）计算当前群体 $X(t)$ 中每个个体 x_i 的适应度 $F(x_i)$。

4）应用选择算子产生中间代 $X_r(t)$。

5）对 $X_r(t)$ 应用进化算子，产生新一代群体 $X(t+1)$。

6）进化代数增1，即 $t = t+1$。

7）如果不满足终止条件则转至第3)步，否则结束。

终止条件一般是迭代至指定代数，或者是当前群体中最优个体已经满足要求。

随机搜索还有很多其他算法，如禁忌搜索（Tabu Search）算法、人工免疫算法（Immune Algorithm）和引力搜索算法（Gravitational Search Algorithm）等。这些算法的思想与前面介绍的三类随机搜索方法大体类似或者是在某方面进行了一些改进。

5.4.3 遗传算法

1. 遗传算法与进化计算

达尔文的进化论和孟德尔的遗传学说是人类科学史上的重要学说。在人工智能领域也有学者根据这两个学说抽象出了基于"进化"观点的学习理论，即进化计算（Evolutionary Computation）。进化计算是一类模拟生物进化、自然选择过程与机制求解问题的自组织、自适应人工智能技术。遗传算法（Genetic Algorithm）就是进化计算的典型代表。

进化计算的核心思想认为，生物进化过程（从简单到复杂，从低级向高级）本身是一个自然的、并行的、稳健的优化过程。这一优化过程的目标是对环境的自适应性。生物种群通过"优胜劣汰"及遗传变异来达到进化（优化）的目的。根据生物进化和遗传理论，进化过程通过繁殖、变异、竞争和选择这4种基本形式实现。如果把待解决的问题理解为对某个目标函数的全局优化，则进化计算就是建立在模拟生物进化过程基础上的随机搜索优化技术。

遗传算法是建立在自然选择和遗传学机理基础上的迭代自适应概率性搜索算法。它最早由美国 Michigan 大学 J. H. Holland 于 1975 年提出。在此之前的进化计算过分依赖变异算子而不是交叉算子来产生新基因。Holland 的功绩在于开发出了一种既可描述交换也可描述突变的编码技术。他提出用简单的位串形式编码表示各种复杂结构，并用简单的变换来改进这种结构。并且他证明了遗传算法可以在搜索空间中收敛到全局最优解，从而开创了遗传算法这一新领域。后来美国的 De Jong 博士首先将遗传算法应用于函数优化，为这一技术的应用奠定了基础。基本遗传算法的流程图如图 5.30 所示。

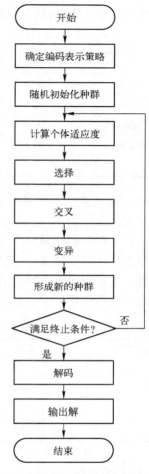

图 5.30　基本遗传算法流程图

2. 一个遗传算法的简单例子

例 5.12　求函数 $f(x)=x^2$ 的最大值，变量 x 的定义域为 $[0,31]$ 内的整数。

解：

（1）编码策略

对于本例问题，我们采用二进制码串对决策变量 x 进行编码。定义域内总共只有 32 个个体，所以 5 位二进制数就足够了。

（2）初始种群

我们设定种群的大小为 4 个个体，然后从全部个体中随机抽取 4 个个体组成初始种群。具体操作可通过掷硬币确定。规定正面为 1，反面为 0。例如，将一枚硬币连续掷 20 次，则得到一个 20 位的二进制串。每 5 位构成一个个体，就得到 4 个个体，不妨记为（00101）、（01100）、（10010）和（01001）。

（3）适应函数

将二进制码转换为十进制整数，然后取其二次方，即为该个体（二进制码串）的适应度。

（4）选择算子

采用简单赌轮选择，即适应度越大的个体被选择的概率越大，结果见表5.3。

表 5.3　第一代种群及其选择

个体编码	个体 x	适应度 $f(x)=x^2$	$f/\sum f$	$4f/\sum f$	生存数
00101	5	25	0.0436	0.1742	0
01100	12	144	0.2509	1.0035	1
10010	18	324	0.5645	2.2578	2
01001	9	81	0.1411	0.5645	1
适应度总和		574	平均适应度		143.5

（5）交叉算子与变异算子

令交叉概率为1，即必定发生交叉操作。令变异概率为0.01，即平均每100位中有1位发生突变。本例的群体只包含4个5位的字符串共20位。平均每遗传一代只有0.2位产生突变，每遗传5代才有1位发生突变。

第一代种群经过选择之后得到（01100）、（10010）、（10010）、（01001）这4个个体。对这些个体进行随机配对，并随机确定交叉点进行交换，结果见表5.4。

表 5.4　交叉操作

随机配对	随机交叉点	配对编码	新编码	新个体 x	适应度 $f(x)=x^2$
1	3	01100	01110	14	196
		10010	10000	16	256
2	1	01001	00010	2	4
		10010	11001	25	625
适应度总和		1081	平均适应度		270.25

经过选择、交换、变异操作之后完成了一代遗传。可以看出，第二代种群质量有了明显提高：平均适应度由143.5增加为270.25，最大适应度由324提高到了625。表5.5显示了第二代种群进化后得到的第三代种群，其结果得到了进一步优化。经过几代遗传之后，种群就会稳定下来，适应度不再提升。由此可以证明遗传算法在概率上会收敛到最优解。但是，这并不意味着每一次求解都一定得到最优解。

表 5.5　第二代种群及其遗传结果

第二代个体 x	生存数	配对编码	新编码	新个体 x	适应度 $f(x)=x^2$
16	1	11001	11000	24	576
14	1	10000	10001	17	289
25	2	11001	11010	26	676
2	0	01110	01101	13	169
适应度总和		1710	平均适应度		427.5

3. 遗传算法中常见的控制参数

通过上面的例5.12，我们对遗传算法有了一个感性认识。在遗传算法的实际操作中，需要确定一些系统控制参数（即模型参数）。当这些控制参数取值合理时，遗传算法将获得较优结果；否则，这些控制参数会严重影响遗传算法的运行结果。

1）串长。串长就是编码字符串所含字符（或者数值）的个数。该长度为常数，即为定长，记为 L。

2）种群容量。种群容量就是每一代种群内个体的总数目，即种群内所含编码字符串的个数。一般情况下，每一代种群容量不变，记为 n。

3）交叉概率。交叉概率就是种群中一个个体要被实施交叉算子的概率。一般记为 P_c。

4）变异概率。变异概率又称突变概率，就是一个个体要被实施变异算子的概率，即一个个体发生基因突变的概率。一般记为 P_m。基因突变的概率很小，一般情况下该值远远小于0.1。

5）进化代数。遗传算法完成一次遗传操作形成一代新种群。进化代数就是遗传算法生成新种群的次数。一般记为 T。进化代数常用于控制遗传算法是否终止。

4. 个体编码表示方法

用遗传算法解决问题时，首先要对待解决问题的模型结构和参数进行编码，一般用字符串表示。编码机制是遗传算法的基础。遗传算法不是对研究对象直接进行讨论，而是通过某种编码机制把对象统一赋予由特定符号（字符）按一定顺序排成的串。串的集合构成总体，个体就是串。对遗传算法的编码串可以有十分广泛的理解。对于优化问题，一个串对应一个可能解；对于分类问题，一个串可解释为一个规则，即串的前半部为输入或前件，后半部为输出或后件、结论等。

目前还没有一套严密、完整的理论及评价准则来帮助我们设计编码方案。作为参考，De Jong 提出了两条操作性较强的实用编码原则。这两条原则仅给出了设计编码方案的指导性大纲，并不适合所有的问题。

原则一（有意义积木块编码原则）：应使用易产生与所求问题相关的且具有低阶、短定义长度模式的编码方案。

原则二（最小字符集编码原则）：应使用能使问题得到自然表示或描述的具有最小编码字符集的编码方案。

在原则一中，模式是指具有某些基因相似性的个体的集合。具有低阶、短定义长度且适应度较高的模式称为构造优良个体的积木块或基因块。原则一可以理解为应使用易于生成适应度较高的个体编码方案。

原则二说明了为何偏爱使用二进制编码方法。理论分析表明，与其他编码字符集相比，二进制编码方案能包含最大的模式数，从而使得遗传算法在确定规模的群体中能够处理最多的模式。

遗传算法中的基本编码方法可分为：二进制编码、浮点数编码和符号编码。针对特定问题还可以混合应用多种基本编码。

（1）二进制编码

1）自然二进制编码。

自然二进制编码是遗传算法中最常用的一种编码方法。它所构成的个体基因型是一个二进制编码符号串。自然二进制编码符号串的长度与问题求解精度有关。设某一参数的取值范围是

$\left[U_{\min}, U_{\max}\right]$，则自然二进制编码的编码精度为

$$\delta = \frac{U_{\max} - U_{\min}}{2^l - 1} \tag{5.19}$$

假设某一个体的编码是 $x = \left[b_l b_{l-1} b_{l-2} \cdots b_2 b_1\right]$，则其对应的解码公式为

$$x = U_{\min} + \left(\sum_{i=1}^{l} b_i 2^{i-1}\right) \frac{U_{\max} - U_{\min}}{2^l - 1} \tag{5.20}$$

例如，对于 $x \in [0, 255]$，若用 8 位长的二进制编码来表示该参数，则符号串

$$0\ 0\ 1\ 0\ 1\ 0\ 1\ 1$$

即可表示一个个体。它所对应的参数值 $x = 43$。此时，编码精度 $\delta = 1$。

自然二进制编码方法有如下优点：

- 编码和解码操作简单易行。
- 交叉和变异等遗传操作便于实现。
- 符合最小字符集编码原则。
- 便于利用模式（图式）定理对算法进行理论分析。

2）格雷码（Gray Code）编码。

自然二进制编码不便于反映所求问题的结构特征。对于一些连续函数的优化问题等，由于遗传算法的随机特性而使其局部搜索能力较差。为改进这个弱点，人们提出用格雷码对个体进行编码。格雷码是这样的一种编码方法：连续两个整数所对应的编码值之间仅有一个码位是不相同的，其余码位都完全相同。格雷码编码是二进制编码方法的一种变形，其编码精度与同长度自然二进制编码精度一样。

假设有一个 m 位自然二进制编码为 $B = b_m b_{m-1} \cdots b_2 b_1$，其对应的格雷码为 $G = g_m g_{m-1} \cdots g_2 g_1$。则由自然二进制编码到格雷码的转换公式为

$$\begin{cases} g_m = b_m \\ g_i = b_{i+1}\ \text{XOR}\ b_i, & i = m-1, m-2, \cdots, 1 \end{cases} \tag{5.21}$$

由格雷码到二进制码的转换公式为

$$\begin{cases} b_m = g_m \\ b_i = b_{i+1}\ \text{XOR}\ g_i, & i = m-1, m-2, \cdots, 1 \end{cases} \tag{5.22}$$

表 5.6 十进制数与其自然二进制码和格雷码

十进制数	自然二进制码	格雷码
0	0000	0000
1	0001	0001
2	0010	0011
3	0011	0010
4	0100	0110
5	0101	0111
6	0110	0101
7	0111	0100
8	1000	1100
9	1001	1101

格雷码有这样一个特点：任意两个整数之差是这两个整数所对应格雷码间的海明距离。这也是遗传算法中使用格雷码进行个体编码的主要原因。自然二进制码单个基因座的变异可能带来表现型的巨大差异（如从 127 变到 255）。而格雷码编码串之间的一位差异，对应的参数值（表现型）也只是微小的差别。这样就增强了遗传算法的局部搜索能力，便于对连续函数进行局部空间搜索。

（2）浮点数编码

浮点数编码是指个体的每个基因值用某一范围内的一个浮点数来表示，个体的编码长度等于其决策变量的个数。这种编码方法使用决策变量的真实值，所以浮点数编码也叫作真值编

码。例如，若某一个优化问题含有 5 个变量 $x_i(i=1,2,\cdots,5)$，每个变量都有其对应的上下限，则 $x:[5.80\ 6.90\ 3.50\ 3.80\ 5.00]$ 就表示了一个个体的基因型。

对于一些多维、高精度要求的连续函数优化问题，使用二进制编码表示个体有一些不利之处。首先，二进制编码存在离散化所带来的映射误差，精度会达不到要求。若要提高精度，则需加大二进制编码长度，大大增加了搜索空间。其次，二进制编码不便于反映所求问题的特定知识，不便于处理非平凡约束条件。再者，当用多个字节来表示一个基因值时，交叉运算必须在两个基因的分界字节处进行，而不能在某个基因的中间字节分隔处进行。

在浮点数编码方法中，必须保证基因值在给定的区间限制范围内。遗传算法所使用的交叉、变异的遗传算子也必须保证其运算结果所产生新个体的基因值也在该区间限制范围内。

浮点数编码方法有下面几个优点：

- 适合在遗传算法中表示范围较大的数。
- 适合精度要求较高的遗传算法。
- 便于较大空间的遗传搜索。
- 改善了遗传算法的计算复杂性，提高了运算效率。
- 便于遗传算法与经典优化方法的混合使用。
- 便于设计针对问题的专门知识的知识型遗传算子。
- 便于处理复杂的决策变量约束条件。

（3）符号编码

符号编码方法是指个体编码串中的基因值取自一个无数值含义只有代码含义的符号集。这个符号集可以是一个字母表，如 $\{A,B,C,D,\cdots\}$；也可以是一个数字序号表，如 $\{1,2,3,\cdots\}$；还可以是一个代码表，如 $\{C_1,C_2,C_3,\cdots\}$ 等。

对于使用符号编码的遗传算法，需要认真设计交叉、变异等遗传运算操作方法，以满足问题的各种约束要求。

符号编码的主要优点如下：

- 符合有意义积木块编码原则。
- 便于在遗传算法中利用所求解问题的专门知识。
- 便于遗传算法与相关近似算法之间的混合使用。

（4）多参数编码方法

一般常见的优化问题中往往含有多个决策变量，如六峰值驼背函数就含有两个变量。对这种含有多个变量的个体进行编码的方法就称为多参数编码方法。

多参数编码最常用和最基本的一种方法是：将各个参数分别以某种编码方法进行编码，然后将它们的编码按一定顺序连接在一起就组成了表示全部参数的个体编码，这种编码方法称为多参数级联编码方法。

在进行多参数编码时，每个参数的编码方式可以是二进制编码、格雷码、浮点数编码或符号编码等任意一种编码方式。每个参数可以具有不同的上下界，也可以有不同的编码长度和编码精度。

5. 选择算子

选择算子就是根据适者生存原则从种群中选择出生命力强的、较适应环境的个体。这些选中的个体用于繁殖下一代，产生新种群，故这一操作也称为繁殖（Reproduction）。由于在选择用于繁殖下一代的个体时，根据个体对环境的适应度而决定其繁殖量，所以还称其为非均匀繁殖（Differential reproduction）。

选择算子以适应度为选择原则，体现出优胜劣汰的效果。具体的选择方法有很多，都遵从下面的原则：

- 适应度较高的个体繁殖下一代的概率较高（或者数目较多）。
- 适应度较低的个体繁殖下一代的概率较低（或者数目较少），甚至被淘汰。

选择的结果就是产生了对环境适应能力较强的后代。从问题求解角度来讲，就是选择出和最优解较接近的中间解。常见的选择方法有比例法、最优保存策略、无回放随机选择和排序法等。

（1）比例法（Proportional Model）

比例法是一种回放式随机采样方法，也称为赌轮选择法。其基本思想是：各个个体被选中的概率与其适应度大小成正比。由于随机操作的原因，这种选择方法的选择误差比较大。有时甚至连适应度比较高的个体也选择不上。设群体大小为 n，个体 i 的适应度为 f_i，则个体 i 被选中的概率为

$$\frac{f_i}{\sum_{i=1}^{n} f_i} \tag{5.23}$$

（2）最优保存策略（Elitist Model）

在进化过程中将产生越来越多的优良个体。但是由于选择、交叉、变异等遗传操作的随机性，优良个体也有可能被破坏。这不是我们所希望发生的。因为这会降低种群平均适应度，并对遗传算法的运行效率、收敛性都有不利影响。我们希望适应度最好的个体要尽可能地保留到下一代种群中。为达到这个目的，可以使用最优保存策略来进行优胜劣汰操作，即当前群体中适应度最高的一个个体不参与交叉运算和变异运算，而是用它来替换本代群体中经过遗传操作后产生的适应度最低的个体。

最优保存策略可保证迄今为止所得的最优个体不会被遗传运算破坏。这是遗传算法收敛性的一个重要保证条件。但是另一方面，它也容易使得某个局部最优个体不易被淘汰反而快速扩散，从而使得算法的全局搜索能力不强。所以，该方法一般要与其他一些选择操作方法配合起来使用，以取得良好的效果。

最优保存策略可以推广，即在每一代的进化过程中保留多个最优个体不参加遗传运算，而直接将它们复制到下一代群体中。这种选择方法也称为稳态复制。

（3）无回放随机选择

这种选择方法也叫作期望值选择方法（Expected Value Model）。它的基本思想是：根据每个个体在下一代群体中的生存期望值来进行随机选择。其具体操作过程如下：

计算群体中每个个体在下一代群体中的生存期望数目 n_i：

$$n_i = n \frac{f_i}{\sum_{i=1}^{n} f_i} \tag{5.24}$$

若某一个体被选中参与交叉运算，则它在下一代中的生存期望数目减去 0.5；若某一个体未被选中，则它在下一代中的生存期望数目减去 1.0。随着选择过程的进行，若某一个体的生存期望数目小于 0，则该个体就不再有机会被选中。

这种选择操作方法能够降低一些选择误差，但操作不太方便。

（4）排序法（Ranked Based Model）

以上介绍的三种选择操作方法都要求每个个体的适应度取非负值，这样就必须对负的适应度进行变换处理。而排序法的主要着眼点是个体适应度之间的大小关系，对个体适应度是否取正值或负值以及个体适应度之间的数值差异程度并无特别要求。

排序法的主要思想是：对群体中的所有个体按其适应度大小进行排序，按照排序结果来分配各个个体被选中的概率。其具体操作过程是：对群体中的所有个体按其适应度大小进行降序排序。根据具体求解问题，设计一个概率分配表，将各个概率值按上述排列次序分配给各个个体。以各个个体所分配的概率值作为其遗传概率，基于这些概率值用比例（赌轮）法来产生下一代群体。

由于使用了随机性较强的比例选择方法，所以排序法仍具有较大的选择误差。

6. 交叉算子

遗传算法的有效性主要来自选择和交叉操作。尤其是交叉算子在遗传算法中起着核心作用。如果只有选择算子，那么后代种群不会超出初始种群，即第一代的范围。因此还需要其他算子，常用的有交叉算子和变异算子。

交叉算子就是在选中用于繁殖下一代的个体（染色体）中，对两个不同染色体相同位置上的基因进行交换，从而产生新的染色体，所以交叉算子又称为重组（Recombination）算子。当许多染色体相同或后代的染色体与上一代没有多大差别时，可通过染色体重组来产生新一代染色体。染色体重组分两个步骤：首先进行随机配对，然后执行交叉操作。配对就是从被选中用于繁殖下一代的个体中，随机地选取两个个体组成一对。交叉操作就是按照一定概率在某个位置上交换配对编码的部分子串。这是一个随机信息交换过程，其目的在于产生新的基因组合，即产生新的个体。

交叉算子的设计和实现与所研究问题密切相关，主要考虑两个问题：第一，如何确定交叉点的位置；第二，如何进行部分基因交换。一般要求交叉算子既不要过分破坏个体编码中表示优良性状的优良图式，又要能够有效地产生一些较好的新个体图式。另外，交叉算子的设计要和个体编码设计统一考虑。

交换算子有多种形式，包括单点交叉、双点交叉、多点交叉和算术交叉等。

（1）单点交叉（Single Point Crossover）

单点交叉最简单，是简单遗传算法使用的交换算子。单点交叉从种群中随机取出两个字符串，假设串长为 L；然后随机确定一个交叉点，它在 $1 \sim L-1$ 间的正整数中取值；将两个串的右半段互换，重新连接，得到两个新串，如图 5.31 所示。

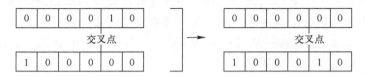

图 5.31 单点交叉

交叉得到的新串不一定都能保留在下一代，可以仅保留适应度大的那个串。

单点交叉的特点：若邻接基因座之间的关系能提供较好的个体性状和较高的个体适应度，则这种单点交叉操作破坏这种个体性状和较低个体适应度的可能性最小。但是，单点交叉操作有一定的使用范围，故人们发展了其他一些交叉算子，如双点交叉、多点交叉和算术交叉等。

（2）双点交叉（Two Point Crossover）

双点交叉是指在个体编码串中随机设置两个交叉点，然后进行部分基因交换，即交换两个交叉点之间的基因段，如图 5.32 所示。

（3）多点交叉（Multi-point Crossover）

将单点交叉和双点交叉的概念加以推广，可得到多点交叉的概念，即在个体编码串中随机设置多个交叉点，然后进行基因交换。多点交叉又称为广义交叉。

多点交叉算子一般不太使用，因为它有可能破坏一些好图式。事实上，随着交叉点数的增多，个体的结

交叉点1 交叉点2

图 5.32 双点交叉

构被破坏的可能性也逐渐增大。这样就很难有效地保存较好的图式，从而影响遗传算法的性能。

（4）算术交叉（Arithmetic Crossover）

算术交叉是指由两个个体的线性组合而产生出的两个新个体。为了能够进行线性组合运算，算术交叉的操作对象一般是由浮点数编码所表示的个体。

假设在两个个体 X_A^t、X_B^t 之间进行算术交叉，则交叉运算后所产生的两个新个体是

$$\begin{cases} X_A^{t+1} = \alpha X_B^t + (1-\alpha) X_A^t \\ X_B^{t+1} = \alpha X_A^t + (1-\alpha) X_B^t \end{cases} \tag{5.25}$$

式中，α 为一个参数，它可以是一个常数，此时所进行的交叉运算称为均匀算术交叉；它也可以是一个由进化代数所决定的变量，此时所进行的交叉运算称为非均匀算术交叉。

7. 变异算子

变异也称为突变，就是在选中的染色体中，对染色体中的某些基因执行异向转化。选择和交叉算子基本上完成了遗传算法的大部分搜索功能，而变异算子则增加了遗传算法找到全局最优解的能力。根据生物遗传中基因变异的原理，变异算子以很小的概率随机改变字符串某个位置上的值。在二进制编码中就是将 0 变成 1，或将 1 变成 0。变异概率的取值较小，一般在 0.0001~0.1。这与生物体中突变概率极小的情况一致。变异本身是一种随机搜索，但与选择、交叉算子结合在一起，就能避免由复制和交叉算子引起的某些信息的永久性丢失，从而保证了遗传算法的有效性。

一般认为变异算子的重要性次于交叉算子，但其作用也不能忽视。交叉算子可以接近最优解，但是无法对搜索空间的细节进行局部搜索。使用变异算子来调整个体中的个别基因，就可以从局部的角度出发使个体更加逼近最优解。单靠变异不能保障得到最优解。但是变异使遗传算法可以避免产生无法进化的单一群体。例如，若在某个位置上初始群体所有串都取 0。但最优解在这个位置上却取 1。这样只通过交叉达不到 1，而突变则可做到。也就是说，靠变异产生新个体，增加了全局优化的特质。

在遗传算法中使用变异算子的目的主要有两点：改善遗传算法的局部搜索能力；维持种群多样性，防止出现早熟现象。变异算子的设计包括两个主要问题：如何确定变异点的位置，以及如何进行基因值替换。最简单的变异算子是基本位变异算子，其他方法有均匀变异、非均匀变异和高斯变异等。

（1）基本位变异（Simple Mutation）

基本位变异是指对个体编码串中以变异概率 P_m 随机指定某一位或某几位基因座上的基因

值做变异运算。基本位变异操作改变的只是个体编码串中的个别几个基因座上的基因值，并且变异发生的概率也比较小，所以其发挥的作用比较慢，作用的效果也不明显。

（2）均匀变异（Uniform Mutation）

均匀变异是指分别用符合某一范围内均匀分布的随机数，以某一较小的概率来替换个体编码串中各个基因座上的原有基因值，即对每一个基因都以一定概率进行变异，变异的基因值为均匀概率分布的随机数。

均匀变异操作特别适合应用于遗传算法的初期运行阶段。它使得搜索点可以在整个搜索空间内自由地移动，从而增加群体的多样性，使算法处理更多的图式。例如，某变异点的新基因值可为

$$x_k' = U_{min}^k + r(U_{max}^k - U_{min}^k)$$

其中，$[U_{min}^k, U_{max}^k]$ 是基因值的取值范围，r 是 $[0,1]$ 上的均匀随机数。

（3）非均匀变异（Non-uniform Mutation）

均匀变异可使得个体在搜索空间内自由移动。但是另一方面，它却不便于对某一重点区域进行局部搜索。为此，我们对原有基因值做一个随机扰动，以扰动后的结果作为变异后的新基因值。对每个基因座都以相同的概率进行变异运算之后，相当于整个解向量在有界空间中做了一个轻微的变动，这种变异操作方法就是非均匀变异。非均匀变异的具体操作过程与均匀变异类似，但它重点搜索原个体附近的微小区域。某变异点的新基因值可为

$$x_k' = x_k \pm \Delta(t)$$

其中，Δ 是非均匀分布的一个随机数，要求随着进化代数 t 的增大，Δ 接近 0 的概率也逐渐增大。

非均匀变异可使得遗传算法在其初始阶段（t 较小时）进行均匀随机搜索，而在其后期运用阶段（t 比较大时）进行局部搜索。所以，它产生的新基因值比均匀变异所产生的基因值更接近原有基因值。故随着算法的运行，非均匀变异就使得最优解的搜索过程更加集中在某一最有希望的重点区域中。

（4）高斯变异（Gaussian Mutation）

高斯变异是改进遗传算法对重点搜索区域的局部搜索性能的另一种方法。所谓高斯变异操作是指进行变异操作时，用一个符合均值为 μ、方差为 σ^2 的正态分布随机数来替换原有基因值。高斯变异的具体操作过程与均匀变异类似。

8. 遗传算法的特点

1）遗传算法从问题的解集中开始搜索，是群体搜索，而不是从单个解开始。这是遗传算法与传统优化算法的极大区别。传统优化算法是从单个初始值迭代求最优解，容易误入局部最优解；遗传算法从串集开始搜索，覆盖面大，利于全局择优。

2）遗传算法求解时使用特定问题的信息极少，容易形成通用算法程序。由于遗传算法使用适应度这一信息进行搜索，并不需要目标函数的导数等与问题直接相关的信息。遗传算法只需适应度和串编码等通用信息，故可处理很多传统解析优化算法无法解决的问题。

3）遗传算法有极强的容错能力。遗传算法的初始串集本身带有大量与最优解相差甚远的信息，通过选择、交叉和变异操作能迅速排除与最优解相差极大的串。这是一个强烈的滤波过程，并且是一个并行滤波机制。故而，遗传算法有很高的容错能力。

4）遗传算法中的选择、交叉和变异都是随机操作，执行概率转移准则，而不是确定的精确规则。

5）遗传算法具有隐含的并行性。遗传算法在种群上进行选择、交叉和变异等遗传操作，所以在每一代种群上都相当于同时搜索多个解。传统的解析法优化算法每一次迭代只能沿着一个梯度方向进行搜索，而遗传算法实际上是同时在搜索多个方向上的可能解。

9. 遗传算法应用中几个应注意的问题

（1）编码策略

编码策略是应用遗传算法的第一个关键步骤。针对不同问题应该结合其特点设计合理有效的编码策略。只有正确表示了问题的各种参数，考虑到了所有约束，遗传算法才有可能获得最优结果；否则，将直接导致错误结果或者算法失败。编码的串长度及编码形式对遗传算法收敛影响极大。

（2）适应函数

适应函数（Fitness Function）是问题求解品质的测量函数，是对生存环境的模拟。一般可以把问题的模型函数作为适应函数，但有时需要另行构造。

（3）控制参数

种群容量、交叉概率和变异概率直接影响遗传算法的进化过程。种群容量 n 太小时难以求出最优解，太大则增长收敛时间，一般 n 在 $30 \sim 160$。交叉概率 P_c 太小时难以向前搜索，太大则容易破坏高适应值的结构，一般取 $P_c = 0.25 \sim 0.9$。变异概率 P_m 太小时难以产生新的基因结构，太大则使遗传算法成了单纯的随机搜索，一般取 $P_m = 0.0001 \sim 0.1$。遗传算法的进化代数也会影响结果，一般取值为 $100 \sim 500$。

（4）对收敛的判断

遗传算法中采用较多的收敛依据有以下几种：根据进化代数和每一代种群中的新个体数目；根据质量来判断，即连续几次进化过程中的最好解没有变化；根据种群中最好解的适应度与平均适应度之差对平均值的比来确定。

（5）防止早熟

遗传算法的早熟现象（Premature）就是演化过程过早收敛，表现为在没有完全达到用户目标的情况下，程序却判断为已经找到优化解而结束遗传算法循环。这是遗传算法研究中的一个难点。其产生的原因有多种，最可能的原因是来自对选择方法的安排。提高变异操作的发生概率能尽量避免由此导致的过早收敛出现。

（6）防止近缘杂交

同自然界的生物系统一样，近缘杂交（Inbreeding）会产生不良后代，因此有必要在选择过程中加入双亲资格判断程序。例如，从赌轮法得到的双亲要经过一个比较，若相同则再次进入选择过程；当选择失败次数超过一个阈值时，就强行从一个双亲个体周围选择另一个个体，然后进入交叉操作。

5.4.4 蚁群算法

蚁群算法（Ant Colony Optimization，ACO）由意大利学者 M. Dorigo 等人于1991 年首先提出，是在对自然界中真实蚁群集体行为研究基础上提出的一种模拟进化算法。其灵感来源于蚂蚁在寻找食物过程中发现路径的行为。蚁群算法模拟了自然蚂蚁的协作过程，用一定数目的蚂蚁共同求解，用蚂蚁的移动线路表示所求问题的可行解集，通过正反馈、分布式协作和隐并行性找最优解。蚁群算法已成功应用于求解 TSP 问题、任务分配问题和调度问题等组合优化问题，并取得了较好的实验结果。

5.4.4 蚁群算法

1. 蚁群算法的基本原理

蚂蚁是一种群居昆虫，个体行为极其简单，而群体行为却相当复杂。蚂蚁个体之间通过外激素（Pheromone，又称为信息素）进行信息传递，能相互协作完成复杂的任务。所以，蚁群具有很强的协作能力和自适应能力。一群蚂蚁很容易找到从蚁巢到食物源的最短路径，而单个蚂蚁则不行。如果在蚁群运动路线上突然出现障碍物，蚁群能够很快重新找到最优路径。

信息素是蚁群中传递信息的介质。蚂蚁碰到一个还未走过的路口时就随机选择一条路径前行，并释放出信息素。信息素浓度会随着时间衰减。由于通过较短路径所需要的时间也更短，于是，越短的路上积累的信息素越多，越长的路上积累的信息素越少。当后来的蚂蚁再次碰到这个路口时，选择信息素较多的路径的概率相对较大。这样便形成了一个正反馈机制。也就是说，最优路径上的信息素越来越多，而其他路径上的信息素则随着时间逐渐减少。经过一段时间后，就会出现一条最短的路径被大多数蚂蚁重复经过。

如图 5.33 所示，A 为蚁群巢穴，F 为食物，BCE 和 BDE 分别为两种不同的路径。假设开始时两条路径上均无信息素，可以认为选择两条路径的概率相同，则蚂蚁随机选择任意一条路径。所以，开始时有相同数量的蚂蚁分别从两条路经过并释放信息素。但由于路径 BDE 的长度更短，所以经过一定时间后，路径 BDE 上的信息素超过路径 BCE。那么，此时更多的蚂蚁被吸引到路径 BDE 上，此路径上的信息素逐渐增多，形成正反馈；而路径 BCE 上的信息素逐渐减少。最终蚁群会完全选择路径 BDE，从而找到从巢穴到食物的最短路径。

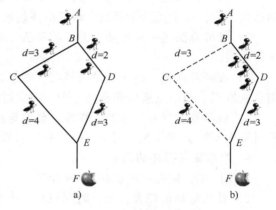

图 5.33　蚁群算法示意图
a）初始态　b）终态

2. 蚁群算法的核心

可以看到，生物界中蚂蚁群体行为有这样一些显著特征：能察觉其他蚂蚁遗留的信息素；能释放自己的信息素；所遗留的信息素数量会随时间而逐步减少。

所以，蚁群算法的核心有如下几点：

1）选择机制：信息素越多的路径，被选中的概率越大。

2）更新机制：路径越短，信息素增加越快。

3）协作机制：个体之间通过信息素进行交流。

4）随机性：单个蚂蚁个体在周围没有信息素指引时按照概率随机选择方向。

3. 蚁群算法的数学表示

任意一只蚂蚁 k 在 t 时刻从位置 i 移动到位置 j 的转移概率为

$$p_{ij}^k(t) = \frac{\tau_{ij}(t)^\alpha \times \eta_{ij}(t)^\beta}{\sum\limits_{s \in J_k(i)} \tau_{is}(t)^\alpha \times \eta_{is}(t)^\beta} \tag{5.26}$$

其中，$s \in J_k(i)$ 表示 k 从当前位置 i 能够到达的所有位置；α 和 β 分别表示信息素和启发式各自的权重；τ_{ij} 表示从位置 i 到位置 j 的信息素数量；η_{ij} 表示启发式，或者能见度。例如，$1/d_{ij}$ 即距离倒数。

信息素的更新公式为

$$\tau_{ij}(t+1) = \rho \times \tau_{ij}(t) + \sum_{k=1}^{m} \Delta\tau_{ij}^{k},$$
$$\Delta\tau_{ij}^{k} = \frac{Q}{L_k}$$

(5.27)

其中，ρ 表示信息素挥发系数，$0<\rho<1$；m 表示蚂蚁的数量；Q 表示信息素总量，为正常数，影响算法收敛速度；L_k 表示蚂蚁 k 从 i 到 j 走过路径的长度。信息素初值为常量 C，即 $\tau_{ij}(0) = C$。初始时的信息素余量为 0，$\Delta\tau_{ij}(0) = 0$。

4. 蚁群算法的特点

蚁群算法具有以下一些特点：

1）蚁群算法是一种自组织算法。蚁群算法开始时，单个蚂蚁无序地寻找解。经过一段时间迭代之后，由于正反馈机制，蚂蚁群体趋向于接近最优解。这是一个从无序到有序的过程。

2）蚁群算法是一种本质上并行的算法。每只蚂蚁的搜索过程彼此独立，仅仅依靠信息素进行通信。

3）蚁群算法是一种正反馈的算法。蚂蚁之所以可以找到最短路径，是依赖最短路径上的信息素堆积。而信息素堆积是由一个正反馈过程形成的。

4）蚁群算法具有较强的鲁棒性。蚁群算法的求解结果不依赖初始路线的选择，而且在搜索过程中不需要进行人工调整。蚁群算法的参数数目小，设置简单。

5. 蚁群算法存在的问题

在实践中，蚁群算法也存在一些问题。

1）算法运算量较大，运行时间较长。由于蚂蚁个体运动过程的随机性，当群体规模设置较大时，很难在短时间内从杂乱无章的路径中找出一条较好的路径。

2）易收敛到局部较优解。当搜索进行到一定程度后，所有蚂蚁发现的解完全一致。此时不能进一步搜索解空间，不利于发现全局最优解。

3）信息素更新策略，路径搜索策略和最优解保留策略都带有经验性。不同的搜索策略对蚁群算法有很大影响，其求解结果具有较大分散性。针对具体问题寻找较好策略依赖于用户经验。特别是如果 α 和 β 设置不当，则会导致求解速度很慢并且所得解质量很差。

5.4.5 粒子群算法

1. 粒子群算法与群体智能

5.4.5 粒子群算法

粒子群算法也称粒子群优化算法（Particle Swarm Optimization，PSO），最早是由 Kennedy 和 Eberhart 于 1995 年提出。该算法源于对鸟群捕食行为的研究，模拟鸟集群飞行觅食的行为，鸟之间通过集体协作使群体达到最优目的。我们可以设想这样一个场景，一群鸟在随机搜索食物，在给定区域里只有一块食物。初始时，所有鸟都不知道食物在哪里。那么找到食物最简单有效的方法就是搜寻目前离食物最近的鸟的周围区域。根据历史经验，每只鸟都知道自己的位置离食物有多远。通过鸟群之间的互相通信，每只鸟都把自己的当前位置传递给邻近的伙伴。结果就是当一只鸟知道自己的伙伴比自己更接近食物时，就会向自己伙伴的位置移动。因此，一只鸟的搜寻行为会受到其他鸟搜寻行为的影响。

粒子群算法的基本思想就是依靠群体中个体的交互作用，通过向近邻学习和历史学习，达到最优目的。粒子群算法是群体智能（Swarm Intelligence）优化方法的典型代表之一。自然界中很多生物群体都能表现出一定的智能行为，即群体智能。

（1）群（Swarm）

群就是某种具有交互作用的组织或智能体的集合。在群中，个体的结构很简单，而它们的群行为却会相当复杂。个体行为和群行为之间存在着某种紧密联系。个体行为构成和支配了群行为；同时，群行为又影响和改变着个体的自身行为。个体之间的交互在构建群行为中起到重要作用。它帮助群改善了对环境的经验知识。对不同群的研究得到了不同算法。例如，对鸟群和蚁群的研究而分别建立了粒子群算法和蚁群算法。

（2）粒子（Particle）

粒子群算法中每个优化问题的解都是搜索空间中的一只鸟，称之为"粒子"。每个粒子都有一个由优化函数决定的适应度值。每个粒子还有一个由速度决定的飞翔方向和距离。所有粒子都追随当前最优粒子在解空间中搜索。

2. 粒子群算法的基本搜索过程

粒子群算法初始化为一群随机粒子，然后迭代找到最优解。在每一次迭代中，粒子跟踪两个"极值"来更新自己：一个极值是粒子本身所找到的最优解，这个解叫作个体极值；另一个极值是整个种群当前找到的最优解，这个极值是全局极值。一般的粒子群算法使用上述两个极值，即全局 PSO 算法。但是，也可以不用整个种群而只用其中一部分近邻的最优位置，此时则称为局部 PSO 算法。粒子通过不断学习和更新，最终飞至空间中最优解所在的位置。

假设在一个 n 维搜索空间中，有 m 个粒子组成一个群体。则在某一时刻 t：

第 i 个粒子的位置为一个 n 维向量 $\boldsymbol{X}_i(t) = (x_{i1}, x_{i2}, \cdots, x_{in})$；

第 i 个粒子的飞翔速度也是一个 n 维向量 $\boldsymbol{V}_i(t) = (v_{i1}, v_{i2}, \cdots, v_{in})$；

第 i 个粒子迄今为止搜索到的最优位置（即个体极值）为 $\boldsymbol{P}_i = (p_{i1}, p_{i2}, \cdots, p_{in})$；

整个粒子群迄今为止搜索到的最优位置（即全局极值）为 $\boldsymbol{P}_g = (p_{g1}, p_{g2}, \cdots, p_{gn})$；

目标函数 $f(\ )$ 计算每个粒子的适应度 $f(\boldsymbol{X}_i(t))$，算法根据适应度大小衡量粒子的优劣。

Kennedy 和 Eberhart 最早提出用下列公式对粒子更新：

$$\begin{cases} \boldsymbol{V}_i(t+1) = \boldsymbol{V}_i(t) + c_1 r_1 (\boldsymbol{P}_i - \boldsymbol{X}_i(t)) + c_2 r_2 (\boldsymbol{P}_g - \boldsymbol{X}_i(t)) \\ \boldsymbol{X}_i(t+1) = \boldsymbol{X}_i(t) + \boldsymbol{V}_i(t+1) \end{cases} \tag{5.28}$$

其中，c_1 和 c_2 是非负常数，称为学习因子；r_1 和 r_2 是 [0,1] 上的随机数。

在早期粒子群算法中，粒子速度主要是根据粒子当前位置和个体最优值及全局最优值进行更新，很容易在算法运行后期出现"振荡"现象。所谓"振荡"现象是指粒子群中的粒子聚集在目标周围，在全局最优解附近振荡，从而导致经过较大迭代次数后才能收敛于全局最优解。Eberhart 和 Shi 在 1998 年将惯性因子引入粒子速度更新公式中进行了改进，即

$$\boldsymbol{V}_i(t+1) = w\boldsymbol{V}_i(t) + c_1 r_1 (\boldsymbol{P}_i - \boldsymbol{X}_i(t)) + c_2 r_2 (\boldsymbol{P}_g - \boldsymbol{X}_i(t)) \tag{5.29}$$

其中，惯性因子 w 随着迭代次数的增加，由最大加权因子 w_{max} 线性减小到最小加权因子 w_{min}。一般是将 w_{max} 设置为 0.9，w_{min} 设置为 0.4。式 5.29 第一项称为"动量"部分，反映了粒子有维持自己先前速度的趋势，因此也被称为"惯性"部分。第二项称为"认知"部分，反映了粒子对自身历史经验的记忆或回忆，代表粒子有向自身历史最佳位置逼近的趋势。第三项称为"社会"部分，反映了粒子间协同合作与知识共享的群体历史经验，代表粒子有向群体或邻域历史最佳位置逼近的趋势。

全局粒子群算法过程如下：

1）随机初始化粒子群，即 $t=0$ 时随机为每个粒子指定一个位置 $X_i(0)$ 及速度 $V_i(0)$。

2）计算每个粒子的适应度值 $f(X_i(t))$。

3）比较每个粒子的当前适应度值 $f(X_i(t))$ 和个体最优值 $f(P_i)$，如果 $f(X_i(t))>f(P_i)$，那么 $P_i=X_i(t)$。

4）比较每个粒子的当前适应度值 $f(X_i(t))$ 和全局最优值 $f(P_g)$，如果 $f(X_i(t))>f(P_g)$，那么 $P_g=X_i(t)$。

5）按照更新公式更改每个粒子的速度和位置。

6）如果满足终止条件，则输出 P_g；否则，$t=t+1$，转 2）。

3. 粒子群算法中的参数

粒子群算法中需要设置如下一些参数：

1）粒子数，即种群大小，一般取值范围为 20~40。对于比较难的问题或者特定类别的问题，粒子数可以取到 100 或 200。

2）粒子的向量长度 n，即空间维数。由具体优化问题本身决定，就是解的编码表示的长度。

3）粒子的坐标范围。由具体优化问题本身决定，粒子向量的每一维可设定不同上下限范围。

4）学习因子。c_1 和 c_2 通常等于 2，在一些文献中也有其他取值。但是一般 c_1 和 c_2 相等，并且范围在 0~4 之间。

5）终止条件。达到最大迭代次数或者解的偏差满足要求即可终止。解的最小偏差由具体优化问题本身确定。

4. 粒子群算法的特点

1）基于群体迭代的随机搜索算法。粒子群算法同遗传算法类似，但没有遗传算法中的交叉和变异操作，也不像爬山法那么容易陷入局部最优解，而是粒子在解空间追随最优粒子进行搜索。

2）精英选择。粒子群算法在迭代进化中只有最优粒子把信息传递给其他粒子，所以搜索较快。但是这种精英选择策略，会导致种群多样性减小，局部寻优能力差。所以，粒子群算法对离散及组合优化问题处理效果不佳，很容易出现早熟现象，陷入局部最优，导致收敛精度低。

3）参数相对较少，算法结构简单，易于实现，既适合科学研究，也适合工程应用。

4）采用实数编码适合于实数值优化问题，可直接用问题解的变量数作为粒子的维数。

5.4.6 智能优化搜索应用案例

智能优化搜索方法主要是指各种仿生群体算法。这类算法具有隐含并行性，并且不需对待解问题进行完整的解析分析，只需要对求解目标进行合理表示，就可以自动获得较优解。所以，智能优化算法特别适合于解决超大规模、高度非线性、不连续和多峰函数等用传统优化理论难以解决的优化问题。

下面以旅行商问题为例，说明智能优化搜索方法的应用特点。

1. 旅行商问题

TSP（Travelling Salesman Problem）就是旅行商问题的英文缩写，在中国古代数学文献中称为货郎担问题。TSP 是一个经典的 NP 完全问题。NP 完全问题用穷举法不能在有效时间内求解，所以只能使用启发式搜索。

TSP 的数学表述如下：在有限城市集合 $V=\{v_1,v_2,\cdots,v_n\}$ 上，求一个城市访问序列 $T=(t_1,t_2,\cdots t_n,t_{n+1})$，其中 $t_i,t_j\in V,i\neq j(i,j=1,2,\cdots,n)$，并且 $t_{n+1}=t_1$，使得该序列对应城市距离之和最小，即

$$\min L = \sum_{i=1}^{n} d(t_i,t_{i+1}) \tag{5.30}$$

2. 用遗传算法解决 TSP

（1）编码策略

对于 TSP 最直观的编码方式就是每一个城市用一个码（数字或者字母）表示，则城市访问序列就构成一个码串。例如，用 $[1,n]$ 上的整数分别表示 n 个城市，即

$$
\begin{array}{ccccc}
v_1 & v_2 & v_3 & \cdots & v_n \\
\downarrow & \downarrow & \downarrow & \downarrow & \downarrow \\
1 & 2 & 3 & \cdots & n
\end{array}
$$

则编码串 $T=(1,2,3,4,\cdots,n)$ 就表示一个 TSP 路径。这个编码串对应的城市访问路线是从城市 v_1 开始，依次经过 $v_2,v_3,v_4,\cdots,v_n$，最后返回出发城市 v_1。

对于 TSP 而言，这种编码方法是最自然的一种方式，但是对应的交叉运算和变异运算实现起来比较困难，因为常规的运算会产出不满足约束或者无意义的路线。为了克服上述编码方法的缺点，Grefenstette 等人提出一种基于各个城市访问顺序的编码方法，能够使任意的基因型个体都对应于一条有实际意义的巡回路线。对于一个城市列表 V，假定对各个城市的一个访问顺序为 $T=(t_1,t_2,\cdots t_n,t_{n+1})$。规定每访问完一个城市，就从未访问城市列表 $W=V-\{t_1,t_2,\cdots,t_{i-1}\}(i=1,2,3,\cdots,n)$ 中将该城市去掉。然后，用第 i 个所访问城市 t_i 在未访问城市列表 W 中的对应位置序号 $g_i(1\leqslant g_i\leqslant n-i+1)$ 表示具体访问哪个城市。如此这样一直到处理完 V 中所有的城市。将全部 g_i 顺序排列在一起所得的一个列表 $G=(g_1\,g_2\,g_3\cdots g_n)$ 就表示一条巡回路线。

例 5.13 设有 7 个城市分别为 $V=(a,b,c,d,e,f,g)$。对于如下两条巡回路线：

$$T_x=(a,d,b,f,g,e,c,a)$$
$$T_y=(b,c,a,d,e,f,g,b)$$

用 Grefenstette 等人所提出的编码方法，其编码为

$$G_x=(1\ 3\ 1\ 3\ 3\ 2\ 1)$$
$$G_y=(2\ 2\ 1\ 1\ 1\ 1\ 1)$$

（2）遗传算子

TSP 对遗传算子的要求是：对任意两个个体的编码串进行遗传操作之后，得到的新编码串必须对应合法的 TSP 路径。

对 TSP 使用 Grefenstette 编码时，个体基因型和个体表现型之间具有一一对应的关系。也就是它使得经过遗传运算后得到的任意的编码串都对应于一条合法的 TSP 路径。所以，就可以用基本遗传算法来求解 TSP。于是交叉算子可以使用通常的单点或者多点交叉算子。变异运算也可使用常规的一些变异算子，只是基因座 $g_i(i=1,2,3,\cdots,n)$ 所对应的等位基因值应从 $\{1,2,3,\cdots,n-i+1\}$ 中选取。

例 5.14 例 5.13 中的两个 TSP 个体编码经过单点交叉之后可得两个新个体：

$$G_x = (1\ 3\ 1\ 3\ \underline{3\ 2\ 1}) \xrightarrow{\text{单点交叉}} G'_x = (1\ 3\ 1\ 3\ \underline{1\ 1\ 1})$$
$$G_y = (2\ 2\ 1\ 1\ \underline{1\ 1\ 1}) \qquad\qquad\qquad G'_y = (2\ 2\ 1\ 1\ \underline{3\ 2\ 1})$$

对它们进行解码处理后，可得到两条新的巡回路线：

$$T'_x = (a, d, b, f, c, e, g, a)$$
$$T'_y = (b, c, a, d, g, f, e, b)$$

在设计遗传算子时，一般希望它能够有效遗传个体的重要表现性状。对 TSP 使用 Grefenstette 编码时，编码串中前面基因座上的基因值改变，会对后面基因座上的基因值产生不同解释。所以，这里使用单点交叉算子，个体在交叉点之前的性状能够被完全继承下来，而在交叉点之后的性状就改变得相当大。

（3）适应函数

TSP 的解要求路径总和越小越好，而遗传算法中的适应度一般要求越大越好，所以 TSP 适应函数可以简单地取路径总和的倒数。例如，$F(T) = n/\text{Length}(T)$，其中 T 表示一条完整的 TSP 路径，$\text{Length}(T)$ 表示路径 T 的总长度，n 表示城市总数目。

3. 用蚁群算法解决 TSP

首先，假设将 m 只蚂蚁随机放到 n 个城市中。用 d_{ij} 表示城市 i 和城市 j 之间的距离，$i, j = 1, 2, \cdots, n$。用 $\tau_{ij}(t)$ 表示 t 时刻在 (i, j) 连线上残留的信息素数量。在初始时刻，各条路径上的信息素相等，即 $\tau_{ij}(0) = C$。用 α 表示路径上信息素的相对重要性（$\alpha \geq 0$）。用 η_{ij} 表示由城市 i 转移到城市 j 的启发式，可由某种算法具体确定，对于 TSP 问题一般可取 $\eta_{ij} = 1/d_{ij}$。用 β 表示启发式的相对重要性（$\beta \geq 0$）。用 p_{ij}^k 表示在 t 时刻蚂蚁 k 由位置 i 转移到位置 j 的概率，即

$$p_{ij}^k(t) = \begin{cases} \dfrac{\tau_{ij}^\alpha(t)\eta_{ij}^\beta}{\sum\limits_{s \in \text{allowed}_k} \tau_{is}^\alpha(t)\eta_{is}^\beta}, & j \in \text{allowed}_k \\ 0, & \text{else} \end{cases} \tag{5.31}$$

其中，allowed_k 表示蚂蚁 k 下一步可选择城市的集合。

蚁群系统需要记忆已走过的城市序列，用 $\text{ta}_k(k = 1, 2, \cdots, m)$ 记录蚂蚁 k 目前已走过的城市序列。随着时间推移，以前留下的信息素逐渐挥发。用 $1 - \rho$ 表示信息挥发的程度，ρ 可理解为信息的持久性。经过 n 个时刻，蚂蚁完成一次循环，各路径上信息素根据下式做调整：

$$\tau_{ij}(t + n) = \rho \times \tau_{ij}(t) + \sum_{k=1}^{m} \Delta\tau_{ij}^k,$$
$$\Delta\tau_{ij}^k = \begin{cases} \dfrac{Q}{L_k}, & \text{第 } k \text{ 只蚂蚁在本次循环中经过}(i, j) \\ 0 & \text{其他} \end{cases} \tag{5.32}$$

其中，$\Delta\tau_{ij}^k$ 表示第 k 只蚂蚁在本次循环中留在路径 (i, j) 上的信息量，Q 为常数，L_k 表示第 k 只蚂蚁在本次循环中走过的路径总长度。

蚁群算法求解 TSP 的主要步骤如下：

1）nc ← 0（nc 为迭代次数）；初始化 τ_{ij}；将 m 个蚂蚁置于 n 个顶点上。

2）将每个蚂蚁 k 的初始出发点置于该蚂蚁的 ta_k 中。

3）将每个蚂蚁 k 按概率 p_{ij}^k 移至下一顶点 j，并将顶点 j 置于 ta_k 中，重复该过程直至每个蚂蚁遍历了所有的城市。

4）计算各蚂蚁的目标函数值 $Z_k (k=1, \cdots, m)$。

5）记录当前的最好解。

6）按更新方程修改信息素强度。

7）nc←nc+1。

8）若 nc 小于预定的迭代次数，则转步骤2）；否则，退出。

5.5 本章小结

搜索就是利用已知条件（知识）寻求解决问题的办法的过程。搜索策略是推理控制策略的一部分，它用于构造一条代价较小的推理路线，实质上就是一条知识选取的路线。搜索的性能直接影响系统解决问题的效率，对于一些复杂问题，甚至直接关系到系统的成败。搜索问题的难点在于优化，即如何用尽可能少的资源（特别是时间）找到目标解。在人工智能实践中需要解决的大量问题都无法在有效时间内得到最优解，所以我们就不得不用"智能"的方法（即各种启发式信息）在有效时间内获得有效解。在工程实践中，对于一些难以进行数学解析求解的优化问题，使用随机搜索策略可以获得有效解。例如，各种群体智能算法以及在 AlphaGo 中大放异彩的蒙特卡洛搜索树算法都是常见的随机搜索策略。

搜索的前提是必须把问题抽象成容易考虑的形式。状态空间表示法和与或树表示法是两种描述问题的方法。前者用状态空间表示问题的求解过程，后者用一棵与或树描述问题的求解过程。

对于状态空间表示法，我们讨论了两大类搜索方法，即盲目搜索和启发式搜索。盲目搜索具体讨论了广度优先搜索、深度优先搜索和有界深度优先搜索三种方法。启发式搜索具体讨论了局部择优搜索、全局择优搜索和 A* 算法。实际上，一般的盲目搜索方法是以路径长度作为代价的。而代价树的盲目搜索则要另外计算路径上的代价。这两种搜索方法都没有考虑从当前结点到目标结点的预期（或估计），也就是没有利用启发式信息，直接令启发式函数为 0。所以，它们是盲目的，不过它们都可以看作是启发式搜索的一种特列。

与或树表示法同样分为盲目搜索和启发式搜索，包括广度优先搜索、深度优先搜索、有序搜索和博弈树。此外，还简单介绍了博弈树的剪枝技术。从 AlphaGo 到 AlphaZero，机器算法在人机对弈问题上已经超越了人类。这让我们看到了强化学习、深度学习和随机搜索三种技术结合后的巨大威力，也给我们解决其他搜索问题带来深刻启示。

一个搜索策略的优劣可从以下几个方面衡量：

1）完备性，即只要问题有解就一定能找到解。

2）搜索效率，即尽量避免无用搜索。

3）算法简单，即控制开销小。

但是这些准则很难被同时满足。高效的算法一般控制复杂度比较高，而简单的算法一般盲目性较大，效率较低。所以，实际的各种算法都是在几个方面之间做一些折中，使其综合效果比较好即可。

习题

5.1 什么是搜索？有哪两大类不同的搜索方法？两者的区别是什么？

5.2　何谓状态空间？何谓与或树？什么是问题的解？什么是最优解？最优解唯一吗？

5.3　地图着色问题，即4色问题是一个著名的难题。请设计一个程序用最少的颜色数目对中国行政区域地图进行任意着色。注意，相邻的省级区域颜色不能相同。

5.4　图5.34是六城市间的交通费用图。若从甲城出发，要求把每个城市都访问一遍，且只能访问一遍，最后又回到甲城。请找一条交通费最少的路线。边上的数字是两城市间的交通费用。

乙
10
30
丙
甲
200
13
15
20
20
己
丁
180
100
戊

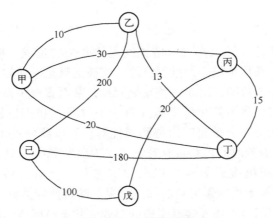

图5.34　交通费用图

5.5　设有如图5.35所示的与或树，请分别按和代价法及最大代价法求解树代价。

A
5
6
B
C
7
2
2
1
D
t_3
t_4
2
3
t_1
t_2

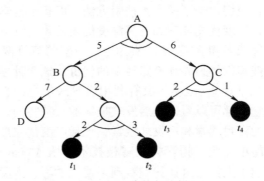

图5.35　代价与或树

5.6　某侦察员要从甲地进入雷场从乙地出来，如图5.36所示。侦察员只能横向走或者纵向走，不能斜着走。图中的数字表示雷场各处的危险指数。请为该侦察员选择一条最安全的路径。要求：

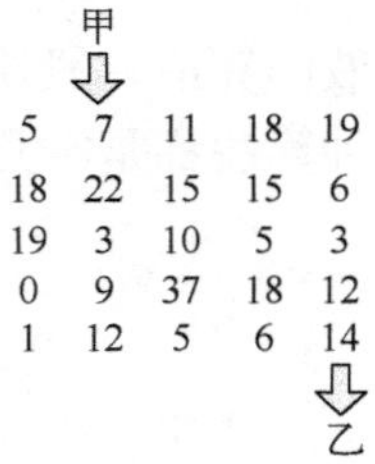

甲
5 7 11 18 19
18 22 15 15 6
19 3 10 5 3
0 9 37 18 12
1 12 5 6 14
乙

图5.36　雷场分布图

（1）用状态空间法表示本问题。

（2）指明使用的搜索方法，并给出完整的搜索过程。

（3）找出最佳路径，并给出该路径危险指数之和。

5.7　假设有容量分别为 400 mL 和 300 mL 的杯子各一个。杯子上没有刻度，如何用这两个杯子准确得到 200 mL 水？请用状态空间法表示这个问题，并用启发式搜索方法给出完整的搜索过程。

5.8　请对例 5.3 的重排九宫问题选择另一个不同的估价函数，分别用局部择优搜索和全局择优搜索画出搜索树，并比较不同方法的性能。

5.9　请编程实现一个人机对战的五子棋游戏，看看你的程序是否能够战胜你自己。

5.10　请编程实现至少用 5 种算法解决旅行商问题，并比较这些算法的搜索结果、运行时间和内存消耗。

5.11　请编程实现至少用 3 种并行或者分布式算法解决旅行商问题，并比较这些算法的加速比、搜索结果、运行时间和内存消耗。

第6章 机器学习

机器学习就是要解决知识自动获取问题。关于机器学习的观点和方法层出不穷、数不胜数，所以机器学习是目前人工智能领域中最火热的一个研究方向。我们无法把所有机器学习方法都在这里介绍一遍。本章主要讨论了机器学习中的基本概念、基本问题、基本过程和目前比较流行的几种重要机器学习方法。人工神经网络也是一种极其重要的机器学习途径，本书在第7章专门介绍人工神经网络。

6.1 概述

6.1.1 什么是机器学习

1. 关于学习的观点

学习是人类的一种重要智能行为。如果没有学习能力，那么人类社会不可能发展出如此辉煌的文明。但究竟什么是学习？人们长期以来却众说纷纭。目前，在人工智能领域，人们普遍接受西蒙的观点，即学习就是系统在不断重复的工作中对本身能力的增强或者改进，使得系统在下一次执行同样任务或类似任务时，会比现在做得更好或效率更高。另外，也有人认为学习是获取知识的过程，或者学习是技能的获取。还有观点认为，学习是事物规律的发现过程。

无论哪种观点都承认学习是一种过程。当然这个过程可能很快，也可能很漫长。学习过程有两种基本的表现形式：知识获取和技能求精。例如我们说某人学过物理，意思是此人已经掌握了有关物理学的基本概念，并且理解其含义，同时还懂得这些概念之间以及它们与物理世界之间的关系，这就是知识获取。一般地，知识获取可看作学习新的符号信息，而这些符号信息是以有效方式与应用这种信息的能力相适应的。第二类学习形式是通过实践逐步改进机制和认知技能，如骑自行车或弹钢琴等。学习的很多过程都是由改进所学的技能组成的。这些技能包括意识的或者机制的协调，而这种改进又是通过反复实践和从失败的行为中纠正偏差来进行的。知识获取的本质可能是一个自觉的过程，其结果会产生新的符号知识结构和智力模型。而技能求精则是下意识地借助于反复实践来实现的。人类的学习一般表现为这两种活动的结合。

机器学习（Machine Learning）就是通过对人类学习过程和特点的研究，建立学习理论和方法，并应用于机器，以改进机器的行为和性能，提高机器解决问题的能力。通俗地说，机器学习就是研究如何用机器来模拟人类的学习活动，以使机器能够更好地帮助人类。

2. 机器学习的一般步骤

机器学习的系统模型可以简单地表示成图6.1所示的形式，在宏观上它是一个有反馈的系统。图中的箭头表示信息流向，"环境"是指外部信息的来源，为系统的学习提供相关信息；"知识库"代表系统已经具有的知识和通过学习获得的知识；"学习"代表系统的学习机构，从环境中获取外部信息，然后经过分析、综合、类比、归纳等思维过程获得新知识或改进知识库；"执行"环节是基于学习后得到的新"知识库"，执行一系列任务，同时把执行结果信息反馈给学习环节，以完成对新"知识库"的评价，指导进一步的学习工作。

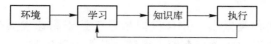

图 6.1　机器学习的系统模型

影响机器学习系统设计最重要的因素是环境向系统提供的信息，特别是信息的质量。信息通过训练数据（包括测试数据）体现。环境向学习系统提供的信息是各种各样的。如果信息质量比较高，与真实规律的差别比较小，则比较容易得到较好的学习结果；反之，则较难得到良好的学习结果。因为学习系统获得的信息往往不完全，所以学习系统所进行的推理并不完全是可靠的，它总结出来的规则可能正确，也可能不正确，这要通过执行效果加以检验。正确的规则能使系统的效能提高，应予保留；不正确的规则应予修改或从知识库中删除。

机器学习系统中学习环节的一般过程如图 6.2 所示。在进行学习过程之前首先要收集数据并且明确学习的目的和任务是什么。没有数据，就没有可挖掘的材料，也就无法进行机器学习，因此机器学习首先要有大量可供学习训练用的数据。训练数据其实就是对事物的观察和历史经验。前面讲过训练数据的质量严重影响学习结果，我们总是希望训练数据要客观、全面地反映事物真实的分布。不完整的训练数据将给机器学习带来很大困难，甚至误导学习结果。有了学习用的数据，还必须明确机器学习任务的需求，即在进行机器学习之前一定要先搞清楚：用这些数据希望得到什么，希望解决什么问题？这样有了明确的目标，才能够进行下一步，选择合适的学习模型。机器学习的模型和方法非常多，不同方法都有各自的特点和适用情况。选择学习模型要根据具体问题和任务的特点、要求以及约束条件来决定。不同模型的性能和学习结果可能有较大差异。

图 6.2　机器学习系统中学习环节的一般过程

一般情况下，获得原始数据之后都要清洗数据，就是根据学习任务和学习模型规范数据格式，进行必要的数据转换，去除无关属性等，便于下一步的操作。数据中包含了非常丰富的信息，但是这些信息并非全部都是与解决问题有关的。如果要把所有信息都包含在学习过程中，那么首先学习过程就会极其复杂和漫长，甚至是一个无限的过程。这就根本无法满足现实的时空资源约束，而且还会导致学习过程无法终止。其次，过多的信息实际上会成为噪声，干扰学习结果，最终导致学习结果失效。提取特征就是从数据中提取那些对解决问题有用的信息，抛弃无用的、不相关的信息。实际上提取特征往往和特征选择结合在一起进行，也就是只保留那些最有用的信息（特征）用于下一步训练和学习。

但是深度学习方法可以实现"端到端"（End-to-End）式的学习，即直接学习从原始数据到期望结果的映射，而不必人工进行特征提取。深度学习方法可以自动地从训练数据中学习出最有效的特征表示，这不仅极大地提高了学习精度，而且还省去了人工提取特征的烦恼。这使得机器学习过程产生了一次变革。

训练（学习）就是运行具体机器学习算法直到结束。训练结束之后就得到相关的知识。知识的具体形式根据不同学习模型有不同的表现，如规则、网络、树、图、函数等。

6.1.2 机器学习方法分类

机器学习的研究方法种类繁多，并且机器学习正处于高速发展时期，各种新思想不断涌现。因此，对所有机器学习方法进行全面、系统的分类有些困难。目前，比较流行的机器学习方法分类主要有：

1）按照有无指导来分，可分为有监督学习（或有导师学习）、无监督学习（或无导师学习）和强化学习（或增强学习）。

2）按学习方法来分，主要有机械式学习、指导式学习、范例学习、类比学习和解释学习等。

3）按推理策略来分，主要有演绎学习、归纳学习、类比学习和解释学习等。

4）综合多因素的分类，综合考虑机器学习的历史渊源、知识表示、推理策略和应用领域等因素，主要有人工神经网络学习、进化学习、集成学习、概念学习、分析学习和基于范例的学习等。

不同的分类方法只是从某个侧面来划分系统类别。无论哪种类别，每个机器学习系统都可以包含一种或者多种学习策略，用来解决特定领域的特定问题。不存在一种普适的、可以解决任何问题的学习算法。

有监督学习（Supervised Learning）是指在学习之前事先知道输入数据的标准输出，在学习的每一步都能明确地判定当前学习结果的对错或者计算出确切误差，用以指导下一步学习的方向。有监督学习的学习过程就是不断地修正学习模型参数使其输出向标准输出不断逼近，直至达到稳定或者收敛为止。有监督学习可用于解决分类、回归和预测等问题，其典型方法有人工神经网络 BP 算法、决策树 ID3 算法和支持向量机方法等。

无监督学习（Unsupervised Learning）是指在学习之前没有（不知道）关于输入数据的标准输出，对学习结果的判定由学习模型自身设定的条件决定。无监督学习的学习过程一般是一个自组织的过程，学习模型不需要先验知识。无监督学习可用于解决聚类问题，其典型方法有自组织特征映射网络和 K 平均方法等。

强化学习（Reinforcement Learning）是介于有监督学习和无监督学习之间的一种学习方法。强化学习模型不显式地知道输入数据的标准输出，但是模型可以通过与环境的试探性交互来确定和优化动作的选择。也就是说，强化学习模型可以从环境中接收某些反馈信息，这些反馈信息帮助学习模型决定其作用于环境的动作是需要奖励还是惩罚，然后学习模型根据这些判断调整其模型参数。强化学习在机器人控制、博弈和信息搜索等方面有重要应用，其典型方法有 Q 学习和时差学习等。

范例学习（Learning from Examples）也称为基于实例的学习（Case-based Learning），是基于过去经验的一种学习方法，也可以看作是一种类比学习。范例学习的学习过程只是简单地把训练范例存储起来。但是当执行（过程）中碰到新实例时，就需要比较新实例和存储的范例，并据此为新实例赋值。范例学习可用于解决分类和回归问题，其典型方法有 k 近邻方法、局部加权回归法和基于范例的推理等。

演绎学习（Deductive Learning）就是根据常规逻辑进行演绎推理的学习方法。演绎推理是从一般到个别的推理，其学习过程是一个特化（Specialization）过程。各种逻辑演算和函数运算都是演绎学习。

归纳学习（Inductive Learning）就是从一系列正例和反例中，通过归纳推理产生一般概念的学习方法。归纳学习的目标是生成合理的能解释已知事实和预见新事实的一般性结论。归纳推理是从个别到一般的推理，其学习过程是一个泛化（Generalization）过程。归纳学习是人类智能的重要体现，是发现新规律的重要手段，是机器学习的核心技术之一。无论有监督学习还是无监督学习，一般都是归纳学习。在大多数学习系统中都同时使用演绎推理和归纳推理。

类比学习（Learning by Analogy）就是通过对相似事物进行比较而得到结果的学习方法。类比学习依据从个别到个别的类比推理法。类比学习过程主要分为两步：首先归纳找出源问题和目标问题的公共性质，然后演绎推出从源问题到目标问题的映射，得出目标问题的新性质。所以，类比学习既有归纳过程又有演绎过程，是归纳学习和演绎学习的组合。

概念学习（Concept Learning）就是给定某一类别的若干正例和反例，从中获得该类别的一般定义。概念是一个集合，可以用一个函数来描述。一个明确集合可用一个布尔函数（特征函数）表示。所以在机器学习中，概念学习是指从有关某个布尔函数的输入/输出训练样例中推断出该布尔函数。概念学习是一种归纳学习方法，其典型方法有版本空间学习法（Learning by Version Space，也称为变型空间学习）、决策树学习和序列覆盖算法等。

6.1.3 机器学习的基本问题

6.1.3 机器学习基本问题

机器学习中解决的基本问题主要有分类、聚类、预测、联想和优化。令 S 表示数据空间，Z 表示目标空间。机器学习就是在现有观察的基础上求得一个函数 $L:S \rightarrow Z$，实现从给定数据到目标空间的映射。不同特征的学习函数实际上表示了不同的基本问题。

（1）分类问题

当目标空间是已知有限离散值空间（用 C 表示）时，即 $Z = C = \{c_1, c_2, \cdots c_i, \cdots, c_n\}$，待求函数就是分类函数，也称为分类器或者分类模型，如图 6.3 所示。此时，机器学习解决分类问题，也就是把一个数据分配到某已知类别中。每个已知的离散值就是一个已知类别或者已知类别标识。分类问题所用的训练数据是 $<D, C>$，其中 $D \subset S$。由于学习时目标类别已知，所以分类算法

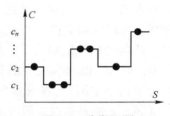

图 6.3　分类问题

都是有监督学习。分类问题是非常基本、非常重要的问题。在现实世界中人类每天都在进行的识别、判断活动都是分类问题。我们能够认识世界，能够区分不同事物，实际上就是对不同事物做了正确的分类。模式识别所研究的核心问题就是分类问题。解决分类问题常用的方法有决策树方法、贝叶斯方法、前馈神经网络 BP 算法和支持向量机方法等。

（2）预测问题

当目标空间是连续值空间（用 R 表示）时，待求函数就是回归（拟合）曲线（面），如图 6.4 所示。此时，机器学习解决预测问题，也就是求一个数据在目标空间中符合某观测规律的像。预测问题所用的训练数据是 $<D, R>$，其中 $D \subset S$。一般情况下，我们事先已知（或者选择了）曲线（面）模型，需要学习的是模型中的参数。例如，已知多项式模型，但是要学习各项的系数。解决

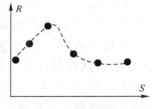

图 6.4　预测问题

预测问题常用的方法有人工神经网络方法、线性回归、非线性回归和灰色预测模型等。大多数分类算法把目标空间从离散空间改为连续空间之后，也都可以改造为预测算法。

189

（3）聚类问题

当目标空间是未知有限离散值空间（用 X 表示）时，即 $Z = X = \{x_1, x_2, \cdots, x_k\}$，待求函数就是聚类函数，也称为聚类模型，如图 6.5 所示。此时，机器学习解决聚类问题，也就是把已知数据集划分为不同子集（类别），并且不同类别之间的差距越大越好，同一类别内的数据差距越小越好。由于目标类别未知，所以聚类问题所用的训练数据是 $D(D \subset S)$。解决聚类问题常用的方法有划分聚类法、层次聚类法、基于密度的聚类、基于网格的聚类和自组织特征映射网络等。

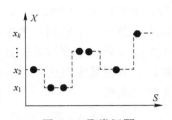

图 6.5　聚类问题

聚类问题与分类问题很相像，都是要把数据划分到离散的类别中。但是分类问题中目标类别是已知的先验知识，在学习之前就知道；而聚类问题的目标类别是未知的，在学习之前没有关于类别的知识，通过学习才获得关于类别的知识。所以，聚类学习可以在对事物毫无认识时进行，可以创造出全新的类别，可以发现以前完全未知的知识。而分类学习则是在对某事物有一定认识和了解的基础上，进一步细化或者深化对该事物的认识。用一个比喻来说，分类问题就好像打靶一样，有明确的标靶，是对是错可以立即明确地判定出来，所以分类问题用有监督学习来解决。而聚类问题就像考古挖掘一样，虽然有挖掘的范围，但是没有明确的标靶。虽然对挖掘目标可以有事先期望，但是无法保证最后得到的结果与原先期望完全一样。由于无法明确判定当前的学习结果是对是错，所以聚类问题要用无监督学习来解决。

（4）联想问题

当目标空间就是数据空间本身时，即 $Z = S$，待求函数就是求自身内部的一种映射，如图 6.6 所示。此时，机器学习解决联想问题，也称为相关性分析或者关联问题，就是发现不同数据（属性）之间的相互依赖关系。简单地说，就是可以从事物 A 推出事物 B，即 A→B。例如，我们提到"天安门"，就会想到"北京"，就会想到"中国"。寻求多个事物之间的联系是一种非常重要的学

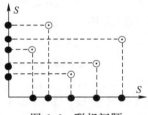

图 6.6　联想问题

习问题。人能够通过有限次观察很快就发现或者总结出事物之间的联系，形成经验知识。目前的机器学习方法只能在大量重复观察数据（即大数据）上才能发现比较可靠的关联知识。解决联想问题常用的方法有反馈神经网络、关联规则和回归分析等。

（5）优化问题

当目标空间是数据空间上的某种函数（用 $F(S)$ 表示），且学习目标为使对函数 $F(S)$ 的某种度量 $d[F(S)]$ 达到极值时（如图 6.7 所示），机器学习解决优化问题，也就是在给定数据范围内寻找使某值达到最大（最小）的方法。优化问题一般都有一些约束条件，如时空资源的限制等。优化问题的代表就是 NP 问题，这也是计算机科学中的一类经典问题。在目前的技术

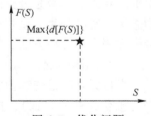

图 6.7　优化问题

条件下，NP 问题无法在有效时间内获得最优解，所以我们总是在寻找次优解、近似解或者尽可能地接近最优解。解决优化问题对于提高系统效率，保证系统实用性有重要意义。解决优化问题常用的方法有遗传算法、粒子群算法、Hopfield 神经网络、线性规划和二次规划等。

6.1.4 评估学习结果

1. 评估原则

6.1.4 度量学习结果的指标

人工智能解决问题的一大特点就是不一定保证100%的正确率。对于机器学习的结果也是如此。我们不要求机器学习结果对所有测试都完全正确和满足，只要达到令人满意或者比已有结果更好的结果就行。一般从以下几个方面衡量或者对比机器学习模型的优劣。

1）学习结果的合理性和有效性。学习结果不但包括对已有数据的处理结果，更重要的是对未知数据的处理结果，即模型的泛化能力（Generalization）。我们当然期望处理结果越合理、越有效越好，模型泛化能力越强越好。但是如何度量学习结果的合理性和有效性则有很多不同的方法。

2）算法复杂度（Complexity）。算法复杂度是指学习模型对时间和空间资源的使用情况。由于机器硬件性能不断快速提升，成本降低，而且只要资金充足，空间资源相对容易扩充，因此机器学习中一般不太考虑空间复杂度。一般情况下所说的算法复杂度都是指时间复杂度。时间是一种最宝贵的资源，无法弥补也无法扩充。所以即便是已经解决的问题，人们也总是在不停地寻找时间复杂度更小的算法。减小时间复杂度常用的思路有简化问题，降低要求；用空间换时间；用分布式系统和并行化算法提高并行度。

3）模型鲁棒性（Robustness）。鲁棒性就是系统的健壮性，就是系统处理各种非正常数据的能力。例如，对数据噪声的处理，对缺失数据及其他包含不完整信息数据的处理，对错误数据或者含有矛盾数据的处理等。

4）模型适应性。适应性是指对于不同数据，学习模型本身需要做多少人工调整。我们一般都希望模型本身需要人工指定的参数越少越好。具有自适应能力的学习模型可以根据训练数据自动调整模型自身的某些参数（权值），不需要人工指定，如人工神经网络。不过自适应模型并不意味着彻底不需要人工指定的参数。即便是人工神经网络在学习之前也要首先确定网络拓扑和学习规则等。

5）模型描述的简洁性和可解释性。根据奥卡姆剃刀（Occam's Razor）原则，应该优先选择更简单的假设。所以，模型描述愈简洁、愈容易理解，则愈受欢迎。

2. 测试数据

评估机器学习结果必须进行测试。测试数据集可以和训练数据集相同，也可以不相同。由于训练数据集不太可能覆盖所有的可能数据，所以测试数据一般和训练数据不相同，至少测试数据中会包含一些训练数据中没有的数据。这样才能反映出模型的泛化能力。

假设 S 是已有数据集，并且训练数据和测试数据都遵从同样的分布规律。从 S 中分割出训练数据和测试数据的常用方法如下：

（1）保留法（Holdout）

这种方法取 S 的一部分（通常为 2/3）作为训练数据，剩下的部分（通常为 1/3）作为测试数据，最后在测试数据集上验证学习结果。为了能够反映出模型的泛化能力，测试数据不宜选择太小。这种方法速度快，但仅仅使用了部分（2/3）数据训练学习模型，没有充分利用所有的已知数据。一般而言，训练数据越多越可能接近于真实情况下的分布，也越可能获得更精确的学习结果。保留法一般用于已知数据量非常巨大的时候。

（2）交叉验证法（Cross Validation），或者称为交叉纠错法

这种方法把 S 划分为 k 个不相交的子集，即 $S=\{S_1,S_2,\cdots,S_k\}$（$S_i \cap S_j = \varnothing, 1 \leq i,j \leq k$）。然

后取其中一个子集作为测试集，剩下数据作为训练集。例如，取 S_i 作测试集，则 $S-S_i$ 就作训练集。接着重复 k 次，把每一个子集都做一次测试集。于是会得到 k 个测试结果，最终的测试结果就是这 k 个测试结果的平均值。交叉验证法还可以重复多次，每次变换不同的 k 值或者不同的划分。交叉验证法充分利用了所有已知的数据，可以获得较好的学习结果，但是显然需要更长的训练时间。所以，交叉验证法一般用于已知数据量不太大的时候。

（3）随机法

这种方法随机抽取 S 中的一部分数据作为测试数据，把剩下的数据作为训练数据。然后重复这一过程足够多次。最终测试结果是所有测试结果的平均值。交叉验证法中一个数据只用于测试一次；随机法可以重复无数次，每个数据都可能被充分地用于训练和测试，可以把测试结果的置信区间减小到指定宽度。但是，随机法中不同的测试集不能看作是对已知数据的独立抽取；而交叉验证法中不同的测试集是独立的，因为一个数据只在测试集中出现一次。

3. 度量学习结果的有效性

评估机器学习结果的有效性就是用机器学习的结果与理想结果相对照，并给出一个量化指标以便衡量学习质量。评估过程可人工或者自动进行。人工评估就是依靠人力对测试集上的学习结果——判定其正误或者好坏，最后统计出量化指标。采用人工方法显然费时、费力，而且判定结果易受主观因素影响。但是，当理想结果难以形式化或者缺乏理想结果数据时，就不得不采用人工方法了。评估学习结果的有效性常用的指标有以下几种：

（1）误差

假设 E_i 表示某个数据的理想结果，L_i 表示该数据的机器学习结果。那么测试数据集 T 上的误差（Error）就是

$$\text{Error}(T) = \sum_{i=1}^{|T|} P_i \|E_i - L_i\| \tag{6.1}$$

其中，P_i 表示第 i 个数据的权值或者概率，$\|\cdot\|$ 表示某种距离度量方法或者某种范数（Norm）。最常用的范数就是欧几里得距离公式，此时误差实际上就是方差，即

$$\text{Error}(T) = \sum_{i=1}^{|T|} P_i \sum_{j=1}^{d} (E_{ij} - L_{ij})^2 \tag{6.2}$$

其中，d 表示数据维数。当学习结果的输出值是连续值时，一般用误差衡量学习结果。

（2）正确率或者错误率

正确率（Accuracy）是被正确处理的数据个数与所有被处理数据个数的比值，即

$$\text{Accuracy}(T) = \frac{|T_{\text{Error}<\varepsilon}|}{|T|} \tag{6.3}$$

其中，$T_{\text{Error}<\varepsilon}$ 表示被正确处理的数据，也就是误差足够小的数据，即 $T_{\text{Error}<\varepsilon} = \{t \mid t \in T, \|E_t - L_t\| < \varepsilon, \ \varepsilon > 0\}$。

错误率（Error Rate）则是没有被正确处理的数据个数与所有被处理数据个数的比值。我们认为一个数据要么被正确处理，要么没有被正确处理，所以有

$$\text{ErrorRate}(T) = \frac{|T| - |T_{\text{Error}<\varepsilon}|}{|T|} = 1 - \frac{|T_{\text{Error}<\varepsilon}|}{|T|} = 1 - \text{Accuracy}(T) \tag{6.4}$$

由此可见，正确率与错误率本质上其实没有什么区别，只不过趋势相反罢了。正确率和错误率的取值范围都是 $[0,1]$，在应用中只要选取其中一种就可以了。

（3）精度和召回率

复合指标是指用两个或者两个以上的指标来共同衡量学习结果。对于分类问题，一般用精

度（Precision，或称为命中率或准确率）和召回率（Recall，或称为覆盖率）来共同衡量分类结果。对于最简单的单类别判定问题（即目标类别只有一个，一个数据要么属于这个类，要么不属于这个类），机器学习的结果可能是正确分类（判定正确），也可能是错误分类（判定错误）。也就是说，学习结果有以下4种可能：

a：判定属于类且判定正确（True Positive，TP）；

b：判定属于类且判定错误（False Positive，FP）；

c：判定不属于类且判定正确（True Negative，TN）；

d：判定不属于类且判定错误（False Negative，FN）。

如图 6.8 所示，此时有 $T=a+b+c+d$，且 a、b、c、d 这 4 个子集互不相交。$a+b$ 表示学习模型判定属于类的数据；$c+d$ 表示学习模型判定不属于类的数据；$a+d$ 表示真实的、应该属于类的数据；$b+c$ 表示真实的、应该不属于类的数据。此时，精度定义为被判定为属于类的数据中正确判定的数据比率，即

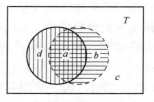

图 6.8 单类别判定结果

$$\text{Precision}(T) = \frac{|a|}{|a+b|} = \frac{\text{TP}}{\text{TP+FP}} \qquad (6.5)$$

召回率定义为在真实的、应该属于类的数据中，被正确判定为属于类的数据所占比率，有时候也被称为真阳性率（True Positive Rate，TPR）或者敏感度（Sensitivity），即

$$\text{Recall}(T) = \text{Sensitivity}(T) = \text{TPR}(T) = \frac{|a|}{|a+d|} = \frac{\text{TP}}{\text{TP+FN}} \qquad (6.6)$$

类似地，还可以分别定义真阴性率（True Negative Rate，TNR）或称为特异度（Specificity）、假阴性率（False Negative Rate，FNR）或称为漏诊率（即 1-敏感度）、假阳性率（False Positive Rate，FPR）或称为误诊率（即 1-特异度）。

$$\text{Specificity}(T) = \text{TNR}(T) = \frac{|c|}{|b+c|} = \frac{\text{TN}}{\text{FP+TN}} \qquad (6.7)$$

$$\text{FNR}(T) = \frac{|d|}{|a+d|} = \frac{\text{FN}}{\text{TP+FN}} = 1 - \text{TPR}(T) \qquad (6.8)$$

$$\text{FPR}(T) = \frac{|b|}{|b+c|} = \frac{\text{FP}}{\text{FP+TN}} = 1 - \text{TNR}(T) \qquad (6.9)$$

前面提到的正确率的定义此时为

$$\text{Accuracy}(T) = \frac{|a+c|}{|a+b+c+d|} = \frac{\text{TP+TN}}{\text{TP+FP+TN+FN}} \qquad (6.10)$$

精度和召回率的取值范围都是 [0,1]。正确率对学习结果的度量不够精细，无法区别错判和漏判情况，且受到数据原始分布的影响较大。精度反映了被学习模型判定为类中的数据有多少是正确的，召回率反映了应该被判定为类中的数据有多少被学习模型判定出来了。通过精度可以看出错判的情况。精度越高，错判越少，但是一般漏判就会多。通过召回率可以看出漏判的情况。召回率越高，漏判越少，但是可能会错判很多。所以，给定一个学习模型，精度变化趋势和召回率变化趋势一般是相反的。也就是说，当调整模型参数使得精度提升时，召回率会下降；而当调整模型参数提升召回率时，精度会下降。

例如，有 100 个测试数据，其中 30 个是属于类的数据，其他 70 个是不属于类的数据。假如一个学习模型只判定一个真实类中的数据属于类，而判定其他 99 个数据都不属于类，此时，

模型的正确率是 0.71，精度是 1，但召回率只是 1/30。调整该模型，使其判定所有 100 个数据都属于类，此时模型的正确率是 0.3，召回率是 1，但精度只是 0.3。

（4）ROC 曲线和 AUC 值

通过调整学习模型参数可以得到一系列的精度和召回率等值。在此基础上，可以用 ROC 曲线来进一步评判模型的学习性能。ROC（Receiver Operating Characteristic）曲线是反映敏感性和特异性连续变量的综合指标。ROC 曲线的横坐标是假阳性率（即误诊率 FPR），纵坐标是真阳性率（即召回率或敏感度 TPR）。学习模型在某个阈值参数下经过测试之后就会得到一组（FPR, TPR）值，从而得到平面上 ROC 曲线上的一个点。变化阈值参数就可以得到整条 ROC 曲线，如图 6.9 所示。

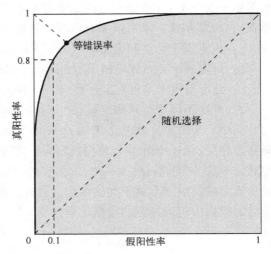

图 6.9 ROC 曲线示例

FPR 和 TPR 都为 1 或者都为 0 显然不是最好的分类结果。理想情况应该是 TPR 接近 1，而 FPR 接近 0。也就是说，ROC 曲线越靠拢（0, 1）点，越偏离 45°对角线越好，即召回率（敏感度）和特异度越大越好，误诊率（1-特异度）越小越好。

实际的数据集中经常会出现数据分布不平衡（Imbalance）的现象，即一个类别的样本比另一个类别的样本多很多（或者相反）。ROC 曲线有个很好的特性，即当测试集中正负样本分布变化时，ROC 曲线能够保持不变。而精度和召回率曲线则受测试数据样本分布的影响比较大。

ROC 曲线下方的面积被称为 AUC（Area Under Curve），该值常用来评价模型学习能力。AUC 值越大则学习模型的分类正确率越高。一个分类器的 AUC 值分布含义如下：

1）AUC=1，是完美分类器。采用这个学习模型时，存在至少一个阈值能得出完美分类结果。但实际上，绝大多数场合不存在完美分类器。

2）0.5<AUC<1，分类器效果优于随机猜测。该分类器妥善设定阈值的话，能有分类价值。

3）AUC=0.5，分类器效果跟随机猜测一样。该分类器没有价值。

4）AUC<0.5，分类器效果比随机猜测还差。但若要总是反其结果而行，则会优于随机猜测。

（5）F_β 度量

为了能够用一个数值综合考虑精度和召回率两个指标，常用 F_β 度量（F_β-Measure）。F_β 度量是精度和召回率的调和平均数（Harmonic Mean），定义为

$$F_\beta(T) = \frac{(\beta^2+1)\,\mathrm{Precision}(T)\times\mathrm{Recall}(T)}{\beta^2\mathrm{Precision}(T)+\mathrm{Recall}(T)} \tag{6.11}$$

其中，β 是一个大于 0 的实数，表示精度相对于召回率的权重。最常用 $\beta=1$，即 F_1 度量：

$$F_1(T) = \frac{2\mathrm{Precision}(T)\times\mathrm{Recall}(T)}{\mathrm{Precision}(T)+\mathrm{Recall}(T)} \tag{6.12}$$

（6）多分类指标

对于多分类问题，就要综合考虑每一个类别上的学习结果，一般采用宏平均法（Macro

Average）或者微平均法（Micro Average）。宏平均法就是先计算各个类别自身的精度和召回率，即对于每一个类按照单分类的评估方法计算其指标。然后，把各个类别的指标加在一起求算术平均值，就可得到宏平均值。微平均法是把整个测试集看作单分类问题，一次性计算所有个体样本指标的平均值。

假设对于测试集 T，目标类别共有 k 个。宏平均精度定义为

$$\text{Precision}_{\text{macro}}(T) = \frac{1}{k} \sum_{i=1}^{k} \text{Precision}_i(T) \tag{6.13}$$

宏平均召回率定义为

$$\text{Recall}_{\text{macro}}(T) = \frac{1}{k} \sum_{i=1}^{k} \text{Recall}_i(T) \tag{6.14}$$

其中，$\text{Precision}_i(T)$ 和 $\text{Recall}_i(T)$ 分别是第 i 个类别的精度和召回率。

微平均精度定义为

$$\text{Precision}_{\text{micro}}(T) = \frac{\sum_{i=1}^{k} |a_i|}{\sum_{i=1}^{k} |a_i| + \sum_{i=1}^{k} |b_i|} \tag{6.15}$$

微平均召回率定义为

$$\text{Recall}_{\text{micro}}(T) = \frac{\sum_{i=1}^{k} |a_i|}{\sum_{i=1}^{k} |a_i| + \sum_{i=1}^{k} |d_i|} \tag{6.16}$$

其中，a_i 表示对第 i 个类而言学习模型判定属于该类且判定正确的数据；b_i 表示对第 i 个类而言学习模型判定属于该类且判定错误的数据；d_i 表示对第 i 个类而言学习模型判定不属于该类且判定错误的数据。无论是宏平均还是微平均，F_1 度量仍然定义为相应精度和召回率的调和平均数。

微平均把个体样本作为最小评价单位，宏平均把类别作为最小评价单位。当每个类别中样本数分布均匀时，宏平均等于微平均；当不同类别中个体数目分布悬殊时，宏平均和微平均会有较大差别。

6.2 决策树学习

决策树学习（Decision Tree Learning）是一种逼近离散值函数的方法，一般用于解决分类问题，是应用最广的归纳推理算法之一。决策树学习方法采用自顶向下的递归方式，从一组无次序、无规则的元组中推理出树形结构的分类规则。最终学习到的函数被表示成一棵决策树，也能被表示为多个 if-then 规则，以提高可读性。决策树学习方法对噪声数据有很好的健壮性且能够学习析取表达式。决策树学习算法有很多，如 ID3、C4.5、ASSISTANT 等。这些决策树学习方法搜索一个完整表示的假设空间，从而避免了受限假设空间的不足。决策树学习的归纳偏置是优先选择较小的树。

6.2.1 决策树表示法

决策树把一个实例从根结点开始不断进行划分，一直到叶子结点，最后

6.2.1 决策树

通过与叶子结点相关联的类别来决定实例的分类。树上的每一个结点说明了对实例某个属性的测试，并且该结点的每一个后继分枝对应于该属性的一个可能值。分类实例的方法是从这棵树的根结点开始，测试这个结点指定的属性，然后按照给定实例的属性值所对应的树枝向下移动。这个过程在以新结点为根的子树上不断重复，直到叶子结点。从决策树根结点到叶子结点的一条路径就构成一条判定规则。从树根到树叶的每一条路径对应一组属性测试的合取，树本身对应这些合取的析取。

例 6.1 在一个水果分类问题中，采用的特征向量为 {颜色,尺寸,形状,味道}。其中，颜色属性的取值范围为 {红,绿,黄}，尺寸属性的取值范围为 {大,中,小}，味道属性的取值范围为 {甜,酸}，形状属性的取值范围为 {圆,细}。已知样本集为一批水果，知道其特征向量及类别。那么，对于一个新的水果实例，观测到了其特征向量，就可判定它是哪一类水果。本例中的决策树（见图 6.10）可用下面的析取式（规则）表示：

(IF 颜色=绿∧尺寸=大 THEN 水果=西瓜)

∨(IF 颜色=绿∧尺寸=中 THEN 水果=苹果)

∨(IF 颜色=绿∧尺寸=小 THEN 水果=葡萄)

∨(IF 颜色=黄∧形状=圆∧尺寸=大 THEN 水果=柚子)

∨(IF 颜色=黄∧形状=圆∧尺寸=小 THEN 水果=柠檬)

∨(IF 颜色=黄∧形状=细 THEN 水果=香蕉)

∨(IF 颜色=红∧尺寸=中 THEN 水果=苹果)

∨(IF 颜色=红∧尺寸=小∧味道=甜 THEN 水果=樱桃)

∨(IF 颜色=红∧尺寸=小∧味道=酸 THEN 水果=葡萄)

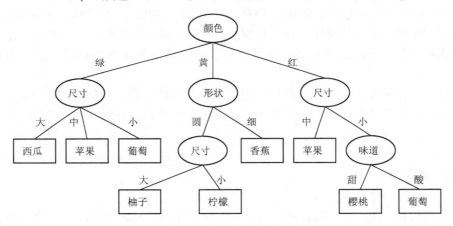

图 6.10 水果分类的决策树

决策树学习适合解决具有以下特征的问题：

1）实例是由"属性-值"对表示的。实例是用一系列固定的属性及其值来描述的。例如，一棵被子植物由根、茎、叶、花、果实等属性来描述。在简单的决策树学习中，每个属性只取离散值。例如，植物根系只取直根系和须根系两个值。但是，在扩展的决策树算法中也可以处理连续值属性。一般都是用某种方法把连续值离散化，即一个区间对应一个离散值。

2）目标函数具有离散的输出值。决策树在叶子结点上给每个实例赋予一个确定的类别，即其目标值域也是离散值的集合。

3）可能需要析取的描述。决策树很自然地代表了析取表达式，如例 6.1 所示。

4）训练数据可以包含错误。决策树学习对错误有很好的健壮性。无论是训练样例的分类错误，还是属性值错误，决策树学习都可以较好地处理这些错误数据。

5）训练数据可以包含缺少属性值的实例。决策树甚至可以在有未知属性值的训练样例中使用。

6.2.2　ID3 算法

1. ID3 算法思想

1986 年，奎廉（J. Ross Quinlan）在概念学习系统（Concept Learning System）研究的基础上提出了 ID3 算法。ID3 算法采用自顶向下的贪婪搜索遍历可能的决策树空间，在每个结点选取能最好分类样例的属性。这个过程一直重复，直到这棵树能完美分类训练样例，或所有的属性都已被使用过为止。

用 ID3 算法构造决策树的过程从"哪一个属性将在树的根结点被测试"这个问题开始。为了回答这个问题，我们使用统计测试来确定每一个实例属性单独分类训练样例的能力。分类能力最好的属性被选作树的根结点。然后，为根结点属性的每个可能值产生一个分枝，并把训练样例分配到适当的分枝（即样例属性值所对应的分枝）之下。重复整个过程，用每个分枝结点关联的训练样例来选取在该点被测试的最佳属性。这样，就形成了对合格决策树的贪婪搜索，所以 ID3 算法不回溯，不重新考虑以前做过的选择。

ID3 算法的核心问题是选取每个结点上要测试的属性。我们当然希望选择的是最有利于分类实例的属性。但是如何衡量一个属性价值的高低呢？这个问题没有统一的答案，在机器学习中有不同的度量方法。ID3 算法根据信息增益（Information Gain）来度量给定属性区分训练样例的能力。实际上，ID3 算法选择信息增益最大的属性作为决策树结点。

2. 信息增益

定义 6.1　对于数据集合 D，若任意一个数据 $d(d \in D)$ 有 c 个不同取值选项，那么数据集 D 对于这 c 个状态的熵（Entropy）定义为

$$\text{Entropy}(D) = \sum_{i=1}^{c} - P_i \log_2(P_i) \tag{6.17}$$

其中，P_i 是数据集 D 中取值为 i（或者说属于类别 i）的数据的比例（或者概率）。如果数据有 c 种可能值，那么熵的最大可能值为 $\log_2 c$。我们定义 $0\log_2 0 = 0$。

定义 6.2　属性 A 对于数据集 D 的信息增益 $\text{Gain}(D,A)$ 就是由于使用该属性分割数据集 D，而导致数据集 D 期望熵减少的程度，即

$$\text{Gain}(D,A) = \text{Entropy}(D) - \sum_{v \in \text{Values}(A)} \left(\frac{|D_v|}{|D|} \text{Entropy}(D_v) \right) \tag{6.18}$$

其中，$\text{Values}(A)$ 是属性 A 所有可能值的集合；D_v 是 D 中属性 A 的值为 v 的子集，即 $D_v = \{d \mid d \in D, A(d) = v\}$；$\text{Entropy}(D)$ 是 D 未用属性 A 分割之前的熵，$\text{Entropy}(D_v)$ 是 D 用属性 A 分割之后的熵。属性 A 的每一个可能取值都有一个熵，该熵的权重是取该属性值的数据在数据集 D 中所占的比例。

熵刻画了数据集的纯度（Purity）。熵越小，数据集越纯净，即越多的数据有相同的类别。当熵为 0 时，表示数据集中所有的数据都相等，都等于一个值。属性 A 的信息增益就是当按照 A 来划分数据集时，数据集能比原来纯净多少。

3. ID3 算法的伪码

ID3 算法的伪码如下：

第 1 步　创建根结点。

第 2 步　根结点数据集为初始数据集。

第 3 步　根结点属性集包括全体属性。

第 4 步　当前结点指向根结点。

第 5 步　在当前结点的属性集和数据集上，计算所有属性的信息增益。

第 6 步　选择信息增益最大的属性 A 作为当前结点的决策属性。

第 7 步　如果最大信息增益小于或等于 0，则当前结点是叶子结点，标定其类别，并标记该结点已被处理。执行第 14 步，否则执行第 8 步。

第 8 步　对属性 A 的每一个可能值生成一个新结点。

第 9 步　把当前结点作为新结点的父结点。

第 10 步　从当前结点数据集中选取属性 A 等于某个值的数据，作为该值对应新结点的数据集。

第 11 步　从当前结点属性集中去除属性 A，然后作为新结点的属性集。

第 12 步　如果新结点数据集或者属性集为空，则该新结点是叶子结点，标定其类别，并标记该结点已被处理。

第 13 步　标记当前结点已被处理。

第 14 步　令当前结点指向一个未处理结点。如果无未处理结点则算法结束，否则执行第 5 步。

4. ID3 算法的特点

ID3 算法可以被看作在假设空间中的一个搜索过程。搜索目标就是找到一个能够拟合训练数据的假设。假设空间就是所有可能决策树的集合，也是一个关于现有属性的有限离散值函数的完整空间。所以，ID3 算法必定能够找到一个目标函数。

ID3 算法运用爬山法搜索假设空间，但是并未彻底地搜索整个空间，而是当遇到第一个可接受的树时就终止了。ID3 算法实际上是用信息增益度量作启发式规则，指导爬山搜索的。概括地讲，ID3 的搜索策略如下：

1）优先选择较短的树，而不是较长的。

2）选择那些高信息增益、高属性、更靠近根结点的树。优先选择短的树，即复杂度小的决策树，更符合奥坎姆剃刀（Occam's Razor）原则，也就是优先选择更简单的假设。复杂度小的决策树（分类器）一般具有更好的泛化（Generalization）能力。

基本的 ID3 算法在搜索中不进行回溯，对已经做过的选择不再重新考虑。所以，ID3 算法收敛到局部最优解，而不是全局最优解。可以对 ID3 算法得到的决策树进行修剪，增加某种形式的回溯，从而得到更优解。

6.2.3　决策树学习的常见问题

决策树学习中常见的问题包括：确定决策树增长的深度，避免过度拟合；处理连续值的属性；选择一个适当的属性筛选度量标准；处理属性值不完整的训练数据；处理不同代价的属性；提高计算效率。

针对上述问题，昆兰（Quinlan）于 1993 年提出了 C4.5 算法，对 ID3 算法进行了如下改进，成为目前普遍使用的一种决策树算法。

1）用信息增益率来选择属性，避免了用信息增益选择属性时偏向选择取值多的属性。

2）在树的构造过程中进行剪枝。

3）能够完成对连续属性的离散化处理。

4）能够对不完整数据进行处理。

1. 过度拟合问题

定义 6.3 给定一个假设空间 H 和一个训练数据集 D。对于一个假设 $h(h \in H)$，如果存在其他的假设 $h'(h' \in H)$，使得在训练数据集 D 上 h 的错误率小于 h' 的错误率，但是在全体可能数据集合上 h 的错误率大于 h' 的错误率，那么假设 h 就过度拟合（Overfit）了训练数据 D。

过度拟合是机器学习中经常遇到的一个问题。特别是当训练数据采样太少，不能完全覆盖真实分布时，过度拟合很容易发生。过度拟合会使学习模型把训练数据中的噪声信息当作有用特征记忆下来。而当模型遇到非训练数据集中的数据时，噪声就干扰模型的判断结果，降低了最终精度。所以，过度拟合严重影响了模型的泛化能力，降低了模型的实用性能。

决策树学习中的过度拟合表现为决策树结点过多，分支过深，对于训练数据可以完美分类，但是对于非训练数据则精度下降。解决决策树学习中的过度拟合问题有两种基本途径：一是及早停止树增长，即在完美分类训练数据之前就终止学习；二是后修剪法，即先允许树过度拟合数据，然后对过度拟合的树进行修剪。

及早停止树增长就是要及时确定叶子结点。决策树结点划分的原则是使其子结点尽可能纯净（指子结点的平均熵最小）。对于任意一个结点 n，可以出现以下 3 种情况：

1）结点 n 中的样本属于同一类，即结点 n 绝对纯净。此时结点 n 不可进一步划分。

2）结点 n 中的样本不属于同一类，但是不存在任何一个划分可以使其子结点的平均熵低于结点 n。此时结点 n 不可进一步划分。

3）可以用一个属性对结点 n 进行划分，从而使结点 n 的子结点具有更低的熵。此时结点 n 可以进一步划分。

在构建决策树的过程中，确定叶子结点的一个策略是，对于每一个可以进一步划分的结点都进行划分，直到得到一个不可划分的子结点，并将该子结点定为叶子结点。这样构造的决策树，其叶子结点均为不可再进一步划分的结点。这种策略完美分类训练数据，但是当训练数据不能覆盖真实数据分布时，就会过度拟合。

所以，在实践中决策树学习不要追求训练样本的完美划分，不要绝对追求叶子结点的纯净度。只要适度保证叶子结点的纯净度，适度保证对训练样本的正确分类能力就可以了。当然，叶子结点纯净度也不能过低，过低则是欠学习。欠学习不能够充分提取样本集合中蕴涵的有关样本真实分布的信息，同样不能保证对未来新样本的正确分类能力。我们应该在过度拟合与欠学习之间寻求合理的平衡，即在结点还可以进一步划分的时候，可根据预先设定的准则停止对其划分，并将其设置为叶子结点。

确定叶子结点的基本方法有测试集方法和阈值方法。

1）测试集方法就是将数据样本集合分为训练集与测试集。根据训练集构建决策树，决策树中的结点逐层展开。每展开一层子结点，就将其设为叶子结点，得到一棵决策树，然后采用测试集对所得决策树的分类性能进行统计。重复上述过程，可以得到决策树在测试集上的学习曲线。根据学习曲线，选择在测试集上性能最佳的决策树为最终的决策树。为了保证测试集中有足够多的具有统计意义的数据，在实践中经常取全体数据的三分之一作为测试集，另外三分之二作为训练集。

2）阈值方法就是在决策树开始训练之前，先设定一个阈值作为终止学习的条件。然后，在学习过程中如果结点满足了终止条件就停止划分，作为叶子结点。终止条件可以选择为信息增益小于某阈值或者结点中的数据占全体训练数据的比例小于某阈值等。

对决策树的修剪可以在测试集上进行，也可以在全体数据集合上进行。修剪的一般原则是使决策树整体的精度提高，或者是使错误率降低。在实践中常用的规则后修剪（Rule Post-Pruning）方法如下：

第1步：从训练数据中学习决策树，允许过度拟合。

第2步：将决策树转化为等价的规则集合。从根结点到叶子结点的一条路径就是一条规则。

第3步：对每一条规则，如果删除该规则中的一个前件不会降低该规则的估计精度，则可删除此前件。

第4步：按照修剪后规则的估计精度对所有的规则进行排序，最后按照此顺序来应用规则进行分类。

2. 选择属性的其他方法

基本 ID3 算法选择信息增益最大的属性作为最优属性。但是，信息增益度量会偏向于有较多可能值的属性。特别是当某属性可能值的数目大大多于类别数目时，该属性就会有很大的信息增益。例如，天气预报的训练数据中包含日期属性。使用信息增益度量就会选择日期作为根结点决策属性，生成一个只有一层却很宽的决策树。尽管这棵决策树可以完美地分割训练数据，但是它显然不是一个好的分类器。

造成这个现象的原因是因为太多的可能值把训练数据分割成了非常小的空间。在每一个小空间内，数据都非常纯净，甚至数据完全一致，熵为 0。这样与未分割之前比，信息增益必然非常大。然而这样的分割显然掩盖了其他有用信息，并未反映真实的数据分布，所以对其他数据就有非常差的分类结果。

为了避免信息增益度量的这个缺陷，可以使用增益比率（Gain Ratio）度量。增益比率度量法就是在信息增益度量的基础上加上一个惩罚项来抑制可能值太多的属性（如日期属性等）。这个惩罚项称为分裂信息（Split Information），是用来衡量属性分裂数据时的广度和均匀性的。属性 A 对数据集 D 的分裂信息定义为

$$\text{SplitInformation}(D, A) = \sum_{v \in \text{Values}(A)} -\frac{|D_v|}{|D|} \log_2 \left(\frac{|D_v|}{|D|} \right) \tag{6.19}$$

其中，D_v 是由属性 A 在数据集 D 上划分出来的一个数据子集。分裂信息实际上就是数据集 D 关于属性 A 的熵。

增益比率度量就是用信息增益除以分裂信息，即

$$\text{GainRatio}(D, A) = \frac{\text{Gain}(D, A)}{\text{SplitInformation}(D, A)} \tag{6.20}$$

对于可能值比较多的属性，由于其分裂信息也比较大，所以最终的增益比率反而可能减小。但是当分裂信息过小，甚至趋于 0 时，增益比率会过大，甚至无定义。例如，某个属性在数据集 D 中几乎只取一个可能值时，就会有这种情况。为了避免选择这种属性，可以采用某种启发式规则，只对那些信息增益高过平均值的属性应用增益比率测试。

还可以选择其他的属性选择度量方法，例如，曼坦罗斯（Mantaras）提出的基于距离的度量，森卓斯卡（Cendrowska）提出的按照属性提供的分类信息选择属性。Mantaras 的思想是对

于数据集假设存在一个理想划分，使得每一个数据都被正确分类。那么我们定义一个距离度量其他划分到这个理想划分之间的差距，于是距离越小的划分自然是越好的划分。Mantaras 定义的距离也是以熵为基础。

令 A 表示把数据集 D 分为 n 个子集（类别）的一个划分，B 表示把数据集 D 分为 m 个子集（类别）的一个划分，则划分 B 对于划分 A 的条件熵为

$$\text{Entropy}(B \mid A) = \sum_{i=1}^{n} \sum_{j=1}^{m} - P(A_i B_j) \log_2 \left(\frac{P(A_i B_j)}{P(A_i)} \right) \tag{6.21}$$

划分 A 和划分 B 的联合熵为

$$\text{Entropy}(AB) = \sum_{i=1}^{n} \sum_{j=1}^{m} - P(A_i B_j) \log_2 P(A_i B_j) \tag{6.22}$$

其中，$P(A_i B_j)$ 表示一个数据既在划分 A 中属于 A_i 类，又在划分 B 中属于 B_j 类的概率。Mantaras 定义两个划分 A、B 间的距离为

$$d(A,B) = \text{Entropy}(B \mid A) + \text{Entropy}(A \mid B) \tag{6.23}$$

经过归一化（Normalize）之后的距离为

$$d_N(A,B) = \frac{d(A,B)}{\text{Entropy}(AB)} \tag{6.24}$$

归一化的距离度量取值在 $[0,1]$ 区间内。

上述两种距离定义都满足距离公理。可以证明这个距离度量不会偏向可能值较多的属性，而且也不会出现增益比率度量所有的缺陷。

6.2.4 随机森林算法

1. 集成学习

6.2.4 随机森林

随机森林（Random Forest）算法是一种典型的集成学习（Ensemble Learning）算法。有一句谚语准确地刻画了集成学习的思想，即"三个臭皮匠顶个诸葛亮"。集成学习就是把有限个性能不是很好的学习模型组合在一起，达到提高整体模型泛化能力的目的。

其中，单个学习模型称为基模型。集成学习对基模型有如下要求：

1）基模型之间应该具有差异性。显然，重复几个性能相同的学习模型不会提升学习结果。

2）每个基模型的分类精度必须大于 0.5，即其泛化能力要略优于随机猜测。如果基模型性能太差显然无助于提升整体分类精度。

因此，集成学习有关键两点：如何构建具有差异性的基模型，以及如何整合多个基模型的学习结果。

（1）构建差异性基模型

1）处理数据集以构建差异性基模型。

这种方法就是在原有数据集上采用抽样技术获得多个训练数据集，从而生成多个差异性基模型。目前主要有 Bagging 方法和 Boosting 方法。

Bagging 方法通过对原数据集进行有放回的采样构建出大小和原数据集 D 一样的新数据集 $D_1, D_2, D_3, \cdots$；然后，用这些新的数据集分别训练多个基模型 $H_1, H_2, H_3, \cdots$。这种方法也称为 Bootstrap 方法。由于是有放回采样，所以有些数据可能会出现多次，而有些数据可能会被忽略。随机森林算法就使用了这种方法。

Bagging 方法的性能依赖于基模型的稳定性。如果基模型是稳定的，即对数据变化不敏感，

那么 Bagging 方法不但可能不会提升模型整体性能，甚至还会降低整体性能，因为每个基模型只是在部分数据上进行了学习。但是如果基模型是不稳定的，则 Bagging 方法有助于减低训练数据随机扰动所导致的误差。

Boostig 方法是一个迭代过程，它不断建立新模型并强调上一个模型中被错误分类的样本，再将这些模型组合起来。该方法实际上改变了样本分布，使得基模型聚集在那些很难分的数据上；对那些容易错分的数据加强学习，增加错分数据的权重。这样错分的数据在下一轮迭代中就有更大的作用（对错分数据进行惩罚）。在刚开始训练的时候，对每一个训练数据赋有相等权重，然后对训练数据进行多轮训练。每次训练后，对分类错误的训练数据赋以较大权重。也就是让学习模型在每次学习以后更注意学错的样本，从而得到多个基模型。数据的权重有两个作用：一方面可以使用这些权重作为对数据进行抽样的概率分布；另一方面可以使用权重学习有利于高权重样本的基模型。Adaboost 算法和梯度提升决策树（Gradient Boost Decision Tree，GBDT）算法使用了这种方法。但是 GBDT 算法与 AdaBoost 算法不同，前者每一轮迭代是为了减小上一次的残差。GBDT 算法在减小残差（负梯度）的方向上建立一个新模型。

2）处理数据特征以构建差异性基模型。

这种方法在训练数据的不同特征子集上分别进行训练，从而构建出具有差异性的基模型。一般采用随机子空间、少量余留法（抽取最重要的一些特征）和遗传算法等。

3）处理学习模型以构建差异性基模型。

这种方法是通过改变一个算法的参数来生成有差异性的同质基模型。例如，改变神经网络的拓扑结构就可以构建出不同的基模型。

（2）整合多个基模型的学习结果

整合多个基模型的学习结果时可以用一个学习模型来自动学习组合参数，也可以采用人工固定的组合策略。

Stacking 方法就是指训练一个学习模型用于组合其他各个基模型。Stacking 方法把训练好的各个基模型的输出作为输入来训练另外一个模型，以得到最终输出，如图 6.11 所示。一般而言，顶层的学习模型不需要太复杂。所以，线性组合模型是最常用的选择。在实践中，通常使用逻辑回归（Logistic Regression）方法作为组合策略，组合权重可以使用随机梯度下降等方法学习出来。

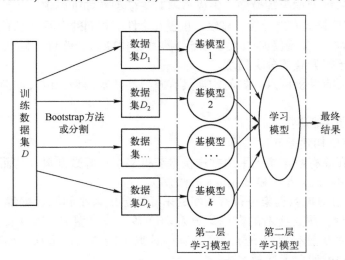

图 6.11 Stacking 方法集成学习示意图

1）对于分类问题常用的整合策略有：

- 简单投票法：就是每个基模型学习结果的权重大小一样，按照少数服从多数的原则，选择得票数最多的类别作为最终结果。
- 线性组合法：每个基模型学习结果的权重不一样，采用加权求和方法来决定最终结果。
- 概率法：按照基模型学习结果的概率信息来决定最终结果。例如，选择概率最大的结果为最终结果。实际上，深度学习中的 Softmax 层就是用这种方法输出最终结果。

2）对于预测问题常用的整合策略有：

- 简单平均法：就是取各个基模型学习结果的平均值。
- 加权平均法：就是取各个基模型学习结果的加权平均。
- 代数法：一般使用最小值、最大值、求和、均值、求积、中位数等对各个基模型学习结果进行处理。

集成学习方法在大数据集和小数据集上都可以取得很好的效果。对于大数据集，可以将其划分成多个小数据集，分别训练后再进行组合。对于小数据集则可以使用 Bootstrap 方法进行重采样（Resample）得到多个数据集，然后分别训练后再组合。集成学习方法相对于单一学习模型有更多的计算量，所以一般要设计成可分布式并行计算的方式。

2. 随机森林算法的思想

随机森林算法是对决策树算法的一种改进，简单地说，就是用随机方式建立一个森林，森林由很多棵决策树组成，每棵决策树单独进行预测，最终结果由森林中所有决策树的结果组合后决定（一般采用简单投票法）。随机森林的每一棵决策树之间相互没有关联，每棵决策树的建立依赖于一个独立采样的数据集。单个决策树的分类能力可以很弱，但是最后组合的结果通常很强。随机森林算法一般用于解决分类问题。但是对顶层的整合策略稍加改造就可用于解决预测问题，如把投票法改为平均法等。

随机森林算法有两个随机采样的过程：对训练数据的行（数据的数量）与列（数据的特征）都进行采样。对数据行进行采样，就是由原始训练数据集 D 生成多个子训练集 D_k，每个子训练集对应生成一棵决策树。子训练集由 Bootstrap 方法产生，即采用有放回的采样方式。原始训练数据集 D 若有 n 个数据，则子训练集 D_k 也会有 n 个数据（可能有重复）。在训练时，每一棵树都不是全部样本。虽然单棵树分类能力差，容易过拟合。但是，经过集成之后，在整体上整个森林相对而言不容易出现过拟合。对数据列进行采样，就是从数据的总共 M 个维度（属性、特征）中随机选出 m 个（$m \ll M$）进行决策树学习，或者是在学习过程中从 m 个最好的分裂属性中随机选择一个进行分裂。

3. 随机森林算法的特点

"随机"是随机森林算法的核心灵魂，"森林"只是一种简单的组合方式而已。随机性是为了保证各个基模型之间的相互独立，从而提升组合后的精度。随机森林算法包含数据随机和特征随机两层随机性。独立随机采样训练数据保证了每棵树学习到的数据侧重点不一样。随机选取特征（属性）有助于消除冗余特征，改善模型泛化能力。

随机森林算法的优点有：两层随机性的引入，使得算法不容易陷入过拟合，并且具有很好的抗噪声能力；具有天然的并行性，易于并行化实现，适用于大数据机器学习和挖掘；能够计算特征的重要性，可用于数据降维和特征选择。

随机森林算法的缺点有：结果的可解释性不如决策树算法；在大数据环境下，随着森林中树的增加，最后生成的模型可能过大，耗用内存较大。

6.2.5 决策树学习应用案例

下面通过一个简单的客户分类案例来说明用决策树学习解决分类问题的基本过程。客户分类就是根据客户属性和历史记录，对客户进行判断和分类。例如，把客户分类成优先考虑的客户和非优先客户，或者判断是否贷款给客户等。客户分类在电子商务、市场营销和保险等方面有重要的应用。

假设一个投资公司需要分析客户，以决定是否给客户投资。客户的有用属性包括 {盈利状况(B)，客户性质(K)，资产规模(M)，客户信用(C)}，最终把客户分类（I）为 {投资，不投资}，盈利状况取值为 {差，一般，好}。客户盈利实际上是连续值，这里需要把连续值离散化。客户性质取值为 {企业，个体}。资产规模实际上也是连续值，这里离散化为 {大，中，小}。客户信用取值为 {优，良，中，一般，差}。表6.1列出了用于训练的数据。

表 6.1 某投资公司客户历史数据

盈利状况	客户性质	资产规模	客户信用	是否投资
差	企业	大	中	否
一般	企业	大	中	是
差	企业	大	良	否
好	个体	小	中	是
好	企业	中	中	是
一般	个体	小	良	是
好	个体	小	良	否
差	企业	中	中	否
差	个体	小	中	是
一般	个体	大	中	是
好	企业	中	良	否
差	个体	中	良	是
一般	企业	中	良	是
好	企业	中	中	是

下面开始构建决策树。

1）创建根结点。

首先，初始数据集的熵就是根据目标类别（即是否得到投资）划分数据的熵。

$$\text{Entropy}(D) = -\frac{|D_{I=投资}|}{|D|}\log_2\frac{|D_{I=投资}|}{|D|} - \frac{|D_{I=不投资}|}{|D|}\log_2\frac{|D_{I=不投资}|}{|D|}$$

$$= -\frac{9}{14}\log_2\frac{9}{14} - \frac{5}{14}\log_2\frac{5}{14}$$

$$= 0.94$$

其次，计算盈利状况的信息增益。

盈利状况差的熵为

$$\text{Entropy}(D_{B=差})$$

$$= -\frac{\left|D_{B=差,I=投资}\right|}{\left|D_{B=差}\right|}\log_2\frac{\left|D_{B=差,I=投资}\right|}{\left|D_{B=差}\right|} - \frac{\left|D_{B=差,I=不投资}\right|}{\left|D_{B=差}\right|}\log_2\frac{\left|D_{B=差,I=不投资}\right|}{\left|D_{B=差}\right|}$$

$$= -\frac{2}{5}\log_2\frac{2}{5} - \frac{3}{5}\log_2\frac{3}{5}$$

$$= 0.971$$

盈利状况一般的熵为

$$\text{Entropy}(D_{B=一般})$$

$$= -\frac{\left|D_{B=一般,I=投资}\right|}{\left|D_{B=一般}\right|}\log_2\frac{\left|D_{B=一般,I=投资}\right|}{\left|D_{B=一般}\right|} - \frac{\left|D_{B=一般,I=不投资}\right|}{\left|D_{B=一般}\right|}\log_2\frac{\left|D_{B=一般,I=不投资}\right|}{\left|D_{B=一般}\right|}$$

$$= -\frac{4}{4}\log_2\frac{4}{4} - 0$$

$$= 0$$

盈利状况好的熵为

$$\text{Entropy}(D_{B=好})$$

$$= -\frac{\left|D_{B=好,I=投资}\right|}{\left|D_{B=好}\right|}\log_2\frac{\left|D_{B=好,I=投资}\right|}{\left|D_{B=好}\right|} - \frac{\left|D_{B=好,I=不投资}\right|}{\left|D_{B=好}\right|}\log_2\frac{\left|D_{B=好,I=不投资}\right|}{\left|D_{B=好}\right|}$$

$$= -\frac{3}{5}\log_2\frac{3}{5} - \frac{2}{5}\log_2\frac{2}{5}$$

$$= 0.971$$

盈利状况的信息增益为

$$\text{Gain}(D,B) = \text{Entropy}(D) - \sum_{v \in \text{Values}(B)}\left(\frac{\left|D_v\right|}{\left|D\right|}\text{Entropy}(D_v)\right)$$

$$= 0.94 - \left(\frac{5}{14}\times 0.971 + \frac{4}{14}\times 0 + \frac{5}{14}\times 0.971\right)$$

$$= 0.246$$

同理,可以算出客户性质、资产规模和客户信用的信息增益分别为

$$\text{Gain}(D,K) = 0.151$$

$$\text{Gain}(D,M) = 0.029$$

$$\text{Gain}(D,C) = 0.048$$

因为,盈利状况的信息增益最大,所以根结点的决策属性是盈利状况。当盈利状况分别等于差、一般、好时对应生成三个新结点。

2)创建盈利状况差对应的结点。

此结点共有 5 个训练数据,分别计算客户性质、资产规模和客户信用的信息增益得到:

$$\text{Gain}(D_{B=差},K) = 0.971$$

$$\text{Gain}(D_{B=差},M) = 0.767$$

$$\text{Gain}(D_{B=差},C) = 0.290$$

因为,客户性质的信息增益最大,所以此结点的决策属性是客户性质。当客户性质分别等于企业和个体时对应生成两个新结点。

3）创建盈利状况差的企业客户对应的结点。

此结点有 3 个训练数据，全部为不投资，熵为 0。故此结点为叶子结点，类别为不投资。

4）创建盈利状况差的个体客户对应的结点。

此结点有 2 个训练数据，全部为投资，熵为 0。故此结点为叶子结点，类别为投资。

5）创建盈利状况一般对应的结点。

此结点有 4 个训练数据，全部为投资，熵为 0。故此结点为叶子结点，类别为投资。

6）创建盈利状况好对应的结点。

此结点共有 5 个训练数据，分别计算客户性质、资产规模和客户信用的信息增益得到：

$$\text{Gain}(D_{B=好}, K) = 0.290$$
$$\text{Gain}(D_{B=好}, M) = 0.290$$
$$\text{Gain}(D_{B=好}, C) = 0.971$$

因为，客户信用的信息增益最大，所以此结点的决策属性是客户信用。当客户信用分别等于优、良、中、一般、差时对应生成 5 个新结点。

7）创建盈利状况好且信用优对应的结点。

此结点无训练数据。对于缺失数据的情况，可以用某种方法进行补充，也可以简单地忽略。在本例中我们简单地忽略缺失数据，并删除缺失数据结点。

8）创建盈利状况好且信用良对应结点。

此结点有 2 个训练数据，全部为不投资，熵为 0。故此结点为叶子结点，类别为不投资。

9）创建盈利状况好且信用中对应的结点。

此结点有 3 个训练数据，全部为投资，熵为 0。故此结点为叶子结点，类别为投资。

10）创建盈利状况好且信用一般对应结点。

此结点无训练数据，删除该结点。

11）创建盈利状况好且信用差对应结点。

此结点无训练数据，删除该结点。

12）所有结点已经处理过。决策树构建过程结束。

图 6.12 概括显示了本例客户分类决策树的生成过程。上述过程实际上建立了一棵完美划分的决策树，未使用剪枝优化策略，因而其很容易过拟合。决策树的生成与训练数据高度相关。根据本例中的决策树，投资公司对盈利状况好且信用中等的个体客户投资，却对盈利状况

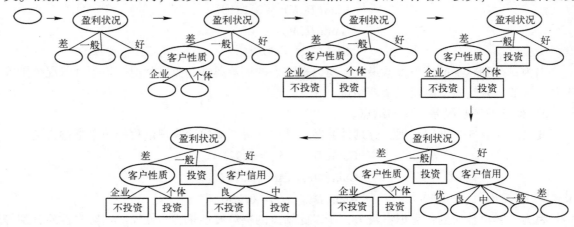

图 6.12 客户分类决策树的生成过程

好但信用良好的个体客户不投资。这显然与直觉不相符。本例是由于训练数据过少，数据分布与真实分布相差过大造成较差结果。要解决这种问题，一方面需要更多更接近真实分布的训练数据，另一方面需要对学习结果进行校验和修正。

6.3 贝叶斯学习

6.3.1 贝叶斯学习

贝叶斯学习（Bayesian Learning）就是基于贝叶斯理论（Bayesian Theory）的机器学习方法。贝叶斯理论也称为贝叶斯法则（Bayesian Theorem，或 Bayesian Rule，或 Bayesian Law），其核心就是贝叶斯公式。

6.3.1 贝叶斯法则

1. 贝叶斯法则简介

贝叶斯法则解决的机器学习任务一般是：在给定训练数据 D 时，确定假设空间 H 中的最优假设。这是典型的分类问题。贝叶斯法则基于假设的先验概率、给定假设下观察到不同数据的概率以及观察到的数据本身，提供了一种计算假设概率的方法。在进一步讨论贝叶斯法则之前，首先明确几个相关概念。

（1）先验概率

先验概率（Prior Probability）就是还没有训练数据之前，某个假设 $h(h \in H)$ 的初始概率，记为 $P(h)$。先验概率反映了背景知识，表示 h 是一个正确假设的可能性有多大。类似地，$P(d)$ 表示训练数据 d 的先验概率，也就是在任何假设都未知或不确定时，d 的概率。$P(d \mid h)$ 表示已知假设 h 成立时 d 的概率，称为类条件概率，或者给定假设 h 时数据 d 的似然度（Likelihood）。

（2）后验概率

后验概率（Posterior Probability）就是在数据 d 上经过学习之后，获得的假设 h 成立的概率，记为 $P(h \mid d)$。也就是说，$P(h \mid d)$ 表示给定数据 d 时假设 h 成立的概率，后验概率是学习的结果，反映了在看到训练数据 d 之后，假设 h 成立的置信度。因此，后验概率用作解决问题时的依据。对于给定数据根据该概率可做出相应决策，如判断数据的类别，或选择某种结论等。

此处要注意，后验概率 $P(h \mid d)$ 是在数据 d 上得到的学习结果，反映了数据 d 的影响。如果训练数据本身变化了，那么学习结果也会有变化。也就是说，这个学习结果是与训练数据相关的。这就好像一个人的生活经历会影响他（她）的人生观一样。与此相反，先验概率是与训练数据 d 无关的，是独立于 d 的。

贝叶斯公式：

$$P(h \mid d) = \frac{P(d \mid h)P(h)}{P(d)} \tag{6.25}$$

贝叶斯公式提供了从先验概率 $P(h)$、$P(d)$ 和 $P(d \mid h)$ 计算后验概率 $P(h \mid d)$ 的方法。直观地看，$P(h \mid d)$ 随着 $P(h)$ 和 $P(d \mid h)$ 的增大而增大，随着 $P(d)$ 的增大而减小。也就是说，如果 d 独立于 h 时被观察到的可能性越大，那么 d 对 h 的支持度越小。此外，后验概率是对先验概率的修正。

2. 贝叶斯最优假设

分类问题的最优假设（即最优结果）可以有不同的定义。例如，与期望误差最小的假设，或者能取得最小熵的假设等。贝叶斯最优假设是指为在给定数据 d、假设空间 H 中不同假设的先验概率以及有关知识下的最可能假设。这个最可能假设可有不同的选择。

（1）极大后验假设

极大后验（Maximum A Posteriori，MAP）假设就是在候选假设集合 H 中寻找对于给定数据 d 使后验概率 $P(h \mid d)$ 最大的那个假设，即 MAP 假设 $h_{\text{MAP}}(h_{\text{MAP}} \in H)$ 是满足下式的假设：

$$
\begin{aligned}
h_{\text{MAP}} &\equiv \arg\max_{h \in H} P(h \mid d) \\
&= \arg\max_{h \in H} \frac{P(d \mid h)P(h)}{P(d)} \\
&= \arg\max_{h \in H} P(d \mid h)P(h)
\end{aligned}
\tag{6.26}
$$

上式最后一步去掉了 $P(d)$，因为它是不依赖于 h 的常量。确定 MAP 假设的方法就是用贝叶斯公式计算每个候选假设的后验概率。

（2）极大似然假设

极大似然（Maximum Likelihood，ML）假设就是在候选假设集合 H 中选择使给定数据 d 似然度（即类条件概率）$P(d \mid h)$ 最大的假设，即 ML 假设 $h_{\text{ML}}(h_{\text{ML}} \in H)$ 是满足下式的假设：

$$
h_{\text{ML}} \equiv \arg\max_{h \in H} P(d \mid h)
\tag{6.27}
$$

极大似然假设和极大后验假设有很强的关联性。实际上，当候选假设集合 H 中每个假设都有相同的先验概率时，极大后验假设就蜕化成极大似然假设。由于数据似然度是先验知识，不需要训练就能知道，所以在机器学习实践中经常应用极大似然假设来指导学习。

（3）贝叶斯最优分类器

贝叶斯最优分类器（Bayes Optimal Classifier）是对最大后验假设的发展。它并不是直接选取后验概率最大的假设作为分类结果，而是对所有假设的后验概率做线性组合（加权求和），再选择加权和最大的结果作为最优分类结果。设 V 表示类别集合，对于 V 中的任意一个类别 v_j，概率 $P(v_j \mid d)$ 表示把数据 d 归为类别 v_j 的概率。贝叶斯最优分类就是使 $P(v_j \mid d)$ 最大的那个类别。贝叶斯最优分类器就是满足下式的分类系统：

$$
\arg\max_{v_j \in V} \sum_{h_i \in H} P(v_j \mid h_i)P(h_i \mid d)
\tag{6.28}
$$

在相同的假设空间和相同的先验概率条件下，其他方法的平均性能不会比贝叶斯最优分类器更好。在给定可用数据、假设空间以及这些假设的先验概率的条件下，贝叶斯最优分类器使得一个实例被正确分类的可能性达到最大。

贝叶斯最优分类器所做的分类可以不是由假设空间 H 中单个假设所标注的分类，而是由 H 中多个假设的线性组合所标注的分类。也就是说，在由 H 生成的另一个空间 H' 中应用贝叶斯公式。实际上，贝叶斯最优分类器在空间 H 中应用了一次贝叶斯公式，然后在空间 H' 中又应用了一次贝叶斯公式。由此可见，虽然贝叶斯最优分类器能从给定训练数据中获得最好性能，但是其算法开销比较大。

例 6.2 设对于数据 d 有假设 h_1、h_2 和 h_3。它们的先验概率分别是 $P(h_1) = 0.3$，$P(h_2) = 0.3$，$P(h_3) = 0.4$。并且已知 $P(d \mid h_1) = 0.5$，$P(d \mid h_2) = 0.3$，$P(d \mid h_3) = 0.2$。又已知在分类集合 $V = \{+, -\}$ 上数据 d 被 h_1 分类为正，被 h_2 和 h_3 分类为负。请分别依据 MAP 假设和贝叶斯

最优分类器对数据 d 进行分类。

解：

先分别计算出假设 h_1，h_2，h_3 的后验概率如下：

$$P(h_1 \mid d) = \frac{P(d \mid h_1)P(h_1)}{P(d)} = \frac{0.5 \times 0.3}{0.5 \times 0.3 + 0.3 \times 0.3 + 0.2 \times 0.4} \approx 0.47$$

$$P(h_2 \mid d) = \frac{P(d \mid h_2)P(h_2)}{P(d)} = \frac{0.3 \times 0.3}{0.5 \times 0.3 + 0.3 \times 0.3 + 0.2 \times 0.4} \approx 0.28$$

$$P(h_3 \mid d) = \frac{P(d \mid h_3)P(h_3)}{P(d)} = \frac{0.2 \times 0.4}{0.5 \times 0.3 + 0.3 \times 0.3 + 0.2 \times 0.4} = 0.25$$

那么依据 MAP 假设，h_1 是最优假设，所以数据 d 应分类为正。

对于贝叶斯最优分类器，再计算分类概率如下：

$$\sum_{h_i \in H} P(+ \mid h_i)P(h_i \mid d)$$

$$= P(+ \mid h_1)P(h_1 \mid d) + P(+ \mid h_2)P(h_2 \mid d) + P(+ \mid h_3)P(h_3 \mid d)$$

$$= 1 \times 0.47 + 0 \times 0.28 + 0 \times 0.25$$

$$= 0.47$$

$$\sum_{h_i \in H} P(- \mid h_i)P(h_i \mid d)$$

$$= P(- \mid h_1)P(h_1 \mid d) + P(- \mid h_2)P(h_2 \mid d) + P(- \mid h_3)P(h_3 \mid d)$$

$$= 0 \times 0.47 + 1 \times 0.28 + 1 \times 0.25$$

$$= 0.53$$

那么依据贝叶斯最优分类器，数据 d 应该分类为负。

3. 贝叶斯学习的特点

贝叶斯学习在机器学习中占有重要的位置。因为贝叶斯学习为衡量多个假设的置信度提供了定量的方法，可以计算每个假设的显式概率，提供了一个客观的选择标准。而且贝叶斯学习为理解其他学习算法提供了一种有效的手段，虽然那些算法不一定直接操纵概率数据。例如，用贝叶斯方法可以分析决策树的归纳偏置，选择最优决策树。使误差平方和最小化的神经网络学习结果也是符合贝叶斯法则（最大似然法则）的学习结果。

贝叶斯学习方法的特性如下：

1）观察到的每个训练样例可以增量地降低或升高某假设的估计概率。而其他算法会在某个假设与任何一个样例不一致时完全去掉该假设。

2）先验知识可以与观察数据一起决定假设的最终概率。先验知识包括每个候选假设的先验概率，每个可能假设在可观察数据上的概率分布。

3）贝叶斯方法允许假设做出不确定性的预测。例如，前方目标是骆驼的可能性是90%，是马的可能性是5%。

4）新的实例分类可由多个假设一起做出预测，用它们的概率来加权。

5）即使在贝叶斯方法计算复杂度较高时，它仍可作为一个最优决策标准去衡量其他方法。

在实践中使用贝叶斯学习的时候，要注意以下几个先决条件：

1）被观察的量遵循某概率分布，并且可根据这些概率及已观察到的数据进行推理。

2）由一些已知假设作为候选目标，且候选假设之间彼此互斥，所有候选假设概率之和为1。

3）具有先验知识。要获得先验概率，一般要做大量的统计工作。这在实践中往往有困难。此时也可以基于背景知识、预先准备好的数据以及基准分布的假定来估计这些概率。再者，一般情况下如果要计算贝叶斯最优假设，则需要计算所有可能假设的概率。这样的计算复杂度就比较高。

6.3.2 朴素贝叶斯方法

在机器学习中，一个实例 x 往往有很多属性，一般用一个多维元组（即向量）$<a_1, a_2, \cdots, a_n>$ 来表示一个实例。其中每一维代表一个属性，该分量的数值就是所对应属性的值。此时依据 MAP 假设的贝叶斯学习就是对一个数据 $<a_1, a_2, \cdots, a_n>$，求使其满足下式的目标值 h_{MAP}。

$$
\begin{aligned}
h_{\mathrm{MAP}} &= \underset{h_i \in H}{\arg\ \max} P(h_i \mid a_1, a_2, \cdots, a_n) \\
&= \underset{h_i \in H}{\arg\ \max} \frac{P(a_1, a_2, \cdots, a_n \mid h_i) P(h_i)}{P(a_1, a_2, \cdots, a_n)} \\
&= \underset{h_i \in H}{\arg\ \max} P(a_1, a_2, \cdots, a_n \mid h_i) P(h_i)
\end{aligned} \tag{6.29}
$$

其中，H 是目标值集合。估计每个 $P(h_i)$ 很容易，只要计算每个目标值 h_i 出现在训练数据中的频率就可以。但是如果要如此估计所有的 $P(a_1, a_2, \cdots, a_n \mid h_i)$ 项，则必须计算 $a_1, a_2, \cdots, a_n$ 的所有可能取值组合，再乘以可能的目标值数量。假设一个实例有 10 个属性，每个属性有 3 个可能取值，而目标集合中有 5 个候选目标，那么 $P(a_1, a_2, \cdots, a_n \mid h_i)$ 项就有 5×3^{10} 个之多。对于现实系统这样显然不行。因为，首先我们很难得到一个容量足够大的样本；其次即使样本足够多，进行统计的时间复杂度也是无法忍受的。所以，贝叶斯最优假设（包括贝叶斯最优分类器）不适合于高维数据。

对于贝叶斯学习有两种思路可以解决高维数据问题：一种是朴素贝叶斯（Naïve Bayes）方法，也称为简单贝叶斯（Simple Bayes）方法；另一种是贝叶斯网络（Bayesian Network）。朴素贝叶斯方法采用最简单的假设：对于目标值，数据各属性之间是相互条件独立的，即 a_1, $a_2, \cdots, a_n$ 的联合概率等于每个单独属性的概率乘积：

$$
P(a_1, a_2, \cdots, a_n \mid h_i) = \prod_j P(a_j \mid h_i) \tag{6.30}
$$

将其带入式（6.26）中，就得到朴素贝叶斯分类器所用的方法：

$$
h_{\mathrm{NB}} = \underset{h_i \in H}{\arg\ \max} P(h_i) \prod_j P(a_j \mid h_i) \tag{6.31}
$$

其中，h_{NB} 表示朴素贝叶斯分类器输出的目标值。仍以上段假设为例，朴素贝叶斯分类器中需要从训练数据中估计的 $P(a_j \mid h_i)$ 项的数量是 $5 \times 3 \times 10$，这显然大大小于 MAP 分类中的 $P(a_1, a_2, \cdots, a_n \mid h_i)$ 项。朴素贝叶斯学习的主要过程在于计算训练样例中不同数据组合的出现频率，统计出 $P(h_i)$ 和 $P(a_j \mid h_i)$。所以，其算法比较简单，是一种很有效的机器学习方法。当各属性条件独立性满足时，朴素贝叶斯分类结果等于 MAP 分类。尽管这一假定一定程度上限制了朴素贝叶斯方法的适用范围，但是在实际应用中，许多领域在违背这种假定的条件下，朴素贝叶斯学习也表现出相当的健壮性和高效性。

6.3.3 贝叶斯网络

朴素贝叶斯方法假定数据属性在给定目标值下是条件独立的。在很多情况下，这个条件独立性假定过于严格。贝叶斯网络（Bayesian Network）采取了另一种思路。贝叶斯网络不要求任意两个数据属性之间都条件独立，而是只要两个属性组之间条件独立就可以了。属性组就是属性集合的子集。贝叶斯网络描述的就是属性组所遵从的概率分布，即联合概率分布。

贝叶斯网络是一个带有概率标注的有向无环图，是表示变量（属性）间概率依赖关系的图形模式。其中，一个结点表示一个变量，有向边表示变量间的概率依赖关系。并且任何一个结点的概率只受其父结点的影响，即任何一个变量在给定其父结点的条件下独立于其非后继结点。每个结点都对应着一个条件概率分布表，指明该变量与父结点之间概率依赖的数量关系。不联通的结点就表示条件独立。贝叶斯网络中对一组变量 $<a_1, a_2, \cdots, a_n>$ 的联合概率可由下式计算：

$$P(a_1, a_2, \cdots, a_n) = \prod_j P(a_j \mid \text{Parents}(a_j)) \tag{6.32}$$

其中，$\text{Parents}(a_j)$ 表示网络中 a_j 的父结点集合。$P(a_j \mid \text{Parents}(a_j))$ 的值等于与结点 a_j 关联的条件概率表中的值。

例6.3 图6.13所示为一个关于年轻人（记为 Y）、军营（记为 C）、学生（记为 P）、战士（记为 S）、打工（记为 W）和身体棒（记为 B）等6个事物的贝叶斯网络拓扑。表6.2列出其中年轻人、军营、学生、战士结点的条件概率表，打工和身体棒结点此处省略未列。

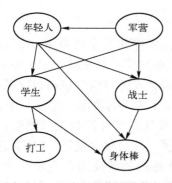

图6.13 一个贝叶斯网络拓扑

表6.2 贝叶斯网络中各结点的条件概率表

军	营		年 轻 人	
			C	$\neg C$
C	0.1	Y	0.8	0.6
$\neg C$	0.9	$\neg Y$	0.2	0.4

战士/学生				
	Y,C	$Y,\neg C$	$\neg Y,C$	$\neg Y,\neg C$
S	0.7	0.2	0.3	0.1
$\neg S$	0.3	0.8	0.7	0.9
P	0.2	0.6	0	0.1
$\neg P$	0.8	0.4	1	0.9

由这个贝叶斯网络从式（6.29）就可知，在街上碰到一个军营，看见一个人从军营里出来，并且这个人是年轻战士不是学生的联合概率 $P(\neg P, S, Y, C)$ 为

$$P(\neg P, S, Y, C) = P(\neg P \mid Y, C) \times P(S \mid Y, C) \times P(Y \mid C) \times P(C)$$
$$= 0.8 \times 0.7 \times 0.8 \times 0.1$$
$$= 0.0448$$

在军营里面看见一个人，并且这个人是年轻战士不是学生的联合概率 $P(\neg P, S, Y \mid C)$ 为

$$P(\neg P, S, Y \mid C) = P(\neg P \mid S, Y, C) \times P(S, Y \mid C)$$
$$= P(\neg P \mid S, Y, C) \times P(S \mid Y, C) \times P(Y \mid C)$$
$$= P(\neg P \mid Y, C) \times P(S \mid Y, C) \times P(Y \mid C)$$
$$= 0.8 \times 0.7 \times 0.8$$
$$= 0.448$$

由这个贝叶斯网络可知，在给定父结点下，学生结点和战士结点是条件独立的。所以，$P(\neg P \mid S, Y, C) = P(\neg P \mid Y, C)$。

由上例可以看出，贝叶斯网络可用于在指导某些变量的值或分布时，计算网络中另一部分变量的概率分布。但是在一般情况下，对任意贝叶斯网络的概率的确切推理已经知道是一个NP难题，甚至即使是贝叶斯网络中的近似推理也可能是NP难题。在实践中，可以使用D分离、图约简法、Polytree等技术进行简化推理，其重点在于通过各种方法寻找贝叶斯网络中的条件独立性，达到减少计算量和复杂性的目的。

如何从训练数据中学习获得贝叶斯网络仍然是机器学习研究中的一个焦点问题。贝叶斯网络的学习可简单分为结构学习和参数学习。结构学习就是通过训练数据来构造贝叶斯网络拓扑。参数学习就是在贝叶斯网络结构已知的情况下，学习变量的概率分布及参数估计，实际上就是学习各个结点的条件概率表。当网络结构已知并且所有变量可以从训练数据中完全获得时，可以运用朴素贝叶斯方法来估计条件概率表中各个项。但是其他情况下的学习就困难多了。

贝叶斯网络实质上是一种基于概率的不确定性推理网络，提供了一种自然的表示因果信息的方法，因此也称为贝叶斯信念网络。贝叶斯网络是处理不确定信息的一种有力工具，已经在医疗诊断、统计决策、专家系统和工业控制等领域的智能化系统中得到了重要应用。

6.3.4 EM算法

在运用贝叶斯方法的时候，需要先验知识，包括先验概率和类条件概率（即数据似然度）。如果训练数据非常全面、完整，那么我们可以统计训练数据得到先验知识。但是在实践应用中，往往会出现不完整、不全面的训练数据。也就是说，训练数据中应该包含某些数据，但是实际上却没有观察到这些数据，如天气预报的数据中少了雾天的数据。此时，对于先验概率我们可以假设其全部相等，即均匀分布。但是，对于类条件概率（即数据似然度）则需要用其他方法估计。这种应该出现，但是没有被观察到的数据，称为隐含变量。EM算法，即期望极大化（Expectation Maximization）算法，就是一种广泛使用的解决隐含变量的学习方法。当隐含变量所遵从概率分布的一般形式已知时，EM算法可以从能观察到的变量估计出那些从未被直接观察到的变量。

令D表示训练数据全集，X表示其中能观察到的数据，Y表示其中未被观察到的数据，则$D = <X, Y>$。由于D中包含着部分未知数据，所以我们把D看作是服从某概率分布$F(D, \Theta)$的随机变量，即$P(D) = F(D, \Theta)$，其中Θ表示概率模型的参数集。EM算法的任务就是寻找概率模型F的参数值θ^*（$\theta^* \in \Theta$），使得在该取值下训练数据的似然度最大，即最大似然假设。

$$\theta^* = \arg \max_{\theta \in \Theta} P(D \mid \theta) = \arg \max_{\theta \in \Theta} \ln P(D \mid \theta)$$

其中，采用对数似然度$\ln P(D \mid \theta)$是为了计算和推理方便。确定了模型参数θ^*之后，自然可以根据概率模型F补全缺失的数据。

EM算法使用一个迭代过程来寻找最优参数θ^*，即重复执行以下两步直至参数θ收敛。

步骤 1：估计期望步（E 步）。根据当前模型参数 θ_{i-1} 和可观察到的数据 X 来估计 D 上的概率分布，以计算下式中的期望值。

$$Q(\theta, \theta_{i-1}) = E[\ln P(D \mid \theta) \mid \theta_{i-1}, X] \tag{6.33}$$

式中，Q 函数表示数据 D 似然度的期望，而不是数据值的期望。

步骤 2：最大化步（M 步）。令模型参数为使 Q 函数最大化的参数。

$$\theta_i = \arg\max_{\theta} Q(\theta, \theta_{i-1}) \tag{6.34}$$

EM 算法在初始化的时候，随机指定模型的参数。EM 算法保证收敛到参数的局部极大值。EM 算法的要点是用当前假设估计未知变量和期望值，然后用估计的期望值来修正假设。如果概率分布模型 F 彻底未知，那么 EM 算法也无法应用。在实践中常用的概率分布模型是高斯混合模型（Gaussian Mixture Model，GMM）和隐马尔科夫模型（Hidden Markov Model，HMM）。

对于高斯混合模型，假设训练数据 D 中的任意一个数据 $d_i(d_i \in D)$ 都遵从某个高斯模型（即正态分布），那么全体训练数据可看作由 k 个正态分布混合而成，即

$$P(d_i \mid \theta) = \sum_{j=1}^{k} \lambda_j G(d_i, \mu_j, \Sigma_j) \tag{6.35}$$

其中，G 函数是高斯函数，μ 是均值向量（或者均值），Σ 是协方差矩阵（或者方差），λ 是混合模型中各个高斯分量的权重。应满足归一化条件，即

$$\sum_{j=1}^{k} \lambda_j = 1, \quad \lambda_j \geq 0$$

EM 算法最终确定每一个数据 $d_i(d_i \in D)$ 由哪个高斯模型产生，并且其模型参数 λ、μ 和 Σ 分别是多少。

在 E 步计算数据 d_i 由第 j 个高斯模型生成的期望值：

$$P(j \mid d_i) = \frac{\lambda_j G(d_i, \mu_j, \Sigma_j)}{\sum_{n=1}^{k} \lambda_n G(d_i, \mu_n, \Sigma_n)} \tag{6.36}$$

在 M 步计算期望值到极大值时新的模型参数：

$$\lambda_j^{new} = \frac{1}{N} \sum_{i=1}^{N} P(j \mid d_i) \tag{6.37}$$

$$\mu_j^{new} = \frac{\sum_{i=1}^{N} d_i P(j \mid d_i)}{\sum_{i=1}^{N} P(j \mid d_i)} \tag{6.38}$$

$$\Sigma_j^{new} = \frac{\sum_{i=1}^{N} P(j \mid d_i)(d_i - u_j^{new})(d_i - u_j^{new})^T}{\sum_{i=1}^{N} P(j \mid d_i)} \tag{6.39}$$

6.3.5　贝叶斯学习应用案例

本小节通过一个邮件分类问题案例来介绍贝叶斯学习方法的应用。邮件分类问题就是就是根据邮件信息把邮件分为有用邮件和垃圾邮件两类，也称为垃圾邮件识别。邮件分类就是一种文本分类。能够解决文本分类的方法有很多，包括基于规则的方法、基于概率的方法、支持向量机方法，以及人工神经网络方法等。常见的分类方法实际上都可以用于文本分类问题。但是

不同的方法效果也不一样。通过本小节内容也可以知道解决文本分类问题的一般过程。

　　本小节介绍用朴素贝叶斯分类器识别垃圾邮件的基本方法。贝叶斯方法纯粹根据统计学规律运作，完全可以由用户根据自己所接收的邮件历史来确定过滤设置。这样，就使得垃圾邮件发送者难以猜测用户的过滤偏好。但是，贝叶斯方法受到训练数据概率分布的影响很大。所以，只有当训练数据规模比较大，其数据特征概率分布比较接近真实情况时，才能获得较好的效果。

　　朴素贝叶斯方法的基本学习过程如图 6.14 所示。

图 6.14　朴素贝叶斯方法的基本学习过程

　　具体学习过程如下：

　　1）收集大量垃圾邮件和非垃圾邮件，建立垃圾邮件集和非垃圾邮件集。

　　2）提取邮件主题和邮件内容中的有效字词 w_i，如"内幕"和"真相"等。然后统计其出现的次数，即在该训练集上的词频 $\mathrm{TF}(w_i)$。

　　3）对垃圾邮件集和非垃圾邮件集中所有邮件执行第 2）步。

　　4）对垃圾邮件集和非垃圾邮件集分别建立哈希表 W_{spam} 和 W_{valid}，存储从有效字词到其词频的映射关系。

　　5）计算每个有效字词在垃圾邮件集（W_{spam}）上出现的概率 $P(w_i \mid C=\mathrm{spam})$ 和在非垃圾邮件集（W_{valid}）上出现的概率 $P(w_i \mid C=\mathrm{valid})$。

$$P(w_i \mid C) = \frac{\mathrm{TF}(w_i)}{\displaystyle\sum_{w_i \in W} \mathrm{TF}(w_i)} \tag{6.40}$$

　　6）在垃圾邮件集和非垃圾邮件集上的学习过程结束，获得在垃圾邮件集和非垃圾邮件集上每个有效字词的出现概率。

　　用朴素贝叶斯方法判断一封邮件的基本过程如图 6.15 所示。

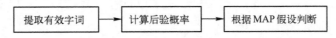

图 6.15　用朴素贝叶斯方法判断一封邮件的基本过程

　　具体判断过程如下：

　　1）对于一封邮件提取其所有的有效字词 $t_1, t_2, \cdots, t_n$。

　　2）从哈希表 W_{spam} 和 W_{valid} 中分别提取不同类别中上述有效字词的概率 $P(t_i \mid C=\mathrm{spam})$ 和 $P(t_i \mid C=\mathrm{valid})$。

　　3）依据朴素贝叶斯方法（式6.28）计算该邮件为垃圾邮件的概率 $P(C=\mathrm{spam} \mid t_1, t_2, \cdots, t_n)$ 和为非垃圾邮件的概率 $P(C=\mathrm{valid} \mid t_1, t_2, \cdots, t_n)$。

$$
\begin{aligned}
&P(C=\mathrm{spam} \mid t_1, t_2, \cdots, t_n) \\
&= \frac{P(C=\mathrm{spam}) \times P(t_1 \mid C=\mathrm{spam}) \times P(t_2 \mid C=\mathrm{spam}) \times \cdots \times P(t_n \mid C=\mathrm{spam})}{P(t_1, t_2, \cdots, t_n)}
\end{aligned}
$$

$$P(C=\text{valid} \mid t_1, t_2, \cdots, t_n)$$

$$= \frac{P(C=\text{valid}) \times P(t_1 \mid C=\text{valid}) \times P(t_2 \mid C=\text{valid}) \times \cdots \times P(t_n \mid C=\text{valid})}{P(t_1, t_2, \cdots, t_n)}$$

4）如果 $P(C=\text{spam} \mid t_1, t_2, \cdots, t_n) > P(C=\text{valid} \mid t_1, t_2, \cdots, t_n)$，则该邮件为垃圾邮件；否则，该邮件不是垃圾邮件。判定过程结束。

在上述过程中，$P(t_1, t_2, \cdots, t_n)$ 实际上可以不用计算，因为这个概率不影响判定，另外这个概率值实际上很难得到准确值。$P(t_i \mid C)$ 是类条件概率（即似然度），是由先验知识得到的。$P(C)$ 是关于垃圾邮件和非垃圾邮件的先验概率，应该根据历史邮件统计出来。在实践中，如果不做统计，也可以假设二者相等，即

$$P(C=\text{spam}) = P(C=\text{valid})$$

此时，实际上就是按照似然度来做判定，也就是从极大后验假设蜕化成了极大似然假设。

本小节介绍的用朴素贝叶斯方法过滤垃圾邮件的过程实际上也就是一个对文本进行分类的过程。不过在一般的文本分类过程中，文本类别比较多，不仅仅只有两类。另外，在估计似然度的时候，我们使用了词频比率代替概率。而实际上根据概率定理，只有当观察次数（即训练样例）足够大的时候，这个比率才趋向于概率。如果训练样例较少（如词频太低）则对概率的估计较差。特别是当某个词频为 0 的时候，实际概率不应该为 0。由于乘法的关系，为 0 的概率估计会完全掩盖其他概率。为了避免这种问题，可以采用如下定义的 m-估计方法。

$$P(w_i \mid C) = \frac{\text{TF}(w_i) + mp}{\sum_{w_i \in W} \text{TF}(w_i) + m} \tag{6.41}$$

其中，p 是先验估计概率，可根据实际情况选择。最常用的方法就是假定均匀分布的先验概率，即若属性（即训练样例）有 k 个可能取值，那么 $p=1/k$。m 是一个表示等效样本大小的常量。上式实际上就是把原先 n 个实际观察扩大，加上 m 个按照 p 分布的虚拟样本。在文本分类中，m 最常见的取值就是所有不同有效字词的个数，即词汇表的大小。此时若采用均匀分布的先验概率，则 $mp=1$。所以，式（6.41）变为

$$P(w_i \mid C) = \frac{\text{TF}(w_i) + 1}{\sum_{w_i \in W} \text{TF}(w_i) + |W|} \tag{6.42}$$

在实践应用中，朴素贝叶斯方法简单有效，应用很广泛。不过应用朴素贝叶斯方法的前提是各属性之间互相条件独立。而且由于朴素贝叶斯方法中对数据属性进行了过多的简化，丧失了很多对分类很有用的信息，影响分类效果，所以在实践应用中还有很多在朴素贝叶斯方法基础上进行改进的方法。

6.4 统计学习

统计学习（Statistical Learning）就是基于统计学原理的学习方法。传统的统计学理论，即 Fisher 理论体系要求：一，已知准确的样本分布函数，二，采样无穷多。这两条在实践中很难得到满足，给学习问题带来了很大的困难。V. Vapnik 于 20 世纪 90 年代提出了小样本（有限样本）统计学习理论（Statistical Learning Theory）。小样本统计学习理论基于对学习错误和泛化能力之间关系的定量刻画，不仅避免了对样本点分布的假设和数目要求，还产生了一种新的

统计推断原理——结构风险最小化原理。Vapnik 理论体系下的统计推理规则不仅考虑了对渐进性能的要求，而且追求在现有的有限信息条件下得到最优结果。统计学习理论由于具有优美的理论基础，是推动机器学习研究发展的一个重要动力。

6.4.1 小样本统计学习理论

6.4.1 小样本统计学习

1. 函数估计模型

机器学习问题可以看作是利用有限数量的观测来寻找待求解的依赖关系。假如用 x 表示输入，用 y 表示输出，待求解的依赖关系就是输入和输出之间的某个未知联合概率 $F(x,y)$。根据样本学习的一般模型可用图 6.16 来描述。其中，

1) G 表示产生器，用于产生输入向量 $\boldsymbol{x}$。

2) S 表示被观测的系统或者称为训练器。训练器对每个输入 x 产生相应的输出 y，并且输入和输出遵从某个未知联合概率 $F(x,y)$。

3) LM 表示学习机。学习机能够实现一定的函数集 $f(x,a)$，$a \in \Lambda$，其中 Λ 是学习参数集合，学习参数既可能是向量也可能是函数。不同的 a 值决定了不同的学习函数。

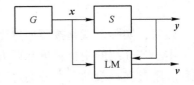

图 6.16　根据样本学习的一般模型

学习的问题就是从给定的函数集 $f(x,a)$，$a \in \Lambda$ 中选择出能最好地逼近训练器响应的函数。也就是选择最优的 a^* 值，使得学习机的输出 $f(x, a^*)$ 与训练器的输出 y 之间的差异尽可能小。这种差异又称为损失，用函数 $L(y,f(x,a))$ 表示。关于这个损失的数学期望值就称为风险泛函（Risk Functional），也称为期望风险，即

$$R(a) = \int L(y,f(x,a))dF(x,y) \tag{6.43}$$

所以，学习的目标就是最小化风险泛函 $R(a)$，即风险最小化问题。

不同类型的学习问题可以有不同的损失函数。例如，分类（模式识别）问题常用 0-1 损失函数，即

$$L(y,f(x,a)) = \begin{cases} 0, & 若\ y=f(x,a) \\ 1, & 若\ y \neq f(x,a) \end{cases} \tag{6.44}$$

L1 损失函数（即绝对值损失函数）也经常使用

$$L(y,f(x,a)) = |y-f(x,a)| \tag{6.45}$$

预测（回归估计）问题常用 L2 损失函数（即平方损失函数）。最小二乘法就是一种使 L2 损失函数达到极小值的方法。

$$L(y,f(x,a)) = (y-f(x,a))^2 \tag{6.46}$$

密度估计问题常用对数损失函数（即对数似然损失函数）：

$$L(p(x,a)) = -\log_2 p(x,a) \tag{6.47}$$

分类问题也可以使用对数似然损失函数。逻辑回归算法中的极大似然估计法就是使对数似然损失函数达到极值点。此时，其形式如下：

$$L(y,f(x,a)) = -y\log_2 p(x,a) - (1-y)\log_2(1-p(x,a)) \tag{6.48}$$

其中，y 取值为 $\{0,1\}$，分别表示负类和正类。上式实际是把 $y=0$ 和 $y=1$ 两种情况下的分段函数表示成了一个式子。

AdaBoost 算法则用到了指数损失函数：

$$L(y, f(x,a)) = \exp(-yf(x,a)) \qquad (6.49)$$

支持向量机基于最大边距（Maximum Margin）思想求得最优分类面，使用 Hinge 损失函数：

$$L(y, f(x,a)) = \max\{0, \ 1-yf(x,a)\} \qquad (6.50)$$

其中，y 取值为 $\{-1,+1\}$，分别表示负类和正类。当支持向量机的输出 $f(x,a)$ 与 y 符号相同（意味着分类正确），且其绝对值大于或等于 1 时，Hinge 损失函数值为 0。当 $f(x,a)$ 与 y 符号相反（意味着分类错误）时，Hinge 损失函数值随着输出的增大而线性增大。

2. 经验风险

在实际问题中，联合概率 $F(x,y)$ 是未知的，所以就无法用风险泛函直接计算损失的期望值，也无法最小化。于是实践中常用算术平均代替数学期望，从而得到经验风险泛函：

$$R_{\mathrm{emp}}(a) = \frac{1}{N} \sum_{i=1}^{N} L(y_i, f(x_i, a)) \qquad (6.51)$$

其中，$<x_i, y_i>$，$(i=1,2,\cdots,N)$ 是学习样本，代表着已知经验。算术平均值是对数学期望值的估计，只有当样本数目 N 趋于无穷时，经验风险 $R_{\mathrm{emp}}(a)$ 才在概率意义下趋近于期望风险 $R(a)$。传统的学习方法大多都是使经验风险最小化（Empirical Risk Minimization，ERM）。例如，把式（6.46）定义的损失函数带入经验风险泛函并进行最小化就得到了最小二乘法，把式（6.48）定义的损失函数带入经验风险泛函并进行最小化就等价于最大似然法。

注意，即使样本数目很大，也不能保证经验风险的最小值与期望风险的最小值相近。所以，统计学习理论就要研究在样本数目有限的情况下，经验风险与期望风险之间的关系。其核心内容包括以下 4 点：

1）在什么条件下，当样本数目趋于无穷时，经验风险 $R_{\mathrm{emp}}(a)$ 最优值趋于期望风险 $R(a)$ 最优值（能够推广），其收敛速度又如何。也就是在经验风险最小化原则下的学习一致性条件。

2）如何从经验风险估计出期望风险的上界，即关于统计学习方法推广性的界。

3）在对期望风险上界估计的基础上选择预测函数的原则，即小样本归纳推理原则。

4）实现上述原则的具体方法。例如，支持向量机就是一个具体的方法。

3. 学习过程的一致性

学习过程的一致性（Consistency）是指当训练样本无限时，经验风险的最优值收敛于真实风险（期望风险）的最优值。其定义如下：

定义 6.4 设 $f(x,a)$ 是使经验风险最小化的函数，如果下面两个序列概率地收敛于同一极限，则称 ERM 原则对函数集 $f(x,a)$，$a \in \Lambda$ 和概率分布函数 $F(x,y)$ 是一致的。

$$R(a_N) \xrightarrow[N \to \infty]{P} \inf_{a \in \Lambda} R(a) \qquad (6.52)$$

$$R_{\mathrm{emp}}(a_N) \xrightarrow[N \to \infty]{P} \inf_{a \in \Lambda} R(a) \qquad (6.53)$$

也就是说，如果 ERM 原则对函数集 $f(x,a)$，$a \in \Lambda$ 和概率分布函数 $F(x,y)$ 是一致的，那么它必须提供一个函数序列 $f(x, a_N)$, $N=1,2,\cdots$，使得经验风险和期望风险都概率地收敛到同一个最小风险值。

Vapnik 和 Chervonenkis 于 1989 年提出了如下学习理论的关键定理。

定理 6.1 对于有界损失函数，ERM 原则一致性的充要条件是，经验风险在如下意义下一致收敛于期望风险：

$$\lim_{N \to \infty} P\{\sup(R(a) - R_{emp}(a)) > \varepsilon\} = 0, \quad \forall \varepsilon > 0 \tag{6.54}$$

这种一致收敛被称作单边一致性收敛。

4. VC 维

为了研究学习过程的速度和推广性，小样本统计学理论定义了函数集学习性能的指标，其中最重要的是 VC 维（Vapnik-Chervonenkis Dimension）。模式识别方法中 VC 维的直观定义：对一个指示函数集，如果存在 h 个样本能够被函数集中的函数按所有可能的 2^h 种形式分开，则称函数集能够把 h 个样本打散。函数集的 VC 维就是它能打散的最大样本数目 h。所谓打散就是不管全部样本如何分布，总能在函数集中找到一个函数，把所有样本正确地分为两类。若对任意数目的样本都有函数能将它们打散，则函数集的 VC 维是无穷大。有界实函数的 VC 维可以通过用一定的阈值将它转化成指示函数来定义。

例如，在 R^2 平面上的数据，函数集由一些有向直线组成。那么，最多只有 3 个点可被直线打散，而 4 个任意分布的点就无法被直线打散。也就是说，用一条直线可以把任意分布的 3 个点正确划分为两类，而无法把任意 4 个点正确划分为两类（见图 6.17）。所以，这个直线函数集的 VC 维是 3。实际上，n 维超平面的 VC 维是 $n+1$。

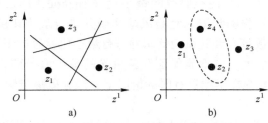

图 6.17 R^2 平面上直线可以打散 3 个点而无法打散 4 个点

a) z_1, z_2, z_3 分别属于两个类，无论它们怎么分布，都可以用一条直线将其区分开

b) z_1 和 z_3 属于一个类，z_2 和 z_4 属于另一个类，则图中的分布无法用一条直线将其区分开

定理 6.2 对于 R^n 中的 m 个点集，选择任何一个点作为原点，m 个点能被超平面打散当且仅当剩余点的位置向量是线性独立的。

推论 R^n 中有向超平面集的 VC 维是 $n+1$。因为总能找出 $n+1$ 个点，选择其中一个作为原点，剩余 n 个点的位置向量是线性独立的。但无法选择 $n+2$ 个这样的点，因为在 R^n 中没有 $n+2$ 个向量是线性独立的。

VC 维反映了函数集的学习能力，VC 维越大则学习机器越复杂，容量越大。目前尚没有通用的关于任意函数集 VC 维计算的理论，只对一些特殊的函数集知道其 VC 维。如何用理论或实验的方法计算函数集 VC 维是当前统计学习理论中有待研究的一个问题。

线性函数的 VC 维等于其自由参数的个数。但是一般来说，函数集的 VC 维与其自由参数的个数不相同。实际上，影响学习机器推广性能的是函数集的 VC 维，而不是其自由参数个数。这给我们克服"维数灾难"创造了一个很好的机会：以一个包含很多参数，但有较小 VC 维的函数集为基础，构造学习机器会实现较好的推广性。

5. 结构风险

小样本统计学习理论系统地研究了对于各种类型的函数集、经验风险和期望风险之间的关系，即推广性的界，或称为泛化的界。关于两类分类问题有如下结论：对指示函数集中的所有函数（包括使经验风险最小的函数），经验风险 $R_{emp}(a)$ 和期望风险 $R(a)$ 之间以至少 $1-\eta$ 的概率满足如下关系：

$$R(a) \leqslant R_{\text{emp}}(a) + \sqrt{\frac{h(\ln(2N/h)+1) - \ln(\eta/4)}{N}} \qquad (6.55)$$

其中，h 是函数集的 VC 维，N 是样本数目，η 是满足 $0 \leqslant \eta \leqslant 1$ 的参数。

由此可见，统计学习的真实风险（期望风险）由两部分组成：一是经验风险（训练误差），另一部分称为置信界限（VC Confidence），一般也称为正则项（Regularization）。置信界限是真实风险和经验风险差值的上界，反映了根据 ERM 原则得到的学习机器的推广能力，因此被称为推广性的界，或者泛化的界。置信界限与学习机器的 VC 维及训练样本数目有关。式 6.55 可以简单地表示为

$$R(a) \leqslant R_{\text{emp}}(a) + \Phi(h/N) \qquad (6.56)$$

式（6.56）表明，在有限的训练样本下，学习机器的 VC 维越高，复杂性越高，则置信范围越大，从而导致真实风险与经验风险之间可能的差别越大。注意，这里的置信界限是对于最坏情况的结论。在很多情况下这个界限是较松的，尤其当 VC 维较高时更是如此。伯格斯（Burges）在 1998 年指出：当 $h/N>0.37$ 时，这个界限肯定是松弛的；当 VC 维无穷大时，这个界限就不再成立。而且这种界只在对同一类学习函数进行比较时有效，可以指导我们从函数集中选择最优的函数。在不同函数集之间比较却不一定成立。

由以上结论可知，ERM 原则在样本有限时是不合理的，因为 ERM 原则没有考虑置信界限（泛化的界）。事实上，只有当经验风险和置信界限都最小化的时候，真实风险才最小。在传统方法中，选择学习模型和算法的过程就是调整置信范围的过程。也就是首先通过选择模型确定 $\Phi(h/N)$，然后固定 $\Phi(h/N)$，再通过 ERM 原则追求最小化风险。但是由于缺乏理论指导，这种选择只能依赖先验知识，即依赖使用者的技巧和经验。

小样本统计学习理论提出了另一种策略来解决这个问题，就是首先把函数集 $S=f(x,a)$，$a \in \Lambda$ 分解为一个函数子集序列（或称为子集结构）$S_k = \{f(x,a), a \in \Lambda_k\}$：

$$S_1 \subset S_2 \subset \cdots \subset S_k \subset \cdots \subset S$$

使各子集按照 VC 维的大小排列，也就是按照 $\Phi(h/N)$ 的大小排列，即

$$h_1 \leqslant h_2 \leqslant \cdots \leqslant h_k \leqslant \cdots \leqslant h$$

这样，在同一子集中置信界限就相同了；然后在每一个子集中寻找最小经验风险；最后在不同子集间综合考虑经验风险和置信界限（正则项），使得真实风险最小，如图 6.18 所示。风险的界是经验风险与置信界限之和。最小真实风险在结构的某个适当元素上取得。这种思想就是结构风险最小化（Structural Risk Minimization，SRM）原则。小样本统计学习理论还给出了合理的函数子集结构应满足的条件及在 SRM 原则下真实风险收敛的性质。

实现 SRM 原则有两种思路：一种是在每个子集中求最小经验风险，然后选择使最小经验风险与置信界限之和最小的子集。这种方法显然比较费时，当子集数目很大甚至无穷时不可行。另一种思路是设计函数

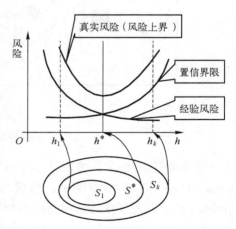

图 6.18 结构风险最小化

集的某种结构使每个子集中都能取得最小的经验风险（如使训练误差为0），然后只需要选择适当的子集使置信界限最小，那么这个子集中使经验风险最小的函数就是最优函数。支持向量机就是第二种思路的具体实现。

6.4.2 支持向量机

6.4.2 支持向量机

支持向量机（Support Vector Machine，SVM）是从线性可分情况下的最优分类面发展而来，采用了保持经验风险值固定而最小化置信界限的策略。SVM 在分类问题上具有良好的性能，并且没有人工神经网络中存在的局部极小点问题。下面首先考虑训练数据是线性可分情况下的最优分类超平面，然后将其推广到非线性数据集上。

1. 线性可分数据的最优分类超平面

假设存在训练样本 $(x_1,y_1),\cdots,(x_N,y_N), x \in \mathbf{R}^n, y \in \{+1,-1\}$。这些数据在线性可分的情况下会有一个超平面将其完全分开。该超平面用方程描述为

$$(w \cdot x) - b = 0$$

其中，"·"代表向量点积，w 表示超平面法向量。分类规则如下：

$$(w \cdot x) - b \geqslant 0, \quad 当 y = +1$$
$$(w \cdot x) - b < 0, \quad 当 y = -1$$

如果训练数据可以被无错误地划分，并且每一类数据与超平面距离最近的向量距超平面之间的距离最大，则称这个超平面为最优超平面。两类数据之间最近的距离称为分类边距（Margin）。对于上式分类边距等于 $2/\|w\|$。最优分类超平面就是使分类边距最大的分类超平面，也就是使 $\|w\|^2$ 最小的分类超平面（见图6.19）。SVM 的基础就是最大分类边距算法（Maximum Margin）。

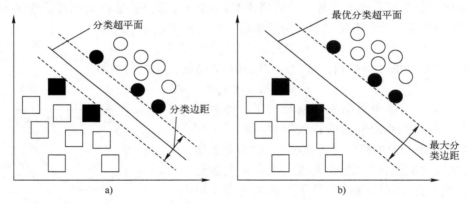

图 6.19 最优分类超平面
a) 分类超平面 b) 最优分类超平面

使分类边距最大，实际上就是对泛化（推广）能力的控制，这是 SVM 的核心思想。Vapnik 证明了在 N 维空间中，假设样本分布在一个半径为 R 的超球范围内，则满足条件 $\|w\| \leqslant A$ 的正则超平面构成的指示函数集 $f(x,w,b) = \mathrm{sgn}\{(w \cdot x) - b\}$ 的 VC 维满足下面的界：

$$h \leqslant \min([R^2 A^2], N) + 1 \tag{6.57}$$

因此，使 $\|w\|^2$ 最小就是使 VC 维的上界最小，从而实现 SRM 原则中对置信界限的选择。

在线性可分情况下求解最优超平面，需要求解下面的二次规划问题（最小化泛函）：

$$\min_{w,b} \frac{1}{2} \|w\|^2 \tag{6.58}$$

约束条件为不等式：

$$y_i [(w \cdot x) - b] - 1 \geqslant 0, \quad i = 1, 2, \cdots, N \tag{6.59}$$

这个优化问题的解由下面拉格朗日函数的鞍点给出：

$$L(w, b, a) = \frac{1}{2} \|w\|^2 - \sum_{i=1}^{N} a_i \{y_i [(w \cdot x) - b] - 1\} \tag{6.60}$$

其中，$a_i \geqslant 0$ 为拉格朗日系数。L 的极值点为鞍点，对 L 求导可得 w^* 和 a^*：

$$\frac{\partial L(w, b, a)}{\partial b} = 0 \implies \sum_{i=1}^{N} a_i^* y_i = 0$$

$$\frac{\partial L(w, b, a)}{\partial w} = 0 \implies w^* = \sum_{i=1}^{N} y_i a_i^* x_i \tag{6.61}$$

此时，原目标函数的对偶问题（最大化泛函）为

$$W(a) = \sum_{i=1}^{N} a_i - \frac{1}{2} \sum_{i,j=1}^{N} a_i a_j y_i y_j x_i x_j \tag{6.62}$$

其约束条件为

$$a_i \geqslant 0, \quad i = 1, 2, \cdots, N$$

$$\sum_{i=1}^{N} a_i y_i = 0 \tag{6.63}$$

这是一个不等式约束下的二次函数极值问题，且存在唯一解。根据 Karush-Kuhn-Tucker（KKT）条件，这个优化问题的解必须满足

$$a_i (y_i [(w \cdot x) - b] - 1) = 0, \quad i = 1, 2, \cdots, N \tag{6.64}$$

由于多数样本所对应的 a_i 将为 0，由式（6.54）可知，这些样本对于分类超平面根本没有作用。只有当 a_i 不为 0 时才对分类超平面有用，这些不为 0 的 a_i 所对应的样本就是支持向量。也就是说，最优分类超平面只用支持向量就决定了，即

$$w^* = \sum_{SV} y_i a_i^* x_i \tag{6.65}$$

其中，a_i^* 通过训练算法可显式求得。用支持向量样本又可以求得 b^*（阈值）：

$$b^* = \frac{1}{2} [(w^* x_{+1}^*) + (w^* x_{-1}^*)] \tag{6.66}$$

其中，x_{+1}^* 表示属于第一类的某个（任意一个）支持向量，x_{-1}^* 表示属于另一类的任意一个支持向量。最后，基于最优超平面的分类规则就是下面的指示函数：

$$f(x) = \mathrm{sgn}((w^* x) - b^*) = \mathrm{sgn}\left(\sum_{SV} y_i a_i^* (x_i x) - b^*\right) \tag{6.67}$$

2. 线性不可分数据的最优分类超平面

在线性不可分情况下，引入非负松弛变量 $\xi_i \geqslant 0$。这样式 6.59 的线性约束条件转化为

$$y_i [(w \cdot x) - b] \geqslant 1 - \xi_i, \quad i = 1, 2, \cdots, N \tag{6.68}$$

当样本 x_i 满足式（6.59）时 $\xi_i = 0$；否则 $\xi_i > 0$，表示此样本为造成线性不可分的点。这样在约束条件式（6.68）下，式（6.58）表示的二次规划问题就变成

$$\min_{w,b} \left\{ \frac{1}{2} \|w\|^2 + C \sum_{i=1}^{N} \xi_i \right\} \tag{6.69}$$

其中，C 被称为惩罚因子。通过改变惩罚因子可以在最大分类间隔和误分率之间进行折中。求解这个二次优化问题的方法与在可分情况下几乎相同，只是约束条件有一点小变化：

$$0 \leqslant a_i \leqslant C, \quad i = 1, 2, \cdots, N$$
$$\sum_{i=1}^{N} a_i y_i = 0 \tag{6.70}$$

就像在线性可分情况下一样，这里也只有部分系数 a_i 不为零，它们确定了支持向量。

3. 非线性数据的最优分类超平面

对于非线性问题，SVM 通过非线性变换把非线性数据映射到另一个高维空间（特征空间）。即对于线性不可分的样本 $x \in R^d$ 做非线性变换 $\Phi: R^d \to H$，使得 $\Phi(x) \in H$ 在特征空间 H 中是线性可分的。下面的问题就转化成在高维空间 H 中求广义最优分类超平面的问题，也就是用最大边距法解决高维空间中的线性可分问题。

直接寻求非线性变换 Φ 往往很复杂，一般很难实现。但是 SVM 巧妙地通过核函数（Kernel Function）避开了这种非线性变换。用特征向量 $\Phi(x)$ 代替输入向量 x，则寻优函数式（6.62）和分类函数式（6.67）分别变为

$$W(a) = \sum_{i=1}^{N} a_i - \frac{1}{2} \sum_{i,j=1}^{N} a_i a_j y_i y_j \Phi(x_i) \Phi(x_j) \tag{6.71}$$

$$f(x) = \text{sgn}((w^* \Phi(x)) - b^*) = \text{sgn}\left(\sum_{SV} y_i a_i^* \Phi(x_i) \Phi(x) - b^* \right) \tag{6.72}$$

注意，替代前的式子只涉及训练样本之间的内积 $(x_i x_j)$，替代后的式子只涉及高维空间中的内积 $\Phi(x_i) \Phi(x_j)$。事实上，我们不必知道 $\Phi(x)$ 的具体形式，只要把 $\Phi(x_i) \Phi(x_j)$ 作为一个整体，知道其最终结果就可以了。于是令 $K(x_i, x_j) = \Phi(x_i) \cdot \Phi(x_j)$，$K$ 被称为核函数。根据泛函有关理论，只要一种核函数 $K(x_i, x_j)$ 满足 Mercer 条件，那么它就对应某一变换空间中的内积。

因此，在最优分类超平面中采用适当的核函数就可以实现某一非线性变换后的线性分类，而计算复杂度却没有增加。因为核函数是在原数据空间中运算，实际上并不在高维特征空间中运算。但是核函数运算的结果却和高维特征空间中两个向量的内积结果一样。此时目标函数的对偶问题（最大化泛函）变为

$$W(a) = \sum_{i=1}^{N} a_i - \frac{1}{2} \sum_{i,j=1}^{N} a_i a_j y_i y_j K(x_i, x_j) \tag{6.73}$$

相应的分类函数变为

$$f(x) = \text{sgn}\left(\sum_{SV} y_i a_i^* K(x_i, x) - b^* \right) \tag{6.74}$$

这就是支持向量机。

6.4.3 核函数

SVM 有许多特点，其中一个就是对数据的升维处理，并使得 SVM 的模型参数与特征空间维数没有直接联系。这里升维采用了核函数方法。核函数方法的思想在于将样本空间的内积替换成了核函数，而运算实际上是在样本空间中进行的，并未在特征空间中计算高维向量内积。满足 Mercer 条件的函数 $K(x, y)$ 必定是核函数，也就是肯定存在着一个映射 Φ 使得 $K(x, y) = \Phi(x) \cdot \Phi(y)$。

定理 6.3（Mercer 条件）　函数 $K(x,y)$ 描述了某个空间中一个内积的充分必要条件是，对于任意给定的函数 $g(x)$，当

$$\int g^2(x)\,\mathrm{d}x < \infty \tag{6.75}$$

时，有

$$\iint K(x,y)g(x)g(y)\,\mathrm{d}x\mathrm{d}y \geqslant 0 \tag{6.76}$$

采用不同的核函数可以构造实现输入空间中不同类型的非线性决策面的学习机器。目前常用的核函数有多项式核函数、径向基核函数和 Sigmoid 核函数等。

（1）多项式核函数（Polynomial Kernel Function）

$$K(x,x_i) = \left[(xx_i)+1\right]^q, \quad q=1,2,\cdots \tag{6.77}$$

所得到的是 q 阶多项式分类器。

（2）径向基核函数（Radial Basis Function，RBF）

$$K(x,x_i) = \exp\left\{-\frac{\|x-x_i\|^2}{\sigma^2}\right\} \tag{6.78}$$

径向基函数一般是高斯函数。径向基核函数所得分类器与传统 RBF 方法的重要区别是，这里每个基函数的中心点 x_i 对应一个支持向量，中心点本身以及输出权值都是由 SVM 训练算法自动确定的。而传统 RBF 方法却需要基于启发式知识来决定中心点向量及其数目。

（3）Sigmoid 核函数

$$K(x,x_i) = \tanh\left[\gamma(xx_i)+c\right] \tag{6.79}$$

这时 SVM 实现的就是包含一个隐层的多层感知器。隐层结点数目由算法自动确定，而且算法不存在困扰神经网络方法的局部极小点问题。注意，并非任意的 γ、c 参数值都使 Sigmoid 函数满足 Mercer 条件。而多项式核和径向基核总是满足 Mercer 条件的。

此外，核函数的线性组合仍然是核函数。

6.4.4　支持向量机应用案例

小样本统计学习理论基于结构风险最小化原则设计分类器，具有泛化能力强等很多优点。特别是支持向量机方法在解决分类问题上取得了很多成功案例。一般来说，在不考虑深度学习方法的情况下，随机森林算法和支持向量机算法能够获得最好的分类精度。本小节通过一个车牌识别问题的案例，来说明支持向量机在实践中的基本应用过程。

1. 车牌识别问题

车牌识别问题一般是指针对汽车牌照的识别问题。也就是说，从一幅图像中找出汽车牌照并辨识该牌照中的汽车号码。车牌识别问题包含两个关键点：一个是从整幅图像中提取出牌照区域图像；另一个是从牌照图像中识别出其中的字符信息。第一个关键点涉及图像定位、分割、识别问题。第二个关键点就是字符识别问题。提取牌照图像问题可以转换为回答某一图像区域是否是牌照区域的问题。这本质上就是一个两类分类问题。所以，在提取牌照图像的过程中也可以应用支持向量机方法。实际上，近年来用深度学习方法识别图像和识别字符可以达到更高的精度，但是由于篇幅所限，本书重点关注如何用支持向量机方法在牌照图像中进行字符识别。

针对汽车牌照图像的字符识别一般包含数据清洗、字符分割、字符特征提取、字符识别几

个主要过程，如图 6.20 所示。其中，数据清洗是指准备好待识别的牌照图像，将其转换为固定格式的数据，去除其中无关内容。为了后面便于识别与处理，牌照图像一般都被转换为黑白图像，即图像中每个图素的取值为 $\{0,1\}$。经过清洗之后的牌照图像具有规定的长宽尺寸。一般以字符外廓为界，不包含牌照边框、螺钉和孔洞等内容。字符分割是指把牌照图像分割成一个个字符图像，每一个子图像只包含一个字符。字符特征提取就是从一个字符图像中提取字符特征信息（如图像点阵信息、笔画轮廓信息和笔画方向密度等），由其构成特征向量。字符识别就是对字符特征向量进行分类，把给定的特征向量映射到有限字符集合中的某一个字符上。最后，把所有识别出来的字符按照顺序排列在一起构成车牌字符串就完成了一个车牌的识别过程。

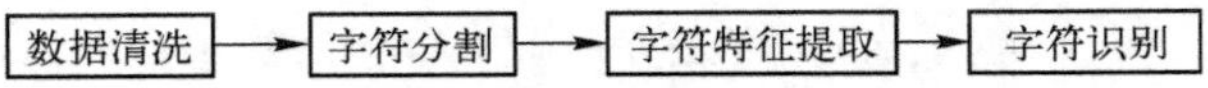

数据清洗 → 字符分割 → 字符特征提取 → 字符识别

图 6.20　汽车牌照图像的字符识别的一般过程

2. 多类分类

基本 SVM 解决的是两类分类问题，其已知类别只有两个。而字符识别分类问题中已知类别（即合法字符）数目显然大于两个，即多类分类问题。支持向量机解决多类分类问题的主要思路有组合法和直接构造法。组合法就是把多个解决两类分类的支持向量机分类器组合在一起，完成对多个类别的分类。组合法有"一对多"（One Against Rest 或者 One Against All）、"一对一"（One Against One）、支持向量机决策树等不同方法。直接构造法就是依据结构风险最小化原则直接构造能够区分多类的支持向量机，即多类支持向量机法。

"一对多"多类分类方法就是先把某一类当作正样本类，其他所有类都当作负样本类。这样多类分类就变成了两类分类问题。然后综合多个两类分类器的结果，得到最终分类结果。假设有 m 个类别 $\{C_1, C_2, \cdots, C_i, \cdots, C_m\}$，对于类别 $C_i (1 \leqslant i \leqslant m)$ 用支持向量机方法构造一个两类分类器 SVM_i。即把 C_i 类样本当作正样本，其他类的样本都作为负样本，由此训练生成的分类器。依次取不同类别，总共可以得到 m 个不同的分类器。最终把 m 个不同分类器的输出结果综合在一起，就可以确定给定输入向量应该属于哪一个类别。具体如何综合有不同的方法。最简单的综合方法就是取分类器输出最大值所对应类别作为输入向量的类别。

"一对一"多类分类方法就是先由任意两个不同类别构成一个两类分类器，然后综合所有两类分类器的结果，得到最终分类结果。对于 m 个类别，则会有 $m(m-1)/2$ 个两类分类器。对于一个输入向量每个分类器都会给出一个分类结果。最简单的综合方法是分别累计 m 个类别的分类值（置信度），然后取累计值最大的所对应的类别作为输入向量的类别。

6.5　聚类

聚类（Clustering）问题是当前机器学习研究领域中的一个难点和热点。其难点在于，对于一个聚类问题，我们所掌握的先验知识太少了。聚类方法都是无监督学习方法，因为训练数据没有类别标签。正由于先验知识少，所以聚类往往可以发现新知识（规律）。当我们对观察对象有一定了解，可以划定出一些知识范围时，就可以用分类方法，而不用聚类方法了。当我们对观察对象进一步深入了解，就可以用解析方法进行更精确的定量分析了。一般而言，聚类结果的精度没有分类结果的精度高。但是，聚类为我们提供了了解未知世界，开辟鸿蒙，破除混沌的一个重要手段。

6.5.1 聚类问题

1. 聚类的定义

聚类就是对一堆观测数据（对象）进行划分，使得同簇（Cluster）内的数据彼此相似，而不同簇之间不相似，如图6.21所示。一般而言，我们要求同簇内数据的相似度尽可能大，不同簇间数据的相似度尽可能小。用数学语言描述聚类问题就是：对于观测空间 S 上的数据集 $D(D \subset S)$，求 D 上的一个划分 $X = \left\{ x_i \mid x_i \subset D, \bigcup_i x_i = D, i = 1, 2, \cdots, n \right\}$，使得 D 中的任意一对数据满足

$$
\begin{aligned}
&\mathrm{sim}(d_k, d_l) > \mathrm{sim}(d_p, d_q) \\
&d_k, d_l \in x, k \neq l, \quad d_p \in y, d_q \in z, p \neq q, y \neq z, \quad x, y, z \subset D
\end{aligned} \tag{6.80}
$$

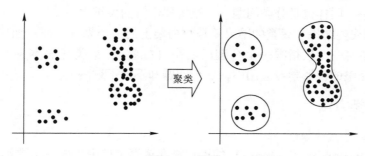

图6.21　聚类

其中，若 $x_i \cap x_j = \phi$，$x_i, x_j \subset D$，即任意两个簇之间没有共享数据点，亦即一个数据点只能属于一个簇，则称之为硬聚类；否则，称之为软聚类，软聚类也被称为模糊聚类。一般而言，在没有特别说明的情况下聚类是指硬聚类。

$\mathrm{sim}(d_k, d_l)$ 表示两个不同数据点（对象）之间的相似度。这个相似度可以根据问题需要进行不同的定义。常用的有按照距离定义和按照密度定义，此外还可以按照概念定义。按照密度定义相似度时，密度越大，则相似度越大，密度越小则相似度越小。按照概念定义相似度时，具有相同（或者相近）概念的数据（对象）相似度大，反之则小。按照距离定义相似度时，距离越大则相似度越小，距离越小则相似度越大。距离公式可以采用曼哈顿距离（Manhattan Distance）、欧几里得距离（Euclidean Distance）、闵可夫斯基距离（Minkowski Distance）等不同公式。式（6.81）就是计算两个向量 x 和 y 距离的公式，其中 m 是向量维数。当 $q=1$ 时，计算结果就是曼哈顿距离；当 $q=2$ 时，计算结果就是欧几里得距离；当 $q>2$ 时，计算结果就是闵可夫斯基距离。

$$
d(x, y) = \left(\sum_{k=1}^{m} |x_k - y_k|^q \right)^{\frac{1}{q}}, \quad q \geq 1 \tag{6.81}
$$

距离度量的值域通常是 $[0, +\infty]$，距离为0表示一模一样最相似，距离无穷大时表示最不相似。而相似度值域大多是 $[0,1]$，相似度为0表示最不相似，相似度为1表示一模一样最相似。从距离度量转换为相似度可以采用如下公式：

$$
\mathrm{sim}(x, y) = \frac{1}{1 + d(x, y)} \tag{6.82}
$$

常用的聚类方法可以分为分层聚类、划分聚类、基于密度的聚类、基于网格的聚类和基于模型的聚类等。基于模型的聚类方法为每一个簇假定一个模型，然后寻找数据对给定模型的最佳拟合。基于模型的聚类方法包括统计学方法和人工神经网络方法。例如，通过构建反映数据点空间分布密度函数来定位聚类。又例如，用自组织特征映射网络也可以实现聚类。

2. 聚类中的主要问题

现在聚类研究中面临的主要问题包括以下几个：

1）如何降低高维、海量数据集上聚类算法的时间复杂度。高维数据是指数据维数特别大，通常在几十维，甚至成百上千维。海量数据是指数据集中的数据数目多。数据量多显然会导致算法运行时间长。数据维数高则导致计算数据相似度时间长，最终造成算法运行时间长。

2）如何有效定义数据之间的相似度。数据相似度没有统一的定义，不同问题会有不同的相似度。定义数据相似度必须结合问题本身的特点，找到最能区分数据的方法。这不仅仅是聚类问题的关键之一，同样也是分类问题，乃至机器学习的关键之一。

3）如何解释聚类结果。聚类的结果就是数据集上的一个划分。那么如何解释这样的划分结果，或者如何给每一个簇指派一个合理的名字（标签）？聚类算法本身一般不考虑这个问题。但是在一个完整的机器学习应用中，这个问题却不得不解决。

6.5.2 分层聚类方法

6.5.2 聚类学习之分层聚类

1. 基本思想

分层聚类（Hierarchical Clustering）的思想是在聚类过程中生成一个聚类树，如图 6.22 所示。完整聚类树的最顶端代表把整个数据集划作为一个簇；最底端代表把数据集中每一个数据都当作一个簇；树中父结点对应的簇包含着所有子结点对应的簇。聚类树的不同层次可以表示聚类的不同粒度（Granularity）。

分层聚类方法分为两大类：一类是自顶向下（Top-down）构造聚类树，称之为分裂聚类法（Divisive Clustering）；另一类是自下而上（Bottom-up）构造聚类树，称之为凝聚聚类法（Agglomerative Clustering）。分裂聚类法首先把整个数据集当作一个簇，作为根结点。然后，每循环一次都把父结点对应的簇划分为多个小簇，分别对应其子结点。如此递归一直到不可

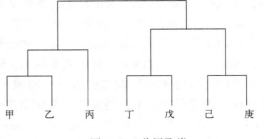

图 6.22　分层聚类

划分为止。凝聚聚类法则首先把数据集中每一个数据当作一个簇。然后，相似的两个（或者多个）簇合并成一个大簇，合并后的大簇对应父结点，合并前的簇对应子结点。如此递归一直到不可合并为止。

无论分裂聚类还是凝聚聚类都需要一个参数指明停止聚类的条件。因为如果不及时停止聚类的话，要么所有的数据都是同一个簇，要么每一个数据都是一个簇，这相当于没有聚类。通常用簇的期望个数 k 作为分层聚类判断停止的条件，即如果当前簇的个数大于或等于 k（对于凝聚法则是小于或等于 k），则停止聚类。

2. 常用的分层聚类算法

常用的分层聚类算法有 Linkage 算法、CURE 算法、CHAMELEON 算法和 BIRCH 算法等。Linkage 算法只能聚类凸集数据，其时间复杂度为 $O(N^2)$，其中 N 为数据个数。CURE 算法和

CHAMELEON 算法可以聚类任意形状的数据集，但是 CURE 算法不能处理具有分类属性的数据。BIRCH 算法最少只扫描一遍数据集，时间复杂度为 $O(N)$，所以非常适合于大规模数据的聚类。但是，BIRCH 算法难以聚类非凸数据集。

（1）Linkage 算法

Linkage 算法一般用距离定义相似度。Linkage 算法在合并或者分裂簇的时候，主要考虑簇间距离。Linkage 算法分为单链（Single Link）、均链（Average Link）和全链（Complete Link）3 种。其区别在于如何定义两个簇之间的距离（如式（6.83）所示）。

$$d(C_1, C_2) = L\{d(x, y) \mid x \in C_1, y \in C_2\} \tag{6.83}$$

如果算子 L 取极小化算子，即两个簇的距离等于两簇最近两个点间的距离，那么此时的 Linkage 算法就是单链，如 SLink 算法。如果算子 L 取平均算子，即两个簇的距离等于两簇点间距离的平均值，那么就是均链，如 Voorhees 聚类算法。如果算子 L 取极大化算子，即两个簇的距离等于两簇最远两个点间的距离，那么就是全链，如 CLink 算法。其中 SLink 和 CLink 算法比较常用。

SLink 算法的步骤如下：

第 1 步　以每个数据点为一个簇，并将其放入有效簇集合中。

第 2 步　计算有效簇集合中任意两簇之间的距离，然后将其按升序排列成簇间距离队列。

第 3 步　如果距离队列首位的两个簇均为有效簇，则将二者合并为一个簇（即合并距离最小的两个簇），并把新簇放入有效簇集中，把两个旧簇删除。

第 4 步　删除距离队列的首位。

第 5 步　如果距离队列非空，则转至第 3 步，否则执行下一步。

第 6 步　如果有效簇集中簇数大于预期簇数 k，则转至第 2 步，否则算法结束。

（2）CURE 算法

CURE（Clustering Using REpresentatives）算法也使用簇间距离定义相似度，然后运用凝聚法进行聚类。CURE 算法的簇间距离定义类似于 SLink 算法。但是 CURE 算法并不是在两个簇的所有点中取得最短距离，而是首先寻找一些点作为各自簇的代表，然后取两个簇代表点中的最短距离作为簇间距离。

CURE 算法用以下方法寻找一个簇的代表点：第一个代表点是距离该簇中心最远的点，然后选取距全部现有代表点最远的点作为下一个代表点，如此重复共选择 c（c 为系统参数，一般为 10 或者更多）个点代表该簇。接下来所有这些代表点还要向簇中心收缩，收缩系数为 a（$a \in [0, 1]$）。在理论上，簇的代表点基本上覆盖了簇的形状。代表点向簇中心收缩的用意在于中和外边界点，特别是一些远离簇中心的点对簇的影响。

在最坏情况下，上述算法的时间复杂度是 $O(N^2 \log_2 N)$。这显然不利于聚类大规模数据。所以 CURE 算法用了两个措施来加速聚类过程。第一个措施就是数据采样。CURE 算法并不直接在大规模数据上聚类，而是首先在大规模数据上进行采样，然后在采样数据上进行聚类，最后把未被采样点直接划分给与其最相近的簇（实际是与该簇的代表点最相近）。此时 CURE 算法的时间复杂度是 $O(M^2)$，其中 M 是采样点个数。如果采样点数目还是十分巨大，CURE 算法就采用第二个措施——分区，即把采样点均匀分布在 p 个分区内，每个分区包含 M/p 个数据，然后在 p 个分区内分别聚类，直至每个分区得到 $M/(pq)$ 个簇。下一步把在所有分区内的簇（$pM/(pq) = M/q$ 个簇）合在一起的基础上，再进行聚类，得到最终结果。最后把未被采样点直接划分给与其最相近的簇。

（3）BIRCH 算法

BIRCH（Balanced Iterative Reduction and Clustering using Hierarchies）算法中有一个关键概念——聚类特征（Clustering Feature，CF），并由此构成一个聚类特征树（CF 树）。式（6.84）给出了聚类特征的定义：

$$CF = (N, LS, SS)$$

$$N = |C|, \quad LS = \sum_{i=1}^{N} d_i, \quad SS = \sum_{i=1}^{N} d_i^2, \quad d_i \in C \tag{6.84}$$

其中，N 表示簇中的数据个数，LS 是簇中所有数据的线性和，SS 是簇中所有数据的平方和。当两个簇合并时，对应聚类特征也相加，即

$$CF_1 + CF_2 = (N_1 + N_2, LS_1 + LS_2, SS_1 + SS_2) \tag{6.85}$$

聚类特征刻画了一个簇在聚类时的关键信息，用于代替簇中的所有数据。聚类特征树的每个非叶子结点包含一个聚类特征表，表中最多包含 B 个聚类特征，并且每个聚类特征对应一个子结点。聚类特征树的每个叶子结点包含一个聚类特征队列，该队列最多有 L 个聚类特征，并且队列中每个聚类特征所对应簇的直径（或者半径）必须小于 T（T 是一个系统参数）。T 决定了聚类特征树的大小，T 越大则特征树越小。一旦数据维数确定，则叶结点和非叶结点的大小就可确定，进一步可根据内存大小来确定 B 和 L 的数值。

聚类特征树的一个叶子结点对应一个簇，表示把该叶子结点内所有聚类特征对应的簇合并为一个簇。叶子结点内的簇都是扫描过的数据。非叶子结点也对应一个簇，表示把其所有子结点对应簇合并在一起。聚类特征树是一棵高平衡的树，也是一个非常紧凑的表示方法。因为树中只是描述了簇的特征，没有存储大量数据点，所以大大节省了内存。

聚类特征树在扫描数据的过程中动态生成。当扫描一个数据点时，算法从聚类特征树根结点开始逐层把该数据点放到与其距离最近的簇中，一直到将该数据点放至叶子结点。在叶子结点上，算法用来判断新增数据点是否导致候选簇的直径大于 T。如果候选簇直径合法，则将该数据点放入候选簇中，然后逐层修改相应结点中的聚类特征；如果候选簇直径大于 T，那么就将新数据点作为一个新簇放入叶子结点中。

此时，如果叶子结点中的簇多于 L 个，那么叶子结点就要分裂。分裂时，从结点中选取相距最远的两个簇作为种子，分别构成两个新结点。原结点中剩下的簇按照与种子的距离，被分配至较近的新结点中。叶子结点分裂完之后，其上的父结点也相应进行调整，各结点根据需要进行分裂，一直到调整到根结点。如果根结点也分裂，则聚类特征树就会增加一层。

当结点分裂停止之后，BIRCH 算法还会检查分裂的结果是否合理。因为结点分裂是由于内存限制造成的，与数据属性无关，所以有可能相近的数据点被分裂在不同的结点中。假设分裂调整最终停止在非叶子结点 K 上。算法检查 K 结点中相距最近的两个簇。如果这两个簇不是由分裂得到的，那么就将它们合并为一个簇，其对应子结点也被合并。如果子结点合并后又超过内存限制，则再进行分裂操作。合并结点再次分裂时，如果一个新结点已经有了足够多的簇，那么剩下的簇就都放入另一个新结点中。当所有调整最终停止之后，算法逐层修改相应结点中的聚类特征。

3. 分层聚类法的特点

分层聚类法在聚类过程中一次性就建好了聚类树，没有回溯调整操作。也就是说，一个数据点一旦属于每个簇之后就一直属于该簇，不会更改。一个簇一旦被合并或者分裂之后，也不会再调整其中的数据点了。

这样做的好处是算法简单，适用性强，数据扫描顺序对聚类结果无影响，不用担心组合数目的不同选择。缺点是没有全局优化，如果某一步没有很好地合并或者分裂，则必将导致低质量的聚类结果。而 BIRCH 算法实际上结合了分层聚类法和划分聚类法的一些特点，对最终聚类结果进行了适当的修整和优化。

6.5.3 划分聚类方法

1. 基本思想

6.5.3 聚类学习之划分聚类

划分聚类（Partitional Clustering）的思想是，首先把数据集划分为 k 个簇，然后逐一把数据点放入合适的簇中。为了达到全局优化，算法需要重复扫描数据集多次。

一般而言，划分算法是把数据点放入与其最相似的簇中。划分聚类方法大多数使用距离定义数据相似度。一个点 x 到一个簇 C 的距离，就是选取一个点 y 作为簇 C 的代表，然后计算 x 和 y 两点间的距离。

如果簇的代表点是簇的理论中心（Centroid），则这样的划分聚类方法称为 K 平均（K-means）聚类方法。理论中心点不一定是簇内真实存在的数据点。如果簇的代表点是簇内最靠近理论中心的数据点（即最有代表性的数据点），则这样的划分聚类方法称为 K 代表点（K-medoids）聚类方法。

划分聚类过程中，簇在不断地调整。调整的目的是使数据集上的划分到达全局优化。所谓全局优化一般是指误差最小。误差一般取数据点到簇代表点距离的平方和。

$$\text{Error} = \sum_{i=1}^{k} \sum_{x \in C_i} \|x - r_i\|^2 = \sum_{i=1}^{k} \sum_{x \in C_i} \sum_{j=1}^{m} (x_j - r_{ij})^2 \tag{6.86}$$

其中，C_i 表示一个簇，r_i 表示 C_i 的代表点，m 表示数据维数。全局最优和误差都可以有其他的定义方式。例如，通过熵来定义全局最优，误差使用曼哈顿距离等。

2. K 平均（K-means）聚类方法

K 平均聚类方法的基本过程如下：

第 1 步　从数据集中选择 k 个数据点作为初始簇代表点。

第 2 步　数据集中每一个数据点按照距离，被分配给与其最近的簇。

第 3 步　重新计算每个簇的中心，获得新的代表点。

第 4 步　如果所有簇的新代表点均无变化，则算法结束；否则，转至第 2 步。

上述过程中第 1 步往往采用随机选择的方法确定初始点。由于随机初始点不能很好地反映簇分布，所以聚类结果往往不佳。此时需要借助其他手段来寻找合理初始点。例如，根据密度划分区域并选取初始点。第 4 步簇中心不再变化实际上就是采用欧几里得距离定义的误差收敛到了一个极小点。基本的 K 平均方法不能保证聚类结果一定收敛到误差全局最小点。再者基本的 K 平均方法是把所有点都分配给簇以后，才重新调整簇中心。另一种方法是渐进更新簇中心，即每当簇得到一个新数据点则立刻更新簇中心。

簇理论中心常用算术平均公式计算：

$$r = \frac{1}{|C_i|} \sum_{x \in C_i} x \tag{6.87}$$

如果一个数据点不是明确地属于或者不属于一个簇，而是部分地属于一个簇，则这种聚类方法就是模糊 C 平均聚类（Fuzzy C-means Clustering）方法。模糊 C 平均聚类方法中每个点对簇有个隶属度，簇中心则采用中心计算公式。模糊 C 平均聚类过程与 K 平均方法的基本一样。

3. K 代表点（K-medoids）聚类方法

K 代表点聚类过程与 K 平均聚类过程基本相同。但是在选择簇代表点时，K 代表点聚类方法计算候选代表点与簇内其他所有点间相似度之和，然后取相似度和最大的点作为簇代表点，即

$$x^* = \arg \max \sum_{C_i} \mathrm{sim}(x, x^*) \tag{6.88}$$

其中，$\mathrm{sim}(x, x^*)$ 表示簇中一个点到候选代表点的相似度。如果采用距离定义相似度，则上式就变为使其他点到代表点的距离之和最小。相似度可以有各种不同的定义，所以 K 代表点聚类方法不局限于处理可度量数据，还可以处理具有分类属性的数据。

4. 划分聚类法的特点

划分聚类法的时间复杂度与数据集大小成线性关系。但是划分聚类法对于非凸集合以及簇大小相差悬殊的数据效果不好，并且数据扫描顺序会影响选择簇中心。K 平均聚类方法由于要求理论中心，所以只能处理可度量的数据，难以处理具有分类属性的数据；而 K 代表点聚类方法则可以处理任何数据。孤立点和噪声数据对 K 平均聚类方法的影响更大一些。

簇个数 k 对于划分聚类方法很重要。该值必然大于 1 并且远远小于数据点个数，否则就失去了聚类意义。k 值过大或过小都不会获得较优结果。在实践中如何确定最优 k 值仍然依赖经验。初始簇中心（代表点）对于划分聚类结果的影响很关键。随机选择的初始簇中心往往不能获得较好的结果。

6.5.4 基于密度的聚类方法

1. 基本思想

基于距离定义数据相似度并进行划分聚类的方法，倾向于发现球状的簇，难以发现任意形状的簇（如图 6.23 所示）。而基于密度的聚类方法则将簇看作是数据空间中被低密度区域分割开的高密度区域。所以其主要思想是：只要邻近区域的密度（对象或数据点的数目）超出了某个阈值，就继续聚类。也就是说，对于给定数据集，在一个给定范围的区域中必须至少包含某个数目的点。这样的方法可以用来过滤"噪声"孤立点数据，发现任意形状的簇。

常见的基于密度的聚类方法有 DBSCAN 算法、OPTICS 算法和 DENCLUE 算法等。DBSCAN 算法依赖于邻域半径和密度阈值两个参数，但是这两个参数并不易确定最优值。OPTICS 算法则通过一系列的邻域半径来控制簇生长。DBSCAN 和 OPTICS 算法直接用密度（邻域内的点数）来聚类，而 DENCLUE 算法则用密度分布函数来聚类。

图 6.23　任意形状的簇

2. DBSCAN 算法

DBSCAN（Density Based Spatial Clustering of Applications with Noise）算法把数据集中的所有数据点分为 3 类：核心点、边界点和噪声点。

1）核心点就是簇内的点。一个核心点在其邻域内有足够多的数据点，即这个邻域的密度足够大。邻域半径和密度阈值则是系统参数。如果两个核心点相互在彼此的邻域内，则这两个核心点属于同一个簇。

2）边界点不是核心点，但是处于某个核心点的邻域之内，即边界点的邻域内没有足够多的数据点，但是它却在某个核心点的邻域之内。注意，一个边界点可能同时位于多个簇的不同

核心点邻域之内，此时这个边界点属于哪个簇，则由算法来规定。

噪声点就是除了核心点和边界点之外的点。

对于 DBSCAN 算法，一个簇就是一堆通过邻域相互连接起来的核心点的集合，再加上一些边界点。所以，DBSCAN 算法并没有把所有的数据点都放入到某个簇中。DBSCAN 算法的聚类过程就是不断计算各个点的邻域密度，并把相邻核心点放入簇中。由于使用了树结构，所以 DBSCAN 算法的时间复杂度为 $O(N\log_2(N))$。

3. DENCLUE 算法

DENCLUE（DENsity CLUstEring）算法用影响函数 $f(x,y)$ 来表示一个点 x 对另外一个点 y 的影响力。把点 x 对数据集 D 内所有其他点的影响加起来，就成为点 x 的全局密度函数，即

$$f^D(x) = \sum_{y \in D} f(x,y) \tag{6.89}$$

其中，影响函数可以是任意函数。例如，方波影响函数：

$$f_s(x,y) = \begin{cases} 0, & d(x,y) > \sigma \\ 1, & 其他 \end{cases} \tag{6.90}$$

其中，$d(x,y)$ 表示两点间距离。再例如，高斯影响函数：

$$f_G(x,y) = e^{-\frac{d(x-y)^2}{2\sigma^2}} \tag{6.91}$$

在 DENCLUE 算法中簇由密度吸引子（Density Attractors）决定。密度吸引子就是全局密度函数中的极大点。如果密度函数连续并且处处可导，则使用爬山法（依据密度梯度）可以高效地求得所有的吸引子。一个簇对应一个密度吸引子，要求该吸引子的密度值大于或等于给定密度阈值。簇中的点就是到该吸引子距离小于给定邻域半径的点。若从一个吸引子到另一个吸引子存在着一条通路，且该通路上每一点的密度值都大于或等于给定的密度阈值，则两个吸引子合并为一个簇；若吸引子的密度值小于给定的密度阈值，则该吸引子邻域内的点就是边界点。

实际上，数据集中大多数的点对吸引子没有贡献，或者贡献及小，所以 DENCLUE 算法就想办法忽略那些没有用的点。这样做虽然会带来一些误差，但是误差可以控制在可接受范围内。这样做的好处就是节省资源，大大加快了算法速度。这一点对于处理海量数据非常重要。

DENCLUE 算法一方面运用网格法思想，过滤掉没有数据的超立方；另一方面用局部密度函数代替全局密度函数。局部密度函数就是只把 x 邻域内所有点的影响加起来作为 x 的密度函数。

DENCLUE 算法主要有两步：

第 1 步　划分网格，即在数据集上划分边长为 2σ 的网格。每个网格就是一个边长为 2σ 的超立方，与数据维数无关。网格中心就是网格内数据点的算术平均。如果两个网格中心的距离小于 4σ，则两个网格连通。我们运用 B⁺树搜索所有高密网格以及和高密网格连通的非空网格，剩下的网格全部抛弃。高密网格就是网格内数据点数大于指定阈值的网格。非空网格就是网格内至少含有一个数据点的网格。

第 2 步　聚类。对于第 1 步得到的所有网格，计算其内数据点的局部密度函数及相应的吸引子。如果吸引子密度值大于给定的密度阈值，则该点就是吸引子对应簇中的点。

在上述过程中，网格 g 内数据点 $x(x \in g)$ 的邻域定义为

$$\sigma(x) = \{ y \in g' \mid d(\mathrm{mean}(g'), x) \le k\sigma \wedge d(\mathrm{mean}(g), \mathrm{mean}(g')) \le 4\sigma \} \tag{6.92}$$

即如果网格 g' 与网格 g 连通，并且 g' 的中心与 x 间距离小于给定阈值，则 g' 内的点就在 x 邻域内。

6.5.5 基于网格的聚类方法

1. 基本思想

基于网格的聚类方法把数据空间量化为有限数目的单元，形成一个网格结构，所有的聚类操作都在这个网格结构（即量化的空间）上进行。所以，基于网格的聚类也称为基于子空间的聚类。这种方法的主要优点是处理速度快，其处理时间主要与量化空间每一维上的网格（单元）数目有关。所以聚类高维、海量数据时，往往使用这种方法。

基于网格的聚类方法有 STING 算法、WaveCluster 算法和 CLIQUE 算法等。STING 算法利用存储在网格单元中的统计信息聚类。WaveCluster 算法利用小波变换方法聚类。CLIQUE 算法结合网格法和密度法在子空间中进行聚类。

2. STING 算法

STING（STatistical INformation Grid-based）算法将空间区域划分为矩形单元（网格）。针对不同级别的分辨率，存在多个级别的网格。这些网格构成一个树形层次结构：一个高层的网格被划分为多个更细的网格，成为其子结点。高层网格的统计参数可以很容易地由低层网格计算得到。每个网格结点包含如下属性：网格内数据点个数，网格内数据的平均值、标准偏差、最小值、最大值，以及该网格内数据的分布类型。

STING 算法在聚类时，从下向上构建网格树。如果几个网格彼此邻近，则这几个网格可以合并成一个大网格。大网格成为父结点，小网格作为子结点。网格邻近可以定义为两个网格中心的距离小于指定阈值。不包含数据点的网格（甚至密度过低的网格）将被抛弃。

STING 算法的聚类时间只与叶子网格数目相关，与数据集数据个数 N 无关。所以，当数据维数较低时，STING 算法的时间复杂度是 $O(N)$。STING 算法有利于并行处理和增量更新，效率高。但是 STING 算法没有考虑子结点和其他相邻结点之间的关系，可能降低簇的质量和精确性。

3. CLIQUE 算法

CLIQUE（CLustering In QUEst）算法在子空间上进行聚类。子空间就是数据某几个维构成的空间。数据的每一维都表示数据的某种属性。子空间实际上就是几个属性集合上的空间。高维数据一般都具有稀疏特性，但是这个稀疏不是一下子就可以看出来的。就像层峦叠嶂的山峰一样，横看成岭侧成峰。

子空间聚类最主要的思想就是在不同的子空间上，把空的（或者稀疏的、密度低的）区域排除掉，剩下数据比较稠密的区域。这样就提高了处理效率，避免了无效搜索。这对于高维、海量数据非常重要。

对于 d 维数据，CLIQUE 算法先在一维子空间上划分网格，然后二维、三维一直到 d 维。如果 k 维上的子空间有一个稠密网格，那么这个稠密网格在 $k-1$ 维子空间上必然有相应的稠密投影。所以，CLIQUE 算法就把 $k-1$ 维子空间上所有的非稠密网格删除，剩下稠密网格，然后由多个 $k-1$ 维子空间上的稠密网格推出 k 维空间上的稠密网格。这个过程与关联规则 Apriori 算法寻找频繁项集的过程完全一样。簇就是子空间内连通的稠密网格。CLIQUE 算法使用析取范式（Disjunctive Normal Form）来表示子空间上的簇，提高了计算效率。

6.5.6 聚类算法应用案例

聚类方法特别适合运用在先验知识不足或者对事物数据混淆不清的情况下。本小节通过针对金融文本信息的聚类来示例说明聚类应用的一般过程。金融领域的问题一般都是复杂的非线性问题，把人工智能、机器学习的一些方法应用在金融领域是当前商业智能（Business Intelligence）发展的一个重要思路。

上市公司发布的各种年报包含着大量信息，对股票有很强的影响力。然而普通人要想把成千上万家公司发布的所有年报都看一遍，并且发现一些规律，显然消耗不起这个时间和精力。但是我们可以让计算机去做这个事情。由于我们的目的是发现一些有用信息或者规律，并没有提前划定信息类别范畴，所以我们使用聚类方法而不是分类方法来进行金融文本信息挖掘。

图 6.24 给出了文本聚类的一般过程。首先需要搜集文本，准备好待学习的数据集。然后，要对文本集进行清洗。文本数据清洗根据具体应用有不同的要求，一般包括格式转换、编码转换和字词清洗等内容。格式转换就是把不同格式的原始文本（如 PDF、WORD、HTML 和 TXT 等）转换为统一格式，便于处理。一般情况下，文本格式都被转换为纯文本的 TXT 格式，原始文本中的图信息如果不专门提取，则被抛弃。编码转换就是把不同的文字编码转换为同一种编码。例如，都转换为 ASCII 码、UNICODE 码或者国标码。目前最新的汉字国标码是 GB18030，该编码兼容 GB2312 和 ASCII 码。国际文本应用较多的是 UTF-8，该编码是多字节 UNICODE 码并且兼容 ASCII 码。字词清洗是指从文本中去除不需要的符号、划分字词和词干处理等工作。不同的任务和算法对字词清洗有不同的要求。一般而言，文本中多余的空白符、非法字符都要去除，有时候连标点符号甚至数字都被去除或者替换。因为汉字语句中字词之间

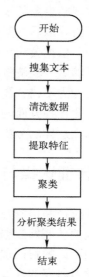

图 6.24　文本聚类的一般过程

没有分隔符，所以划分字词对于中文文本比较重要，字母语言文本一般不需要。在汉语语句中划分字词的技术称为中文分词技术。但是由于英语存在着时态和词形变化，一个词有多个形式，而文本挖掘大多数只关心词义，并不关心时态，所以英文文本往往需要进行词干（Word Stemming）处理，就是把不同时态、形态的词转化为原形（或者词根）。

这里假设文本集中所有的文本都是中文公司报表。所以，我们把所有文本都转换为 GB18030 编码的 TXT 文件格式，去除掉原始文件中的图，除汉字、数字、英文字母、标点符号、空白字符以外去除其他字符，多个空白符合并为一个。下一步就要从文本中提取特征，把一篇文本变成一个特征向量。用特征向量来代替原始数据最主要的目的是便于数学计算，减少资源浪费。从文本中提取特征的方法很多。常用的有向量空间法（Vector Space Method）就是由所有可能出现的词构成文档特征向量，向量中每一维代表一个词，维的数值可以表示该词是否出现、词频和反向文档频率等。但是这个向量显然十分稀疏。

我们针对上市公司报表挖掘问题，设计了另一种特征向量。向量共有 14 维，分别表示：总资产周转率、存货周转率、应收账款周转率、主营业务收入增长率、总资产增长率、主营业务利润率、净资产收益率、每股收益、资产负债率、流动比率、每股净资产、每股经营现金量、市盈率和净利润增长率。

我们把这 14 项指标以及与其相关的其他指标都放入一个关键词表中。然后，通过在文本中搜索关键词的方法，获得相关字符串并解析出指标值。这个关键词表其实就是领域本体。对于缺失的指标则指定为 0。这样就获得了一个公司报表文本的特征向量。提取特征的过程就是

解析字符串获得指标值的过程。

接下来就对所有特征向量进行聚类。由于向量中每一维的值都是实数，所以采用欧几里得距离来度量数据点之间的相似度。有兴趣的读者可以分别用不同的聚类方法进行聚类，然后比较一下聚类的结果。

最后一步就是要分析聚类结果。聚类算法本身一般不会给出每个簇的标签，即算法不解释每个簇代表什么含义。分析聚类结果一般依赖人工进行：一方面要给每个簇贴上标签；另一方面还要分析聚类结果是否显示着某种规律，或者是否发现某种独特的分类，或者聚类结果是否刻画了被观察事务的某种结构。认真地分析聚类结果不但有助于改进聚类算法或者控制参数，还有助于指导以后的实践应用。

例如，根据公司年报聚类结果得到 4 个簇。经过分析之后发现：第 1 簇企业在各项指标上表现都不够好，经济效率不高，未来发展动力不足，盈利能力差；第 2 簇企业在各方面表现尚可，成长能力不错，盈利能力一般；第 3 簇企业的偿还能力一般，经营效率较好，现金充足；第 4 簇企业在各方面的表现都是最抢眼的，盈利能力强，企业未来发展力强，经营状况也维持稳定。那么这样的分析结果就可以作为投资公司的投资参考。

6.6　特征选择与表示学习

特征选择和提取是机器学习过程中非常重要的步骤。特别是对海量、高维数据来说，如果不能有效地从原始数据中获得特征向量，将会直接导致学习失败。即便是对于相同的学习算法，运用不同的特征选择和提取方法可能会得到截然不同的学习结果和学习效率。近年来，随着深度学习研究的进展，人工神经网络可以自动从原始数据中学习出有效特征，并且能取得比人工提取特征更有效的结果。由此催生了一个新的研究方向——表示学习。

6.6.1　特征提取与选择

非深度学习方法在进行机器学习的时候，一般不会用原始数据直接进行训练学习。大多数学习过程都要把原始数据先预处理一下，获得特征数据，然后对特征数据进行训练学习。深度学习实际上也要先对原始数据进行特征提取和选择，然后进入后面的学习过程。只不过深度学习方法通过人工神经网络训练可以自动完成特征提取和选择。如果直接使用原始数据，一方面数据量大，需要大量的空间资源和时间资源，降低了计算效率，并且很可能突破资源约束而无法实现；另一方面大量无关信息构成了强大噪声，掩盖了本质规律，会导致学习失败。所以，特征数据的首要目的就是减少或者去除无关信息（噪声），突出问题本质特征，使其便于区分；其次是减小数据量，使得学习算法可以在有限时空内运行；第三是便于运算。

为了便于数学运算，特征数据一般都是以 d 维特征向量的形式出现。从原始数据中获得特征数据的过程称为特征提取。例如，从文本数据中获得词频、反向文档频率，从图像数据中提取颜色直方图、进行傅里叶变换等。从原始数据中可以获得很多种特征，但并不是每一种特征都要用。从众多可能特征中选择最合适的特征来表示原始数据，称之为特征选择。例如，到底使用小波变换结果还是离散傅里叶变换结果来表示特征向量就是一个特征选择过程。

特征选择一般是理论分析过程，对不同的方法进行对比和取舍，最终确定一种最有利于学习算法获得最优结果的方法。特征提取则是按照特征选择的结果进行操作的过程。特征提取和选择会直接影响机器学习结果。因为这个过程对原始数据所包含的信息进行了大量的过滤和删减。不合理的特征提取和选择会损失太多有用信息，最终将导致学习结果精度低、误差大。在实践中，相同的学习算法结合不同的特征提取和选择方法会产生不同的学习结果，我们往往会将其看作不同的方法。

不同的原始数据有不同的特征提取方法。当然，学习任务的特殊要求也会影响特征提取方法。例如，对文本等离散型数据，常用词频、词频–反文本频率（Term Frequency-Inverse Document Frequency，TF-IDF）、互信息、熵等基于概率的统计特征。对于时间序列数据，则常用傅里叶变换、小波变换、主成分分析（PCA）等变换方法取其变换域上的特征。对于图像数据，则往往会综合使用多种统计特征（如直方图、灰度共现矩阵等）和变换特征（如卷积、梯度等），如方向梯度直方图（Histogram of Oriented Gradient，HOG）特征、局部二值模式（Local Binary Pattern，LBP）特征和 Haar 特征等。

特征选择方法主要包括搜索策略和评价函数。搜索策略要从一个大集合中搜索最优子集。这是一个 NP 问题，所以常用遗传算法等启发式方法搜索各种特征组合。评价函数用于评价特征组合是否最优。常用的评价依据可分为 5 类：距离度量、信息度量、相关性（依赖性）度量、一致性度量和分类器错误率。

根据评价函数与后续学习算法的关系，特征选择方法可分为过滤法（Filter）和包装法（Wrapper）两种基本类型，再有就是把两者综合起来形成的混合法（Hybrid）。过滤法基于数据内在属性评价特征，与后续学习算法无关，其度量简单，时间复杂度低。但过滤法方法不考虑特征集与学习算法之间的关联和相互影响，所以一般精度不高，效果较差。包装法直接利用学习算法的训练结果评估特征子集，把特征选择和学习算法封装在一起。包装法可对不同的学习器选出最适应的、近似最优的特征子集，达到较好效果；但是其计算量大，不适于大数据集。而且包装法在样本数目不多的情况下，容易产生过拟合问题。混合法目前主要有两种途径：一是使用逐步特征选择，先使用过滤法去除部分特征，再使用包装方法进行特征选择；二是将过滤法集成在包装法之中，以减少包装法的迭代次数。

6.6.2　常用的特征函数

1. 概率分布

基于概率的方法是观察数据、反映数据特征最基本的一种方法。在机器学习中对事物的观察总是有限的，所以概率获得方法一般都是先统计事件出现的频率，然后再估算概率。这样得到的概率值显然与训练数据相关。如果训练数据分布或者采样不合理，如有偏差或遗漏，则统计出来的概率值必然与真实概率值有偏差，从而造成系统误差。有些算法直接用事件频率代替了概率。在概率分布基础之上，常用的统计特征还包括均值、方差、标准差、最大值、最小值和中位值等。

2. 熵

熵（Entropy）原本是物理概念，它用于刻画物质系统内部可能状态的混乱程度（多寡）。越混乱的状态，即可能状态数目越多，则熵越大。后来信息学鼻祖香农（Shannon）把这个概念扩展到了信息论中，提出了信息熵，即信息越多，熵越大。信息熵的定义为

$$\text{Entropy} = -p(x)\log_2 p(x) \tag{6.93}$$

其中，$p(x)$ 表示概率。当 $p(x)=0$ 时，定义熵为 0。

在机器学习中，我们经常使用式（6.93）定义各种各样的熵。熵反映的特征就是混乱程度或者不确定程度。熵越大表示越混乱，不确定性越高；熵越小表示越清晰，越确定。所以，

我们一般用熵的最小值表示最优。

3. 互信息

互信息（Mutual Information）来源于信息论，它用于度量一个消息中两个信号之间的相互依赖程度。在机器学习中，互信息主要用于衡量两个事物之间的统计关联程度。互信息的定义为

$$\mathrm{MI}(T,C) = p(T,C) \log_2 \frac{p(T,C)}{p(T)p(C)} = p(T,C) \log_2 \frac{p(T|C)}{p(T)} \tag{6.94}$$

其中，T 表示数据的某个属性，C 表示学习结果对象（类别）。互信息是非负的、对称的，即 $\mathrm{MI}(T,C) = \mathrm{MI}(C,T)$。用于分类时，一个属性对所有类别的互信息为

$$\mathrm{MI}(T) = \sum_k p(T,C_k) \log_2 \frac{p(T|C_k)}{p(T)} \tag{6.95}$$

4. 信息增益

信息增益（Information Gain）也是来源于信息论的一个重要概念，信息增益=信息熵-条件熵，即

$$\mathrm{IG}(T) = H(C) - H(C|T) \tag{6.96}$$

其中，T 表示属性，C 表示学习结果对象（类别），$H(C)$ 表示信息熵，$H(C|T)$ 表示条件熵。条件熵体现了根据属性 T 分类后的不确定（混乱）程度。条件熵越小说明分类后越稳定。信息增益越大说明熵的变化越大，熵的变化越大则表示该属性越重要。条件熵的计算公式为

$$\begin{aligned} H(C|T) &= \sum_i p(T = t_i) H(C|T = t_i) \\ &= -\sum_i p(T = t_i) p(C|T = t_i) \log_2 p(C|T = t_i) \\ &= -\sum_i p(T = t_i, C) \log_2 p(C|T = t_i) \end{aligned} \tag{6.97}$$

即把该属性取每一个属性值时的信息熵加权求和，权重为该属性值的概率。如果属性 T 的取值只有{是,否}两种取值的话（如文本中某个单词是否出现），则其信息增益可表示为

$$\begin{aligned} \mathrm{IG}(T) &= H(C) - H(C|T) \\ &= -\sum_k p(C_k) \log_2 p(C_k) \\ &\quad + p(t) \sum_k p(C_k|t) \log_2 p(C_k|t) + p(\bar{t}) \sum_k p(C_k|\bar{t}) \log_2 p(C_k|\bar{t}) \end{aligned} \tag{6.98}$$

其中，$p(t)$ 表示属性 T 取值为是，$p(\bar{t})$ 表示属性值为否。

5. 期望交叉熵

期望交叉熵（Expected Cross Entropy）表示在某个特定属性值情况下的分类概率分布与原先分类概率分布之间的距离。其定义为

$$\mathrm{ECE}(t) = p(t) \sum_k p(C_k|t) \log_2 \frac{p(C_k|t)}{p(C_k)} \tag{6.99}$$

如果只考察单个类，则其期望交叉熵为

$$\mathrm{ECE}(t,C) = p(t,C) \log_2 \frac{p(C|t)}{p(C)} \tag{6.100}$$

其中，t 表示属性取某个特定值。与信息增益不同的是，期望交叉熵只考虑特定属性值发生的情况，不考虑其他情况。

6. χ^2 统计

χ^2 统计（CHI）就是卡方（Chi Square）统计。卡方统计值通常用于检测数据间的独立性和适合性，所以也常称为卡方测试（Chi Square Test）。卡方统计值越小则表示独立性越强。数据间的独立性越强，则相关性越小。卡方统计的定义为

$$\chi^2 = \sum_i \frac{(o_i - e_i)^2}{e_i} \tag{6.101}$$

其中，o_i 表示实际观测值，e_i 表示期望值。在实践中，由于期望值有时并不知道，所以常用另一个近似公式代替原始定义：

$$\chi^2 = \frac{N(ad-bc)^2}{(a+b)(a+c)(b+d)(c+d)} \tag{6.102}$$

其中，a 表示属性 t 和学习结果对象 C 同时出现的次数，b 表示 t 出现而 C 不出现的次数，c 表示 t 不出现而 C 出现的次数，d 表示 t 和 C 都不出现的次数，N 表示样本总数，即 $N=a+b+c+d$。

卡方统计值能够很好地体现特征和类别之间的相关性，所以在特征选择中有广泛的应用。特别是对于文本分类而言，大量的实验结果表明，用信息增益和卡方统计作文本特征相对其他方法较好。因为这两种特征函数不仅考虑了特征存在对学习结果的影响，还考虑了特征不存在时对学习结果的影响。互信息相对结果较差，但是较好的特征方法计算量比较大。

6.6.3 主成分分析

主成分分析（Principal Component Analysis，PCA）由霍特林（Hotelling）于 1933 年首先提出。主成分分析是一种简化数据集的技术，利用降维思想，在损失很少信息的前提下把多个指标转化为几个综合指标。通常把转化生成的综合指标称为主成分，其中每个主成分都是原始变量的线性组合，且各个主成分之间互不相关。主成分分析过程就是一个线性变换过程。这个过程把原始数据变换到一个新的坐标系统中，使得任何数据投影的第一大方差在第一个坐标（称为第一主成分）上，第二大方差在第二个坐标（第二主成分）上，依此类推。

用主成分分析法研究复杂问题时可以只考虑少数几个主成分而不至于损失太多信息，从而更容易抓住主要矛盾，揭示事物内部变量之间的规律性，同时使问题得到简化，提高分析效率。所以，主成分分析经常用于减少数据集的维数，同时保持数据集对方差贡献最大的特征。这是通过保留低阶主成分，忽略高阶主成分做到的。一般而言，低阶主成分往往能够保留住数据最重要的特征。

假设原始数据为 d 维随机向量 $\boldsymbol{x}$，对 $\boldsymbol{x}$ 进行线性变换得到新的综合变量 y，即

$$\begin{aligned}
y_1 &= \boldsymbol{w}_1 \cdot \boldsymbol{x} = w_{11}x_1 + w_{12}x_2 + \cdots + w_{1d}x_d \\
y_2 &= \boldsymbol{w}_2 \cdot \boldsymbol{x} = w_{21}x_1 + w_{22}x_2 + \cdots + w_{2d}x_d \\
&\ \vdots \\
y_d &= \boldsymbol{w}_d \cdot \boldsymbol{x} = w_{d1}x_1 + w_{d2}x_2 + \cdots + w_{dd}x_d
\end{aligned} \tag{6.103}$$

由于可以任意地对原始变量进行上述线性变换。所以，不同线性变换得到的综合变量 y 的统计特性也不尽相同。为了取得较好的效果，需要令 y_i 的方差尽可能大且各 y_i 之间互相独立，即必须满足

$$w_i \cdot w_j = \begin{cases} 1, & i=j \\ 0, & i \neq j \end{cases} \tag{6.104}$$

并且 y_i 是从 y_i 到 y_d 之中方差最大的。y_i 可从下式求得:

$$\text{Var}(y_i) = \text{Var}(w_i \cdot x) = w_i \cdot \Sigma \cdot w_i \tag{6.105}$$

其中，Σ 是原始向量 x 的协方差矩阵。要得到最大化 y_i，则 w_i 的值为协方差矩阵 Σ 的第 i 个最大特征根。Σ 的特征根 λ 由下式求得:

$$\|\Sigma - \lambda I\| = 0 \tag{6.106}$$

把 Σ 的所有特征根从大到小排列，第 i 个特征根就对应第 i 个主成分。如果只取前 $k(k<d)$ 个主成分，把剩下的忽略，就达到了把 d 维数据降维成 $k(k<d)$ 维数据的目的。

主成分分析是一个依赖测量单位的量，所以在进行主成分分析之前，数据应该进行标准化处理。主成分分析的关键是要给主成分赋予新的意义，给出合理的解释。这个解释应根据主成分的计算结果结合定性分析来进行。

6.6.4　表示学习

表示学习（Representation Learning）又称学习表示（Learning Representation）。Bengio 对表示学习的定义：学习数据的表示，使其在构建分类器或者其他预测器的时候能够更容易地抽取有用信息。在深度学习领域，表示学习是指通过模型的参数，采用何种形式、何种方式来表示模型的输入观测样本。以深度学习方法实现的表示学习一般由多个非线性变换构成，能够产生更多抽象，达到更有用的表示目的。

表示学习有很多种形式。例如，卷积神经网络（CNN）参数的有监督训练是一种有监督的表示学习形式；对自动编码器和限制玻尔兹曼机参数的无监督预训练是一种无监督的表示学习形式；对深度信念网络参数先进行无监督预训练，再进行有监督精调是一种半监督的共享表示学习形式。表示学习在自然语言处理、知识图谱、语音信号处理、图像目标识别等很多应用中都取得了突出进展。

表示学习中最关键的问题是如何评价一个表示比另一个表示更好。表示的选择通常取决于随后的学习任务，即一个好的表示应该使随后的任务的学习变得更容易。以基于 CNN 的图像分类任务为例，模型可以分为特征抽取和多层感知器分类两个部分。把人工提取的图像特征向量输入到多层感知器分类模型中也可以实现图像分类，但是效果不够理想。而 CNN 通过模型参数有监督的训练，自动学习出了更好的表示（特征），从而大大提升了图像分类的精度。

好的表示应具有表达性，即合理大小的表示能够应对数目巨大的可能输入。评价表达性好坏的一个简单方法就是表示所需的参数个数与其能够区分的输入类别之比。为了获得一个好的表示，构建模型时需要正确反映一些对不同目标通用的先验知识。其主要包括:

1）光滑性（Smoothness）。假设待估计的表示函数为 f，则应有 $x \approx y \rightarrow f(x) \approx f(y)$。光滑性是大多数机器学习的一个基本先验知识。但是光滑性不足以解决维数灾难的问题。仅仅依靠对目标函数的光滑性假设做估计，就要求数据尽可能覆盖目标函数的空间。

2）多解释因子（Multiple Explanatory Factors）。数据分布由不同的解释因子生成，这些因子之间应该尽量解耦（Disentangle）。因子间解耦的含义是：不同解释因子在数据分布上应该尽量彼此独立地变化；每当观察到真实世界的一系列连续输入时，应该只有很少的因子趋于改变。所以，鲁棒性越好的特征学习方法，其解耦的解释因子越多，所抛弃的信息越少。如果需要某种形式的降维，那么就应该首先在训练数据中变化最少（意味着信息含量最少）的局部方向上进行剪除。例如，PCA 就是在全局上进行剪除，而不是在每个样本上剪除。PCA 特征值矩阵中各个维度之间相互正交，其末尾维度的信息含量几乎可以忽略，所以被剪除。分布式表示（Distributed Representation）实际上就暗含了多解释因子的思想。

3）解释因子的层次组织（Hierarchical Organization of Explanatory Factors）。越抽象的概念越在高层。深度学习中允许特征的复用，能够逐层抽象，又能够对输入的变化保持不变性（Invariance）。特征复用是深度学习的一个核心优势。因为深层结构可以表示的函数族随着深度呈指数级上升，而相应增加的参数并不多。尽管相对于传统方法，深度学习的参数量巨大，但是相比于能覆盖的函数族，其参数量并不大。

4）半监督学习（Semi-supervised Learning）。若有可以解释输入数据 X 分布的因子子集，那么在给定 X 的条件下，也需要能够解释目标 Y。这样的表示就能够在无监督学习和有监督学习中共享统计优势。

5）跨任务的共享因子（Shared Factors Across Tasks）。解释性因子可以在多个任务或者目标中共享。

6）流形（Manifolds）。表示应该满足高维空间中的低维流形特点。简单地说，虽然原始数据维度很高，但是聚集在流形周围的数据可以用远小于原空间的维度来表示。一些自动编码机（Auto-encoder）算法和由流形激发的算法应用了该思想。

7）自然聚类（Natural Clustering）。不同类的数据分布在分散的流形上，即一个流形上的局部变化就反映了一个类上的值。不同类数据之间的线性插值则处于低密度区域。也就是说，不同类的数据应当尽量分开，而不是重叠在一起。

8）时空一致性（Temporal and Spatial Coherence）。时间（序列）或者空间上相近的数据其类别概念也尽量相关。它们可以有相同的表示值或者在高密度流形上仅有一个微小变化。不同因子在不同时空尺度上会有变化。但是类别概念一般变化很缓慢。所以，若要获得类别变量，则应通过缓慢变化关联表示的方法来加强时空一致性，即惩罚时间或者空间上的数值变化。

9）稀疏性（Sparsity）。任意给定的观测数据，都仅与一小部分可能因子相关。也就是说，在进行表示的时候，特征经常都是 0，或者大部分抽取出来的特征对观测数据上的微小扰动不敏感。

10）简单的因子间依赖关系（Simplicity of Factor Dependencies）。在好的高层次表示中，因子之间一般是简单的、典型的线性依赖关系。在顶层学习表示上插入线性预测器就是依据这条假设。

表示学习中还有一种重要的形式是涉及多个任务的共享表示学习。在深度学习任务中，通常有大量无标签训练样本和少量有标签训练样本。如果只在有限的有标签训练样本上学习，会导致模型存在严重过拟合问题。而共享表示则可以从大量无标签训练样本中通过无监督学习方法，学习出很好的表示；然后基于这些表示，再用少量有标签训练样本来得到更好的模型参数，从而缓解监督学习的过拟合问题。

共享表示学习涉及多个任务。多个任务之间共享一定相同的因素，如相同的分布、观测样本来自相同的领域等。共享表示学习有多种表示形式。假设共享表示学习中采用训练样本 A 进行无监督学习，训练样本 B 进行有监督学习。样本 A 和样本 B 可能来自相同的领域，也可能来自不同的领域；可能任务服从相同的分布，也可能服从不同的分布。

与共享表示学习相关的机器学习技术有很多，例如，迁移学习（Transfer Learning）、多任务学习（Multitask Learning）、领域适应性（Domain Adaptation）、One Shot Learning（某些类别只有很少甚至只有一个训练样本情况下的学习）、Zero Shot learning（某些类别完全没有训练样本情况下的学习）等。深度学习方法具有很强的特征抽取、知识表达能力，可以有效抽取多个任务之间共享的因素、知识或特征，所以深度学习已经成为共享表示学习的利器。

6.6.5 表示学习应用案例

表示学习在自然语言处理领域具有非常突出的表现。本小节以自然语言单词文本的表示学习为例，说明表示学习的应用。

1. 文本表示策略

机器学习中表示自然语言文本可分为两种基本策略：离散表示和连续表示。离散表示是将语言文本看成离散的符号。连续表示将语言文本表示为连续空间中的一个点。

在离散表示中，一个词表示为一个 One-Hot 向量（即只有一维为 1，其余维为 0 的向量）。然后在词向量的基础上构建句子或篇章的表示，一般用词袋模型（Bag of Words）、N 元文法模型（N-gram）等。向量空间模型（Vector Space Model）就是一种词袋模型。假设词典中共有 m 个词，那么一个词就用一个 m 维向量表示。一个文本就是该文本所含词的词向量集合，故称为"词袋"。词袋模型只考虑到了词形的不同，忽略词的前后顺序和位置信息，并且也未考虑词义信息和语义信息。故而难以对自然语言文本进行十分精细的处理，难以解决同义词、多义词以及语义关联等问题。对词袋模型的一种改进就是采用序列模型或者树结构，这样可以引入一些上下文信息或者语法结构信息。

连续表示又分为矩阵式表示和分布式表示。矩阵式表示通过共现矩阵来表示词，然后对矩阵进行分解变换之后表示篇章。例如，潜在语义分析模型（Latent Semantic Analysis，LSA）、潜在狄利克雷分配模型（Latent Dirichlet Allocation，LDA）和随机索引（Random Indexing）等。这种方法可以发现一些词与词之间的潜在关联，在一定程度上解决同义词、多义词和语义关联等问题。

分布式表示（Distributed Representation）则将语言文本表示为稠密、低维、连续的实数向量。其典型代表就是词嵌入（Word Embedding）方法。欣顿（Hinton）教授在 1986 年提出反向传播（Back Propagation）算法时就提出了分布式表示的思想，即用神经网络来表示概念。但是，直到 2001 年 Bengio 等人提出神经网络语言模型（Neural Network Language Model，NNLM）之后，文本的分布式表示才真正得到重视。NNLM 模型在学习语言模型的同时也得到了词向量。

2. 词嵌入方法

词嵌入（Word Embedding）方法就是基于神经网络的分布表示方法，又称为词向量方法。其核心是用神经网络对文本单词上下文的表示以及上下文与目标词之间关系的建模。

词的上下文对词的语义有重要影响。统计语言模型将词的出现概率视为马尔可夫链，其每个单词的概率依赖前面的所有单词。N 元文法模型（N-gram）中单词出现概率则依赖于前面 $n-1$ 个单词。但是当 n 增加时，N-gram 的总数会呈指数级增长，出现维数灾难从而导致模型计算困难。而神经网络则可以对 n 个词进行组合，参数个数仅以线性速度增长。所以，用神经网络可以对复杂的上下文以及上下文与目标词之间的关系进行建模，从而在词向量中包含更丰富的语义信息。

用 One-Hot 向量表示一个词有个很大的问题就是向量维度过大（与词典中的单词数目相

同），词空间过于稀疏。而利用神经网络则可以把 One-Hot 向量从整型向量变为浮点型实数向量，并且把原来稀疏的巨大维度压缩到一个更小维度的空间，故称之为"嵌入"。

词嵌入最大的一个特点就是可以把词与词之间的语义关系表示为词向量之间的几何关系。即语义相似或者相关的词，它们对应词向量的欧氏距离也相近（或者余弦相似度很大）。

一个好的词嵌入模型应当满足以下两方面的要求：

1）相关。语义相关或相似的词语，它们所对应词向量之间距离也相近。例如"桔子"和"柚子"的词向量距离就远远近于"桔子"和"刀子"的距离。

2）类比。词向量间的加减关系可以仿真词之间关联类比关系。例如，男人对于女人类比国王对于王后，满足 $V(男人)-V(女人) \approx V(国王)-V(王后)$。甚至有，$V(王后)=Nearest(V(国王)-V(男人)+V(女人))$。

通过词嵌入模型得到的词向量中既包含了词本身的语义，又蕴含了词之间的关联，同时具备低维、稠密、实值等优点，非常有利于后续的文本分析。但是，自然语言词汇非常多，词本身的语义十分丰富，词之间的关联则更为复杂。所以，相对于词袋模型，训练一个足够好的词向量模型更加困难。

3. 训练词嵌入模型

现在常见的训练词向量神经网络模型主要有 Mikolov 等人提出的 CBOW（Continuous Bag of Words）和 Skip-Gram 模型，以及基于循环神经网络的语言模型（Recurrent Neural Network based Language Model，RNNLM）。稍早一点的模型有：Bengio 等人提出的基于三层前馈网络的神经网络语言模型（Neural Network Language Model，NNLM）；Mnih 和 Hinton 提出的 LBL 语言模型（Log-Bilinear Language Model）和分层的 HBLB 模型（Hierarchical Log-Bilinear Language Model）；Collobert 和 Weston 提出的 C&W 模型。

训练词嵌入模型就是从大量文本语料中学习出每个词的最佳词向量。训练的核心思想是：语义相关或相似的词语往往具有相似的上下文，即它们经常在相似的语境中出现。例如，"苹果"和"梨子"的上下文中可能都会出现类似"吃"和"水果"等词语。可以使用"开心"的语境往往也能使用"快乐"或"高兴"等词。

词嵌入模型训练方法大致可以分为两类：一类是无监督或弱监督的预训练；另一类是端对端（End-to-End）的有监督训练。无监督或弱监督的预训练以 Word2Vec 和 Auto-encoder 为代表。这一类模型的特点是，不需要大量人工标记样本就可以得到质量还不错的词向量。但是由于缺少任务导向，与要解决问题还会有一定差距。因此，一般会在得到预训练的词向量之后，再用少量人工标注样本去精调整个模型。

相比之下，端对端的有监督模型在最近几年里越来越受到人们的关注。与无监督模型相比，端对端的模型在结构上往往更加复杂。同时，也因为有着明确的任务导向，端对端模型学习到的词向量也往往更加准确。例如，通过一个嵌入层和若干个卷积层连接而成的深度神经网络以实现对句子的情感分类，可以学习到语义更丰富的词向量表达。

4. CBoW 模型

Mikolov 开源了 Word2Vec 工具，该工具实现了 CBoW 和 Skip-Gram 两个模型。CBoW 模型根据上下文预测对应的当前词（即目标词）。Skip-Gram 模型根据当前词预测相应的上下文。

CBoW 相对于 NNLM 做出了以下改进：

1）取消了非线性隐层。

2）投影层对所有输入共享。在 NNLM 中，输入是拼接起来的。所以，对不同单词而言，投影矩阵并不相同。但是，在 CBoW 中输入层每个词与投影层之间的权矩阵是相同的，即每个输入词共享了投影权矩阵。CBoW 在投影层将词向量直接求和。这种忽略单词顺序的建模方法就是词袋法（Bag of Words）。但是与传统 BoW 法不同的是，这里的词向量是连续的，故此命名为连续词袋模型。

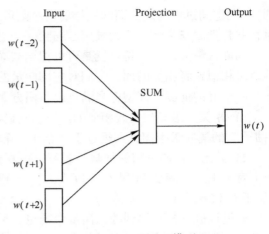

图 6.25　CBoW 模型

3）除了使用上文，也使用了下文，窗口为 $2m$。即不但输入当前词之前的 m 个词，同时还要输入当前词之后的 m 个词，如图 6.25所示。

CBoW 模型的输入层是 $2m$ 个维度为 $|V|$ 的 One-Hot 向量，其中 $|V|$ 表示词典中不同词的数目。第二层被称为投影层，就是对输入层的 $2m$ 个向量经过投影之后再求平均值，得到一个维度为 N 的向量，即

$$R_{t+i} = X_{t+i} \times W_1, \quad i \in \{-m, \cdots, +m\} - \{0\} \tag{6.107}$$

其中，X_{t+i} 表示输入词 w_{t+i} 的 One-Hot 向量，维度为 $|V|$。W_1 表示输入层和投影层之间的权矩阵，维度为 $|V| \times N$。R_{t+i} 表示经过投影之后的输入向量，也就是最后要得到词向量，维度为 N。投影层的输出是所有词向量的平均值，即

$$\overline{R}_t = \frac{1}{2m} \sum_i R_{t+i}, \quad i \in \{-m, \cdots, +m\} - \{0\} \tag{6.108}$$

CBoW 模型的输出层是 Softmax 层，得到一个维度为 $|V|$ 的向量。输出向量的第 i 维就表示网络目标词为词典第 i 个词的概率，即

$$Z = \overline{R}_t \times W_2$$

$$o_i = p(w_i | w_{t-m}, \cdots, w_{t-1}, w_{t+1}, \cdots, w_{t+m}) = \text{softmax}(z_i) = \frac{\exp(z_i)}{\sum_{j=1}^{|V|} \exp(z_j)}, \quad w_i \in V \tag{6.109}$$

其中，w_i 表示词典中的第 i 个词。W_2 表示投影层和输出层之间的权矩阵，维度为 $N \times |V|$。

以"伟大的中华人民共和国万岁"这句话作为训练语料为例。假设我们现在关注的词（即目标词）是"共和国"，那么 $m=1$ 时它的上下文分别是"人民"和"万岁"。CBoW 模型就是把"人民"和"万岁"的 One-Hot 表示作为输入（即 $2m$ 个 $1 \times |V|$ 的向量），分别与权矩阵 W_1 相乘得到 $2m$ 个 $1 \times N$ 的隐层，然后对 $2m$ 个隐层取平均所以只算作一个隐层。这个过程也被称为线性激活函数。最后再与另一个权矩阵 W_2 相乘得到 $1 \times |V|$ 的输出层。这个输出层每个元素代表的就是词库里每个词的事后概率。输出层需要与目标词汇（即"共和国"）的 One-Hot 表示做比较，计算损失。损失采用对数似然损失函数，即

$$\begin{aligned} L(w_i) &= -\log_2 o_i \\ &= -\log_2 p(w_i | w_{t-m}, \cdots, w_{t-1}, w_{t+1}, \cdots, w_{t+m}) \\ &= -\log_2 \text{softmax}(z_i) \end{aligned} \tag{6.110}$$

两个权矩阵 W_1 和 W_2 可以采用随机梯度下降法训练得到。

上面讲述了 CBoW 模型的训练方法。训练完之后，W_1 权矩阵实际上就是我们所求的词向量集合。我们用某个词的 One-Hot 向量乘以 W_1 矩阵就得到了该词的词向量。由于 One-Hot 向量只有 1 维为 1，其余皆为 0，所以相乘实际上就是选取 W_1 矩阵的某一行。

5. Skip-Gram 模型

Skip-Gram 模型考虑当前单词对周围单词的预测。由于越远的单词相关性越弱，在采样的时候权重小，故此得名。Skip-Gram 模型与 CBoW 模型的训练过程类似，只不过输入/输出刚好相反，如图 6.26 所示。

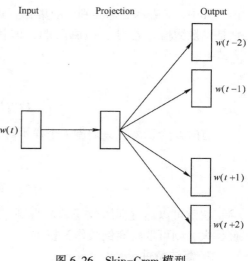

图 6.26　Skip-Gram 模型

6.7　其他学习方法

6.7.1　k 近邻算法

1. 基本思想

k 近邻（k-Nearest Neighbor，kNN）算法是一种非常简单的分类算法，稍加改造也可用于预测问题。k 近邻算法的基本思想是：距离输入对象最近的 k 个对象决定输入对象的未知属性，即输入数据的类别由其 k 个最近邻决定，如图 6.27 所示。有一句成语非常准确地刻画了 k 近邻算法思想，就是"近朱者赤，近墨者黑"。

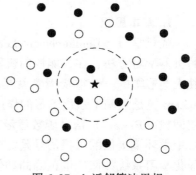

k 近邻算法也可以看作是基于实例的学习（Instance Based Learning），其基本思想都是一样的。k 近邻算法有一点与前面介绍的各种学习模型不太一样，就是它是一种"懒惰"（Lazy）学习策略。也就是说，k 近邻算法的学习过程和判定过程合为一体，不需要先通过训练生成模型，但是需要保存所有的训练样本。懒惰学习策略能够更好地适应数据的动态变化，即算法的适应性比较好。但是由于

图 6.27　k 近邻算法思想

需要在执行过程中动态完成学习，故而其运行时间相对比较长，执行速度相对较慢。

2. 算法学习/执行过程

把所有的训练样本 $<x,y>$ 加入到训练集中。假如要对 x_q 分类：

1）从训练集合中找出距离 x_q 最近的 k 个训练样本 $x_1,\cdots,x_k$。

2）然后可由下式来决定 x_q 的类别 $f(x_q)$（投票策略）。

$$f(x_q) = \arg\max_{v \in V} \sum_{i=1}^{k} \delta(v,y_i) = \arg\max_{v \in V} \sum_{i=1}^{k} \delta(v,f(x_i))$$

$$\delta(a,b) = \begin{cases} 1, & a = b \\ 0, & a \neq b \end{cases}$$

(6.111)

其中，V 表示目标类别 v 的集合。式（6.111）就是投票策略，适合分类问题，即目标类别是离散数值。若对于预测问题，即目标值是实数值，则可将式（6.111）改为求均值的方式：

$$f(x_q) = \frac{\sum\limits_{i=1}^{k} y_i}{k} = \frac{\sum\limits_{i=1}^{k} f(x_i)}{k} \qquad (6.112)$$

有时候为了体现 x_q 周围 k 个样本对 x_q 影响的不同，还可以采用加权策略，即

$$f(x_q) = \frac{\sum\limits_{i=1}^{k} w_i y_i}{k} = \frac{\sum\limits_{i=1}^{k} w_i f(x_i)}{k} \qquad (6.113)$$

权重可以通过训练数据学习得到，或者由启发式给定。例如，距离 x_q 越近的样本，其权重越大，则可取距离倒数作为权重。

3. 算法特性

k 近邻算法中 k 值是一个关键的模型参数。较大的 k 值可以降低对噪声的敏感（特别是分类噪声）；对离散类别有更好的概率估计（因为参考了更多的近似样本）。一般较大的训练集可以使用较大的 k 值。但是 k 值越大显然算法运行时间就越长，并且占用运算资源也越多（因为要计算更多的数据）。较小的 k 值可以更好地捕获问题空间中比较精细的结构，并且运行成本也较小，但是显然更容易受噪声的干扰。训练集较小时只能用较小的 k 值。那么最优 k 值到底应该取多大？在实践中，一般通过实验来确定。理论上，当训练集接近无穷大，并且 k 值也很大时，k 近邻就会成为最优贝叶斯方法。

6.7.2 强化学习

1. 基本思想

强化学习（Reinforcement Learning）也称为增强学习、加强学习或再励学习，是一种重要的机器学习方法，在智能控制机器人及分析预测等领域有许多应用。AlphaGo 围棋软件能够战胜人类冠军的一个重要因素就是使用了强化学习算法来进行训练。AlphaGo 的升级版本 AlphaZero 更是强调了强化学习的作用。所谓强化学习就是智能系统从环境到行为映射的学习，以使回报（Reward）信号函数值最大。强化学习不同于有监督学习之处在于回报信号。强化学习中由环境提供的回报信号是对产生动作的好坏做一种评价（通常为标量信号），而不是告诉强化学习系统如何产生正确的动作。由于外部环境提供的信息很少，强化学习系统必须靠自身的经历进行学习。通过这种方式，强化学习系统在行动——评价的环境中获得知识，改进行动方案以适应环境。

强化学习是从动物学习、参数扰动自适应控制等理论发展而来的。其基本思想是：如果智能体（Agent）的某个行为策略导致环境正的回报（奖励），那么智能体以后产生这个行为策略的趋势便会加强。强化学习的基本模型如图 6.28 所示。

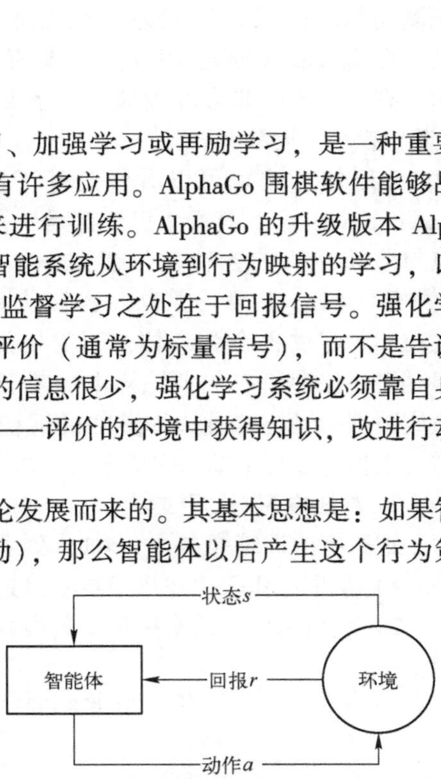

强化学习把学习是看作试探评价的过程。智能体选择一个动作作用于环境。环境接受该动作后状态发生变化，同时产生一个回报信号（奖或惩）反馈给智能体。智能体根据回报信号和环境当前的状态再选择

图 6.28　强化学习的基本模型

下一个动作。选择的原则是使受到正回报（奖）的概率增大。选择的动作不仅影响立即回报值，而且影响环境下一时刻的状态及最终的回报值。强化学习系统学习的目标是动态调整参数，发现最优策略，以使期望奖励和最大。

2. Q 学习

Q 学习是一种基于时差策略的强化学习。它是指在给定的状态下，当执行完某个动作后期望得到的回报函数为动作——值函数。在 Q 学习中动作——值函数记为 $Q(a,s)$，表示在状态 s 执行动作 a 后得到的立即回报值加上以后遵循最优策略的值：

$$Q(a,s) = r(a,s) + \gamma V^*(s), \quad 0 \leqslant \gamma < 1 \tag{6.114}$$

其中，$r(a,s)$ 表示立即回报值；V^* 表示以后依据最优策略所得到的回报；γ 是常量，表示折算因子。Q 学习的重要思想就是，在缺乏关于系统回报的知识时，智能体也能够选择最优动作。智能体只需考虑当前状态 s 下每个可用的动作 a，并选择其中使 Q 值最大化的动作，即

$$V^*(s) = \max_a Q(a,s) \tag{6.115}$$

于是有

$$Q(a,s) = r(a,s) + \gamma Q(a',s') \tag{6.116}$$

其中，s' 表示当前状态 s 执行动作 a 之后形成的新状态。式（6.116）实际上描述了学习 Q 函数的递归过程。在确定性回报和动作假定下的 Q 学习算法如下：

第 1 步　对每个 a 和 s，初始化 $Q(a,s)$ 为 0。

第 2 步　观察当前状态 s。

第 3 步　选择并执行一个动作 a。

第 4 步　得到立即回报 $r(a,s)$。

第 5 步　观察新状态 s'。

第 6 步　按照式（6.116）更新 $Q(a,s)$ 的值。

第 7 步　更新当前状态 s 为 s'。

第 8 步　如果不结束则转至第 2 步，否则退出。

3. 强化学习的应用

（1）在机器人中的应用

强化学习最适合、应用最多的领域是机器人领域。例如，Hee Rak Beem 利用模糊逻辑和强化学习实现陆上移动机器人导航系统，可以完成避碰和到达指定目标点两种行为；Wnfriedllg 采用强化学习来使六足昆虫机器人学会六条腿的协调动作；Sebastian Thurn 采用神经网络结合强化学习方式使机器人通过学习能够到达室内环境中的目标。另外，强化学习也为多机器人群体行为的研究提供了一个新的途径。

（2）在控制系统中的应用

强化学习在控制系统中的应用典型是倒立摆控制系统。倒立摆控制系统是一个非线性不稳定系统，许多强化学习的文章都把这一控制系统作为验证各种强化学习算法的实验系统。当倒立摆保持平衡时，得到奖励；倒立摆失败时，得到惩罚。强化学习在过程控制方面也有很多应用。采用强化学习方法不需要外部环境的数学模型，而是把控制系统的性能指标要求直接转化为一种评价指标。当系统性能指标满足要求时，所施控制动作得到奖励；否则得到惩罚。控制器通过自身的学习，最终得到最优的控制动作。

（3）在游戏比赛中的应用

游戏比赛都是博弈系统，是很重要的一类人工智能问题。在博弈系统中应用强化学习理论

也是很自然的。我们对可能获胜的步骤给予奖励，对可能失败的步骤给予惩罚，最终得到最可能获胜的步骤。例如，Tesauro 描述的 TD-GAMMON 程序使用强化学习成为世界级的西洋双陆棋选手。AlphaGo 的成功也是强化学习的一个典型案例。实际上，开发 AlphaGo 的 DeepMind 公司也一直致力于研究用强化学习、深度学习等方法训练人工智能程序与人类进行游戏对战，并且在很多游戏中都超过了人类的一般水平。

4. 强化学习存在的问题

（1）概括问题

典型的强化学习方法，如 Q 学习，都假定状态空间是有限的，并且允许用状态——动作记录其 Q 值。而许多实际问题往往对应的状态空间非常巨大，甚至状态是连续的；或者状态空间不大，但是动作很多。另一方面，对某些问题不同的状态可能具有某种共性，从而对应于这些状态的最优动作相同。所以，在强化学习中还需要研究状态——动作的概括表示问题。

（2）动态和不确定环境

强化学习通过与环境的试探性交互，获取环境状态信息和回报信号来进行学习。所以，能否准确地观察到状态信息成为影响系统学习性能的关键。然而，许多实际问题的环境往往含有大量噪声，无法准确获取环境状态信息。这样就无法使强化学习算法收敛。例如，Q 值会摇摆不定。

（3）多目标的学习

大多数强化学习模型针对的是单目标学习问题的决策策略，难以适应多目标学习和多目标、多策略的学习需求。

（4）动态环境下的学习

很多问题面临动态变化的环境，其问题求解目标本身可能也会发生变化。一旦目标变化，已经学习到的策略可能就变得无用，整个学习过程又要从头开始。

6.7.3　隐马尔可夫模型

1. 基本原理

如果系统从一种状态转移到另一种状态时，仅取决于前面 n 个状态，则这种过程称为马尔可夫过程。如果该过程中状态转移不是确定的，而是以概率随机选择，则就是马尔可夫随机过程。隐马尔可夫模型（Hidden Markov Model）就是一个二重马尔可夫随机过程。它包括具有状态转移概率的马尔可夫链和输出观测值的随机过程。它的状态不确定或者不可见，不能直接地观察到，但能通过观测向量序列的随机过程表现出来。每个观测向量都通过某些概率密度分布表现为各种状态，每个观测向量都由一个具有响应概率密度分布的状态序列产生。

隐马尔可夫模型可以用五元组 (S,M,A,B,π) 来描述。其中：

S 表示模型的状态集合，其中状态个数记为 N。虽然这些状态是隐含的，未必能直接观察到，但在许多实际应用中，模型的状态通常有具体的物理意义。

M 表示每个状态不同观测值的数目，即模型输出符号的数目。

A 表示状态转移概率矩阵，描述了 HMM 模型中各个状态之间的转移概率。其中

$$a_{ij}=p(s_{j,t+1}|s_{i,t}), \quad 1\leqslant i,j\leqslant N \tag{6.117}$$

即当 t 时刻状态为 s_i 时，在 $t+1$ 时刻状态为 s_j 的概率。

B 表示观测概率矩阵，描述了每个状态输出的符号概率分布。其中

$$b_{jk} = p(v_{k,t}|s_{j,t}), \quad 1 \leq j \leq N, 1 \leq k \leq M \tag{6.118}$$

即当 t 时刻状态为 s_i 时，在 t 时刻观察到符号 $v_{k,t}$ 的概率。

π 表示初始状态分布，即在 $t=1$ 时刻，每个状态的出现概率。

隐马尔可夫模型中可调整的系统参数为 A、B、π，所以在上下文明确的时候常用 $\lambda = (A, B, \pi)$ 表示隐马尔可夫模型的参数。

2. 隐马尔可夫模型的基本问题

（1）评估问题

对于给定模型参数，求某个观察值序列的概率。这个问题可以使用前向算法和反向算法。

（2）解码问题

对于给定模型参数和观察值序列，求可能性最大的状态序列。这个问题可以使用 Viterbi 算法。

（3）学习问题

对于给定的观察值序列，调整模型参数，使得观察值出现的概率最大。这个问题可以使用 Baum-Welch 算法或者 EM 算法。

3. Viterbi 算法

在隐马尔可夫模型中，Viterbi 算法的目的是根据给定的观察值序列找出最可能的隐含状态序列。Viterbi 算法不会被中间的噪声所干扰。

Viterbi 变量 $\delta_t(i)$ 的定义为

$$\delta_t(i) = \max_{s_1 s_2 \cdots s_{t-1}} p(s_1 s_2 \cdots s_{t-1} s_t = i, o_1 o_2 \cdots o_t | \lambda) \tag{6.119}$$

$\delta_t(i)$ 表示的就是表示给定隐马尔可夫模型 λ，当 t 时刻处于状态 i 时，如果观察到序列 $o_1 o_2 \cdots o_t$，并且此观察值序列最可能对应的状态序列为 $s_1 s_2 \cdots s_t$ 的概率。在初始时刻 Viterbi 变量的值为

$$\delta_1(i) = \pi_i b_i(o_1), \quad 1 \leq i \leq N \tag{6.120}$$

Viterbi 算法的基本任务就是在已知 $\delta_t(i)$ 时计算 $\delta_{t+1}(j)$，即

$$\delta_{t+1}(j) = \left[\max_{1 \leq i \leq N} \delta_t(i) a_{ij}\right] b_j(o_{t+1}) \tag{6.121}$$

此时，用 $\psi_t(i)$ 表示时刻 t 的最优状态序列中前一时刻 $t-1$ 的最优状态。我们把每一时刻的 $\psi_t(i)$ 记录下来，就能得到整个过程中最优状态序列变化的过程，即最优路径。

Viterbi 算法的过程如下：

第 1 步 初始化。

$$\delta_1(i) = \pi_i b_i(o_1), \quad 1 \leq i \leq N, \ \psi_1(i) = 0$$

第 2 步 迭代计算。

$$\delta_t(j) = \left[\max_{1 \leq i \leq N} \delta_{t-1}(i) a_{ij}\right] b_j(o_t)$$

$$\psi_t(j) = \arg\max_{1 \leq i \leq N} [\delta_{t-1}(i) a_{ij}]$$

第 3 步 终止迭代。

$$p^* = \max_{1 \leq i \leq N} [\delta_T(i)]$$

$$s_T^* = \arg\max_{1 \leq i \leq N} [\delta_T(i)]$$

第 4 步 获得最优路径。

$$s_{t-1}^* = \psi_t(s_t^*), \quad t = T, T-1, \cdots, 1$$

4. 隐马尔可夫模型的应用

隐马尔可夫模型在语音识别、行为识别、文字识别、故障诊断以及生物信息学等领域都有很成功的应用。特别是在语音识别方面，隐马尔可夫模型是语音建模的主流方法。

隐马尔可夫模型用一系列状态表示语音。每一个状态表示输入信号的一部分，可以对应音素、双音素或者三音素等。在语音识别的训练阶段和识别阶段隐马尔可夫模型可以有不同的作用。在训练阶段，系统针对用户关于特定语句或关键词的发音进行特征分析，提取说话人语音特征矢量的时间序列。然后，利用隐马尔科夫模型建立这些时间序列的声学模型，即解决学习问题。在识别阶段，系统则从输入语音信号中提取特征矢量的时间序列，然后利用隐马尔可夫模型计算该输入序列的生成概率，并根据一定的相似性准则来判定识别结果，即解决评估问题。

6.8 本章小结

机器学习在人工智能中占有非常重要的地位，也是当前人工智能研究最活跃的领域。机器学习将使得机器能够真正地适应变化的环境，能够从环境中总结或者发现规律，从而改善自身使其能力更强或者性能更优。只有具备了学习能力的机器，才能真正称得上具有智能。否则，机器只能按照事先编好的规则行事，无法突破自身，必然被淘汰。人类之所以能够主宰地球，正因为人能够不断地突破自身的认识界域，不断地扩展出新知识。这一点也是人与其他动物被动地适应自然环境所不同之处。目前，机器学习还处于模仿高级动物被动适应环境的阶段，这仅仅是一种低级的智能。机器学习的最终目标应该是具有像人一样的学习能力，能够突破旧理论，创造新知识。当然这个最终目标目前还是遥不可及的。

机器学习的具体理论和方法有很多，涉及面也非常广。由于篇幅所限，我们无法进行完整、全面的介绍。本章只介绍了目前机器学习研究中的一些基本理论和重要技术。有兴趣的读者可以进一步阅读相关文献。本章主要围绕着分类问题和聚类问题介绍了一些常用的算法。分类问题常用的方法包括决策树学习、贝叶斯学习、小样本统计学习、深度学习等理论。这些学习理论可以通用于各种数据的分类问题。深度学习方法将在下一章中介绍。一般来说，除了深度学习方法以外，随机森林和支持向量机方法在实践中能获得比其他分类方法更好的结果。聚类问题比分类问题更难解决一些。因为聚类问题中拥有的先验知识太少。在实践中，往往用聚类方法先对观察的事物进行初步认识，获得一个概括结构。这样一般有助于减少后续学习的搜索范围，可以大大缩小时间复杂度。

特征提取与选择是机器学习过程中的一个关键步骤。在深度学习兴起之前，特征提取与选择主要依靠人工先验知识来设计算法提取数据特征。但是伴随着深度学习的发展，通过表示学习方法自动从训练数据中学习出有效特征的策略已经成为主流。深度学习的前面部分实际上都是表示学习。结合表示学习和深度学习的"端对端"（End-to-End）式学习模式已经成为当前机器学习研究发展的主要方向。

习题

6.1 机器学习有哪些基本问题？这些基本问题有什么区别？

6.2 机器学习的一般步骤是什么？

6.3　解决分类问题常用的算法有哪些？这些算法的主要思想是什么？

6.4　解决聚类问题常用的算法有哪些？这些算法的主要思想是什么？

6.5　"机器学习""数据挖掘"和"知识发现"这三个概念之间有什么关系？

6.6　什么是交叉验证法？这个方法有什么用处？

6.7　什么是过拟合（过学习）？实践中解决过拟合问题的常用方法有哪些？

6.8　什么是经验风险最小化？什么是结构风险最小化？

6.9　常用的损失函数有哪些？

6.10　什么是核函数？核函数有什么用处？如何获得核函数？常用的核函数有哪些？

6.11　分类问题和聚类问题有什么区别和联系？

6.12　K-means 聚类方法有什么优点和缺点？

6.13　度量两个向量相似性的常用方法有哪些？如果两个向量的维度不一样，那么如何度量它们的相似性？

6.14　请查阅文献，比较主成分分析（PCA）方法和奇异值分解（SVD）方法的异同。

6.15　MNIST 数据集是一款非常著名的手写体数字数据集，一般用于训练和测试分类算法。请编程实现 5 种以上不同算法分别解决手写体数字识别问题，并对比这些算法的性能（包括识别效果、运行效率等）。

6.16　请画出表示下面布尔函数的决策树。

(1) $A \wedge \neg B$

(2) $A \vee (B \wedge C)$

(3) A XOR B

(4) $(A \wedge B) \vee (C \wedge D)$

6.17　考虑表 6.3 所示的训练样本集合。

表 6.3　训练样本集合

实例样本	分类	属性 1	属性 2
1	+	真	真
2	+	真	真
3	−	真	假
4	+	假	假
5	−	假	真
6	−	假	真

(1) 请计算这个训练样本集合关于目标函数分类的熵。

(2) 请计算属性 2 相对于这些训练样本的信息增益。

6.18　已知某地所有人口中有 0.8% 的人患有糖尿病。某种试剂针对有糖尿病的人具有 98% 的阳性率，针对没有糖尿病的人具有 97% 的阴性率。有一位求诊者在第一医院运用该试剂测试的结果为阳性。然后该患者又在第二医院做了相同的测试，结果仍为阳性。请问第一医院的医生假如按照贝叶斯极大后验假设做判断，应给出什么结果？第二医院的医生在知道第一医院测试结果的情况下，按照贝叶斯极大后验假设又应给出什么结果？

6.19　评估两类分类结果，可以用使用哪些指标？

6.20　请分别用 ID3 算法、朴素贝叶斯算法和支持向量机方法编程解决一个文本分类问题。并从计算时间、分类结果、泛化能力等几个方面，对这三种算法进行对比分析。

6.21 高维数据聚类的难点在什么地方？针对高维数据聚类目前主要有什么方法？

6.22 请查阅文献，总结针对静止图像常用的特征提取方法，并说明其用途和特点。

6.23 自然语言文本的表示策略有哪几种？请举例说明。

6.24 常见的词嵌入模型有哪几种？请比较这几种模型各自的特点。

6.25 请查阅文献，总结对自然语言文本句子和篇章的表示学习模型。

6.26 请编程实现一个算法，能够计算"西安""北京""历史""文化""兵马俑""天安门""中国"和"中华"等词之间的语义距离。

第 7 章　人工神经网络与深度学习

人工神经网络既是一种基本的人工智能研究途径，也是一种非常重要的机器学习方法。深度学习就是人工神经网络发展的最新阶段。深度学习的发展使人工智能技术站上了一个新的台阶。本章主要介绍人工神经网络的基本特点和几种最基本、最流行的深度学习和人工神经网络模型。

7.1　概述

从广义上讲，神经网络可以泛指生物神经网络，也可以指人工神经网络。人工神经网络（Artificial Neural Network）是指模拟人脑神经系统的结构和功能，运用大量的处理部件，由人工方式建立起来的网络系统。人脑是人工神经网络的原型，人工神经网络是对人脑神经系统的模拟。人工智能领域中，在不引起混淆的情况下，神经网络一般都指人工神经网络。

7.1.1　人脑神经系统

1. 人脑神经元解剖结构

生物神经系统是一个有高度组织和相互作用的数量巨大的细胞组织群体。据估计，人脑神经系统的神经细胞为 $10^{11} \sim 10^{13}$ 个。它们按不同的结合方式构成了复杂的神经网络。通过神经元及其连接的可塑性，使得大脑具有学习、记忆和认知等各种智能。神经细胞是构成神经系统的基本单元，称为生物神经元，或者简称为神经元。神经元主要由三部分组成：细胞体、轴突和树突。生物神经元的解剖结构图如图 7.1 所示。

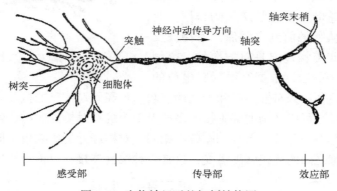

图 7.1　生物神经元的解剖结构图

细胞体（Cell Body 或者 Soma）：由细胞核、细胞质和细胞膜等组成。它是神经元的新陈代谢中心，同时还用于接收并处理从其他神经元传递过来的信息。细胞膜内外有电位差，称为膜电位，膜外为正，膜内为负，大小约为几十微伏。细胞膜通过改变对 Na^+、K^+、Cl^- 等离子的通透性从而改变膜电位，如图 7.2 所示。膜电压接受其他神经元的输入后，电位上升或者下降。若输入冲动的时空整合结果使膜电位上升，并超过动作电位阈值时，神经元进入兴奋状态，产生神经冲动，由轴突输出。若整合结果使膜电位下降并低于动作电压阈值时，神经元进入抑制状态，无神经冲动输出。

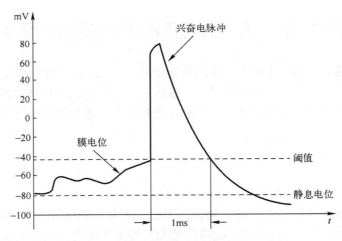

图 7.2　生物神经元的兴奋过程电位变化

轴突（Axon）：细胞体向外伸出的最长的一条分枝，即神经纤维，相当于神经元的输出端。一般一个神经元只有一个轴突，有个别神经元没有。

树突（Dendrite）：细胞体向外伸出的轴突之外的其他分枝。一般较短，但分枝很多，相当于神经元的输入端。

突触（Synapse）：生物神经元之间的相互连接从而让信息传递的部位称为突触。突触结构如图 7.3 所示。突触按其传递信息的不同机制，可分为化学突触和电突触。其中，化学突触占大多数，其神经冲动传递借助于化学递质的作用。突触的信息传递只能从突触前到突触后，不存在反向活动的机制，因此突触传递是单方向的。突触的传递过程如图 7.4 所示。根据突触后膜电位的

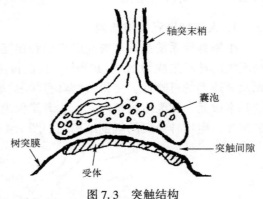

图 7.3　突触结构

变化，突触可分为两种：兴奋性突触和抑制性突触。神经元对信息的接收和传递都是通过突触来进行的。单个神经元可以从别的细胞接收多达上千个的突触输入。这些输入可达到神经元的树突、胞体和轴突等不同部位，但其分布各不相同，对神经元的影响也不同。突触的信息传递特性可变，因此细胞之间的连接强度可变，这是一种柔性连接，也称为神经元结构的可塑性。

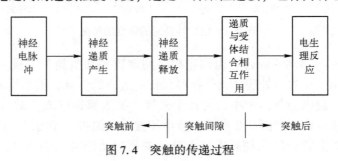

图 7.4　突触的传递过程

突触分布于不同的部位，对神经元影响的比例（权重）是不相同的。另外，各突触输入抵达神经元的先后时间也不一样。因此，一个神经元接收的信息，在时间和空间上常呈现出一种复杂多变的形式，需要神经元对它们进行积累和整合加工，从而决定其输出的时机和强度。正是神经元这种整合作用，才使得亿万个神经元在神经系统中有条不紊、夜以继日地处理各种复杂的信息，执行着生物中枢神经系统的各种信息处理功能。

多个神经元以突触连接形成了一个神经网络。经研究表明，生物神经网络的功能绝不是单个神经元生理和信息处理功能的简单叠加，而是一个有层次的、多单元的动态信息处理系统。它们有独特的运行方式和控制机制，以接收生物内外环境的输入信息，并加以综合分析处理，然后调节控制机体对环境做出适当的反应。

2. 人脑神经系统的特征

从信息系统研究的观点出发，人脑这个智能信息处理系统，有如下一些固有特征：

（1）并行分布处理的工作模式

实际上，大脑中单个神经元的信息处理速度很慢，每次约 1 ms，比通常的电子门电路要慢几个数量级。每个神经元的处理功能也很有限，估计不会比计算机的一条指令更复杂。

但是人脑对某一复杂过程的处理和反应却很快，一般只需几百毫秒。例如，要判定人眼看到的两个图形是否一样，实际上约需 400 ms。而在这个处理过程中，与脑神经系统的一些主要功能，如视觉、记忆、推理等有关。人脑神经系统显然不是用串行工作模式，而是一个由众多神经元所组成的超高密度的并行处理系统。例如，在一张照片中寻找一个熟人的面孔，对人脑而言，几秒钟便可完成，但用现有计算机技术却并不容易完成。

（2）神经系统的可塑性和自组织性

神经系统的可塑性和自组织性与人脑的生长发育过程有关。例如，人的幼年时期在 3~9 岁，学习语言的能力十分强，说明在幼年时期，大脑的可塑性特别好。从生理学的角度看，它体现在突触的可塑性和连接状态的变化，同时还表现在神经系统的自组织特性上。例如，在某一外界信息反复刺激下，接收该信息的神经细胞之间的突触结合强度会增强。这种可塑性反映出大脑功能既有先天的制约因素，也能通过后天的训练和学习得到加强。神经网络的学习机制就是基于这种可塑性现象，通过修正突触的结合强度来实现的。

（3）信息处理与信息存储合二为一

大脑中的信息处理与信息存储是有机结合在一起的，而不像现行计算机那样逻辑处理单元和信息存储单元是完全不同的部件。由于大脑神经元兼有信息处理和存储功能，所以在进行回忆时，不但不存在先找存储地址而后再调出所存内容的问题，而且还可以由一部分内容恢复全部内容。

（4）信息处理的系统性

大脑是一个复杂的大规模信息处理系统，单个的元件"神经元"不能体现全体宏观系统的功能。实际上，可以将大脑的各个部位看成是一个大系统中的许多子系统。各个子系统之间具有很强的联系，一些子系统可以调节另一些子系统的行为。例如，视觉系统和运动系统就存在很强的系统联系，可以相互协调各种信息的处理功能。

（5）能接收和处理模糊的、模拟的、随机的信息

（6）求满意解而不是精确解

人类处理日常行为时，往往都不是一定要按最优或最精确的方式去求解，而是以能解决问题为原则，即求得满意解即可。

（7）系统的恰当退化和冗余备份（鲁棒性和容错性）

7.1.2 人工神经网络的研究内容与特点

7.1.2 人工
神经网络概述

1. 人工神经网络的研究内容

人工神经网络的研究方兴未艾。目前，人工神经网络的研究工作主要包括以下几个基本内容：

（1）人工神经网络模型的研究

人工神经网络模型的研究包括：新型神经网络计算模型与学习算法的研究，近年来深度学习不断提出新网络模型和新训练学习算法，以提高网络学习速度和泛化能力；神经网络原型研究，即大脑神经网络的生理结构、思维机制；对神经元生物特性的人工模拟（如时空特性、不应期、电化学性质等）。

（2）神经网络的基本理论研究

神经网络的基本理论研究包括：神经网络非线性特性理论的研究（如自组织性、自适应性等）；神经网络基本性能的定量分析方法（如稳定性、收敛性、容错性、鲁棒性、动力学复杂性等）；神经网络计算能力与信息存储容量理论的研究，以及结合认知科学的研究，探索包括感知、思考、记忆和语言等的脑信息处理模型。

（3）神经网络智能信息处理系统的应用

深度学习不仅促进了人工神经网络模型的发展，更极大地促进了人工神经网络在人类社会生产和生活中的应用。例如，人脸识别、语音识别等很多基于深度学习的人工智能产品已经达到了实用程度。下面列举了一些人工神经网络的具体应用。

在认知与人工智能方面，包括模式识别、计算机视觉与听觉、特征学习、语音识别、机器翻译、联想记忆、逻辑推理、知识工程、专家系统、故障诊断和智能机器人等。

在优化与控制方面，包括优化求解、决策与管理、系统辨识、鲁棒性控制、自适应控制、并行控制、分布控制和智能控制等。

在信号处理方面，包括自适应信号处理（自适应滤波、时间序列预测、谱估计、消噪、检测、阵列处理等）和非线性信号处理（非线性滤波、非线性预测、非线性编码、中值处理等）。

人工神经网络擅长解决两类问题：一是对大量数据进行分类识别，并且目标类别比较稳定；二是学习一个复杂的非线性映射。

（4）神经网络的软件模拟和硬件实现

在通用计算机、专用计算机或者并行计算机上进行软件模拟，或由专用数字信号处理芯片构成神经网络仿真器。由模拟集成电路、数字集成电路或者光器件在硬件上实现神经芯片。软件模拟的优点是网络的规模可以较大，适合用来验证新的模型和复杂的网络特性。硬件实现的优点是处理速度快，但由于受器件物理因素的限制，网络规模还不是做得很大。一些大型 IT 公司，如 IBM、谷歌、华为等，也研发了专用的深度学习芯片，用于提升人工神经网络性能。这是未来一个非常重要的发展方向，特别受人们的重视。

（5）神经网络计算机的实现

神经网络计算机的实现包括：计算机仿真系统；专用神经网络并行计算机系统，如数字、模拟、数/模混合、光电互连等；人工神经网络的光学实现、生物实现等。

2. 人工神经网络的特点

（1）具有大规模并行协同处理能力

单个神经元的功能和结构很简单，但是由大量神经元构成的整体却具有很强的处理能力。

（2）具有较强的容错能力和联想能力

单个神经元或者连接对网络整体功能的影响都比较微小。在神经网络中，信息的存储与处理是合二为一的，信息分布在整个网络中。所以，当其中某一个点或者某几个点被破坏时，信息仍然可以被存取。系统在受到局部损伤时还可以正常工作。有些深度学习模型由于网络连接冗余特别多，在网络初步训练好之后还会特意随机去除一些连接甚至是神经元，仍然能够保持网络原有的分类能力。近年来，一些深度学习模型出现了迁移学习方法，即在已经训练好的人工神经网络上，再让它学习新的东西。这样做得到的最终网络会比直接从原始随机初值开始学习所得的网络效果更好。

（3）具有较强的学习能力

神经网络的学习可分为有教师学习（有监督学习）、无教师学习（无监督学习）和半监督（弱监督）三类。人工神经网络通过多层非线性映射能够表现出非常强的“去噪声、容残缺”能力。现在的深度学习模型一般都具有较深的层次、很高的网络复杂度和很强的非线性映射能力，能够很好地自动学习出模式特征，实现高精度的模式自动分类，并且还能具有很强的泛化能力与抽象能力。

（4）是一个大规模自组织、自适应的非线性动力系统

人工神经网络具有一般非线性动力系统的共性，即不可预测性、耗散性、高维性、不可逆性、广泛连接性和自适应性等。

表 7.1 所示为物理符号系统与人工神经网络系统的差别。这两者分别代表了人工智能研究中的两种基本途径。在实践中，可以根据具体应用把两者综合起来，获得更好的效果。

表 7.1　物理符号系统与人工神经网络系统的差别

项　　目	物理符号系统	人工神经网络系统
处理方式	逻辑运算	模拟运算
执行方式	串行	并行
存储方式	局部集中	全局分布
处理数据	离散为主	连续为主
基本开发方法	设计规则、框架、程序，用样本数据进行调试	定义结构原型，通过样本完成学习
自适应性	由人根据已知环境构造模型，依赖人为适应环境	自动从样本中学习内涵，自动适应环境
适应领域	精确计算：符号处理、数值计算	非精确计算：模拟处理、感觉、大规模数据并行处理
模拟对象	逻辑思维	形象思维

7.1.3　人工神经网络基本形态

1. MP 模型

MP 模型是由美国 McCulloch 和 Pitts 提出的最早神经元模型之一。MP 模型是一种非线性阈值元件模型。它是大多数神经网络模型的基础，如图 7.5 所示。其中

w_{hi} 代表神经元 h 与神经元 i 之间的连接强度（模拟生物神经元之间突触连接强度），称为连接权。

u_i 代表神经元 i 的活跃值，即神经元状态。

o_i 代表神经元 i 的输出。对于多层网络而言，也是另外一个神经元的一个输入。

θ_i 代表神经元 i 的阈值，也称为偏置。

函数 f 称为激活函数，表达了神经元的输入/输出特性。MP 模型定义 f 为阶跃函数：

$$o_i = \begin{cases} 1, & u_i > 0 \\ 0, & u_i \leqslant 0 \end{cases} \qquad (7.1)$$

如果把阈值 θ_i 看作一个特殊的权值，则可改写为

$$o_i = f\Big(\sum_{k=0}^{n} w_{ki} x_k\Big) \qquad (7.2)$$

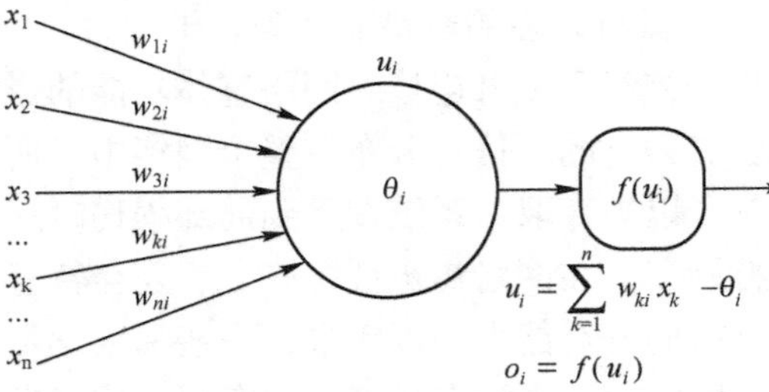

其中，$w_{0i} = -\theta_i$，$x_0 = 1$，即阈值所对应的输入固定为 1。激活函数通常采用如下两种 S 型连续函数表达神经元的非线性变换能力（见图 7.6）：

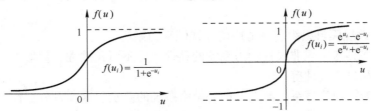

图 7.5　MP 神经元模型

$$f(u_i) = \frac{1}{1 + e^{-u_i}} \qquad (7.3)$$

$$f(u_i) = \frac{e^{u_i} - e^{-u_i}}{e^{u_i} + e^{-u_i}} \qquad (7.4)$$

图 7.6　常用的两种 S 型激活函数

S 型函数的特点是饱和性，即无论当输入趋向 $+\infty$ 还是 $-\infty$ 时输出都有相应的收敛极限。一般情况下为了数值处理方便，S 型函数的正输出极限为 +1，负输出极限为 0 或者 -1。另外，在人工神经网络中还常用高斯函数当作输入/输出特性函数来表达非线性变换能力，如径向基函数神经网络（Radial Basis Function ANN）。

MP 模型在发表时并没有给出一个学习算法来调整神经元之间的连接权，但是可以根据需要，采用一些常见的算法来调整神经元连接权，以达到学习的目的。

2. 人工神经网络拓扑

（1）前馈网络

前馈网络也称为前向网络。在该网络中神经元分层排列，分别组成输入层、中间层（隐层）和输出层，如图 7.7 所示。每一层神经元只接收来自前一层神经元的输出，同层神经元之间没有互联。例如，BP 网络、深度学习模型中的卷积神经网络（Convolutional Neural Network，CNN）。

（2）反馈网络

反馈网络是从输出层到输入层有反馈的网络（如图 7.8 所示），同层神经元之间没有互联，如 Hopfield 网络。深度学习模型中的循环神经网络（Recurrent Neural Network，RNN）也有层间反馈，它也是一种反馈网络。

（3）竞争网络

竞争网络的同层神经元之间有横向联系，如图 7.9 所示。所以同层神经元之间有相互作用，可以形成竞争。例如，自适应谐振理论网络（ART 网络）、自组织特征映射网络（SOM 网络）。

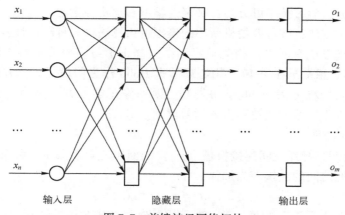

图 7.7　前馈神经网络拓扑

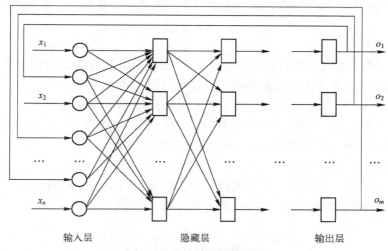

图 7.8　反馈神经网络拓扑

（4）全互连网络

全互连网络的任意两个神经元之间都有可能相互连接。这种拓扑的人工神经网络很少见。因为这种系统太复杂了，是一个极度非线性的动力学系统。现有理论还缺乏对其稳定性的认识。

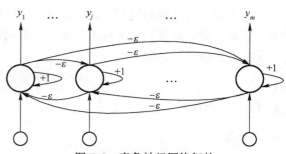

图 7.9　竞争神经网络拓扑

3. 人工神经网络中的学习规则

（1）学习技术的分类

学习是神经网络最重要的特征之一。神经网络能够通过训练（学习），改变其内部表示，使输入、输出变换向好的方向发展。这个过程称为学习过程。神经网络按照一定的规则（学习/训练规则）自动调节神经元之间的连接权值或者拓扑结构，一直到网络实际输出满足期望的要求，或者趋于稳定为止。

按照神经网络结构的变化来分，学习技术分为三种：权值修正、拓扑变化、权值与拓扑修正。其中应用权值修正学习技术的神经网络比较多，即

$$w_{ij}(t+1) = w_{ij}(t) + \Delta w_{ij}(t) \qquad (7.5)$$

按照确定性来分，学习技术可分为：确定性学习和随机性学习。例如，梯度最快下降法是一种确定性权值修正方法，波耳兹曼机所用的模拟退火算法是一种随机性权值修正方法。

典型的权值修正方法有两类：相关学习和误差修正学习。相关学习方法中常用的方法为Hebb学习规则。其思想最早在1949年由心理学家Hebb作为假设提出，并已经得到神经细胞学说的证实，所以人们称之为Hebb学习规则。误差修正学习方法是另一类很重要的学习方法。最基本的误差修正学习方法被称为δ学习规则。

（2）Hebb学习规则

Hebb学习规则调整神经元间连接权值（w_{ij}）的原则是：若第i个和第j个神经元同时处于兴奋状态，则它们之间的连接应当加强，即

$$\Delta w_{ij}(t) = \eta u_i(t) u_j(t) \tag{7.6}$$

这一规则与"条件反射"学说一致，并已得到神经细胞学说的证实。η（$0<\eta<1$）是学习速率（Learning Rate）的比例常数，又称为学习因子或者学习步长。在下面的学习规则中η均表示同样的含义。

（3）δ学习规则

δ学习规则调整神经元间连接权值（w_{ij}）的原则是：若某神经元的输出值与期望值不符，则根据期望值与实际值之间的差值来调整该神经元权重，即

$$\Delta w_{ij}(t) = \eta [y_j - o_j(t)] x_{ij}(t) \tag{7.7}$$

其中，x表示输入值，o表示当神经网络输入为x时的实际输出值，y表示当神经网络输入为x时的期望输出值。δ学习规则是一种梯度下降学习方法。

（4）Widrow-Hoff学习规则

这是δ学习规则的一个特例，也称为最小均方误差（Least Mean Square）学习规则。其原则是使神经元实际输出与期望输出之间的均方误差最小，即

$$\Delta w_{ij}(t) = \frac{\eta}{|x_{ij}(t)|^2} [y_j - o_j(t)] x_{ij}(t) \tag{7.8}$$

（5）竞争学习规则

竞争学习规则的原则就是"胜者通吃"。如果在一层神经元中有一个神经元对输入产生的输出值最大，则该神经元即为胜者。然后，只对连接到胜者的权值进行调整，使其更接近于对输入样本模式的估值，即

$$\Delta w_{ij}(t) = \eta [g(x_j) - w_{ij}(t)] \tag{7.9}$$

7.1.4　深度学习

1. 缘起

在20世纪50年代出现了感知器（Perceptron）模型。后来研究表明感知器模型具有很强的表达能力。理论上足够复杂的感知器可以表示任何二

7.1.4-1 BP算法

值逻辑函数或者连续函数。但是，当时没有提出有效的感知器学习算法。明斯基（Minsky）在20世纪60年代末对人工神经网络提出了批评，导致了人工神经网络发展进入了一个寒冬。直到1986年，Rumelhart和Hinton等人提出了反向传播算法（即BP算法）才解决了感知器的学习问题。从此人工神经网络获得重生，迎来了发展的春天。BP算法使用梯度最快下降法训练网络权重，具有较强的学习能力和稳定性。但是BP算法也有易陷入误差局部极小点、收敛慢等缺陷。在20世纪，人工神经网络的层数都不深，一般为3层。所以，基于BP算法的前

馈网络在分类能力上并不是特别突出。一般情况下，支持向量机和随机森林算法的分类能力普遍优于人工神经网络 BP 算法。感知器网络的层与层之间是全连接的，如果层数增多的话，其连接数目会有指数级增长。所以，当时计算机的计算能力约束了人工神经网络深度的增长。

进入 21 世纪，随着计算机硬件水平的飞速发展，摩尔定律使得多核处理器、图形处理器（GPU）等器件并行处理数据的能力大大提高。原先无法在有效时间内处理的大量数据现在可以利用 GPU 计算等手段完成处理。Hinton 等人于 2006 年提出了深度学习的概念。Hinton 等人最初提出逐层训练深度信念网络（Deep Belief Network）的方法，为解决深层神经网络训练学习的优化难题带来了希望。2012 年，Hinton 的学生 Alex Krizhevsky 提出了有 5 个卷积层和 3 个全连接层的 AlexNet。用其进行图像分类，不但一举战胜当时所有已知模型，而且将分类错误率降低了一个台阶。AlexNet 引爆了世人对深度学习模型的关注。从此之后，研究者不断提出各种新的深度学习网络模型，并且不断刷新着图像识别的准确率。同时，深度学习方法也在机器翻译、语音识别等方面取得了巨大突破。

现在深度学习方法已经处于人工智能技术的核心地位，不但直接催生了一大批实用化的人工智能产品，而且还产生了很多以前无法实现的智能技术。例如，使用深度学习和深度强化学习的 AlphaGo 不但战胜了人类围棋世界冠军，而且其后续版本（AlphaZero）不需要人类棋手陪练，可以自我对抗训练并快速发展到了人类棋手根本无法匹敌的境界。现在使用深度学习和生成式对抗网络可以让计算机实现看图说话或者根据文字描述生成图像，以及漫画素描的自动上色、图像风格的自动转换等。可以说，近几年深度学习技术的飞速发展让计算机能够像人一样做越来越多的事情。

2. 常见模型

深度学习方法在不断发展创新，各种新型模型结构不断涌现。根据网络拓扑结构，深度学习模型大体上可以分为卷积神经网络、循环神经网络和混合型神经网络。最近几年，新型深度学习模型往往是结构比较复杂的混合型神经网络，如编码器-解码器框架、注意力机制、生成式对抗网络等。

（1）卷积神经网络（Convolutional Neural Network，CNN）

CNN 是前馈型神经网络，层间无反馈，一般前面是较深的多层卷积层（包括池化层），后面是较浅的多层感知器（也称为全连接层）。基于大数据，CNN 可以有效解决图像分类等模式识别问题。最早的卷积神经网络是 Yann LeCun 提出的 LeNet。LeNet 贡献了卷积层和池化层概念，奠定了 CNN 的基本形式。后来，AlexNet 引入 GPU 计算，使得深度 CNN 能够在可忍受的时间内完成训练。AlexNet 的贡献还有：提出使用 ReLU 激活函数，降低了梯度爆炸和梯度消失的程度，加快了训练速度；提出了 Dropout、数据增强等操作减少过拟合。其后的 GoogleNet、VGG、ResNet 等模型则使得 CNN 的卷积层数越来越深，甚至达到上千层。各种实践也表明，增加网络的深度比增加网络的广度能更有效地提高分类的准确率。但是随着网络层次深度的增加，如何有效传递误差梯度，避免梯度消失或者梯度爆炸则成为关键问题。

（2）循环神经网络（Recurrent Neural Network，RNN）

RNN 是反馈型神经网络，隐层内有反馈，从而在时间上形成了很深的层次。RNN 可以有效学习相隔一段时间不同数据之间的关联模式或者结构模式，因此成为处理序列数据的利器。基本的 RNN 模型能够学习的时间跨度还不够深，因此又出现了长短期记忆（Long Short Term Memory，LSTM）网络模型。LSTM 对基本 RNN 的神经元进行了改进，加入了输入门、遗忘门和输出门三种结构，可以有效学习更深时间跨度上的模式。GRU（Gated Recurrent Unit）则是

LSTM 的一种变体，对 LSTM 进行适当简化，把三个门结构合并为更新门和重置门两个结构。GRU 既能保持 LSTM 的学习效果，又简化了结构，加速了运算过程。

基本的 RNN 按照从过去到现在的方向单向学习，而双向 RNN 能在从过去到现在和从未来到现在正反两个方向上同时学习，所以双向 RNN 学习序列模式的能力更强。

（3）混合型神经网络

混合型神经网络则是把 CNN 和 RNN 当作模块混合在一起构成整个网络，如编码器-解码器（Encoder-Decoder）框架。编码器-解码器框架可以实现"端对端"式的深度学习，在看图说话、机器翻译、自动问答等应用中非常流行。在看图说话应用中，编码器-解码器框架可以用 CNN 处理输入端的图像获得特征向量（即用 CNN 作编码器（Encoder）），然后用 RNN 来生成输出端的自然语言文本（即用 RNN 作解码器（Decoder））。从而实现了网络一端输入一幅图像，而另一端直接输出自然语言文本的"端对端"式智能应用。在神经网络机器翻译应用中，往往是 LSTM-LSTM 的编码器-解码器框架。在自然语言处理应用中，编码器-解码器框架也被称为 Sequence to Sequence 模型。所谓编码就是将输入序列转化成一个固定长度的向量。所谓解码就是将之前生成的固定长度向量再转化成输出序列。其实，编码器和解码器部分可以是任意的文字、语音、图像、视频数据，其模型可以采用 CNN、RNN、BiRNN、LSTM、GRU 等。所以，基于编码器和解码器框架可以设计出各种各样的应用算法。

7.1.4-2 混合
神经网络

（4）生成式对抗网络（Generative Adversarial Network，GAN）

GAN 也是一种典型的混合型神经网络模型。GAN 由生成模型和判别模型两部分构成。生成模型和判别模型都可以看作一个黑盒子，实现从输入到输出的非线性映射。所以，生成模型和判别模型可以选取不同的人工神经网络模型，然后通过迭代训练确定最终的网络参数。但是生成模型和判别模型各自的功能不同。生成模型的作用是输入一个噪声或样本，输出一个与真实样本尽可能相似（接近）的样本。判别模型的作用就是实现一个二分类器，判定输入的数据是否为真实样本，即区分输入样本是来自真实数据的样本，还是由生成模型生成的仿真样本。

GAN 最初的目的是当深度学习的训练集数据不够充分时，通过 GAN 来生成有效训练数据，从而提升深度学习模型的泛化能力。因为通过 GAN 可以自动学习出原始真实样本集的数据分布。不管原始数据的分布有多么复杂，只要 GAN 训练足够好就可以学习出来。但是，现在 GAN 的应用远不止于此。例如，GAN 在无监督学习、半监督学习、图像风格迁移，图像降噪修复，图像超分辨率等方面都有很好的应用效果。

（5）注意力（Attention）机制

注意力机制是近年来出现的一种十分有效的人工神经网络方法，可以大大提升深度学习效果。甚至有的学者称只使用注意力机制神经网络就可以解决各种分类问题。注意力机制最早在视觉图像领域被提出来，在 RNN 模型上使用注意力机制来进行图像分类获得了很好的效果。后来，Bahdanau 等人把注意力机制应用到自然语言处理领域中，提升机器翻译的准确率。注意力机制已经成为提升基于 RNN（LSTM 或 GRU）的编码器-解码器框架的学习效果的主流方式。最近，在 CNN 中使用注意力机制则成为研究热点。

注意力机制来源于人类视觉的选择性注意力机制。视觉注意力机制是人类视觉所特有的大脑信号处理机制。人类视觉通过快速扫描全局图像，获得需要重点关注的目标区域，而后对这一区域投入更多的注意力资源，以获取更多所关注目标的细节信息，而抑制其他无用信息。所以人类能够快速地重点处理所感兴趣的"焦点"区域信息，而对其他区域视而不见。这是人类利用有限资源从大量信息中快速筛选出高价值信息的一种手段。人类视觉注意力机制极大地提高了视觉信息处理的效率与准确性。

深度学习中的注意力机制思想就是借鉴了人类的选择性视觉注意力机制，核心目标是从众多信息中选择出对当前任务目标更关键的信息，忽略大多不重要的信息。注意力机制的聚焦过程体现在权重系数的计算上。权重越大越聚焦于其对应的信息值（Value）上，即权重代表了信息的重要性，而 Value 是其对应的信息。

没有注意力机制的编码器和解码器框架通常把编码器的最后一个状态（向量）作为解码器的输入（可作为初始化，也可作为每一时刻的输入）。但是编码器的状态毕竟有限，存储不了太多信息。此时对于解码器，每一个步骤和之前的输入都没有关系了，只与这个传入的状态（向量）值有关。而引入注意力机制之后，解码器能够根据不同的输入，让每一时刻输入对应的最佳输出都有所不同。

以机器翻译应用为例，没有注意力机制的神经网络机器翻译模型就是一个典型的 Sequence to Sequence 模型，也就是一个编码器-解码器框架。传统的神经网络机器翻译模型使用两个 RNN，一个 RNN 将源语言编码到一个固定维度的中间向量，然后使用另一个 RNN 进行解码翻译到目标语言，如图 7.10 所示。

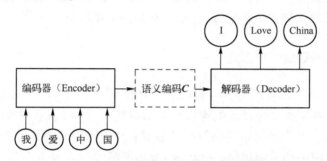

图 7.10　无注意力机制的神经网络机器翻译模型

而图 7.11 则显示了一个带有注意力机制的神经网络机器翻译模型。与传统的编码器-解码器框架相比，注意力机制不要求编码器将所有输入信息都编码进一个固定长度的向量之中。相反，此时编码器需要将输入编码成一个向量序列，即输入的每一步都会生成一个向量。在解码时，每一步都会选择性的从向量序列中挑选一个子集进行进一步处理。这样，在产生每一个输出时，都能够做到充分利用输入序列所携带的信息。显然，在计算每一个输出单词时，其所参

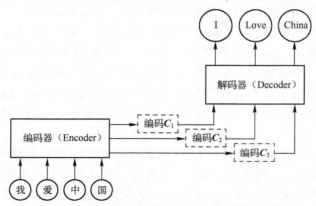

图 7.11　带有注意力机制的神经网络机器翻译模型

考的语义编码向量 C_i 都不一样，即它们的注意力焦点不一样。此时的语义编码向量 C_i 一般是对编码器中每一个单词都计算一个注意力概率分布，然后加权得到。

注意力机制有两种基本用法。一种就是学习权重分布，使得输入数据或特征图上的不同部分对应的专注度（权重）不同。例如，在机器翻译应用中，为句子中的每个词赋予不同的权重。这个加权可以是保留所有分量均做加权（即 Soft Attention），也可以是在分布中以某种采样策略选取部分分量（即 Hard Attention）。加权可以作用在原图上，也可以作用在特征图上，甚至作用在特征图中的每个元素上；还可以作用在空间尺度上，给不同空间区域加权；也可以作用在通道尺度上，给不同通道特征加权；还可以作用在不同时刻历史特征上。另一种是任务聚焦，即通过将任务分解，设计不同的网络结构（或分支）专注于不同的子任务，重新分配网络的学习能力，从而降低原始任务的难度，使网络更加容易训练。

3. 训练算法

目前的深度学习模型包括 CNN 和 RNN，主要都是采用梯度下降法（Gradient Descent）来训练神经网络。梯度下降法实际上就是前面提到的 δ 学习规则。梯度下降法也是解决无约束优化问题最常采用的方法之一。深度学习的训练目标就是让神经网络的损失函数达到最小值，此时网络输出最接近期望值。所以，一般的深度学习训练过程就是通过梯度下降法一步步迭代改变网络参数（神经元的连接权重和偏置），最终达到损失函数的极小值。

（1）损失函数

深度学习中损失函数的一般形式为

$$J(w) = \sum_{i=1}^{N} \| y_i - o(x_i, w) \| + \gamma R(w) \tag{7.10}$$

其中，w 表示网络参数（神经元的连接权重和偏置）；$J(w)$ 表示损失函数，即当网络参数为 w 时该网络的损失；N 表示网络训练数据的数目；x_i 表示网络的第 i 个输入数据；y_i 表示当网络输入为 x_i 时所对应的期望输出值；$o(x_i, w)$ 表示网络参数为 w 并且输入为 x_i 时，该网络实际的输出值。所以，深度学习一般的训练数据形式就是 (x_i, y_i)，x_i 和 y_i 一般都是多维向量。$\| y_i - o(x_i, w) \|$ 表示网络参数为 w 并且输入为 x_i 时网络的期望输出值和实际输出值之间的误差。这个误差一般用欧几里得距离来度量，也就是用 L2 范数来度量，即

$$\| y_i - o(x_i, w) \| = \sum_{j=1}^{m} (y_{ij} - o_j(x_i, w))^2 \tag{7.11}$$

其中，m 表示网络输出值的向量维度。

损失函数中的第二项即 $\gamma R(w)$ 一般称为正则化项（Regularization），其中 γ 为调节正则化项在损失函数中所占比重的系数。在损失函数中加入正则化项的目的是提高深度学习模型的泛化能力。若不加正则化项，则损失函数只是度量了训练数据导致的直接误差，也就是经验风险。我们在小样本统计学习理论中曾提到，经验风险最小点与期望风险最小点一般并不一致。这也是导致出现过拟合（过学习）现象的根本原因。加上正则化项之后的损失函数最小点就是遵从了结构风险最小化的原则，可以更加接近期望风险最小点，从而提高整个网络的泛化能力，降低过拟合风险。

正则化项一般有两种形式：一种是 L1 正则化项，即以 L1 范数度量网络参数的函数，如绝对值和函数；另一种是 L2 正则化项，即以 L2 范数度量网络参数的函数，如平方和函数。L1 正则化项更加倾向于产生稀疏权矩阵，即产生一个稀疏模型，得到特征的稀疏表达，可以用于特征选择，因为其中很多特征的权重会被惩罚至 0。L2 正则化项会产生很多权重非常小但不为

0 的特征，这有利于防止模型过拟合。L2 正则化项产生的模型特征数目比较多，收敛速度慢；而 L1 正则化项会得到稀疏模型，收敛速度会快很多。

（2）随机梯度下降算法

标准的梯度下降算法需要把所有训练数据的误差都计算完之后再更新一次网络参数，即完成一次迭代（Epoch）。如果训练数据量非常大，那么显然网络参数迭代更新一次就会非常慢。这样会大大降低网络的训练速度。所以，在实践中一般使用随机梯度下降法（Stochastic Gradient Descent，SGD）或者批量梯度下降法（Batch Gradient Descent，BGD）来完成训练。

随机梯度下降法（SGD）：每计算过一条训练数据的误差，就更新一次网络参数。

批量梯度下降法（BGD）：每计算过一批训练数据（每批 K 条数据，$K<N$）的误差，就更新一次网络参数。

随机梯度下降法是最小化每条训练数据的损失函数。虽然 SGD 不是每次迭代得到的损失函数都向着最优方向，但是宏观整体的方向是趋向最优解。所以，SGD 的最终结果往往是在最优解附近。SGD 会产生较多噪声，迭代次数较多，在解空间中的搜索过程中更盲目。但是总体来说，SGD 会快得多，虽然牺牲了一点训练精度，也是很值得的。批量梯度下降法则是在随机梯度下降法和标准梯度下降法之间的折中。既不会过于缓慢，又不会损失过多训练精度。所以，深度学习实践中一般使用的都是 BGD（尽管可能被标记为 SGD）。

作为梯度下降算法，无论是 SGD 还是 BGD 都有一些共同的缺点，包括：靠近极小值时收敛速度减慢；直线搜索时可能会产生一些问题；可能会"之"字形地下降。

4. 优化训练策略

当使用梯度下降算法训练神经网络时，最基本的学习规则就是 δ 学习规则，即

$$\Delta w(t) = \eta [y - o(t)] x(t) = \eta g(t) \tag{7.12}$$

实践中使用 δ 学习规则时，选择合适的学习步长 η 值比较困难。η 值过小则网络收敛非常慢，训练时间太长；η 值过大则网络不会收敛到损失函数极小点上。而且使用 δ 学习规则容易收敛到损失函数的局部极小点，在某些情况下还可能被困在鞍点上。在深度学习实践中出现了很多优化训练策略可以用来改善梯度下降算法。

（1）动量项

使用动量项（Momentum）可以缓解容易收敛到局部极小点的问题。动量项就是模拟物理里动量的概念，当动量越大时，越容易冲出局部凹陷的束缚，而进入全局凹陷。动量项实际上就是积累之前的权重变化量，即

$$\Delta w(t) = \eta g(t) + \mu \Delta w(t-1) \tag{7.13}$$

其中，μ 是动量因子，一般取值较大，如 0.9 左右；$\Delta w(t-1)$ 表示上一时刻的动量。动量项能够抑制振荡，减小陷入局部极小点的概率，从而加快网络收敛过程。

（2）Adagrad

Adagrad 其实是对学习步长进行自适应约束，即

$$\Delta w(t) = \frac{1}{\sqrt{\sum_{r=1}^{t} g^2(r) + \varepsilon}} \eta g(t) \tag{7.14}$$

其中，ε 是一个非常小的正数，用来保证分母非 0。

Adagrad 优化策略在训练前期梯度较小的时候，能够放大梯度，在训练后期梯度较大的时候，能够约束梯度，适合处理稀疏梯度。但是，Adagrad 仍然依赖人工设置一个全局学习步

长。若 η 设置得过大，则对梯度的调节也会过大。

（3）Adadelta

Adadelta 是对 Adagrad 的扩展，最初依然是对学习步长进行自适应约束，但是进行了计算上的简化。Adagrad 会累加之前所有的梯度平方，而 Adadelta 只累加固定大小的项，并且也不直接存储这些项，仅仅是近似计算对应的平均值。

$$\Delta w(t) = \frac{\sqrt{\sum_{r=1}^{t-1} \Delta w(r)}}{\sqrt{E|g^2(t)| + \varepsilon}} \tag{7.15}$$

$$E|g^2(t)| = \rho E|g^2(t-1)| + (1-\rho)g^2(t)$$

其中，$E||$ 表示求期望，可用迭代法来求。可以看出，Adadelta 中没有固定的学习步长 η 了。Adadelta 在训练初中期加速效果不错，很快，在训练后期会反复在局部极小值附近抖动。

（4）RMSprop

RMSprop 中的 RMS 是方均根（Root Mean Square）的意思。RMSprop 可以算作 Adadelta 的一个特例。

$$\Delta w(t) = \frac{1}{\sqrt{E|g^2(t)| + \varepsilon}} \eta g(t) \tag{7.16}$$

可以看出，RMSprop 也依赖固定的学习步长 η。RMSprop 的效果趋于 Adagrad 和 Adadelta 二者之间，适合处理非平稳目标，对于 RNN 效果较好。

（5）Adam

Adam（Adaptive Moment Estimation）本质上是带有动量项的 RMSprop。Adam 利用梯度的一阶矩估计和二阶矩估计动态地调整每个参数的学习步长。Adam 的优点主要在于经过偏置校正后，每一次迭代学习步长都有个确定的范围，使得参数比较平稳。

$$\Delta w(t) = \frac{\hat{m}(t)}{\sqrt{\hat{n}(t)} + \varepsilon} \eta$$

$$\hat{m}(t) = \frac{m(t)}{1 - \mu^t}$$

$$\hat{n}(t) = \frac{n(t)}{1 - v^t} \tag{7.17}$$

$$m(t) = \mu m(t-1) + (1-\mu)g(t)$$

$$n(t) = vn(t-1) + (1-v)g^2(t)$$

其中，$m(t)$ 和 $n(t)$ 分别是对梯度的一阶矩估计和二阶矩估计，可以看作对期望 $E|g(t)|$ 和 $E|g^2(t)|$ 的估计；$\hat{m}(t)$ 和 $\hat{n}(t)$ 是对 $m(t)$ 和 $n(t)$ 的校正，这样可以近似为对期望的无偏估计。

Adam 结合了 Adagrad 善于处理稀疏梯度和 RMSprop 善于处理非平稳目标的优点，对内存需求较小，为不同的参数计算不同的自适应学习步长，适用于大数据集和高维空间，也适用于大多非凸优化。

（6）Adamax

Adamax 是 Adam 的一种变体，为学习步长的上限提供了一个更简单的范围。

$$\Delta w(t) = \frac{\hat{m}(t)}{n(t) + \varepsilon} \eta$$

$$n(t) = \max(\mathrm{vn}(t-1), |g(t)|) \tag{7.18}$$

（7）Nadam

Nadam 是对 Adam 的另一种改进，对学习步长有了更强的约束，同时对梯度的更新也有更直接的影响。

$$\Delta w(t) = \frac{\hat{m}(t)}{\sqrt{\hat{n}(t)} + \varepsilon} \eta$$

$$\hat{m}(t) = \frac{m(t)}{1 - \prod_{r=1}^{t} \mu_r}$$

$$\hat{n}(t) = \frac{n(t)}{1 - v^t} \hat{m}(t) = \mu_t \hat{m}(t) + (1 - \mu_t) \hat{g}(t) \tag{7.19}$$

$$m(t) = \mu_t m(t-1) + (1 - \mu_t) g(t)$$

$$n(t) = \mathrm{vn}(t-1) + (1 - v) g^2(t)$$

$$\hat{g}(t) = \frac{g(t)}{1 - \prod_{r=1}^{t} \mu_r}$$

（8）学习步长的衰减

前面的各种优化策略都是试图让学习步长 η 能够跟随梯度自适应变化。我们知道如果学习步长较大那么网络训练快；但是网络最终可能会在较大范围内波动（不易收敛），而不是接近损失函数最小点。此时可以一般看到，训练集的损失下降到一定程度后就不再下降了，而是在一个范围内波动，不能进一步下降。若使用较小的学习步长，则可以靠近损失函数最小值，但是训练时间会大大延长。所以一个有效思路就是，在训练开始的时候让学习步长 η 大一点，然后让学习步长 η 逐步减小。这样当训练进行一段时间之后，学习步长 η 就会衰减到很小，从而能够避免波动，更好地接近损失函数最小点。

学习步长衰减有两种基本实现方法：一种是线性衰减，如每过 5 个 epochs 学习步长减半。另一种是指数衰减，如每过 5 个 epochs 将学习步长乘以 0.1。

线性衰减和指数衰减都有很多具体的实现方法。例如

$$\eta(t) = \frac{\eta(0)}{1.0 + \lambda \times t}, \quad 0 < \lambda < 1 \tag{7.20}$$

$$\eta(t) = \eta(0) \times \lambda^t, \quad 0 < \lambda < 1 \tag{7.21}$$

其中，λ 表示衰减因子，λ 值越大，学习步长衰减越快。

5. 现存问题

当然，深度学习也有自身的问题。其一，目前深度学习特别依赖大数据。训练人脸识别、机器翻译等比较实用的深度学习模型往往需要几十万甚至上百万的训练数据。而人类则用不太多的观察和数据就能够总结出有效经验。而且人类学习的泛化能力非常高。所以，深度学习目前还远远未达到人类的学习能力。另外，人类还有很强的抽象总结能力，能够把经验上升为理论知识。目前的人工智能还做不到这一点。其二，深度学习模型本身需要学习调优的参数极其庞大。针对一个具体问题，寻找到网络模型各种参数的最佳配置往往要消耗很多时间和精力。

其三，深度学习的理论研究还很不充分。目前，大多数情况下我们只是发现某个深度学习网络可以很好地解决问题，但是难以在理论上进行充分解释。人工神经网络的学习结果目前还都缺乏可解释性。我们只是知道人工神经网络能实现功能很强的非线性映射，但是无法像人一样对自己的判定给出合理的解释。

7.2 前馈神经网络

前馈神经网络是最基本的人工神经网络结构，也是研究最深入、应用最广泛的一种人工神经网络。由于没有反馈环节，所以前馈网络必然是稳定的。相对于反馈神经网络，其理论分析简单一些。从感知器模型到 BP 网络，再到卷积神经网络，反映了人工神经网络研究发展的一条主线索。BP 算法是最著名的人工神经网络学习算法。BP 算法第一次真正引爆了神经网络的强大活力。而卷积神经网络则再次掀起了神经网络风暴。

7.2.1 感知器模型

1. 简单感知器

感知器（Perceptron）模型由美国学者罗森布赖特（F. Rosenblatt）于 1957 年提出，是一种早期的神经网络模型，也是最简单的一种神经网络模型。感知器模型中第一次引入了学习的概念。也就是说，我们可以用基于符号处理的数学方法来模拟人脑所具备的学习功能。

但是早期感知器模型采用阶跃函数作为激活函数，当时也没有 BP 算法，无法反向传播梯度，所以只能学习输出层权值而无法学习隐层权值，不具有实用性。直到 1986 年 Rumelhart 和 Hinton 等人提出 BP 算法，把神经元激活函数改为连续可导的 Sigmoid 函数，用反传梯度的思想才解决了前馈神经网络的学习问题。这个思想一直延续到现在，深度学习中仍然是用梯度下降法来解决网络的学习问题。现在各种深度学习资料中所说的多层感知器（Multi-Layer Perceptron，MLP）是指使用 Sigmoid 函数作激活函数的前馈神经网络，实际上也就是 BP 网络。

（1）学习算法

感知器模型可分为简单感知器和多层感知器。简单感知器模型只有一层神经元，实际上仍然是 MP 模型结构（见图 7.5）。但是它通过采用监督学习来逐步增强模式划分能力，达到学习的目的。感知器处理单元对 n 个输入进行加权和操作之后，通过非线性函数输出，即

$$o = f\Big(\sum_{i=1}^{n} w_i x_i - \theta\Big) \tag{7.22}$$

其中，w_i 为第 i 个输入到处理单元的连接权值，θ 为阈值，f 取阶跃函数。如果把激活函数 f 换成 Sigmoid 函数，那么这个模型实际上也就是逻辑回归（Logistic Regression）模型。逻辑回归模型同样可以使用下面的 δ 学习规则来进行训练。

感知器的连接权是可变的，这样感知器就被赋予了学习特性。简单感知器中的学习算法是 δ 学习规则。其具体过程如下：

第 1 步　选择一组初始权值 $w_i(0)$。

第 2 步　计算某一输入模式对应的实际输出与期望输出的误差 δ。

第 3 步　如果 δ 小于给定值则结束，否则继续。

第 4 步　更新权值（阈值可视为输入恒为 1 的一个权值）：

$$\Delta w_i(t+1) = w_i(t+1) - w_i(t) = \eta \left[y - o(t) \right] x_i(t)$$

上式中学习步长 η 的取值与训练速度和权值收敛的稳定性有关，y、o 分别为神经元的期望输出和实际输出，x_i 为神经元的第 i 个输入。

第 5 步　返回第 2 步，一直重复到对所有训练样本网络输出均能满足要求。

（2）致命缺陷

简单感知器有一个非常致命的缺陷就是不能解决线性不可分问题。线性不可分问题就是无法用一个平面（直线）把超空间（二维平面）中的点正确划分为两部分的问题。线性不可分问题是最简单的非线性问题。现实世界中的绝大部分问题都是非线性问题，线性问题往往是对非线性问题在局部的简化。简单感知器不能解决线性不可分问题，就说明这个模型在现实世界中的应用极其有限。

最简单的线性不可分问题就是逻辑"异或"（XOR）问题。图 7.12 从几何角度说明了无法用一条直线划分逻辑"异或"数据，即线性不可分数据。

2. 多层感知器（Multi-Layer Perceptron）

简单感知器只能解决线性可分问题，不能解决线性不可分问题。形象地说，一个简单感知器只能在二维平面上画一条直线。但是如果能够画多条直线的话，那么线性不可分问题就可以解决（图 7.13）。

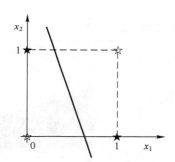

图 7.12　无法用一条直线划分"异或"数据

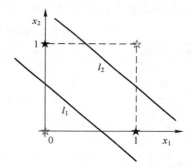

图 7.13　多层感知器的几何意义

多条直线就对应着多个感知器。把多个感知器级联在一起，用后面级综合前面级的结果，这样就构成一个两级网络。两级感知器网络可以在平面上划分出一个封闭或者开放的凸域。一个非凸域可以拆分成多个凸域。按照这一思路，三级感知器网络将会更一般，可以用来识别非凸域。这就是多层感知器模型的思想。

多层感知器模型就是由多层简单感知器构成多层前馈网络，同层内神经元互不相连，前一层与后一层之间是全连接（Full Connection），即前一层每一个神经元输出至后一层所有神经元（图 7.14）。一般把输入层和输出层之间的一层或者多层称为隐层。在 BP 算法出现之前的多层感知器只能调节输出层的连接权。BP 算法出现之后，多层感知器的所有权矩阵都可以通过梯度下降算法训练得到。

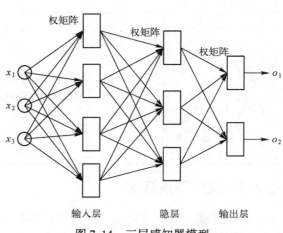

图 7.14　三层感知器模型

对于有 N 个输入的感知器模型，如果样本输入函数是线性可分的，那么对任意给定的一个输入样本 x，要么属于某一区域 $F+$，要么不属于这一区域，记为 $F-$。$F+$ 和 $F-$ 两类样本构成了整个线性可分样本空间。

定理 7.1（感知器收敛定理） 如果样本输入函数是线性可分的，那么感知器学习算法经过有限次迭代后，可收敛到正确的权值或权向量。

定理 7.2 假定感知器隐层单元可以根据需要自由设置，那么用双隐层的感知器可以实现任意的二值逻辑函数。

定理 7.1 初步保证了用人工神经网络进行学习的可行性。也就是说，人工神经网络能够在有限步内停止学习，收敛到一个正确解上。定理 7.2 则说明了神经网络的有效性。当感知器输出层为阶跃函数时，足够复杂的感知器可以实现任意二值函数。当感知器输出层为 Sigmoid 函数时，足够复杂的感知器可以实现任意连续函数。上述理论证明了感知器具有足够强大的学习能力。所以，人们对于用神经网络来模拟和实现人工智能一直抱有很大的期望。但是，早期的感知器模型没有使用可导的连续激活函数，没有实现有效学习算法，因而无法解决实际问题。直到反向传播算法提出之后，人工神经网络才重获新生，真正有了用武之地。

表 7.2 给出了感知器网络层数与模式划分区域的关系。实际上可以证明，只要隐层和隐层单元数足够多，多层感知器网络可实现任意模式分类。现在的深度学习研究表明，足够多的隐层对于提升网络分类能力具有重要的作用。

表 7.2 感知器结构与决策区域类型

网络结构	决策区域类型	区域形状
无隐层	有一个超平面把数据空间划分成两部分	
单隐层	可在数据空间中划分出开凸区域或者闭凸区域	
双隐层	可在数据空间中划分出任意形状（复杂度由隐层单元数目决定）	

7.2.2 反向传播算法

反向传播（Back Propagation）算法也称为误差反向传播算法，通常简称为 BP 算法。使用 BP 算法的前馈人工神经网络一般被简称为 BP 网络。BP 算法由 Rumelhart 和 Hinton 等人在 1986

年给出了清晰、简单的描述。BP 算法解决了前馈神经网络的学习问题，即自动调整网络全部权值的问题。BP 算法使前馈神经网络突破了早期多层感知器网络的困扰，能以任意精度逼近任意非线性函数。正是 BP 算法打开了人工神经网络研究的新局面，真正激发了人工神经网络的活力。

1. BP 网络的基本结构

BP 算法是前馈神经网络的学习算法。前馈网络的拓扑与多层感知器网络一样，如图 7.7 或图 7.14 所示。BP 算法中网络所有神经元采用 Sigmoid 函数作为激活函数，通过梯度下降法可以训练出所有层的连接权值。BP 算法中神经元的输入为所有输入信号之和：

$$\text{net}_j = \sum_{i=1}^{n} w_{ij}x_{ij} = \sum_{i=1}^{n} w_{ij}y_i \tag{7.23}$$

神经元的输出一般取 S 型函数（Sigmoid Function）：

$$o_j = f(\text{net}_j) = \frac{1}{1+e^{-\text{net}_j}} \tag{7.24}$$

神经元输出也可以取其他函数，如双曲正切函数 tanh。注意：BP 算法中神经元激活函数必须是处处可微的函数。

BP 网络一般都选用三层前馈网络。因为可以证明如果 BP 网络中隐层单元可以根据需要自由设定，那么一个三层网络就能够以任意精度近似任意连续函数。

2. BP 算法的基本过程

BP 网络一般用于解决分类、函数拟合和预测等问题。假设有样本集 $S = \{(X_1,Y_1),(X_2,Y_2),\cdots,(X_s,Y_s)\}$。其中，$X$ 表示输入向量，Y 表示预期或标准输出向量。BP 算法首先逐一根据样本集中的样本 (X_p,Y_p) 计算出实际输出 O_p 及其误差 $E_p = \|Y_p - O_p\|$。然后，对各层神经元的权值做一次调整。重复这个循环，一直到所有样本的误差和足够小（$\sum E_p < \varepsilon$）。至此，训练过程结束。

BP 算法用输出层的误差调整输出层权矩阵，并用此误差估计输出层直接前导层的误差，再用输出层前导层误差估计更前一层的误差。如此获得所有其他各层的误差估计，并用这些估计实现对权矩阵的修改。这个过程就是将输出端表现出的误差沿着与输入信号相反的方向逐级向输入端传递的过程。这就是误差反向传播算法的名称由来。

BP 算法的基本训练过程如下：

第 1 步　网络权值初始化。初始权值取小随机数，避免饱和状态。各个权值尽量不相同，以保证网络可以学习。

第 2 步　向前传播阶段。

1）从样本集中取一个样本 (X_p,Y_p)，将 X_p 输入网络。

2）计算相应的实际输出 $O_p = F_L(\cdots(F_2(F_1(X_pW^{(1)})W^{(2)})\cdots)W^{(L)})$。

第 3 步　向后传播阶段——误差传播阶段。

1）计算实际输出 O_p 与相应期望输出 Y_p 之间的误差 E_p。

2）按极小化误差的方式调整权矩阵。

3）累计整个样本集的误差，获得本轮网络误差 $E = \sum E_p$。

第 4 步　如果网络误差足够小，则停止训练；否则，重复第 2、3 步。

在 BP 算法中误差一般采用 L2 范数度量：

$$E_p = \frac{1}{2}\sum_{i=1}^{m}(y_{pi} - o_{pi})^2 \tag{7.25}$$

基本 BP 算法的伪码如下:

```
For k=1 to L do 初始化各层所有权值 W(k);
初始化精度控制参数 ε;
E=ε +1;
While E >ε   do
Begin
     E=0;
     For 样本集 S 中的每一个样本(X_p,Y_p)    do
     Begin
          计算出 X_p 对应的实际输出 O_p;
          计算出样本误差 E_p;
          累计样本误差 E=E+E_p;
          调整输出层(第 L 层)权值 W(L);
          For k=L-1 to 1 do
          Begin
               调整第 k 层权值 W(k);
               k=k-1;
          End
     End
     E=E/2.0;
End
```

上述基本 BP 算法实际上采用随机梯度下降（SGD）算法来训练网络。此时，输入样本的先后顺序对训练结果有较大的影响，它更"偏爱"较后出现的样本。另外一种方法是采用批量梯度下降法（BGD），即输入一个样本之后，暂且分别累计各个权值的调整量，而不调整权值；待到一批样本都输入完之后，再把一个权值的累计调整量一次性加到该权值上。也就是说，经过一批样本之后，才调整一次网络权值，即

$$\Delta w_{ij} = \sum_{p=1}^{K} \Delta_p(w_{ij}) \tag{7.26}$$

3. BP 算法中的权值调整

BP 算法依据梯度下降思想来调整权值，是一种扩展的 δ 学习规则，神经元权值调整量都正比于该神经元的输出误差和输入。但是输出层和隐层的权值调整略有不同。

（1）输出层权值的调整公式

依据 δ 学习规则输出层第 j 个神经元的第 i 个输入权值调整量为

$$
\begin{aligned}
\Delta w_{ij} &= \eta \delta_j x_{ij} \\
&= \eta \delta_j o_i \\
&= \eta [f'(\mathrm{net}_j)(y_j - o_j)] o_i \\
&= \eta [o_j(1 - o_j)(y_j - o_j)] o_i
\end{aligned} \tag{7.27}
$$

其中，x_{ij} 表示输出层第 j 个神经元接收前一层第 i 个神经元的输入，即前一层第 i 个神经元的实际输出 o_i；o_j 表示输出层第 j 个神经元的实际输出；y_j 表示输出层第 j 个神经元的期望输出；net_j 表示输出层第 j 个神经元的总输入；神经元的输出函数为 Sigmoid 函数；$\eta(0<\eta<1)$ 表示学习因子。

（2）隐层权值的调整公式

对于隐层中的神经元，由于不知道其期望输出值，所以就无法直接计算误差。但是在前馈网络中没有反馈，所以我们可以认为第 $k-1$ 层产生的误差通过连接权传递到了第 k 层神经元上。所以有

$$
\begin{aligned}
\delta_i^{(k-1)} &= f'(\text{net}_i^{(k-1)}) \sum_{j=1}^n w_{ij}\delta_j^{(k)} \\
&= o_i^{(k-1)}(1 - o_i^{(k-1)}) \sum_{j=1}^n w_{ij}\delta_j^{(k)}
\end{aligned}
\tag{7.28}
$$

其中，$\delta_i^{(k-1)}$ 表示 $k-1$ 层第 i 个神经元的输出差值；$\delta_j^{(k)}$ 表示 k 层第 j 个神经元的输出差值。于是，隐层 $k-1$ 层第 j 个神经元的第 i 个输入权值调整量为

$$
\begin{aligned}
\Delta w_{ij}^{(k-1)} &= \eta\delta_j^{(k-1)} x_{ij}^{(k-1)} \\
&= \eta\delta_j^{(k-1)} o_i^{(k-2)} \\
&= \eta\left[f'(\text{net}_j^{(k-1)}) \sum_{l=1}^n w_{jl}\delta_l^{(k)} \right] o_i^{(k-2)} \\
&= \eta\left[o_j^{(k-1)}(1 - o_j^{(k-1)}) \sum_{l=1}^n w_{jl}\delta_l^{(k)} \right] o_i^{(k-2)}
\end{aligned}
\tag{7.29}
$$

4. BP 算法的理论解释

BP 算法中 δ 学习规则的实质是利用梯度最速下降法，使权值沿误差函数的负梯度方向改变，即

$$
\Delta w_{ij} \propto -\frac{\partial E}{\partial w_{ij}}
\tag{7.30}
$$

最速下降法要求误差 E 的极小点。此时，注意一个数学变换：

$$
-\frac{\partial E}{\partial w_{ij}} = -\frac{\partial E}{\partial \text{net}_j}\frac{\partial \text{net}_j}{\partial w_{ij}}
$$

其中

$$
\text{net}_j = \sum_i w_{ij}o_i
$$

所以

$$
\frac{\partial \text{net}_j}{\partial w_{ij}} = \frac{\partial \left(\sum_i w_{ij}o_i \right)}{\partial w_{ij}} = o_i
$$

那么

$$
\begin{aligned}
-\frac{\partial E}{\partial w_{ij}} &= -\frac{\partial E}{\partial \text{net}_j}\frac{\partial \text{net}_j}{\partial w_{ij}} \\
&= -\frac{\partial E}{\partial \text{net}_j}\frac{\partial \left(\sum_i w_{ij}o_i \right)}{\partial w_{ij}} \\
&= -\frac{\partial E}{\partial \text{net}_j}o_i
\end{aligned}
$$

令

$$\delta_j = -\frac{\partial E}{\partial \text{net}_j}$$

则式（7.30）就变为

$$\Delta w_{ij} = \eta \delta_j o_i \tag{7.31}$$

这就是 δ 学习规则的来历。

对于前馈网络的输出层神经元而言

$$\delta_j = -\frac{\partial E}{\partial \text{net}_j}$$
$$= -\frac{\partial E}{\partial o_j}\frac{\partial o_j}{\partial \text{net}_j}$$
$$= -\frac{\partial E}{\partial o_j}\frac{\partial f(\text{net}_j)}{\partial \text{net}_j}$$
$$= -\frac{\partial E}{\partial o_j}f'(\text{net}_j)$$

同时

$$-\frac{\partial E}{\partial o_j} = -\frac{\partial \left(\dfrac{1}{2}\displaystyle\sum_{k=1}^{m}(y_k - o_k)^2\right)}{\partial o_j}$$
$$= -\frac{1}{2}\frac{\partial (y_j - o_j)^2}{\partial o_j}$$
$$= -\frac{1}{2}(2(y_j - o_j) \times (-1))$$
$$= y_j - o_j$$

于是

$$\delta_j = (y_j - o_j)f'(\text{net}_j)$$

所以，输出层第 j 个神经元的第 i 个输入权值调整公式为

$$w_{ij}(t+1) = w_{ij}(t) + \eta\delta_j o_i = w_{ij}(t) + \eta f'(\text{net}_j)(y_j - o_j)o_i \tag{7.32}$$

对于前馈网络隐层（第 $k-1$ 层）神经元而言，仍有

$$\delta_j^{(k-1)} = -\frac{\partial E}{\partial \text{net}_j^{(k-1)}}$$
$$= -\frac{\partial E}{\partial o_j^{(k-1)}}\frac{\partial o_j^{(k-1)}}{\partial \text{net}_j^{(k-1)}}$$
$$= -\frac{\partial E}{\partial o_j^{(k-1)}}\frac{\partial f(\text{net}_j^{(k-1)})}{\partial \text{net}_j^{(k-1)}}$$
$$= -\frac{\partial E}{\partial o_j^{(k-1)}}f'(\text{net}_j^{(k-1)})$$

又因为

$$\text{net}_l^{(k)} = \sum_{i=1}^{H}w_{il}o_i^{(k-1)}$$

所以

272

$$\frac{\partial E}{\partial o_j^{(k-1)}} = \sum_{l=1}^{n} \left(\frac{\partial E}{\partial \mathrm{net}_l^{(k)}} \frac{\partial \mathrm{net}_l^{(k)}}{\partial o_j^{(k-1)}} \right)$$

又因为

$$\frac{\partial \mathrm{net}_l^{(k)}}{\partial o_j^{(k-1)}} = \frac{\partial \left(\sum\limits_{i=1}^{H} w_{il} o_l^{(k-1)} \right)}{\partial o_j^{(k-1)}} = w_{jl}$$

于是

$$\frac{\partial E}{\partial o_j^{(k-1)}} = \sum_{l=1}^{n} \left(\frac{\partial E}{\partial \mathrm{net}_l^{(k)}} \frac{\partial \mathrm{net}_l^{(k)}}{\partial o_j^{(k-1)}} \right) = \sum_{l=1}^{n} \left(\frac{\partial E}{\partial \mathrm{net}_l^{(k)}} w_{jl} \right)$$

接着，令

$$\delta_l^{(k)} = -\frac{\partial E}{\partial \mathrm{net}_l^{(k)}}$$

则

$$\frac{\partial E}{\partial o_j^{(k-1)}} = \sum_{l=1}^{n} \left(\frac{\partial E}{\partial \mathrm{net}_l^{(k)}} w_{jl} \right) = - \sum_{l=1}^{n} \delta_l^{(k)} w_{jl}$$

那么

$$\delta_j^{(k-1)} = -\frac{\partial E}{\partial o_j^{(k-1)}} f'(\mathrm{net}_j^{(k-1)})$$

$$= - \left(- \sum_{l=1}^{n} \delta_l^{(k)} w_{jl} \right) f'(\mathrm{net}_j^{(k-1)})$$

$$= \left(\sum_{l=1}^{n} \delta_l^{(k)} w_{jl} \right) f'(\mathrm{net}_j^{(k-1)})$$

所以，隐层（第 $k-1$ 层）第 j 个神经元的第 i 个输入权值调整公式为

$$w_{ij}^{(k-1)}(t+1) = w_{ij}^{(k-1)}(t) + \eta \delta_j^{(k-1)} o_i^{(k-2)}$$

$$= w_{ij}^{(k-1)}(t) + \eta f'(\mathrm{net}_j^{(k-1)}) \left(\sum_{l=1}^{n} \delta_l^{(k)} w_{jl} \right) o_i^{(k-2)} \tag{7.33}$$

5. BP 算法中的问题

BP 算法在逼近函数方面很成功，但是也存在一些问题，主要有以下几个：

（1）收敛速度问题

BP 算法由于使用梯度下降算法，其收敛速度（即学习速度）很慢。在训练中要迭代很多步才能使误差下降到足够小。一种改进方法是在权值调整公式中加入动量项，用以平滑权值变化，具体可见 7.1.4 小节中优化训练策略的讨论。

（2）局部极小点问题

BP 网络含有大量的连接权值，每个权值对应一个维度，则整个网络对应着一个非常高维空间中的误差曲面。这个误差曲面不仅有全局最小点，还有很多局部极小点。在梯度下降的过程中，算法很可能陷于某个误差局部极小点，而没有达到全局最小点。这样就会使网络的学习结果大打折扣。逃离局部极小点的常用思路是在权值搜索过程中加入随机因素，使其能够跳出误差局部极小点而到达全局最小点。这就催生了随机神经网络的思想。

（3）学习步长问题

学习因子，即学习步长，对 BP 算法的收敛速度有很大影响。BP 网络的收敛是基于无穷

小的权修改量。如果学习因子太小，则收敛过程就非常缓慢。但是如果学习因子太大，则会导致网络不稳定，即无法收敛到极小点上，而是在极小点附近振荡。7.1.4 小节中讨论了一些优化训练策略，主要目的就是用于自适应调整步长，使得权值修改量能随着网络的训练而不断变化。基本原则是在学习开始的时候步长较大，在极小点附近时步长逐渐变小。

7.2.3 卷积神经网络

7.2.3 卷积
神经网络

卷积神经网络（Convolutional Neural Network，CNN）是深度学习的基本模型之一，是用来解决分类问题的首选模型。Yann LeCun 提出的 LeNet 是最早的卷积神经网络，奠定了 CNN 的基本思想和结构。LeNet 在手写体数字识别问题上取得了一定成绩，但是当时没有使用 GPU 解决大数据训练问题，故而长时间未受重视。直到 2012 年 Hinton 的学生 Alex Krizhevsky 提出了 AlexNet，使用两块 GPU 训练图像大数据，获得了很高的分类精度，立即引爆了人们对 CNN 的关注。随后，研究者们提出了 GoogleNet、VGG、ResNet 等一大批新型 CNN 模型，并不断提高图像分类的精度。现在 CNN 已经广泛地应用于图像分类、计算机视觉、各种模式识别、自然语言处理等领域。卷积神经网络的贡献不仅在于大大提升了分类精度，使得人脸识别等各种模式识别任务进入了实用化阶段，还在于，CNN 通过多层卷积，能够自动地从输入数据中学习出特征，不但省去了人工提取特征、选择特征的环节，提高了模型智能性，而且 CNN 自动学习出来的特征还往往比人工提取的特征更加有效。这一点对机器学习方法带来了变革性的深刻影响。

1. 卷积神经网络的基本结构

卷积神经网络的拓扑结构也和多层感知器一样是前馈网络，层间无反馈。但是卷积神经网络的特点在于具有很多层卷积层（含池化层）。深度学习在卷积神经网络上的"深"，主要体现在卷积层很多。例如，残差网络（ResNet）可达上千层。卷积神经网络的一般结构由前段的多层卷积层（含池化层）和末段的全连接层（多层感知器，实际上是 BP 网络）构成。前段很深（一般≥5 层），末段很浅（一般≤3 层），如图 7.15 所示。

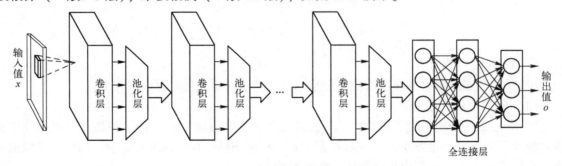

图 7.15 卷积神经网络的一般结构

（1）卷积层

卷积层是卷积神经网络的特点。通过卷积层，CNN 可以自动学习到输入数据的特征。前面的卷积层学习数据底层的特征，后面层则把前面层学出来的特征进行组合，可以学习出更高层语义的特征。所以一般而言，卷积神经网络层次越深，其学习出的特征越有效，因而其分类能力也就越强。但是，由于 CNN 使用梯度下降法进行训练，随着深度的增加，梯度越来越难以传递，所以当层次深到一定程度之后，网络难以训练，其分类能力就达到一定界限。若要再加深层次，则需要特殊的网络结构。

卷积层有两个显著的特点：局部感知和权重共享。与全连接层中的神经元不同，卷积层中的每个神经元只接收部分输入信息，这称为局部感知，也称为感受野（Receptive Field）。而全连接层中的每个神经元则会接收全部输入信息，即前一层所有神经元的输出信息。局部感知受启发于生物视觉系统。人类视觉对局部敏感，在局部特征基础之上形成对全局的认知。

在卷积层中，一个神经元（对应一个卷积核）由于局部感知只接收部分输入信息，所以需要很多神经元才能把整个输入信息全部覆盖。这些对应同一个卷积核的神经元具有完全相同的连接权，即权值共享。权值共享的神经元具有相同的权矩阵，但是它们的输入信息（即感受野）是不相同的。所以，对应同一个卷积核的多个神经元实际上模拟了一个模板滑过整个输入信号的过程，并且把串行操作变成了并行操作。

（2）池化层

池化（Pooling）层的作用就是减少下一步待处理的数据量，并尽量保留有用信息。这样有利于加快计算过程。所以，池化也称为下采样或者降采样。常见的池化操作有最大池化式（7.34）和均值池化式（7.35）。

$$v_i = \max\{v_i, v_{i+1}, v_{i+2}, \cdots, v_{i+k}\} \quad (7.34)$$

$$v_i = \mathrm{mean}\{v_i, v_{i+1}, v_{i+2}, \cdots, v_{i+k}\} \quad (7.35)$$

图 7.16 示例了一个最大池化操作的结果，其池化操作窗口为 2，并且步长也为 2，池化后的数据量只是原来的 1/4。然而，并不是每一个卷积层后面都必须要有一个池化层。在深度学习实践中，有些

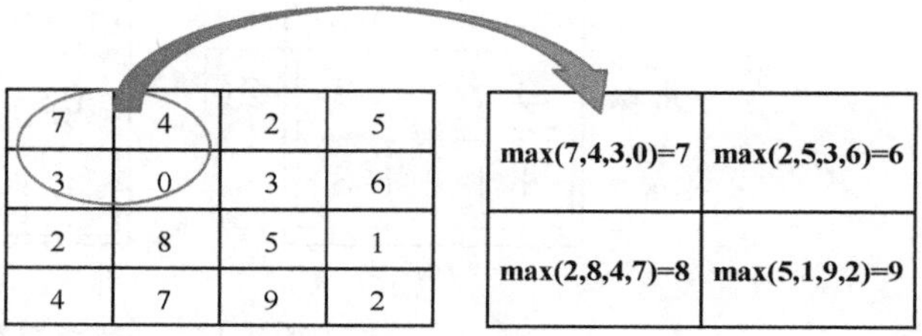

图 7.16 最大池化操作示例

模型由于深度比较大，为了避免输入数据量过快减小，对后面层的卷积造成不利影响，往往取消前面一些池化层，或者有时候经过几个卷积层之后才加上一个池化层。

（3）全连接层

全连接层（Full Connection Layer，也称为 Dense Layer）就是前面所讲的 BP 网络或者多层感知器。全连接层中每个神经元接收前一层所有神经元的输出信息，外加一个偏置量。一般而言，全连接层最后一层（即输出层）的神经元数目就是分类的类别数目。此时，输出层一般采用 Softmax 激活函数，也称为 Softmax 回归，即

$$o_i = \frac{\mathrm{e}^{net_i}}{\sum\limits_{p=1}^{k} \mathrm{e}^{net_p}}, \quad net_i = w_i \cdot x - \theta_i \quad (7.36)$$

输出层使用 Softmax 回归可以使得一个神经元对应一个类别，即输出值最大神经元所对应的类别就是 CNN 分类的结果，并且该神经元的输出值可以当作网络判定为该类别的概率。

2. 卷积操作

卷积操作可直观地看作在原始信号上叠加一个模板，然后通过平移模板获得一系列新值。这些新值就是原始信息经过模板降低了噪声，增强了特征之后的表现。因此卷积操作也可以看作一种映射，即把原始数据（信号）经过卷积函数变成了特征数据，即卷积结果反映了原始数据的某种特征。通过不同的卷积核可以反映同一数据的不同特征。所以在深度学习中，对同一个输入数据往往施加多个不同的卷积核，以获得该数据更丰富的特征。

一维离散卷积的公式为

$$s(n) = (f * g)(n) = \sum_{m=0}^{M-1} f(m)g(n-m) \quad (7.37)$$

其中，M 表示输入信号 $f(\ )$ 的长度；n, m 表示信号的下标；$g(\ )$ 表示施加在信号上的模板，一般称为卷积核、滤波器或掩码；$s(\ )$ 表示卷积结果序列，其长度为 $\mathrm{len}(f(n))+\mathrm{len}(g(n))-1$。

例7.1 设输入信号为 $f(\ )=(1,2,3)$，卷积核为 $g(\ )=(2,3,1)$，求其卷积结果。

解：

卷积过程如图 7.17 所示。最终卷积结果为 $s(\ )=(2,7,13,11,3)$。

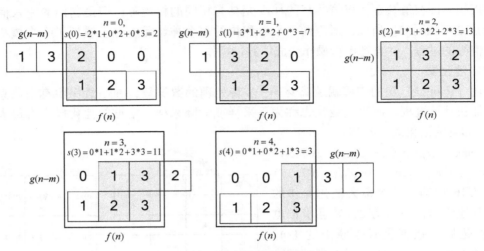

图 7.17　一维离散卷积过程示例

二维离散卷积的公式为

$$s(i,j) = (f * g)(i,j) = \sum_{m=0}^{M-1} \sum_{n=0}^{N-1} f(m,n) g(i-m, j-n) \tag{7.38}$$

其中，M, N 分别表示输入图像（二维信号）的边长；i, j 表示图像中某个点的下标；在深度学习中，f 对应于输入数据 x，g 对应于神经元权重。二维卷积核一般都是方形，边长为奇数。卷积结果一般称为特征图，其边长为

$$k = \mathrm{ceil}\left(\frac{L(x)+1-L(w)}{\delta}\right) = \left\lceil \frac{L(x)+1-L(w)}{\delta} \right\rceil \tag{7.39}$$

其中，δ 表示卷积核滑动步长（Stride），$L(x)$ 表示输入图像的边长，$L(w)$ 表示卷积核的边长。

图 7.18 示例了一个二维离散卷积的结果，其中输入数据大小为 6×6，卷积核大小为 3×3，偏置为 0，卷积核滑动步长为 1。所得特征图的大小为 4×4。这个例子中特征图小于卷积前的输入图像。有时候为了使得卷积后的特征图不过多缩小，或者要与输入图像保持一样大小，就需要在输入图像四周补 0。这种四周补 0 的操作称为 Zero-padding。

在上面的例子中输入图像是灰度图，一个像素点只有一个灰度值。但是对于常见的 RGB 彩色图像而言，一个像素点有 3 个值，分别对应红、绿、蓝 3 个通道（Channel）。此时，我们称彩色图像数据的深度为 3，灰度图像数据的深度为 1。所以，深度就是一个数据点的向量维度。当输入数据深度大于 1 时，每一个深度都会对应一个卷积核，最后把所有深度上卷积完的结果叠加在一起，再加上偏置值，就得到最终结果，即

$$X * W = \sum_{i=1}^{m} X(i) * W(i) + b \tag{7.40}$$

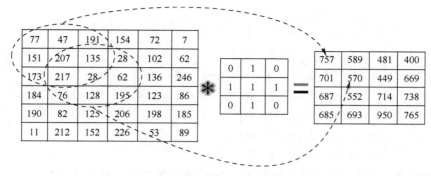

图 7.18　二维离散卷积示例

其中，*表示卷积操作，m 表示深度（即数据点的维度），X 表示深度为 m 的输入数据，W 表示深度为 m 的卷积核，$X(i)$ 表示第 i 个深度上的输入数据（如彩色图像中的红色通道），$W(i)$ 表示第 i 个深度上的卷积核，b 表示偏置。

例 7.2　设输入数据、卷积核和偏置如图 7.19 所示，卷积核滑动步长为 2。求其卷积结果。

(0,0,0)	(0,0,0)	(0,0,0)	(0,0,0)	(0,0,0)	(0,0,0)	(0,0,0)
(0,0,0)	(2,0,1)	(2,2,1)	(1,0,2)	(2,0,1)	(2,2,0)	(0,0,0)
(0,0,0)	(1,1,0)	(2,2,2)	(0,0,1)	(2,2,0)	(0,1,2)	(0,0,0)
(0,0,0)	(2,1,2)	(0,2,1)	(0,0,2)	(2,1,2)	(1,2,2)	(0,0,0)
(0,0,0)	(0,1,2)	(0,0,1)	(1,2,2)	(2,2,0)	(1,2,2)	(0,0,0)
(0,0,0)	(0,0,1)	(2,1,0)	(2,1,2)	(0,0,2)	(2,1,0)	(0,0,0)
(0,0,0)	(0,0,0)	(0,0,0)	(0,0,0)	(0,0,0)	(0,0,0)	(0,0,0)

$*$

(–1, 1, 1)	(1, –1, –1)	(1, –1, –1)
(–1, –1, –1)	(1, 0, –1)	(–1, –1, 0)
(1, –1, –1)	(–1, 0, 1)	(1, 1, 1)

+1

3	–4	–2
0	–2	–7
–7	–4	–2

图 7.19　深度为 3 的二维离散卷积示例

解：

本例中输入数据深度为 3。也就是说，每个数据点是三维向量，该向量的维度就是深度。

原始输入数据的大小本来是 5×5。但是，本例中输入数据实际上进行了 Zero-padding 操作，padding 值为 1，即加了一圈 0（实际上是维度为 3 的 0 向量）。于是输入数据大小变成为 7×7，深度不变，即一个 7×7×3 的张量。

相应的卷积核大小是 3×3，其深度则必须为 3，因为卷积核的深度必须与输入数据的深度相同。于是，本例的卷积核是一个 3×3×3 的张量。

本例中神经元的偏置值为 1。

基本步骤是：每个深度上的输入数据与对应深度上的卷积核进行卷积，分别得到不同深度上的卷积结果，然后再把不同深度上的卷积结果累加在一起，最后加上偏置就得到最终结果。

具体地，当深度为 1（对应张量下标为 0），滑动步长为 2 时，卷积得到

$$s_0 = \begin{pmatrix} 0 & 0 & 0 & 0 & 0 & 0 & 0 \\ 0 & 2 & 2 & 1 & 2 & 2 & 0 \\ 0 & 1 & 2 & 0 & 2 & 0 & 0 \\ 0 & 2 & 0 & 0 & 2 & 1 & 0 \\ 0 & 0 & 0 & 1 & 2 & 1 & 0 \\ 0 & 0 & 2 & 2 & 0 & 2 & 0 \\ 0 & 0 & 0 & 0 & 0 & 0 & 0 \end{pmatrix} * \begin{pmatrix} -1 & 1 & 1 \\ -1 & 1 & -1 \\ 1 & -1 & 1 \end{pmatrix} = \begin{pmatrix} 1 & 1 & 2 \\ 5 & -1 & -2 \\ -2 & 3 & 1 \end{pmatrix}$$

同理，当深度为 2（对应张量下标为 1），滑动步长为 2 时，卷积得到

$$s_1 = \begin{pmatrix} 0 & 0 & 0 & 0 & 0 & 0 & 0 \\ 0 & 0 & 2 & 0 & 0 & 2 & 0 \\ 0 & 1 & 2 & 0 & 2 & 1 & 0 \\ 0 & 1 & 2 & 0 & 1 & 2 & 0 \\ 0 & 1 & 0 & 2 & 2 & 2 & 0 \\ 0 & 0 & 1 & 1 & 0 & 1 & 0 \\ 0 & 0 & 0 & 0 & 0 & 0 & 0 \end{pmatrix} * \begin{pmatrix} 1 & -1 & -1 \\ -1 & 0 & -1 \\ -1 & 0 & 1 \end{pmatrix} = \begin{pmatrix} 0 & -2 & -2 \\ -5 & -1 & -2 \\ -2 & -5 & 0 \end{pmatrix}$$

同理，当深度为 3（对应张量下标为 2），滑动步长为 2 时，卷积得到

$$s_2 = \begin{pmatrix} 0 & 0 & 0 & 0 & 0 & 0 & 0 \\ 0 & 1 & 1 & 2 & 1 & 0 & 0 \\ 0 & 0 & 2 & 1 & 0 & 2 & 0 \\ 0 & 2 & 1 & 2 & 2 & 2 & 0 \\ 0 & 2 & 1 & 2 & 0 & 2 & 0 \\ 0 & 1 & 0 & 2 & 2 & 0 & 0 \\ 0 & 0 & 0 & 0 & 0 & 0 & 0 \end{pmatrix} * \begin{pmatrix} 1 & -1 & -1 \\ -1 & -1 & 0 \\ -1 & 1 & 1 \end{pmatrix} = \begin{pmatrix} 1 & -4 & 1 \\ -1 & -1 & -4 \\ -4 & -3 & -4 \end{pmatrix}$$

最后，3 个深度上的卷积结果和偏置叠加在一起，得到最终结果：

$$s = s_0 + s_1 + s_2 + \theta$$

$$= \begin{pmatrix} 1 & 1 & 2 \\ 5 & -1 & -2 \\ -2 & 3 & 1 \end{pmatrix} + \begin{pmatrix} 0 & -2 & -2 \\ -5 & -1 & -2 \\ -2 & -5 & 0 \end{pmatrix} + \begin{pmatrix} 1 & -4 & 1 \\ -1 & -1 & -4 \\ -4 & -3 & -4 \end{pmatrix} + 1$$

$$= \begin{pmatrix} 3 & -4 & 2 \\ 0 & -2 & -7 \\ -7 & -4 & -2 \end{pmatrix}$$

3. 优化策略

（1）ReLU（Rectified Linear Unit）激活函数

在深度学习中，由于神经网络层次比较深，当神经元使用 Sigmoid 激活函数时，很容易造成梯度消失或者梯度爆炸的问题。也就是说，当输入信号偏大或者偏小，远离线性区域的时候，神经元输出会进入正向饱和或者负向饱和区域。这样的输出值再进入下一层，又会导致下一层更加饱和。在饱和区域，神经元输出值变化很小，梯度下降基本上失去作用，从而导致网络学习陷入停滞。这就给增加神经网络深度带来了限制。为了改善这个问题，Alex Krizhevsky 提出用 ReLU 激活函数来代替 Sigmoid 激活函数。实际上，AlexNet 就全部使用 ReLU 激活函数。

ReLU 激活函数不但能够有效缓解梯度消失或者梯度爆炸的问题，还可以使得网络更深，且加速了网络训练过程。

ReLU 函数（见图 7.20）是一个分段线性函数，在 0 点处不可导，即

$$ReLU(x) = \max(0, x) \tag{7.41}$$

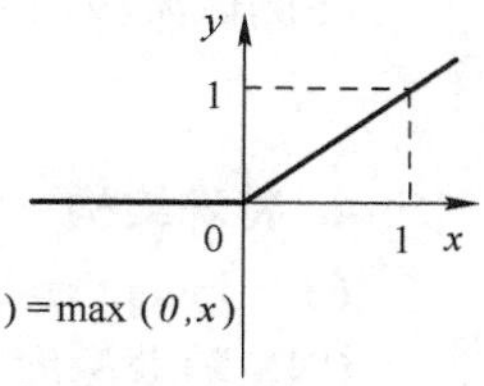

$ReLU(x) = \max(0, x)$

图 7.20　ReLU 激活函数

ReLU 函数把所有的负值都变为 0，而正值不变，这种操作称为单侧抑制。单侧抑制可使神经元具有稀疏激活性。ReLU 函数源于神经科学研究，是一种从生物学角度模拟脑神经元接收信号的精确激活模型。神经科学家通过研究大脑能量消耗过程表明，神经元的工作方式具有稀疏性和分布性。一般而言，在分类问题中，与目标相关的特征数量远远小于输入数据本身，因此通过 ReLU 函数实现稀疏后的模型能够更好地挖掘相关特征，拟合训练数据。

相对于线性函数而言，ReLU 函数表达能力更强。因为神经网络必须要用非线性函数来实现非线性映射。相对于 Sigmoid 等非线性函数而言，ReLU 函数在非负区间的梯度为常数，因此不存在梯度消失或梯度爆炸问题，并使得模型的收敛速度维持在一个稳定状态。ReLU 函数保留了基本的生物学启发意义，即只有输入超出阈值时神经元才被激活。并且当输入为正的时候，导数不为零，从而允许基于梯度的学习。无论 ReLU 函数本身还是其导数都没有复杂的数学运算，所以计算很快。但是，当输入为负值的时候，ReLU 函数会使神经元无效。因为输入小于零而梯度为零，从而其权重无法得到更新，在剩下的训练过程中会一直保持静默。因此，也有其他函数在基本 ReLU 函数基础上进行修改，解决输入为负值时的问题。

（2）Dropout 操作

Dropout 操作是改善深度学习过拟合现象的一种有效策略。Dropout 操作的基本思想是以概率 p 关闭神经元，或者说让神经元以概率 $q = 1 - p$ 正常工作。在具体实现上有两种策略：策略一是在训练时只随机关闭神经元而不缩放神经元输出，但是在测试阶段对神经元输出进行缩放；策略二是在训练时不仅随机关闭神经元而且同时也缩放神经元输出，但是在测试阶段保持神经元输出不变。

下面先介绍策略一的实现。在训练阶段对第 i 个神经元有

$$o_i = X_i \times f\Big(\sum_{r=1}^{k} w_r x_r + b_i\Big), \quad X_i = \{0, 1\}$$
$$p = P(X_i = 0) \tag{7.42}$$

其中，每个神经元被关闭的概率 p 是相同的。

Dropout 操作在训练阶段神经元保持 p 概率被关闭，即只有 $1 - p$ 概率神经元有输出；而在测试阶段所有的神经元都有输出。此时就要对神经元输出值用 $1 - p$ 来缩放，从而保持测试阶段的神经元输出值概率分布和训练阶段的神经元输出值概率分布基本一样。在测试阶段对第 i 个神经元有

$$o_i = (1 - p) \times f\Big(\sum_{r=1}^{k} w_r x_r + b_i\Big) \tag{7.43}$$

策略二的实现。在训练阶段对第 i 个神经元有

$$o_i = \frac{1}{1 - p} \times X_i \times f\Big(\sum_{r=1}^{k} w_r x_r + b_i\Big), \quad X_i = \{0, 1\}$$
$$p = P(X_i = 0) \tag{7.44}$$

在测试阶段对第 i 个神经元有

$$o_i = f\left(\sum_{r=1}^{k} w_r x_r + b_i\right) \tag{7.45}$$

4. 特殊结构

（1）Inception 结构

CNN 随着深度的不断加深，提取的特征越抽象，越具有语义信息；但是其网络连接数目急剧上涨，需要训练的参数也急剧上涨。这一方面导致网络计算量越来越大，另外一方面梯度消失或者梯度爆炸会越来越严重，从而使网络表现出容易过拟合，难以优化的问题。谷歌研究组在提出 GoogleNet 的时候，提出了 Inception 结构，在一定程度上缓解了上述问题。Inception 结构的一个思想就是在增加网络深度和宽度的同时尽量减少参数和计算量，因此其尽量把大尺度的卷积核改为小尺度的卷积核。

图 7.21 显示了 Inception V1 的网络结构。Inception V1 将 1×1，3×3，5×5 的卷积核和 3×3 的池化层堆叠在一起。这一方面增加了网络的宽度，另一方面增加了网络对不同尺度的适应性，能够获得不同尺度上的更多特征。特征堆叠（Filter Concatenation）实际上就是把各卷积层输出的特征图依次串（Concatenation）在一起形成一个深度更大的新图。例如，2 个 16×16×5，1 个 16×16×3，4 个 16×16×1 的特征图依次串在一起，就得到一个深度为 2×5+1×3+4×1 = 17 的特征图（即 16×16×17）。

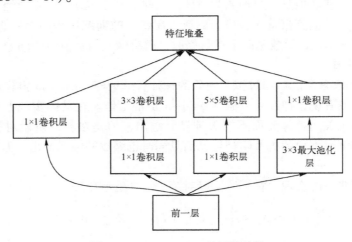

图 7.21　Inception V1 的网络结构

Inception 结构用一个小网络代替了一个单纯的卷积结点，体现了"网中网"的思想。Inception 结构还具有一定宽度，能够并行地进行多尺寸卷积，从而能够构建出既深又宽（有很多并行操作）的网络，大大增强了网络的表达能力。

Inception 结构虽然增加了卷积核的数目，但是总的计算量并未增加很多。因为小尺度卷积核比大尺度卷积核小很多。例如，一个 5×5 的卷积核在计算量上是一个 3×3 卷积核的 25/9 = 2.78 倍。把一个 5×5 卷积核分解为两个 3×3 卷积核能够提升计算速度。此外，一个 $n×n$ 的卷积核等价于先执行一个 $1×n$ 的卷积核，再执行一个 $n×1$ 的卷积核。但实际上，两个 1 维的卷积核不但计算更快，而且还加深了网络深度，增加了网络的非线性表达能力。例如，把一个 3×3 的卷积核分解为一个 1×3 的卷积核后面再串上一个 3×1 的卷积核会降低 33% 的计算成本。上述这种改进出现在 Inception V2 之后的模块中。实际上，Inception 结构也在不断演化改进，一直发展到 Inception V4。

Inception 结构中大量使用 1×1 卷积核对数据进行降维。对深度为 1 的输入数据来说，1×1 卷积核只是对数据乘了一个系数。但是对于大深度的输入数据，通过控制 1×1 卷积核的数量可以改变数据的深度，其结果相当于对输入数据在深度上进行了线性组合。例如，输入数据为 64×64×100（即深度为 100，边长为 64），经过 20 个 1×1 卷积核之后，则变为 64×64×20（即深度为 20，边长为 64）的数据。可见，输出数据的深度大大地减小了，达到了数据降维目的。

（2）残差学习结构

何凯明等人于 2015 年提出了残差网络（Residual Network，ResNet）有效解决了深层 CNN 面临的梯度消失和梯度爆炸问题，使得 CNN 可以深达上百甚至上千层。更深的层次，则使得残差网络可以获得很高的学习精度。

实验表明，单纯把网络层叠起来的深层网络效果反而不如合适层数的较浅网络效果。所以，VGG 网络的层数不会特别深。当普通网络特别深时，会出现退化现象，即网络更深而训练误差也更大。但是残差网络引入了"短路"机制，形成残差学习结构，成功解决了深层网络的退化现象。

残差网络通过堆叠大量的残差学习结构来构建深层前馈网络。残差学习结构（见图 7.22）具有一个"短路"机制，将输入数据直接送到输出结点。这样可使得梯度信息能够快速地直接传递，而不经过中间网络层次的变换。

人工神经网络的本质是实现一个非线性映射 $h: x \rightarrow h(x)$。直接学习 $h(x)$ 往往并不容易。但是，我们可以把问题转化一下，改为学习 $f(x) = h(x) - x$。此时 $h(x) = f(x) + x$，即把非线性映射 $h(x)$ 看作输入数据 x 加上一个残差 $f(x)$。换句话说，只要通过网络学习出了 $f(x)$，那么再加上输入 x 就可得到原本所期望的非线性映射 $h(x)$。

与通过 CNN 直接学习 $h(x)$ 相比，残差网络中梯度更容易传递到更深层次，解决了增加深度带来的副作用；并且残差网络更容易优化，可通过单纯增加网络深度来提高网络性能。

在实际中考虑到计算成本，使用瓶颈结构（见图 7.23）对基本残差块进行优化。具体来说就是把两个大深度的卷积层改为前后各 1 个 1×1 的卷积层，中间夹一个小深度的卷积层。第一个 1×1 卷积层的作用是降维，第二个 1×1 卷积层的作用是恢复维度，便于后面继续进行处理。如图 7.23 所示，将两个 3×3 的卷积层替换为 1×1+3×3+1×1 的结构，其中输入数据深度为 256。第一个 1×1 卷积层有 64 个卷积核，所以中间的 3×3 卷积层深度是 64。第二个 1×1 卷积层有 256 个卷积核，又将输出数据恢复为 256 深度。类似于 Inception 结构，这样做能保证计算量低，同时提供丰富的特征组合。

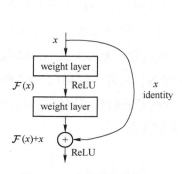

图 7.22　残差学习结构

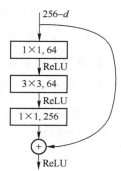

图 7.23　残差网络中的瓶颈结构

7.2.4 前馈神经网络应用案例

1. 图像识别

下面以图像识别（Image Recognition）为例来说明卷积神经网络的一般应用过程。图像识别任务就是判定图像中的主要内容是什么，也就是说根据图像中的主要内容把图像划分到正确的类别中。这是一个典型的多分类问题。所以，图像识别也称为图像分类（Image Classification）。

传统的图像识别方法主要靠人工提取图像中的特征，然后进行各种组合、变换之后形成特征向量，如颜色（或者灰度）直方图、方向梯度直方图 HOG（Histogram of Oriented Gradient）、纹理特征、局部二值模式 LBP（Local Binary Pattern）、Haar 特征、K-L 变换、小波变换等。最后，用支持向量机、BP 网络等分类器对图像特征向量进行分类。

现在大量实践已经表明用深度学习方法，特别是用卷积神经网络自动学习出图像特征的能力要远远超越人类手工提取特征的能力。因此，现在图像识别任务已经不再需要人工提取和选择特征，而是直接把原始图像输入神经网络进行训练学习，然后直接输出目标类别，即实现了"端对端"式应用。

2. 图像识别数据集

图像识别最著名的数据集就是 ImageNet。ImageNet 是根据 WordNet 中的概念层次关系来组织的图像数据库。WordNet 中一个"概念"通过一个同义词集合来表达。不同概念根据其语义关系形成了树形结构，一个概念就是树中的一个结点。ImageNet 则对树中的每个结点（概念）使用了成百上千张图片进行描述，并且经过了人工标注和校对。现在 ImageNet 已经用 1400 多万张图片描述了 2 万多个结点。所以，很多著名的模型和算法都从 ImageNet 上获取数据，进行训练和测试。输入数据自然就是结点上的图片，输出数据（即类别标签）就是结点上对应的概念或者单词。

3. 基于残差网络的图像识别

图 7.24 展示了三种用于图像识别的卷积神经网络，分别是 19 层的 VGG 网络，34 层的普通 CNN 网络和 34 层残差网络。何凯明等人在提出残差网络时，对比了不同层数的上述三种网络结构在图像识别上的性能。结果表明，普通 CNN 网络当网络层数加深时会出现明显的退化现象，即层数越深，误差越大。但是残差网络不仅没有退化现象，而且越深的残差网络识别精度越高；同时，残差网络的收敛速度比普通 CNN 快得多。另外，同层次深度的残差网络不仅识别精度优于 VGG 网络，而且运算量也大大减小。这些都表明残差网络更容易优化，收敛更快，精度更高。通过试验，残差网络的测试精度可达到 95% 以上。

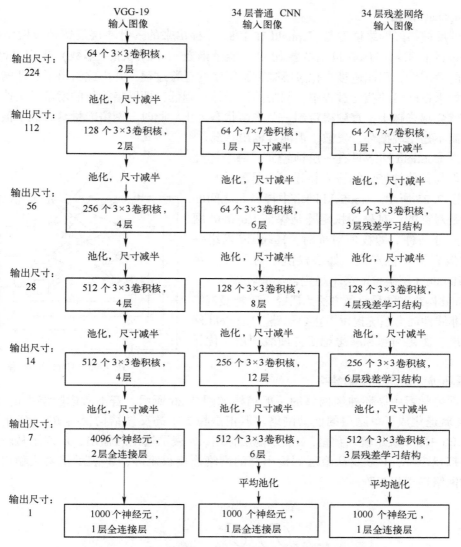

图 7.24 用于图像识别的三种卷积神经网络结构

7.3 反馈神经网络

反馈使得网络具有了非常复杂的动态特性。复杂性、动态性、非线性既使得反馈神经网络蕴涵了巨大的潜能，又使得反馈神经网络的理论研究成为一个难点。反馈神经网络具有与前馈神经网络截然不同的特性。特别是在序列数据上，反馈神经网络表现出了独特优势。

7.3.1 循环神经网络

反馈就是把输出信号又引入到输入，作为输入数据的一部分或者全部。这样，网络就表现出在时间上迭代或者循环的行为。因此，现在把反馈神经网络一般都称为循环神经网络（Recurrent Neural Network，RNN）。

7.3.1 循环
神经网络

1. Hopfield 网络

最早的反馈神经网络模型是 Hopfield 在 1982 年提出来的一种单层反馈神经网络模型，一般称为 Hopfield 网络。Hopfield 首先提出用"能量函数"（Lyapunov 函数）来定义网络状态，考察网络的稳定性，用能量极小化过程来刻画网络的迁移过程，并由此给出了保证网络稳定性的条件。如果在网络的演化过程中，网络的能量越来越低，即网络能量的增量是负值，那么网络的能量就会越来越小，直到稳定到一个平衡状态为止。此时，网络能量具有极小值，网络输出稳定；而不是出现循环、发散、混沌等输出状况。

典型的 Hopfield 网络只有一层神经元，每个神经元的输出都与其他神经元的输入相连，但是不给自己反馈，如图 7.25 所示。Hopfield 网络中神经元之间的权值一般是对称的。对称的权矩阵是保证 Hopfield 网络稳定的充分条件。即权值对称时，Hopfield 网络一定能够收敛到一个稳定值。如果权值不对称（$T_{ij} \neq T_{ji}$），则 Hopfield 网络可能会不稳定，无法收敛。

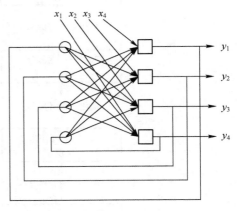

Hopfield 网络和能量函数方法为研究人工神经网络稳定性及非线性动力系统提供了重要思路。Hopfield 网络在抗噪声、优化问题和联想记忆方面表现出了优异的性能。

图 7.25　Hopfield 网络

2. 循环神经网络的基本结构

现在深度学习中循环神经网络的一般结构如图 7.26 所示。若不考虑隐层中的反馈结构，那么 RNN 就退化成了单隐层的前馈网络。但正是隐层中的反馈结构使得 RNN 发生了质的变化。图 7.26 中，x 表示输入数据，s 表示隐层输出，o 表示输出层输出，U 表示从输入到隐层的网络连接权矩阵，V 表示从隐层到输出层的网络连接权矩阵，W 表示从隐层输出反馈到隐层输入的网络连接权矩阵。

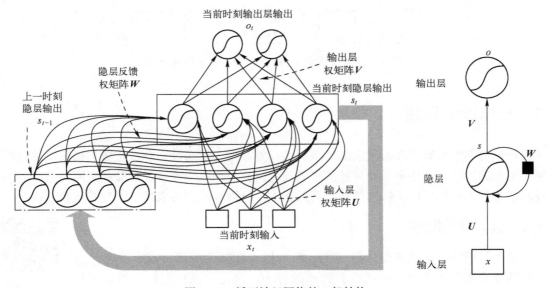

图 7.26　循环神经网络的一般结构

图 7.27 则表示在时间方向上把 RNN 展开后的形式，即把一个 RNN 在相邻几个时刻的状态连接在了一起。图中，$x^{(t)}$，$s^{(t)}$，$o^{(t)}$ 分别表示 t 时刻上的输入数据、隐层输出和网络输出。$t-1$ 和 $t+1$ 则分别表示 t 时刻的前一时刻和后一时刻。在不同时刻上，神经网络各层（包括反馈层）的连接权矩阵保持不变。也就是说，权参数 U、V、W 在时间上是权值共享的。

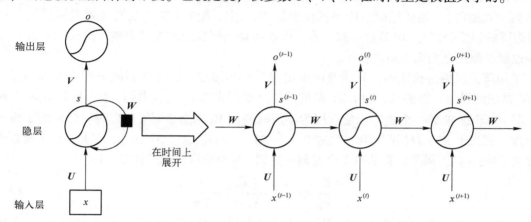

图 7.27　在时间方向上展开的循环神经网络

可以看到，隐层不仅接收当前时刻输入数据 $x^{(t)}$ 作为输入的一部分，同时还接收上一时刻隐层输出 $s^{(t-1)}$ 作为当前输入的一部分。也就是说，在 t 时刻 RNN 隐层的完整输入是（$x^{(t)}$，$s^{(t-1)}$），即

$$s^{(t)} = f(U \times x^{(t)} + W \times s^{(t-1)}) \tag{7.46}$$

其中，f 表示隐层神经元激活函数，一般使用 tanh 函数。

因此在 t 时刻 RNN 隐层的输出 $o^{(t-1)}$ 就不仅依赖当前输入数据 $x^{(1)}$，还依赖前一时刻隐层输出 $s^{(t-1)}$。而前一时刻的隐层输出又受到更前一时刻隐层输出的影响。如此递归追溯下去，则可认为 RNN 当前的输出值不仅依赖当前输入数据，还依赖前面每一时刻的网络状态（隐层输出），即

$$
\begin{aligned}
o^{(t)} &= g(V \times s^{(t)}) \\
&= g(V \times f(U \times x_t + W \times s^{(t-1)})) \\
&= g(V \times f(U \times x_t + W \times f(U \times x_{t-1} + W \times s^{(t-2)}))) \\
&= g(V \times f(U \times x_t + W \times f(U \times x_{t-1} + W \times f(U \times x_{t-2} + W \times s^{(t-3)})))) \\
&= g(V \times f(U \times x_t + W \times f(U \times x_{t-1} + W \times f(U \times x_{t-2} + W \times f(\cdots)))))
\end{aligned} \tag{7.47}
$$

其中，g 表示输出层神经元激活函数，一般采用 Softmax 函数。

可以看出，RNN 的输出能够体现出过去数据对当前的影响。所以，使用 RNN 能够在序列数据上学习出相隔一定时间跨度上两个输入数据之间的联系。这一点是 RNN 的独特之处，CNN 做不到。CNN 善于发现当前输入数据内部的特征联系，但是无法发现不同时刻输入的数据的联系。所以，RNN 成为学习序列数据跨时间模式的首选武器，也成为自然语言处理中首选的深度学习模型。

3. 循环神经网络的训练方法

RNN 使用时间反传算法（Back Propagation Through Time，BPTT）进行训练。BPTT 的基本原理和 BP 算法一样，同样是如下两个基本步骤，同样使用梯度下降算法更新权重。

1）前向计算每个神经元的输出值。

2）反向计算每个神经元的误差项，计算每个权重的更改量。

但是 BPTT 需要把误差反馈给之前所有输入。前向计算每个神经元的输出值与前面 BP 算法一样，不再赘述。在反向计算时，不但要把误差逐层向前传递，用以调整每层权值（即 U 和 V 两个权矩阵），还要把误差传递到反馈层中，用以调整反馈层权值（W 权矩阵）。其中，V 权矩阵的调整公式与 BP 算法一模一样，即按照输出层权矩阵方式调整（见式（7.27））。其推导过程也是完全相同，不再赘述。

W 矩阵是反馈层权矩阵，其误差由输出层反向传播过来，并在时间方向上反向传播。按照 BP 算法的思想，需要求误差 E 对 W 的偏导。观察式 7.47 可以看到，U、V 和 x_t 都与 W 无关，但 $s^{(t)}$ 却是 W 的一个递归函数。因为不同时刻的 W 完全相同，所以每一时刻的 s 都是 W 的函数。相当于 $s^{(t)} = H(W^{(t)}, W^{(t-1)}, W^{(t-2)}, \cdots, W^{(1)}, x_t, x_{t-1}, x_{t-2}, \cdots, x_1)$。于是，求 t 时刻误差 E_t 对 W 的偏导时，需要计算从第 1 个时刻一直到 t 时刻所有的隐层状态，即

$$-\frac{\partial E_t}{\partial w_{ij}} = -\sum_{p=1}^{t} \frac{\partial E_t}{\partial \mathrm{net}_j^{(p)}} \frac{\partial \mathrm{net}_j^{(p)}}{\partial w_{ij}} \tag{7.48}$$

其中，w_{ij} 表示 W 矩阵中上一时刻第 i 个神经元到 t 时刻第 j 个神经元的连接权值。又有

$$\frac{\partial \mathrm{net}_j^{(p)}}{\partial w_{ij}} = \frac{\partial (U_j \times x_p + W_j \times s^{(p-1)})}{\partial w_{ij}} = s_i^{(p-1)} \tag{7.49}$$

其中，$s_i^{(p-1)}$ 表示 $p-1$ 时刻隐层第 i 个神经元的输出。

令

$$\delta_j^{(t,p)} = -\frac{\partial E_t}{\partial \mathrm{net}_j^{(p)}}$$

则有

$$-\frac{\partial E_t}{\partial w_{ij}} = -\sum_{p=1}^{t} \frac{\partial E_t}{\partial \mathrm{net}_j^{(p)}} \frac{\partial \mathrm{net}_j^{(p)}}{\partial w_{ij}}$$

$$= \sum_{p=1}^{t} \delta_j^{(t,p)} s_i^{(p-1)}$$

其中，

$$\delta_j^{(t,p)} = -\frac{\partial E_t}{\partial \mathrm{net}_j^{(p)}}$$

$$= -\frac{\partial E_t}{\partial s_j^{(p)}} \frac{\partial s_j^{(p)}}{\partial \mathrm{net}_j^{(p)}}$$

$$= -\sum_{l=1}^{m} \left(\frac{\partial E_t}{\partial \mathrm{net}_l^{(p+1)}} \frac{\partial \mathrm{net}_l^{(p+1)}}{\partial s_j^{(p)}} \right) \frac{\partial f(\mathrm{net}_j^{(p)})}{\partial \mathrm{net}_j^{(p)}}$$

$$= -\sum_{l=1}^{m} \left(\frac{\partial E_t}{\partial \mathrm{net}_l^{(p+1)}} \frac{\partial (U_l \times x_{p+1} + W_l \times s_l^{(p)})}{\partial s_j^{(p)}} \right) f'(\mathrm{net}_j^{(p)})$$

$$= -\sum_{l=1}^{m} \left(\frac{\partial E_t}{\partial \mathrm{net}_l^{(p+1)}} w_{jl} \right) f'(\mathrm{net}_j^{(p)})$$

$$= -\sum_{l=1}^{m} (\delta_l^{(t,p+1)} w_{jl}) f'(\mathrm{net}_j^{(p)})$$

特别地，在 t 时刻，即 $p=t$ 时，$\mathrm{net}^{(p+1)}$ 实际上是输出层的输入加权和，所以有

$$
\begin{aligned}
\delta_j^{(t,t)} &= -\frac{\partial E_t}{\partial \mathrm{net}_j^{(t)}} \\
&= -\frac{\partial E_t}{\partial s_j^{(t)}} \frac{\partial s_j^{(t)}}{\partial \mathrm{net}_j^{(t)}} \\
&= -\sum_{l=1}^{m}\left(\frac{\partial E_t}{\partial \mathrm{net}_l^{(t+1)}} \frac{\partial \mathrm{net}_l^{(t+1)}}{\partial s_j^{(t)}}\right)\frac{\partial f(\mathrm{net}_j^{(t)})}{\partial \mathrm{net}_j^{(t)}} \\
&= -\sum_{l=1}^{m}\left(\frac{\partial E_t}{\partial \mathrm{net}_l^{(t+1)}} \frac{\partial (V_l \times s_l^{(t)})}{\partial s_j^{(t)}}\right)f'(\mathrm{net}_j^{(t)}) \\
&= -\sum_{l=1}^{m}\left(\frac{\partial E_t}{\partial \mathrm{net}_l^{(t+1)}} v_{jl}\right)f'(\mathrm{net}_j^{(t)}) \\
&= \sum_{l=1}^{m}\left((y_l-o_l)v_{jl}\right)f'(\mathrm{net}_j^{(t)})
\end{aligned}
$$

最终，W 的调整量为

$$
\Delta w_{ij} = \eta \sum_{p=1}^{t}\delta_j^{(t,p)} s_i^{(p-1)} \tag{7.50}
$$

U 矩阵同样需要从输出层反向传播误差。其推导过程与上述类似，只不过不是在时间上反传误差。于是，U 的调整量为

$$
\Delta u_{ij} = \eta \sum_{p=1}^{t}\delta_j^{(t,p)} x_i^{(p)} \tag{7.51}
$$

根据以上的分析可以看到，RNN 在更新权值的时候，需要计算过去所有时刻的梯度，所以其训练过程要远远慢于 CNN。

7.3.2 长短期记忆网络

在理论上，基本 RNN 可以保持长时间间隔状态之间的联系。但是当时间间隔过大时，梯度已经非常小，在连接权上能留下的信息非常小，可以忽略。实际上基本 RNN 只能学习到短期时间内不同数据之间的联系。也就是说，基本 RNN 会记住最近几个输入数据的信息，但是更早输入数据的信息事实上已经被覆盖，遗忘了。

为了使循环神经网络能够学习长时间跨度上的模式，学者们提出了长短期记忆（Long Short Term Memory，LSTM）网络。LSTM 网络改造了一般的神经元，通过特殊的 LSTM 单元来缓解梯度消失问题。现在一般把使用 LSTM 单元的 RNN 直接叫作 LSTM 网络。LSTM 单元引入了门（Gate）结构，通过遗忘门、输入门和输出门来控制流过单元的信息。

1. LSTM 的基本结构

从整体网络拓扑角度来说，除了隐层神经元内部结构不一样以外，LSTM 网络和基本 RNN 网络拓扑一样，如图 7.28 所示。图中线条表示完整的向量。σ 是一个 Sigmoid 函数，表示一个门，其输出值在 0~1 之间，描述了每个输入可通过门限的程度。0 表示"不让任何输入成分通过"，而 1 表示"让所有输入成分通过"。门结构是 LSTM 区别于基本 RNN 的标志性特征。由于有门结构，所以 LSTM 的单元比一般的神经元要复杂得多。另外，LSTM 还引入了细胞状态（Cell State）来记录历史信息，可以通过门结构去除或增加信息到细胞状态。

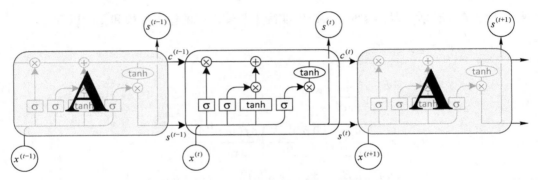

图 7.28 在时间方向上展开的 LSTM 网络结构

图 7.29 则单独显示了一个隐层 LSTM 单元的内部结构。可以看到,一个隐层 LSTM 单元在原来基本 RNN 隐层神经元(即图中输入结点)基础上又增加了 3 个门和一个细胞状态,并将这些信息融合在一起形成最终的隐层 LSTM 单元输出。

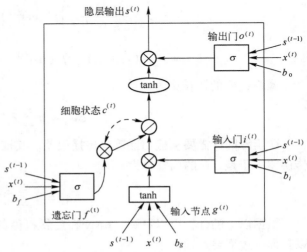

图 7.29 LSTM 网络单元结构

(1) 输入节点

输入节点和基本 RNN 隐层神经元一样,由当前时刻输入数据 $x^{(t)}$,上一时刻隐层输出 $s^{(t-1)}$ 以及偏置 b_g 经过 tanh 激活函数作用产生 $g^{(t)}$,即

$$g^{(t)} = \tanh(\boldsymbol{U}^g x^{(t)} + \boldsymbol{W}^g s^{(t-1)} + b_g)$$

(7.52)

其中,$\boldsymbol{U}^g$ 表示从输入层到隐层输入节点的权矩阵,$\boldsymbol{W}^g$ 表示从隐层输出反馈到隐层输入节点的权矩阵。

(2) 输入门

输入门决定什么样的新信息可以被存放在细胞状态中。除了输入门的偏置 b_i 不一样之外,输入门的其他输入数据与输入节点一样,即

$$i^{(t)} = \sigma(\boldsymbol{U}^i x^{(t)} + \boldsymbol{W}^i s^{(t-1)} + b_i)$$

(7.53)

其中,$\boldsymbol{U}^i$ 表示从输入层到隐层输入门的权矩阵,$\boldsymbol{W}^i$ 表示从隐层输出反馈到隐层输入门的权矩阵,σ 表示 Sigmoid 激活函数。

输入门的输出和输入节点按点相乘(即两个向量相同位置上的值相乘,所得积就是结果向量在该位置的值。结果是与两个原向量维度一样的新向量,并不是乘后相加得到一个标量,也不是得到一个不同维度的矩阵)之后得到的结果就是可以被送入细胞状态的信息,即

$$d^{(t)} = g^{(t)} \otimes i^{(t)}$$

(7.54)

其中,$\otimes$ 表示按点相乘,下文中含义相同。

(3) 遗忘门

遗忘门决定什么样的信息可以被遗忘,不存放在细胞状态中。遗忘门除了偏置 b_f 与输入门不一样之外,其他输入数据与输入门一样,即

$$f^{(t)} = \sigma(\boldsymbol{U}^f x^{(t)} + \boldsymbol{W}^f s^{(t-1)} + b_f)$$

(7.55)

其中，U^f 表示从输入层到隐层遗忘门的权矩阵，W^f 表示从隐层输出反馈到隐层遗忘门的权矩阵，σ 表示 Sigmoid 激活函数。

遗忘门的输出和上一时刻的细胞状态按点相乘之后得到的结果就是可以被遗忘的信息，即

$$r^{(t)} = f^{(t)} \otimes c^{(t-1)} \tag{7.56}$$

（4）细胞状态

LSTM 的关键就是细胞状态。细胞状态就是隐层单元的内部状态，记录着需要被保留能够跨越长时间间隔的信息。细胞状态类似于传送带。直接在整个链上运行，只有一些少量的线性交互。信息在上面流传很容易保留，不会发生太大变化。所以，LSTM 通过细胞状态保存长时间跨度信息，有效抵消了梯度消失影响，从而能够学习到更长时间跨度上的模式。细胞状态记录的信息就是待保存信息和待遗忘信息之和。也就是说，细胞状态是一个线性激活函数，即

$$c^{(t)} = d^{(t)} + r^{(t)} \tag{7.57}$$
$$= g^{(t)} \otimes i^{(t)} + f^{(t)} \otimes c^{(t-1)}$$

（5）输出门

输出门决定是否输出当前的信息。输出门除了偏置 b_o 与输入门不一样之外，其他输入数据与输入门一样，即

$$o^{(t)} = \sigma(U^o x^{(t)} + W^o s^{(t-1)} + b_o) \tag{7.58}$$

其中，U^o 表示从输入层到隐层输出门的权矩阵，W^o 表示从隐层输出反馈到隐层输出门的权矩阵，σ 表示 Sigmoid 激活函数。注意，此处 $o^{(t)}$ 表示隐层输出门当前的输出向量。

最后，输出门对当前细胞状态信息进行过滤之后才作为当前隐层的真正输出，即

$$s^{(t)} = o^{(t)} \otimes \tanh(c^{(t)}) \tag{7.59}$$

其中，细胞状态的输出经过了一个 tanh 函数转换，这样可以保证每个隐层单元都有相同的动态范围。但是也可以使用 ReLU 激活函数，这样一方面可以获得更大的动态范围，另一方面更易于训练。

LSTM 网络的训练仍然采用 BPTT 算法。

2. GRU 网络

前面介绍了 LSTM 网络的一般常见结构。实际上，LSTM 有很多变种。其中，2014 年提出来的 GRU（Gated Recurrent Unit）是目前很流行的一种 LSTM 变种。GRU 简化了 LSTM 单元结构，把遗忘门和输入门合并为一个重置门，同时还合并了细胞状态和隐层状态。GRU 既能使结构更加简单，又能保持 LSTM 的效果。特别是 GRU 少了一个门就少了几个矩阵乘法，在训练数据很大的情况下能节省很多时间。

GRU 网络单元结构如图 7.30 所示。GRU 单元中只有重置门 $r^{(t)}$ 和更新门 $z^{(t)}$ 两个门，并且没有细胞状态。

（1）重置门

重置门用于控制忽略前一时刻的状态信息的程度。重置门的值越小说明忽略得越多。重置门的作用相当于合并了 LSTM 中的遗忘门和输入门。LSTM 通过遗忘门和输入门控制信息的存留和传

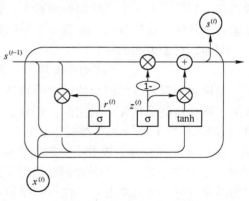

图 7.30　GRU 网络单元结构

入；而 GRU 则通过重置门来控制是否保留原来隐层状态的信息，但是不再限制当前信息的传入。重置门有助于捕捉时序数据中短期的依赖关系。重置门的定义为

$$r^{(t)} = \sigma(\boldsymbol{U}^r x^{(t)} + \boldsymbol{W}^r s^{(t-1)} + b_r) \tag{7.60}$$

重置门的输出和前一时刻隐层状态按点相乘之后得到的结果再经过 tanh 函数之后就是待输出隐层状态$\hat{s}^{(t)}$，即

$$\hat{s}^{(t)} = \tanh(\boldsymbol{U}^s x^{(t)} + \boldsymbol{W}^s(r^{(t)} \otimes s^{(t-1)}) + b_s) \tag{7.61}$$

可以看到，当重置门 $r^{(t)}$ 趋于 0 的时候，前一个时刻的隐层状态信息 $s^{(t-1)}$ 会被忘掉，待输出隐层状态$\hat{s}^{(t)}$会被重置为当前输入信息。

（2）更新门

更新门决定是否要将待输出隐层状态$\hat{s}^{(t)}$更新为新的隐层状态 $s^{(t)}$，其作用相当于 LSTM 中的输出门。更新门有助于捕捉时序数据中长期的依赖关系。更新门的定义为

$$z^{(t)} = \sigma(\boldsymbol{U}^z x^{(t)} + \boldsymbol{W}^z s^{(t-1)} + b_z) \tag{7.62}$$

在 LSTM 中，虽然得到了新的细胞状态 $c^{(t)}$，但是并不能立即直接输出，而是需要经过输出门参与的过滤处理（见式（7.59））。同样地，在 GRU 中，虽然我们也得到了新的隐层状态，即待输出隐层状态$\hat{s}^{(t)}$，但是也不能直接输出，而是要通过更新门来控制最后的输出，即

$$s^{(t)} = (1 - z^{(t)}) \otimes s^{(t-1)} + z^{(t)} \otimes \hat{s}^{(t)} \tag{7.63}$$

可以看到，当前新的隐层输出状态 $s^{(t)}$ 要通过更新门 $z^{(t)}$ 对上一时刻隐层状态和待输出隐层状态线性求和后才能得到。更新门可以控制过去隐层状态在当前时刻的重要性。如果更新门一直趋向于 0，那么过去的隐层状态将一直通过时间保存并传递至当前时刻。反之，若更新门值越大，则当前待输出隐层状态信息就输出越多，过去的隐层状态信息就会减少。

总体来说，GRU 和 LSTM 在功能上差不多，但是在训练收敛时间和所需迭代次数上 GRU 更胜一筹。

7.3.3 双向循环神经网络

基本的循环神经网络只是在时间上单方向地传递数据，即数据只能从过去流动到现在。这样网络就只能考虑到前面数据对后面数据的影响，而考虑不到后面数据对前面数据的影响。当然对于时间序列数据而言，由于时间不倒流，未来无法预知，所以只能利用从过去到现在的数据来单向挖掘数据在时间上的联系模式。但是对于文本数据而言，同样是序列数据，可我们一般都以一句话作为一个完整的处理对象，于是既可以从前到后处理每个单词，也可以从后到前处理每个单词。这样双向地处理一个序列数据，显然更有利于精确地发现其中的隐层模式。

例如，对于下面的一句话：

"我的手机坏了，我打算_____一部新手机。"

如果我们只看横线前面的词"手机坏了"，那么我是打算修一修？还是换一部新的？还是大哭一场？这些都是无法确定的。但是，如果我们同时也看到了横线后面的词是"一部新手机"，那么横线上填"买"的概率就非常大。

1997 年，Schuster 提出了双向循环神经网络（Bidirectional Recurrent Neural Network，BRNN），对基本单向循环神经网络进行了改进。BRNN 同时从正反两个方向处理输入序列，其当前输出（第 t 时刻输出）不仅与前面的序列有关，还与后面的序列有关。对于自然语言处理问题来说，BRNN 能够同时关注到上下文，就可以利用更多的信息进行更准确的判定。

BRNN 的基本结构如图 7.31 所示。BRNN 可以看作是把两个方向相反的单向 RNN 通过输

出层并联在一起，即一个从前向后处理序列数据的单向 RNN 和一个从后向前处理序列数据的单向 RNN 连接着同一个输出层。所以，BRNN 的输出层在某一时刻不仅有来自过去时刻的隐层状态作输入，也有来自未来时刻的隐层状态作输入。这样，BRNN 就达到了同时关注上下文的目的。

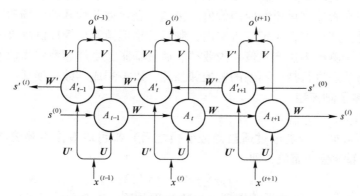

图 7.31　沿时间展开的 BRNN 的基本结构

双向循环神经网络要保存两套权矩阵，一个 A 参与正向计算，另一个值 A' 参与反向计算，正向计算和反向计算不共享权重。也就是说，U 和 U'、W 和 W'、V 和 V' 都是不同的权重矩阵。值得注意的是，正向和反向隐层之间没有信息流，这就保证了展开图是非循环的。

双向循环神经网络 t 时刻隐层输出有两个值：

$$s^{(t)} = f(U \times x^{(t)} + W \times s^{(t-1)} + b_s)$$
$$s'^{(t)} = f(U' \times x^{(t)} + W' \times s'^{(t-1)} + b'_s) \tag{7.64}$$

但是，双向循环神经网络 t 时刻输出层则要将两个隐层输出值进行合并，即

$$o^{(t)} = g(V \times s^{(t)} + V' \times s'^{(t)} + b_o) \tag{7.65}$$

上面介绍的双向循环神经网络是把两个基本 RNN 连在一起构成一个 BRNN。实践中，当然还可以把其他形式的 RNN 连在一起构成双向循环神经网络。例如，最常见的就是双向 LSTM。其思想都是一样的。双向循环神经网络的训练仍然采用 BPTT 算法。

7.3.4　反馈神经网络应用案例

循环神经网络能够较好地挖掘出序列数据中较长时间跨度上的模式，在自然语言处理领域中，特别是机器翻译、自然语言模型、图文转换等应用中获得了巨大成功。本书将在第 8 章介绍深度学习在自然语言处理中的具体应用。用循环神经网络挖掘时序数据，同样也能获得比传统模型更好的效果。下面介绍一个用循环神经网络进行时序数据预测的应用案例。

1. 时序数据预测

时序数据就是每个数据点都带有时间标记的数据，也就是说，数据的某一维是时间刻度值，即

$$X_t = \{ (t_1, x_1), (t_2, x_2), \cdots, (t_n, x_n) \} \tag{7.66}$$

其中，t_n 表示时刻，x_n 表示该时刻的观测值。若 x_n 是一维数据，则 X_t 称为单变量时序数据；若 x_n 是多维数据，则 X_t 称为多变量时序数据，或者多参数（多维）时序数据。如果根据 $[t_0, t_{n-1}]$ 时刻内的观测值来预测 t_n 时刻的观测值，称为单步预测；如果要预测 $[t_n, t_{n+k}]$ 时刻内的所有值，则称为多步预测。例如，根据最近几天的数据来预测未来一周内的天气就是多步

预测。

时序数据一般都是按照时间排列的，表示在某时刻记录了某些变量的值。时序数据预测就是根据已有时间序列数据对未来时间节点的数据进行预测。例如，根据过去的气象观测数据，预测明天的天气。人类总是希望能够更好地预测未来，从而趋利避害。所以，时序数据预测在社会生活和生产中有着非常重要的应用价值。例如，企业运营管理和市场营销中需要预测来年发展趋势，为安排生产计划，决定广告支出，制订价格促销策略等提供决策依据；各国政府和金融机构需要不断预测国内生产总值、失业率、通货膨胀，生产和消费指数等经济变量；工业过程中需要对设备状态进行持续不断的监控和预测，以控制成本减少损耗或者预防故障。

2. 传统的时序预测模型

（1）时序分解

任何一个时序数据（或者经过适当函数变换之后）都可以看作由趋势项、周期项（季节项）、随机项三个部分叠加而成，即

$$X_t = T_t + S_t + R_t, \quad t = 1, 2, \cdots \tag{7.67}$$

其中，T_t 表示趋势项；S_t 表示周期项，也称为季节项；R_t 表示随机项。趋势项 T_t 刻画时序数据的趋势性，可用时间 t 的非周期实值函数 $T(t)$ 来定义。周期项 S_t 刻画时序数据的周期性，可用时间 t 上的周期函数 $S(t)$ 来定义。假如时序数据 X_t 只有一个周期 s，那么则有

$$S(t+s) = S(t), \quad t = 1, 2, \cdots \tag{7.68}$$

对于周期序列而言，任何一个周期内数据的平均值是常量，即

$$\frac{1}{s} \sum_{j=1}^{s} S(t+j) = c \tag{7.69}$$

随机项 R_t 刻画时序数据的随机性，一般由数据中的噪声、随机波动等引起，可以看作一个随机序列。随机项通常是平稳时间序列，即该序列的统计特性（均值、方差等）是与时间 t 无关的常量。

传统的时序预测方法就是采用曲线（曲面）拟合思路，对趋势项、周期项、随机项分别建立不同的模型，并估计出模型参数，然后把三项叠加在一起构成最终模型。只要每项模型估计得足够准确，那么最终的预测值也就比较准确。

（2）多元线性回归模型

最简单的预测模型就是多元线性回归模型，即

$$x_t = b_0 + b_1 u_1 + b_2 u_2 + \cdots + b_k u_k + \varepsilon \tag{7.70}$$

其中，b_0 是常量项，$b_i(i=1,2,\cdots,k)$ 是回归系数，$u_i(i=1,2,\cdots,k)$ 是自变量，ε 是残差。使用最小二乘法可以估计出所有的模型参数 $b_i(i=0,1,2,\cdots,k)$。

（3）ARIMA 模型

多元线性回归模型只适合预测线性数据，不适合预测非线性数据。实践中，常用差分自回归移动平均 ARIMA（AutoRegressive Integrated Moving Average）模型来进行时间序列的预测，也记作 ARIMA(p,d,q) 模型。该模型有 3 个参数：p、d、q。

- p 代表预测模型中自回归（Auto-Regressive，AR）项时序数据的滞后数。
- d 代表将时序数据转换为平稳序列所需的差分次数，即原序列数据经过几次差分才能成为稳定序列，也叫差分项。
- q 代表预测模型中移动平均（Moving Average，MA）项预测误差的滞后数。

ARIMA 模型的基本思想是：先将非平稳时间序列转化为平稳时间序列，然后将最近一段

时间（对应滞后数 p）观测量的加权和，与最近一段时间（对应滞后数 q）的预测误差，再加上一个随机误差，进行回归建立模型，即

$$\bar{x}_t^{(d)} = \mathrm{AR}(p) + \mathrm{MA}(q) + \varepsilon$$

$$= \sum_{i=1}^{p} \phi_i \times x_{t-i}^{(d)} + \sum_{i=1}^{q} \theta_i \times e_{t-i} + \varepsilon$$

$$= \sum_{i=1}^{p} \phi_i \times x_{t-i}^{(d)} + \sum_{i=1}^{q} \theta_i \times (x_{t-i} - \bar{x}_{t-i}) + \varepsilon \qquad (7.71)$$

其中，ϕ_i 表示自回归系数，θ_i 表示移动平均系数，ε 表示随机误差，$x_{t-i}^{(d)}$ 表示经过 d 阶差分之后 $t-i$ 时刻的值，e_{t-i} 表示 $t-i$ 时刻真实值与估计值的误差。式（7.71）实际上就是说，经过 d 次差分之后的序列可以看作是自回归序列与移动平均序列之和再加上随机误差。

p、d、q 的具体取值与序列数据本身的特性有关，其不同取值可对应 ARIMA 模型的不同简化形式。然后，只要估计出所有的自回归系数和移动平均系数，就拟合出了预测模型。

3. 基于 LSTM 的时序预测

传统的 ARIMA 模型需要将非平稳序列经过差分后变成平稳序列，再进行回归处理。在这个过程中，不可避免地引入了一些系统误差。现在使用深度学习方法基于 LSTM 网络直接对原始时序数据进行学习，最后网络直接给出预测值。这样不仅可实现"端对端"式直接预测，减少了中间环节，而且能够获得更高的预测精度。下面以 PM2.5 浓度预测为例，说明用 LSTM 网络进行时序预测的一般方法。

表 7.3 所示为某市一段时间的 PM2.5 浓度的观测数据。我们要使用大量这样的观测数据来训练 LSTM 网络，实现使用当前 24 小时的观测数据来预测未来 1 小时 PM2.5 浓度的功能。本例中整个 LSTM 网络模型结构如图 7.32 所示。整个模型很简单，就是一个单向 LSTM 网络后面接一个全连接层。LSTM 的输入数据是经过归一化处理之后的 8 维向量（去除时间列之后剩下的 8 个属性，即时间值只影响观测数据的顺序，与 PM2.5 浓度无关）。网络输出数据是待预测的未来 1 小时 PM2.5 浓度归一化值。因为我们只预测一个 PM2.5 浓度数值，所以全连接层最后一层只需要一个神经元。其他隐层神经元个数凭经验设定。本例要求用 24 小时观察数据预测未来 1 小时 PM2.5 的浓度，所以 LSTM 模型中的时间步数设为 24。也就是说，每输入 24 个 8 维向量，网络输出一个预测值。

表 7.3　某市 PM2.5 浓度观测数据

时　　间	PM2.5 浓度（μg/m³）	露点（℃）	气温（℃）	气压（hPa）	风向	风速（km/s）	累计降雪时间（h）	累计降雨时间（h）
2010-1-2 00:00	129	-16	-4	1020	东南	1.79	0	0
2010-1-2 01:00	148	-15	-4	1020	东南	2.68	0	0
2010-1-2 02:00	159	-11	-5	1021	东南	3.57	0	0
2010-1-2 03:00	181	-7	-5	1022	东南	5.36	1	0
2010-1-2 04:00	138	-7	-5	1022	东南	6.25	2	0
2010-1-2 05:00	109	-7	-6	1022	东南	7.14	3	0
2010-1-2 06:00	105	-7	-6	1023	东南	8.93	4	0
2010-1-2 07:00	124	-7	-5	1024	东南	10.72	0	0
2010-1-2 08:00	120	-8	-6	1024	东南	12.51	0	0

时 间	PM2.5 浓度 （μg/m³）	露点 （℃）	气温 （℃）	气压 （hPa）	风向	风速 （km/s）	累计降雪时间 （h）	累计降雨时间 （h）
2010-1-2 09:00	132	−7	−5	1025	东南	14.3	0	0
2010-1-2 10:00	140	−7	−5	1026	东南	17.43	1	0
2010-1-2 11:00	152	−8	−5	1026	东南	20.56	0	0
2010-1-2 12:00	148	−8	−5	1026	东南	23.69	0	0
2010-1-2 13:00	164	−8	−5	1025	东南	27.71	0	0
...	...	...	...	...	...	...	...	...
2010-1-2 23:00	132	−15	−4	1021	东南	2.71	0	0

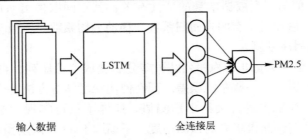

图 7.32　预测 PM2.5 浓度的 LSTM 网络模型结构

7.4　本章小结

　　人工神经网络是人工智能中非常重要的一个领域。因为人工神经网络代表了一种基本的人工智能研究途径——连接主义途径。无论是以物理符号系统用形式化的方法来研究智能与思维，还是用模拟思维物质基础的方法来探索智能行为，都是研究人工智能的基本途径。二者不是相互矛盾的关系，而应该是相互补充的、从不同角度看待问题的关系。近十年来，深度学习方法的飞速进展，使得人工神经网络方法继 BP 网络之后再次引人注目。现在，用基于人工神经网络的深度学习方法来解决各种学习问题已经成为人工智能研究中最热门的方向之一。深度学习方法表现出来的超高精度确实优于其他的机器学习方法。但是，人们对深度学习和人工神经网络基础理论的研究还不够完善，处于正在深入的阶段。

　　人工神经网络特别是深度学习方法已经在实践应用中显示了强大的作用和威力，甚至实现了一些以前认为计算机无法完成的工作，如图像风格转换、漫画自动着色和 AlphaGo 等。网络本身的复杂性，一方面使我们难以对神经网络进行准确的理论分析，另一方面也使我们看到了用复杂网络解决复杂问题的奇异特性。南京大学的周志华教授指出，模型拥有足够的复杂度是解决复杂问题的条件之一。

　　现在我们仍然不停地提出各种各样新型神经网络模型，不停地创造出新理论来解释神经网络的各种特性，不停地探索和挖掘神经网络的新功能。目前，深度学习中的各种神经网络还都是依赖梯度下降法来训练网络。这一点也促使很多人思考如何研究新型的训练方法。

　　无论在获取知识（机器学习）、存储知识（内容记忆）方面，还是在运用知识（判断、识别、推理、预测）方面，人工神经网络都是极其重要的一种方法。所以，我们可以说，人工神经网络是人工智能的核心之一。

本章主要介绍了人工神经网络的一些基本结构和基本模型。基本的神经元模型没有什么变化。LSTM 网络引入了门结构，使得神经元结构比较复杂。门结构可以有选择地保留状态信息，有效地解决了循环神经网络中的长期依赖问题。人工神经网络主要在于如何连接神经元，神经元上的权值如何变化。

前馈网络是最简单的连接方式。由于不存在反馈，所以网络必然是稳定的，学习必然收敛。当然，收敛不一定是收敛到全局最小点。BP 算法是最基本的前馈网络学习模型，在此基础上发展出了各种卷积神经网络。现在，卷积神经网络的基本结构有卷积层、池化层、残差学习结构、Inception 结构和全连接层。BP 算法最主要的问题在于学习收敛慢和全局最小点问题。所以，人们一直不停地在改进 BP 算法学习规则，提出了各种优化训练策略。

早期的反馈网络（如 Hopfield 网络、竞争网络）注重研究网络的非线性复杂动力学特征、自组织性以及网络稳定性。但是，现在深度学习所用的循环神经网络虽然在时间上形成了反馈，但是网络沿时间展开之后仍然还是前馈网络，即 RNN 被看作一个从初始时刻一直连接到当前时刻的前馈网络。所以，RNN 的训练仍然采用 BP 算法思路，但是要在时间方向上进行反传梯度，即 BPTT 算法。

以生成式对抗网络（GAN）为代表的混合型神经网络是当前人工神经网络研究和发展的一个重点。GAN 是一种生成式模型，通过两个网络对抗的方式完全自动学习出训练数据的分布特征，并产生与其基本一致的新数据。GAN 代表了一种新的学习思路。另外，随机网络也值得特别注意。随机网络能够以较小的代价高效地解决搜索空间巨大的问题，或者具有不确定性的问题，对我们有很大的启发。在网络中引入一些随机性，能打破梯度下降法收敛慢、易陷入局部极小点的问题，不但可以加快网络训练速度，而且能提升网络的泛化能力。例如，Dropout 操作和玻尔兹曼机等。

习题

7.1 常见的深度学习模型有哪些？试举例说明每种模型在实践中的应用。

7.2 卷积神经网络与 BP 网络有哪些相同点和不同点？

7.3 人工神经网络的基本特点是什么？目前的人工神经网络适合做哪些事情？不适合做哪些事情？

7.4 目前深度学习的主要优势是什么？深度学习现在面临的主要问题是什么？

7.5 卷积神经网络中使用 BP 算法进行训练时有很多优化选项。请查阅有关文献，试分析 3 种以上的优化训练策略，并指出它们各自的思路以及特点。

7.6 MNIST 数据集是经典的手写体数字（字符）识别数据集。请在该数据集上分别用 3 种以上不同神经网络（如 BP 网络、LeNet、VGG、GoogleNet 等）解决字符识别问题。要求正确识别你自己在画图板上写的 20 个数字。然后，从识别精度、训练时间、识别时间等方面对不同网络模型进行对比分析。

7.7 请查阅有关文献，分析对比在曲线（曲面）拟合方面都有哪些神经网络模型，它们各自的优缺点是什么。

7.8 请推导 BPTT 算法在 LSTM 网络中的训练过程。

7.9 注意力机制的基本思想是什么？其在深度学习中有什么应用？

7.10　用 3 种以上神经网络实现人脸识别应用，然后从识别精度、训练时间、识别时间等方面对不同网络模型进行对比分析。

7.11　用 3 种以上方法（如 BP 网络、LSTM 网络、支持向量机回归、多元线性回归等）实现对某市空气 PM2.5 浓度的 24 小时预测（即预测未来 24 小时内每小时的浓度），然后从预测精度、训练时间、执行时间等方面对不同方法进行对比分析。

7.12　编码器–解码器模型的基本结构是什么？请举例说明编码器–解码器模型的几种应用。

7.13　请查阅文献，找出 4 种具有自组织性的人工神经网络模型，并指出它们之间的异同。

7.14　请查阅文献，讨论一下在围棋等对弈问题中如何应用深度学习方法。

7.15　请查阅文献，了解 GAN 原理，并基于 GAN 编程实现图像风格转换。

第8章　人工智能的其他领域

人工智能是一门综合的学科，其涵盖范围非常广泛，本书不能一一详细介绍。本章重点介绍人工智能领域中影响比较大的几个子领域，包括模式识别、自然语言处理和智能体。这几个子领域的研究成果在目前都已经得到了广泛深入的应用。例如，图像识别、人脸识别、文字识别、网络检索、机器翻译、人机对话、机器人足球比赛等。人工智能还有很多其他研究方向，请感兴趣的读者自行查阅相关文献。

8.1　模式识别

模式识别（Pattern Recognition）是人工智能最早研究的领域之一。它是利用计算机对物体、图像、语言、字符等信息模式进行自动识别的科学。当得到一个新的样本时，常常要判断它属于哪一种已知类型。例如，识别指纹、脸形、诊断疾病、故障，判别矿藏情况等，都属于模式识别问题。现在，用深度学习方法解决模式识别问题已经取得了非常好的效果。

8.1 模式识别

8.1.1　模式识别的基本问题

1. 模式识别的任务

人工智能所研究的模式识别是指用计算机代替人类或帮助人类感知模式，是对人类感知外界功能的模拟，使计算机系统具有模拟人类通过感官接受外界信息、识别和理解周围环境的感知能力。模式就是对世界有限部分某个事物所有观测值的综合。模式识别就是试图确定一个样本的类别属性，即把某一样本归属于多个类型中的某一个类型。

在人们的日常生活中，模式识别是普遍存在和经常进行的过程。例如，医师为一个患者看病，首先要测量这个患者的体温和血压，化验血沉，询问临床表现；然后通过综合分析，抓住主要病症；最后运用自己的知识，根据主要病症，为这个患者做出正确的诊断。

上述医师为患者诊断的过程就是模式识别的一个完整过程，它是由人运用自己的经验和知识完成识别的。显然，人脑的识别能力是极高的。可是如何让机器自动识别完成这些复杂的过程？这就需要把人们的知识和经验教给机器，为机器制定一些规则和方法，并且让机器具有综合分析和自动分类判断的能力，以便使机器能够完成自动识别的任务。这些正是模式识别要研究的主要内容。

2. 模式识别的基本过程

从模式识别的技术途径来说，由模式空间经过特征空间到模型空间是模式识别所经历的过程。模式识别的基本过程如图 8.1 所示。

1）采集模式信息是指利用各种传感器把被研究对象的各种信息转换为计算机可以接收的数值或符号（串）集合。习惯上，称这种数值或符号（串）所组成的空间为模式空间。这一步的关键是传感器的选取。为了从这些数字或符号（串）中抽取出对识别有效的信息，必须进行数据处理，包括数字滤波和特征提取。

2）在采集过程中或采集之后，经常需要进行数据预处理，包括模/数转换、消除模糊、

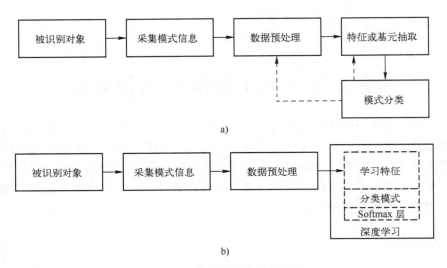

图 8.1 模式识别的基本过程

a) 传统的模式识别 b) 基于深度学习的模式识别

减少噪声、纠正几何失真等预处理操作。对数据进行预处理是消除或减少在模式采集中的噪声及其他干扰，人为地突出有用信号，以便获得良好的识别效果。

3）传统模式识别方法需要对有用信号做特征抽取或基元抽取之后，才能进行正确的分类。这是传统模式识别方法的一个关键。传统的特征抽取需要人工凭借经验找出有效特征。往往再结合特征选择去除冗余特征或者进行特征降维，以利于后续的分类学习。特征抽取或基元抽取不是一次就可以完成的，需要不断地修改和完善，这是图 8.1a 中虚线回溯的含义。

但是，现在的深度学习方法，特别是卷积神经网络，具有非常强的表示学习能力，它能够根据训练数据和目标类别自动从原始数据中学习出有效特征，并且能获得很高的分类精度。所以，现在的主流模式识别模型一般都采用深度学习方法实现"端对端"式应用，把特征抽取和特征选择隐含在神经网络之中，与模式分类一起自动完成，不再需要人工处理。

4）传统模式识别的另一个关键是模式分类算法。它在前几步准备工作的基础上，把未知类别属性的样本确定为类型空间里的某一个类型。具体的分类算法可以采用前面章节讲过的支持向量机、决策树、贝叶斯方法和 BP 网络等各种方法。但是在基于深度学习的模式识别模型中，由于前面的深层网络学习出了有效特征并且完成了高层特征组合，所以后面真正实现分类功能的网络部分往往很简单，只用一个逻辑回归层或者一两个全连接层就可完成分类功能。最后，一般通过 Softmax 层输出最终类别的概率（即输出值最大的神经元序号就是输出类别序号，神经元输出值代表输入样本被识别为该类别的概率）。

3. 模式识别的方法

传统的模式识别方法可分为统计模式识别、结构模式识别、模糊模式识别和浅层神经网络模式识别四大类。统计模式识别理论比较成熟，其特点是提取待识别模式的一组统计特征，按某种决策函数进行分类判决。结构模式识别提出得较早，它的特点是把待识别模式看作若干个较简单的子模式构成的集合，每一个子模式再分为若干个基元，基元按某种组合关系构成模式。就好像文章由单字、词、短语和句子按语法规则构成一样，因此又叫作句法模式识别。模糊模式识别中一个对象不是绝对属于某类别，而是按照一定隶属度部分地属于某类别。传统浅层神经网络也是一种常见的有效模式识别方法。但是，现在的模式识别主要以各种深度卷积神经网络为基础来实现。

4. 模式识别的应用

模式识别发展至今，人们的一种普遍看法是不存在对所有模式识别问题都适用的单一模型。深度学习虽然可以较好地解决模式识别问题，但是对具体问题还是要寻找不同的具体深度学习模型才能获得更好的结果。例如，识别静态图像的模型和识别动态视频的模型就有很多区别。在实践中，针对具体问题把各种模型结合起来，或者采用集成学习（Ensemble Learning）是一种非常有效的途径。

模式识别的应用领域十分广泛。

1）卫星图片识别：在飞机或卫星上用不同的光波段进行遥感遥测，获取各种图片资料。通过对这些图片资料的分析处理和识别，可以进行资源勘探、地理测绘、作物估产、军事目标的侦探和气候预报等研究。

2）生物医学信息识别：模式识别可用于心电图、脑电图、X光图片、CT图片、B超图片等各种医学曲线图像的分析，辅助医生自动识别判定健康状态和医疗诊断等。现在使用计算机已经可以比较准确地识别出医学图像上的病变组织。再例如，染色体分类识别、细胞自动分类计算、蛋白质结构与功能识别等可以帮助我们在分子、基因层次认识生命与疾病的规律。

3）文字识别：文字识别又称字符识别，它是模式识别中的主要研究方向之一。人们在生产和日常生活中所使用和交换的信息，大部分是视觉信息，其中文字信息是不可缺少的部分。为了实现文字信息处理的自动化，需要实现文字识别。此时，人们可将大量的文献资料、统计报表以及计算机程序和数据直接输入计算机，不仅大大减轻了人力劳动，而且在自动排版、机器翻译、情报检索等方面都有广泛的应用。目前，在数字和字符识别方面已经有了很多成功的应用成果。例如，光学字符阅读机、邮政信函识别机等。汉字识别的研究更具有特殊意义。目前对常用印刷体汉字的识别率可以达到99%以上，识别速度可达到30~100字/s。在线手写体识别（即计算机跟随书写过程的识别）也已经在手机中获得了普遍应用。

4）语音识别：语言是人类交流信息的主要媒介。如果计算机能识别语音，那么人或庞大的电话系统可将信息直接送入计算机，不仅速度快，而且输入设备简化。所以，语音识别早已成为模式识别研究中的重要课题。人在讲话时，不仅受到舌、鼻、唇、齿等部位的影响，而且因地域、民族、性别和年龄的不同，发音也不同，它完全因人而异，千差万别。语音识别研究首先从特定人的单个词的识别开始。识别的结果通常由电子式声音合成系统来模仿人的发音器官变成声音输出。一般以脉冲发生器（相当于声带）和白噪声发生器（相当于杂音）作为声源，通过改变频率滤波器（相当于口腔）的频率和幅度而合成不同的声音输出。目前，语音识别在声音分析、识别、合成技术等方面都取得了很大进展。在实践中已经出现了很多应用产品。人与计算机自由对话的时代已经向我们走来。

5）图像识别：图像识别包括的内容非常广泛。根据识别图像的内容不同，常见的应用有指纹识别、人脸识别、雷达图像识别、其他特定物体识别等。大部分字符识别都是先从整个（静态或者动态）图像中提取含有字符的图像区域，再进行细致的字符识别。所以，字符识别也是图像识别的一种应用。图像识别在现实生活中已经有了很多应用。例如，指纹打卡机就应用了指纹识别，录像监控系统中就应用了人脸识别。此外，模式识别还广泛地应用于过程监控、质量控制、自动检测、环境监测以及考古等领域。

图像识别的难点在于图像数据量大、图像特征不易提取。一幅图像中可以蕴含着非常丰富的信息。不同应用所关心的图像特征差异十分大。所以，准确地从图像中提取特征，消减图像噪声是图像识别中的一个重点问题。现在用深度学习方法针对指定应用可以自动学习出图像特征，并通过深层网络实现高级特征的组合，以利于后面层的判定识别。但是，深度学习方法的可解释性和泛化能力和人眼识别系统相比还有很大差距。

8.1.2 图像识别

图像识别就是利用计算机对图像进行处理、分析和理解，以识别各种模式目标和对象的技术。图像识别是当前最火爆、应用最成功的一个人工智能子领域。现在，使用深度学习方法解决图像识别问题的精度已经达到95%以上，可与人眼媲美。当然，其抗噪能力、泛化能力、抽象能力还与人眼有很大差距。图像识别技术已经成为车辆自动驾驶、机器人交互、医学图像自动诊断、视频监控与追踪、基于卫星的目标识别与追踪、车牌识别等很多应用中的基本核心技术。

1. 图像识别的一般内容

图像识别的一般内容可分为低级处理、中级处理和高级处理三个不同层次，如图 8.2 所示。低级处理主要包括图像获取和数据预处理等内容，重点解决图像失真、图像降噪、图像压缩等问题。中级处理主要包括图像分割、图像内容表示与描述等问题。高级处理主要包括图像内容识别与解释等问题。高级处理往往不仅仅涉及图像本身，还要涉及图像内容所对应的文本、语义等内容。无论在哪个层次处理图像都会涉及一些先验知识。充分利用先验知识辅助图像识别过程，会有利于简化问题的难度，提高性能，增强系统能力。

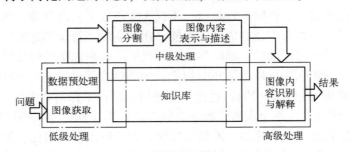

图 8.2　图像识别的一般内容

图像识别在狭义上仅指图像分类（Image Classification），但是在广义上可以泛指计算机视觉（Computer Vision）所做的大部分工作，包括目标分割、目标检测、目标识别、目标跟踪等。图像识别的最终目的是理解图像，能够正确地从图像中获取相关的信息或知识。理解图像的基本任务包括图像分类、目标定位、目标检测、目标识别、图像分割和目标追踪。这些任务的一般区别如下：

1）图像分类（Image Classification）：把给定图像划分到正确的类别，或者赋予正确的标签。例如，在一堆照片中区分哪些是猫的照片，哪些是狗的照片，哪些是马的照片。图像分类一般针对图像中最主要的一个对象进行分类识别。如果一张照片中既有一只猫又有一条狗，那么在前面的例子中就不会正确分类了。

2）目标定位（Object Localization）：识别出目标在图像中的相对空间位置。例如，在视频监控应用中要从图像中准确地找到人脸的位置。

3）目标检测（Object Detection）：区分给定图像中的多个对象，给出其在图像中的位置和大小。

4）目标识别（Object Recognition）：给图像中的不同对象赋予正确的标签。一般而言，目标检测只要区分出图像中的不同物体（目标）就行了；而目标识别则不仅要区分不同物体，还要判定该物体具体是什么。例如，输入一张照片，目标检测输出照片中 4 个目标分别对应的像素点或者区域；而目标识别则要更进一步判定 4 个目标分别是 1 个人、1 匹马和 2 条狗。

5）图像分割（Image Segmentation）：按照任务要求不同，可分为像素级的语义分割（Semantic Segmentation）和对象级的实例分割（Instance Segmentation）。语义分割一般要求把图像的背景像素点和前景像素点区分开，最终只要前景像素点，抛弃背景像素点。而实例分割则不仅要区分前景和背景，还要把前景中的不同对象区分开。例如，有一张甲、乙、丙三个人在草地上的合影照片。语义分割只要把草地背景去除，仅剩下人的所有像素点就可以了；而实例分割则不仅要把人和草地划分开，还要把甲、乙、丙三个人分别对应的像素点完全划分开。

6）目标追踪（Object Tracking）：从连续图像中发现同一目标的运动轨迹。例如，在视频中找出同一个人的运动路线，或者在持续的卫星观测图像中找出某架飞机的运行轨迹。

2. 图像识别中的常用方法

图像识别涉及的具体任务很多，其具体方法也就有很多变化。但是总体来说，在 2010 年以前，图像识别主要依赖人工设计各种特征提取算法从图像中获取有效特征（如颜色/灰度直方图、SIFT、HOG、LBP、Gabor 等）构成特征向量，然后用支持向量机等分类器实现模式分类。但是自从 2012 年 AlexNet 通过卷积神经网络大幅提高图像识别精度以后，图像识别已经全部转为用深度学习方法作为基本策略。现在解决图像识别问题主要是用各种卷积神经网络。近年来，混合型神经网络特别是对抗式生成网络（GAN）在计算机视觉和图像识别领域发挥着越来越重要的作用。

以目标检测和识别任务为例，图 8.3 展示了 1999 年—2018 年，近 20 年间图像识别主要方法里程碑。

3. 图像识别的典型应用

深度学习方法基本解决了图像识别精度的问题。基于图像识别的各种智能应用已经日渐成熟。例如，很多手机上安装的拍照识花应用程序就是一种典型的图像分类应用。类似的应用还有很多，如根据植物叶子照片来识别植物病害等。核磁共振、CT 等医学图像的自动诊断系统也主要依靠图像分类技术来判定人体健康与否。人脸识别则是图像识别的一个应用重点。各种刷脸支付、刷脸门禁的核心技术也都是图像识别。

目标分割和目标识别是卫星图像识别应用中的核心技术。特别是在军事领域，从卫星图像中区分出军事目标和非军事目标，识别判读卫星图像内容都是目标分割、目标识别的典型应用。

汽车自动驾驶则是图像识别的又一个典型应用场景。在自动驾驶过程中系统首先要检测摄像头图像中的道路，对道路进行目标定位和目标检测。其次，还必须对车辆周围的其他车辆、行人和障碍物进行目标检测和识别。再次，还必须对车辆运行前方的交通道路标识和交通信号灯进行目标识别。自动驾驶是一个非常综合的应用，所用技术也不只是图像识别，还包括三维激光扫描与三维建模、雷达测距测速与模式识别，以及行为预测、碰撞预警等。

目标跟踪的典型应用场景是安保监控、反恐排查、军事侦察等。在这些场景中，系统可以从监控视频或者卫星图像中识别出感兴趣的目标（人、车辆、飞机、舰船等），然后定位其空间坐标并跟踪其运动轨迹。

随着深度学习方法在图像识别领域的不断发展，用深度学习方法还可以对图像进行艺术加工处理。例如，用混合型神经网络或者对抗式生成网络可以实现图像风格转换、漫画自动上色

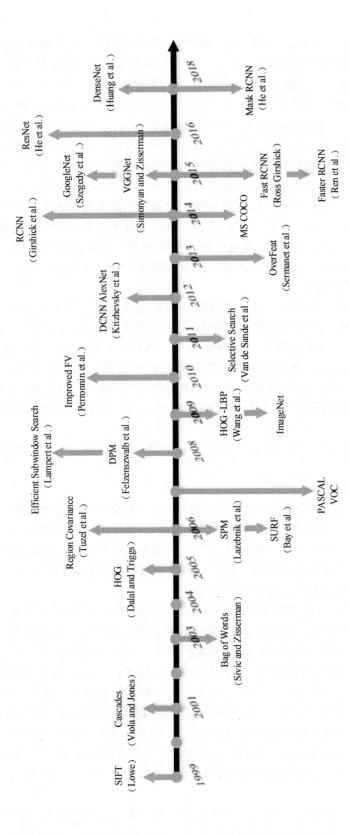

图8.3　图像识别主要方法里程碑

等应用。图像风格转换是指把数码照相机拍出来的写实照片自动转换成某种艺术风格的图像，其作用就像自动实现了高级滤镜功能。漫画自动上色是指给无颜色的素描或者白描漫画自动填充颜色，使其变成符合预制风格的彩色漫画。

完全可以预期，随着人工智能技术的进步，越来越多的智能图像处理应用会出现在日常生活中，给人们的工作和生活带来更多的便利。

8.1.3 人脸识别

人脸识别是图像识别中研究最多的一个子领域。图像识别的各种新方法基本上都会用人脸识别问题进行验证。人脸识别具有重要的学术研究价值是因为人脸既具有可区分性，又包含了很多细节，同时人脸也具有一定变化性。人脸其实是一类相当复杂的、细节变化的自然结构目标。对此类目标识别的挑战性在于：①外界光线变化或者人本身的表情变化都会使同一个人脸生成不同的图像；②在真实环境中，人脸上可能存在眼镜、胡须、妆容、口罩或者其他物体的遮挡；③物体遮挡导致在复杂环境中难以检测出人脸。

1. 人脸识别的一般内容

人脸识别实际上分为两个具体问题：人脸验证问题和人脸识别问题。人脸验证问题是判断两幅图片中的人是否为同一个人。而人脸识别问题则是判定现场采集的照片（如手机或者摄像头视频）是事先见过的众多人中的哪一个。人脸验证只需要判定两个人脸图像是否相同，而人脸识别则是从多个不同人脸中找出哪一个与输入人脸为同一人。人脸验证问题常见的应用是人脸解锁、人脸支付等进行身份验证的场景。人脸识别问题常见的应用是疑犯追踪、客户识别等场景。在 2015 年以前，人脸验证和人脸识别一般通过不同算法框架来实现。若系统要同时拥有人脸验证和人脸识别功能，则需要分别训练两个神经网络。但是 2015 年谷歌的 FaceNet 将两者统一到了一个框架里。

一般地，人脸识别算法主要包含三个模块：人脸检测（Face Detection）、人脸对齐（Face Alignment）和人脸特征表征（Feature Representation）。

人脸检测用于确定人脸在图像中的大小和位置，即解决"人脸在哪里"的问题。人脸检测把真正的人脸区域从图像中裁剪出来，便于后续的人脸特征分析和识别。

人脸对齐就是将不同形态的人脸图像都变换到一个统一的角度和姿态。因为同一个人在不同图像中可能呈现出不同的姿态和表情。若不做处理，则会导致同一个人的人脸特征不一致，这显然不利于后续识别过程。人脸对齐的原理是找到人脸的若干个关键点（如眼角、鼻尖、嘴角等），然后利用这些关键点通过相似变换（包括旋转、缩放和平移）将人脸尽可能变换为标准人脸。

人脸特征表示就是把人脸图像转换成特征图像。人脸识别算法一般的输入是经过标准化之后的人脸图像，通过特征建模得到向量化人脸特征，最后通过分类器判别得到识别结果。人脸包含很多不同的细节特征，如脸型、眼皮、眼球、鼻子、肤色、发际等。人也是基于特征值的不同组合来识别人。传统的识别方法需要依赖人工寻找不同特征和特征的有效表示方法。而深度学习方法则通过在成百上千万级别的人脸数据库上进行学习训练，自动总结出最适合计算机理解和区分的人脸特征。

人脸识别都基于一个默认的假设：同一个人在不同照片里脸的特征，在特征空间里应该非常接近；不同人的脸在特征空间里相距较远。

2. 人脸识别方法的演化

子空间算法是一类早期的人脸识别算法。子空间算法将人脸图像当成一个高维的向量，将向量投影到低维空间中，投影之后得到的低维向量达到对不同的人具有良好的区分度。子空间算法的典型代表是 PCA（主成分分析，也称为特征脸模型，即 EigenFace 模型）和 LDA（线性判别分析，也称为 FisherFace 模型）。PCA 和 LDA 都是线性降维技术。但人脸在高维空间中的分布显然是非线性的，于是可以使用非线性降维算法，其典型代表是流形学习和核（Kernel）技术。

描述图像的很多特征都先后被用于人脸识别问题，包括 HOG、SIFT、Gabor、LBP 等。其中典型代表是 LBP（局部二值模式）特征。LBP 特征简单却有效；并且高维特征和验证性能存在着正相关关系，即人脸维度越高，验证的准确度就越高。LBP 特征计算起来非常简单，部分解决了光照敏感问题，但还是存在姿态和表情的问题。

卷积神经网络在图像分类中显示出了巨大威力，通过学习得到的卷积核明显优于人工设计的特征加分类器的方案。目前，人脸识别研究者都是利用卷积神经网络（CNN）对海量人脸图片进行学习，然后对输入图像提取出对区分不同人脸有用的特征向量，替代人工设计特征。

Facebook 研究人员在 2014 年的 IEEE 国际计算机视觉与模式识别会议（CVPR）上提出了 DeepFace 方法，搜集了 4000 个人 400 万张图片进行模型训练。DeepFace 使用 3D 模型来做人脸对齐任务，用深度卷积神经网络针对对齐后的人脸 Patch 进行多分类学习。最后，通过特征嵌入（Feature Embedding）得到固定长度的人脸特征向量。

香港中文大学汤晓鸥团队提出的 DeepID 系列也是很有代表性的方法。DeepID1 方法最后一层为 Softmax 层；倒数第二层被称为 DeepID 层，表示深度隐藏识别特征（Deep Hidden Identity Features），即学习到的人脸特征的高维组合；前面是 4 层卷积池化层。但是 DeepID 层不仅连接了第 4 层卷积池化层的输出，还连接了第 3 层卷积池化层的输出。这样可以更好地兼顾全局特征和局部特征。DeepID2 则在 DeepID1 的基础上做了重大改进：一是去掉了最后的 Softmax 层，二是修改了损失函数。DeepID1 的损失函数是常规的 Softmax 交叉熵损失函数，在 DeepID2 中被称为识别损失（Identification Loss），即

$$\mathrm{Ident}(f, t, w_{id}) = -\sum_{i=1}^{N} -p_i \log_2 \hat{p}_i = -\log_2 \hat{p}_t \qquad (8.1)$$

其中，f 表示卷积池化层的输出，t 表示时刻，w_{id} 表示网络参数（神经元连接权等），正确分类的标签是 1，错误分类的标签是 0。DeepID2 又增加了验证损失（Verification Loss），其目的是最小化类内距离，并最大化类间距离，即

$$\mathrm{Verif}(f_i, f_j, y_{ij}, w_{ve}) = \begin{cases} \dfrac{1}{2}\|f_i - f_j\|^2, & y_{ij} = 1 \\ \dfrac{1}{2}\max(0, m - \|f_i - f_j\|)^2, & y_{ij} = -1 \end{cases} \qquad (8.2)$$

其中，f_i 和 f_j 表示输入的一对人脸图片；y_{ij} 表示输入图片对的标签，即如果人脸图片对是同一个人的，那么 y_{ij} 为 1，否则为 -1；$\|\cdot\|$ 表示 L2 范数；m 是一个需要手动调整的参数，该参数目的在于验证损失函数需要最小化，而不是最大化。DeepID2 最终的目标损失函数是 Ident( ) 与 Verif( ) 的加权和，其权重为系统参数。该团队后续又在 DeepID2 的基础上改进了网络结构，提升了有遮挡人脸的识别性能。

谷歌研究人员则在 2015 年的 CVPR 会议上提出了 FaceNet 方法。FaceNet 使用三元组损失

函数（Triplet Loss）代替常用的 Softmax 交叉熵损失函数，在一个超球空间上进行优化使类内距离更紧凑，类间距离更远，最后得到了一个紧凑的 128 维人脸特征。之前二元损失函数的目标是把相同个体的人脸特征映射到空间中的相同点；而三元组损失函数目标是把相同个体的人脸特征映射到相同区域，使得类内距离小于类间距离。三元组损失函数的输入不再是图片对，而是三张图片（Triplet），分别为锚点脸（Anchor Face）、反例脸（Negative Face）和正例脸（Positive Face）。锚点脸和正例脸为同一人，反例脸是不相同的人。三元组应当满足如下约束：

$$\|f(x_i^a) - f(x_i^p)\|^2 + \alpha < \|f(x_i^a) - f(x_i^n)\|^2, \quad \forall (x_i^a, x_i^p, x_i^n) \in T \tag{8.3}$$

其中，x_i^a 表示第 i 组输入 x_i 的锚点脸，x_i^p 表示第 i 组输入 x_i 的正例脸，x_i^n 表示反例脸；$\|\cdot\|$ 表示 L2 范数；$f()$ 表示取得的人脸特征；α 是一个大于 0 的调整因子，表示约束范围，起到一个安全边距的作用，即保证最大的类内距离一定会小于最小的类间距离。式 8.3 的意思就是训练集内任意的三元组都应当满足锚点脸到正例脸的距离应当远小于锚点脸到反例脸的距离。最终的三元组损失函数为

$$L = \sum_{i=1}^{N} \left[\|f(x_i^a) - f(x_i^p)\|^2 - \|f(x_i^a) - f(x_i^n)\|^2 + \alpha \right] \tag{8.4}$$

如果穷举训练集中所有三元组的话，那么组合下来的数目非常大。所以，实践中一般选择最难区分的图像对来构成三元组，即对于给定人脸作为锚点脸，选取与其最不相似的同一人的人脸作为正例脸，选取与其最相似的不同人的人脸作为反例脸。选择范围一般是在小批量（Mini-batch）范围内容。FaceNet 使用 Inception 模型，模型参数量较小，精度更高。

DeepID 和 FaceNet 由于使用样本组合作为输入，因而输入空间十分巨大。当训练集很大时，基本不可能遍历所有可能的样本组合。所以，其模型需要训练很长时间，甚至可能长达一个月。而对输入组合不同的采样方式，也会影响到训练结果。

DeepID 和 FaceNet 直接在人脸特征层上定义新的损失函数，力图找到更好的人脸特征表示，从而达到更好的识别性能。另一种思路则是对 Softmax 损失函数进行改进，在损失函数中引入边距（Margin），增加模型学习难度，从而增强模型整体的分类识别性能。这个思路的代表方法就是 2016 年在国际机器学习大会（International Conference on Machine Learning，ICML）上提出的 L-Softmax 损失（Large-Margin Softmax Loss）。L-Softmax 损失对 Softmax 损失做了改进，将网络最后一层分类层的偏置项去掉，直接优化特征和分类器的余弦角度。这一做法在后续的人脸识别损失函数改进中都得到了使用。

当类别标签为 $\{1,0\}$ 时，常规的 Softmax 损失函数（即交叉熵损失函数）为

$$L = \sum_{i=1}^{N} L_i = - \sum_{i=1}^{N} \log_2 \left(\frac{e^{z_i}}{\sum_j e^{z_j}} \right) \tag{8.5}$$

其中，z_i 表示 Softmax 层一个神经元的输入和，即

$$z_i = W_i x_i + b_i = \|W_i\| \times \|x_i\| \times \cos(\theta_i) + b_i \tag{8.6}$$

其中，x 表示输入到 Softmax 层的特征向量，W 表示连接到 Softmax 层上的网络权重。若忽略偏置 b_i，那么常规 Softmax 损失函数可以表示为

$$L_i = - \log_2 \left(\frac{e^{\|W_i\| \times \|x_i\| \times \cos(\theta_i)}}{\sum_j e^{\|W_j\| \times \|x_i\| \times \cos(\theta_j)}} \right) \tag{8.7}$$

而 L-Softmax 模型则将损失函数修改为

$$L_i = -\log_2\left(\frac{e^{\|W_i\| \times \|x_i\| \times \psi(\theta_i)}}{\displaystyle\sum_{j,j \neq i} e^{\|W_j\| \times \|x_i\| \times \cos(\theta_j)} + e^{\|W_i\| \times \|x_i\| \times \psi(\theta_i)}}\right)$$

$$\psi(\theta) = \begin{cases} \cos(m\theta), & 0 \leqslant \theta \leqslant \dfrac{\pi}{m} \\ D(\theta), & \dfrac{\pi}{m} < \theta \leqslant \pi \end{cases} \tag{8.8}$$

其中，m 是正整数，$D(\theta)$ 表示一个单调减函数，并且 $D(\pi/m) = \cos(\pi/m)$。

L-Softmax 损失函数的思想简单讲就是加大原来 Softmax 损失函数的学习难度。用支持向量机思想来对比的话，原来的 Softmax 损失函数只要支持向量和分类面的距离大于 h 就算分类效果较好；而 L-Softmax 则是需要距离达到 mh（m 是正整数）才算分类效果达到预期。通过这种方式可使类间距离增大。

2017 年的 CVPR 会议上又出现了 A-Softmax（Angular Softmax）损失对 L-Softmax 进行改进。A-softmax 简单讲就是在 L-Softmax 的基础上添加两个限制条件，即 $\|W\| = 1$ 和 $b = 0$，使得预测仅取决于 W 和 x 之间的角度 θ。

对 L-Softmax 损失的另一个重要改进就是对嵌入特征层（式 8.8 中的 W 和 x）进行 L2 范数归一化，并进行尺度缩放。例如，L2-Softmax（L2-constrained Softmax）、NormFace、AMS（Additive Margin Softmax）、ArcFace（Additive Angular Margin）等。一般而言，质量好的图片，其特征的 L2 范数大；而质量差（易导致错误）的图片，其特征的 L2 范数小。对潜入特征进行归一化之后，范数小的特征算出来的梯度会更大。也就是说，对质量差的图片会进行更多训练调整。对特征层强行进行 L2 约束会导致分类空间太小，使得 Loss 值难以下降，分类效果不佳，模型训练困难，所以需要加入尺度缩放因子将分类的超球空间放大。但是值得注意的是，将特征归一化后再放大，并不等价于直接放大特征的 L2 范数。因为前段学习特征的众多卷积层并没有关于放大特征 L2 范数的信息。

3. 人脸识别的现存问题

在实验室条件下，人脸识别的精度已经可以达到 99% 以上，甚至超过了人眼。但是在工程实践中，人脸识别系统远未达到如此精度，与人眼相比还有不少问题。实践中，在光照、遮挡、角度、表情（例如大笑、痛哭）、年龄等诸多条件下，神经网络很难提取出与"标准脸"相似的特征，很容易在特征空间里落到错误位置，导致识别和验证失败。这是现代人脸识别系统的局限，一定程度上也是深度学习的局限。

面对这种局限，通常可采取以下三种应对措施：

1）工程角度：研发质量模型，对检测到的人脸质量进行评价。若质量较差则不进行识别/检验。

2）应用角度：对应用场景进行限制。例如，在刷脸解锁、人脸门禁、人脸签到场景中，都要求用户在良好的光照条件下正对摄像头，以免采集到质量较差的图片。

3）算法角度：提升人脸识别模型性能，在训练数据里添加更多复杂场景和质量差的照片，以增强模型抗干扰能力。

8.2 自然语言处理

8.2 自然语言处理

语言和文字是人类独有的。人类所有的知识都必须借助语言和文字才能传承和发展。自然语言处理就是让计算机像人一样会听、说、读、写，并能与人无障碍交流。这是人工智能发展的终极目标之一。

8.2.1 自然语言处理的基本问题

1. 自然语言处理的任务

自然语言处理（Natural Language Processing）就是用计算机处理人类在日常生活中所使用的自然语言（书面或口头）的能力。另外，自然语言处理也涉及认知科学中对人类语言行为的研究。自然语言处理作为信息处理技术的一个高层次研究方向，一直是人工智能研究的重要领域之一。人工智能学者一直期望计算机能够理解和处理自然语言，人机之间的信息交流能够以人们所熟悉的本族语言来进行。这无疑是未来智能系统应该具备的功能之一。另一方面，由于创造和使用自然语言是人类智能的高度表现，因此对自然语言处理的研究也有助于揭开人类智能的奥秘，深化对思维本质的认识。

迄今为止，对自然语言处理尚无统一的定义。一般地，自然语言处理的目的是让机器能够执行人类所期望的某些语言功能。这些功能包括：

- 语音识别与合成。语音识别是让计算机能够"听懂"人说的自然语言，自动实现从语音到文本的转换。语音合成是让计算机能够"说"自然语言，自动实现从文本到语音的转换。
- 机器翻译。计算机能把用某一种自然语言表示的信息自动地翻译为另一种自然语言等。
- 文本学习和检索。计算机能够根据输入的文本信息，输出相关的其他文本内容。例如，文本分类、信息检索和摘要生成等。
- 回答有关提问。计算机能正确地理解人们用自然语言输入的信息，并能正确回答输入信息中的有关问题。

让计算机理解自然语言是十分艰难的任务。一个能够理解自然语言的计算机系统就像一个人那样需要上下文知识以及根据这些知识和信息进行推理的过程。自然语言不仅存在着语义、语法和语音问题，而且存在模糊性等问题。怎样才算理解了语言呢？归纳起来主要包括下列几个方面：

1）既能够理解句子的正确词序规则和概念，又能理解不含规则的句子。

2）知道词的确切含义、形式、词类及构词法。

3）了解词的语义分类以及词的多义性和歧义性。

4）了解指定和不定特性及所有（隶属）特性。

5）具备问题领域的结构知识和时间概念。

6）具有语言的语气信息和韵律表现。

7）具备有关语言表达形式的文学知识。

8）具备论域的背景知识。

由此可见，语言的理解与交流需要一个相当庞大和复杂的知识体系。自然语言理解最大的困难就在于对知识不完整性、不确定性和模糊性的处理。

2. 自然语言的构成

语言是音义结合的词汇和语法体系，是实现思维活动的物质形式。语言是一个符号体系，但与其他符号体系又有所区别。语言是以词汇为基本单位的，词汇又受到语法的支配才可构成有意义的、可理解的句子。句子按一定的形式再构成篇章等。词汇又可分为熟语和词。熟语就是一些词的固定组合，如汉语中的成语。词又由词素构成。例如，"教师"由"教"和"师"这两个词素构成。同样，在英语中"teacher"也是由"teach"和"er"这两个词素所构成。词素是构成词的最小的、有意义的单位。"教"这个词素本身有教育和指导的意义，而"师"则包含了"人"的意义。同样，英语中的"er"也是一个表示"人"的后缀。

语法是语言的组织规律。语法规则制约着如何把词素构成词、词构成词组和句子。语言正是在这种严密的制约关系中构成的。用词素构成词的规则叫作构词规则，如教+师→教师，teach+er→teacher。一个词又有不同的词形、单数、复数、阴性、阳性和中性等。这种构造词形的规则称为构形法，如教师+们→教师们，teacher+s→teachers。这里只是在原来的词后面加上一个复数意义的词素，所构成的并不是一个新的词，而是同一词的复数形式。构形法和构词法称为词法。语法中的另一部分就是句法。句法也可分成两部分：词组构造法和造句法。词组构造法是词搭配成词组的规则，如红+铅笔→红铅笔，red+pencil→red pencil。这里"红"是一个修饰铅笔的形容词，它与名词"铅笔"组合成了一个新的名词。造句法则是用词或词组造句的规则，"我是计算机科学系的学生"，这是按照汉语造句法构造的句子，"I am a student in the department of computer science"是英语造句法产生的同等句子。虽然汉语和英语的造句法不同，但它们都是正确和有意义的句子。图8.4所示为自然语言的构成关系。

另一方面，语言是音义结合的，每个词汇有其语音形式。一个词的发音由一个或多个音节组合而成。音节又由音素构成，音素分为元音音素和辅音音素。自然语言中所涉及的音素并不多，一种语言一般只有几十个音素。由一个发音动作所构成的最小的语音单位就是音素。

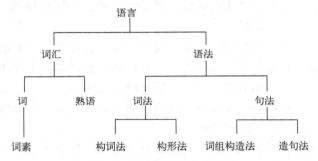

图8.4 自然语言的构成关系

3. 自然语言处理的过程层次

语言虽然表示成一连串的文字符号或者一串声音流，但其内部实际上是一个层次化的结构。从语言的构成关系就可以清楚地看到这种层次性。一个文字表达的句子是由词素→词或词形→词组或句子构成。而用声音表达的句子则是由音素→音节→音词→音句构成。其中每个层次都受到语法规则的制约。因此，语言分析和理解的过程也应当是一个层次化的过程。现代语言学家一般把这一过程分为5个层次：语音分析、词法分析、句法分析、语义分析和语用分析。虽然这种层次之间并非是完全隔离的，但是这种层次化的划分的确有助于更好地体现语言本身的构成，并且在一定程度上有利于自然语言处理系统的模块化。

（1）语音分析

在有声语言中，最小的、可独立的声音单元是音素。音素是一个或一组音，它可与其他音素相区别。例如，pin和bin中分别有/p/和/b/这两个不同的音素，但是pin、spin和tip中的音素/p/不是同一个音素，它对应了一组略有差异的音。语音分析则是根据音位规则，从语音流中区分出一个个独立的音素，再根据音位形态规则找出一个个音节及其对应的词素或词。

（2）词法分析

词法分析的主要目的是找出词汇的各个词素，从中获得语言学信息。例如，unchangeable是由un-change-able构成的。在英语等语言中，把句子分解为单个词汇很容易，因为词与词之间由空格来分隔。但是要找出各个词素就复杂得多。例如importable，它可以是im-portable 或 import-able。这是因为 im、port 和 import 都是词素。而在汉语句子中分解出单个词素则非常容易。因为汉语中每个字就是一个词素。但是把汉语句子分解为单个词就不容易了。因为汉语句子中，词与词之间没有分隔符。例如"我们研究所有东西"，可以是"我们——研究所——有——东西"，也可以是"我们——研究——所有——东西"。

通过词法分析可以从词素中获得许多语言学信息。例如，英语词尾中的词素"s"通常表示名词复数，或动词第三人称单数；"ly"通常是副词的后缀；"ed"通常是动词的过去式与过去分词等。这些信息对句法分析都非常有用。另一方面，一个词可能有很多派生和变形。例如，work 可以变化出 works、worked、working、worker、workings、workable 和 workability 等。这些词若全部放入词典将是非常庞大的，而它们的词根只有一个。

（3）句法分析

句法分析是对句子和短语的结构进行分析。分析的目的就是找出词、短语等的相互关系以及各自在句子中的作用等，并以一种层次结构来表达。这种层次结构可以是从属关系、直接成分关系，也可以是语法功能关系。自动句法分析的方法有很多，如短语结构文法、格语法、扩充转移网络和功能语法等。

（4）语义分析

理解语言的核心是理解语义。随着自然语言处理的发展，越来越多的研究者开始侧重于语义层的研究。对语言中的实词而言，每个词都用来称呼事物，表达概念。句子由词组成。句子的意义与词义直接相关，但也不是词义的简单相加。"我打他"和"他打我"两句中的词完全相同，但表达的意义是完全相反的。因此，还应当考虑句子的结构意义。英语"a red table"（一张红色的桌子），它的结构意义是形容词在名词之前修饰名词，但在法语中却不同，"one table rouge"（一张桌子红色的），形容词在被修饰的名词之后。语义分析就是通过分析找出词义、结构意义及其结合意义，从而确定语言所表达的真正含义或概念。在语言自动理解中，语义越来越成为一个重要的研究内容。

（5）语用分析

语用就是研究语言所存在的外界环境对语言使用所产生的影响。它描述语言的环境知识，语言与语言使用者在某个给定语言环境中的关系。关注语用信息的自然语言环境系统更侧重于讲话者/听话者模型的设定，而不是处理嵌入到给定话语中的结构信息。构建这些模型的难点在于如何把自然语言处理的不同方面以及各种不确定的生理、心理、社会、文化等背景因素集中到一个完整的、连贯的模型中。

自然语言的分层结构、每层的信息处理任务和功能及在整体结构中的位置，对于全面理解自然语言处理领域中的各种方法有很大帮助。

4. 语料库

由于自然语言所需的各种知识蕴涵在大量的真实文本中，因此通过对大量真实文本进行分析处理，可以从中获取理解自然语言所需的各种知识，建立相应的知识库，从而实现以知识为基础的智能型自然语言理解系统。研究语言知识所用的真实文本称为语料，大量的真实文本即构成语料库。要想从语料库中获取理解语言所需的各种知识，就必须对语料库进行适当的处理与加工，使之由生语料变为有应用价值的熟语料。

基于大规模真实文本处理的语料库语言学，与传统的基于句法-语义分析的方法比较，有以下一些特点：

1）试验规模的不同。以往的自然语言处理系统多数都是利用细心选择过的少数例子来进行试验。而现在要处理从多种出版物中收录的数以百万计的真实文本。这种处理虽然可能没有太大深度，但针对特定的任务还是有实用价值的。

2）语法分析的范围要求不同。由于真实文本的复杂性（其中甚至有不合语法的句子），对所有的句子都要求完全的语法分析几乎是不可能的。同时，由于具体文章的数量极大，还有处理速度方面的要求，因此，目前的多数系统往往不要求完全的分析，而只要求必要的部分分析。

3）处理方法的不同。以往的系统主要依赖语言学的理论和方法，即基于规则的方法。而新的基于大规模真实文本处理而开发的系统，同时还依赖对大量文本的统计性质分析。统计学的方法在新的系统中起了很大的作用。

4）所处理的文本涉及的领域不同。以往的系统往往只针对某一较窄的领域。而现在的系统则适合较宽的领域，甚至是与领域无关的，即系统工作时并不需要用到与特定领域有关的领域知识。

5）对系统评价方式的不同。对系统的评价不再是只用少量的人为设计的例子对系统进行评价；而是根据系统的应用要求，对其性能进行评价。即用真实文本进行较大规模的、客观的和定量的评价，不仅要注意系统的质量，同时也要注意系统的处理速度。

6）系统所面向的应用不同。以前的某些系统可能适合对"故事"性的文本进行处理。而基于大规模真实语料的自然语言理解系统要走向实用化，就要对大量的、真实的新闻语料进行处理。

7）文本格式不同。以往处理的文本只是一些纯文本，而现在要面向真实的文本。真实文本大多都是经过文字处理软件处理以后含有排版信息的文本。因而如何处理含有排版信息的文本就应该受到重视。

大规模文本处理的具体研究内容包括：文本（包括网络文本）分类（Text Classification 或者 Text Category）、文本聚类（Text Clustering）、信息检索（Information Retrieval）、自动问答系统（Question Answer）、机器翻译（Machine Translation）和语义网（Semantic Web）等。

语料库的建设是进行大规模文本处理的基础工作。其中，汉语又具有其独特性。我们知道，汉语文本中词与词之间没有明确的分割标记，汉语文本是连续的汉字串。正如一个英文句子将空格分隔符去掉后，就会变成一串毫无意义的字符串一样。在汉语自然语言处理中，凡是涉及句法和语义的研究项目，都要以词为基本单位来进行。因此，词是汉语语法和语义研究的中心问题，也是汉语自然语言处理的关键问题。大规模汉语语料库的加工包括很多方面。下面简单地介绍一下中文自动分词和词性标注的问题。

5. 本体库

人类用自然语言符号来表达客观事物。一个客观事物称为一个概念。本体库就是对概念的内涵和外延，以及概念与自然语言符号之间的对应关系进行确定的、显式的表达和组织。本体库是人类知识的重要组成部分。人类能够正确地理解语言背后的含义，能够准确地从语言符号翻译到客观事物上，并进行合情推理，必须依赖一个本体库。人的本体库存在于人的大脑之中，通过社会生活和学习教育获得并不断完善。而计算机的本体库则要依靠人去建立。本体库大多以语义网方式组建。网络节点表示概念，节点之间的连接表示概念之间的关系。目前，常用的常识性本体库有 WordNet、维基百科（Wikipedia）、知网（HowNet）等。

WordNet 是由普林斯顿大学开发的以英文为主的一个常用本体库。WordNet 用同义词集表示一个概念。概念之间主要是上下位关系，也包括反义关系和整体部分关系。WordNet 以名词为主，也包括动词、形容词和副词。WordNet 对于消除英文单词歧义、计算词汇间的语义距离以及获取语义等有重要的作用。WordNet 以单个词汇为主，覆盖的短语（Phrase）较少，在实践使用中有一定的局限。

维基百科（Wikipedia）用一个网页阐述一个概念的主要内容，通过网页间的超链接表达概念间的相关语义联系。维基百科对专业术语、科学词汇的支持内容远远超过了 WordNet。不仅如此，维基百科内容包括常见的多种语言（如英语、汉语、法语、西班牙语、俄语、阿拉伯语等），允许自由编辑，其更新速度远远超出其他本体库。所以，维基百科能提供更加丰富的知识内容。

知网（HowNet）是一个以汉语和英语词语所代表的概念为描述对象，以解释概念与概念之间及概念所具有的属性之间的关系为基本内容的常识本体库。知网借鉴了概念从属理论的原语概念，提出了 1500 多个义原，用来描述概念、概念之间的关系及属性与属性之间的关系。义原具有层次性，分为实体、事件、属性、属性值、数量、数量值、句法特征、次要特征和动态角色等类别。概念由义原描述，也具有层次性和分类。知网对每个事件义原给出了角色框架，列出了某一类事件发生时框架中的必要绝对角色。

知网着力要反映的是概念的共性和个性。例如，对于"医生"和"患者"，"人"是它们的共性。知网在主要特性文件中描述了"人"所具有的共性，那么"医生"的个性是他是"医治"的施事者，而"患者"的个性是他是"患病"的经验者。对于"富翁"和"穷人"，"美女"和"丑八怪"而言，"人"是它们的共性，而"贫"与"富"和"美"与"丑"等不同的属性值，则是它们的个性。

知网用语义网络的形式组织知识系统。所以，知网还着力要反映概念之间和概念的属性之间的各种关系。知网描述了 16 种关系：上下位关系、同义关系、反义关系、对义关系、部件-整体关系、属性-宿主关系、材料-成品关系、施事/经验者/关系主体-事件关系、受事/内容/领属物等-事件关系、工具-事件关系、场所-事件关系、时间-事件关系、值-属性关系、实体-值关系、事件-角色关系和相关关系。

知网系统由知网管理系统和中英双语知识词典组成。知识词典是知网系统的基础文件。在这个文件中每一个词语的概念及其描述形成一个记录。每一种语言的每一个记录都主要包含 4 项内容。其中每一项都由两部分组成，中间以"="分隔。每一个"="的左侧是数据的域名，右侧是数据的值。它们排列如下：

W_X=词语

E_X=词语例子

G_X=词语词性

DEF=概念定义

知网用知识词典描述语言来表述一个概念。其主要规定如下：

1）任何一个概念的 DEF 项是必须填写的，不得为空。

2）DEF 项中用以定义的特性至少是一个，但也可以是多个，数量没有限制，只要内容是合理的且形式是合乎规范的即可。

3）DEF 项的第一位置所标注的必须是知网所规定的主要特征，否则视为语法错误。但是有些关系意义，可以把次要特征置于{}中，作为第一位置的标注。例如，一些介词、连词等虚词。严格地说，它们本身没有概念意义。

4）多个特征之间应以英文逗号","分隔，且逗号与特征之间没有空格。

5）除第一位置以外，其他位置也可以填有主要特征。但应该说明的是，当主要特征在非第一位置时它失去了原有的上下位关系。

6）DEF项中任何一个位置上的信息都可以带有知网所规定的标示符号。

知网还认为事件概念主要特征之间的关系有三类：上下位关系、静与动的对应关系和动态相互感应关系。知网已经在中文信息处理领域发挥了巨大作用。

6. 中文分词

对于西文来说，基本上不用经过分词就可以直接进入检索技术、短语划分、语义分析等更高一层的技术领域。而对于中文，只有解决分词问题，分词的准确率足够高、分词速度足够快，中文信息处理技术才能获得较好的结果。基本的分词方法有以下几种：

（1）最大匹配法

最大匹配法包括正向最大匹配法和逆向最大匹配法。设 D 为词库，MAX 为 D 中最大词长，Str 为待切分字符串。

正向最大匹配法的基本思想是：由左向右从 Str 里获取长度为 MAX 的字符串，与词库匹配。若成功，则作为一个词切分开来；反之，把该字符串从右边减去一个字符继续与词库匹配，直到成功为止。

逆向最大匹配法的基本原理与正向最大匹配法相同，所不同的是分词时对待切分文本的扫描方向是从右到左的。在与词典匹配不成功时，将所截取的汉字串从左至右逐次减去一个汉字，再与词典中的词进行匹配，直到匹配成功为止。一般来说，逆向匹配的切分精度略高于正向匹配。

（2）最短路径法

最短路径法是正向与逆向最大匹配法的结合。其基本思想是：正向切分按照切分结果顺序排列 Lz，逆向切分按照切分结果倒序排列 Lr。对于 Lz 与 Lr，从某一个切分词 W_i（$i = 0, 1, 2, \cdots, n, n = \min\{\text{length}(\text{Lz}), \text{length}(\text{Lr})\}$）开始比较，保留词 W 应该是两者中长度最大的。根据保留词从 Lz 和 Lr 中取得下一个比较词的开始字符。重复上述过程，直到 Lz 与 Lr 中长度最小的结果集比较完毕。

例如，"大学生活着实有趣"。假设最大词长为 4，则

正向最大匹配结果集：{大学生,活着,实,有趣}

逆向最大匹配结果集：{大学,生活,着实,有趣}

用最短路径法求得结果集：{大学生,活着,实,有趣}

上例中，逆向最大匹配结果的路径也是最短的。

最短路径法采取的规则是使切分出来的词数最少，符合汉语自身的语言规律，可以取得较好的效果，但是同样不能正确切分许多不完全符合规则的句子。

以上这两种方法都属于机械分词方法。它是按照一定的策略将待分析的汉字串与一个"充分大的"机器词典中的词条进行匹配，是纯粹基于规则的方法。实际使用的分词系统，都是把机械分词作为一种初分手段，还需利用其他的语言信息来进一步提高切分的准确率。

（3）基于统计的分词方法

从形式上看，词是稳定的字的组合。因此在上下文中，相邻的字同时出现的次数越多，就越有可能构成一个词。可见，字与字相邻共现的频率或概率能够较好地反映词的可信度。可以对预料中相邻共现的各个字的组合的频度进行统计，计算它们的互现信息。定义两个字的互现信息，计算两个汉字 X、Y 的相邻共现概率。互现信息体现了汉字之间结合关系的紧密程度。

当紧密程度高于某一个阈值时，便可认为此字组可能构成了一个词。这种方法只需对语料中的字组频度进行统计，不需要切分词典，因此又叫作无词典分词法或统计取词方法。

（4）基于理解的分词方法

这种分词方法是通过人工对句子的语法进行定义。当计算机接收到一个句子，以标点符号为分隔符，首先判断它属于哪种类型的句子，模拟人对句子的理解，达到识别词的效果。这种分词方法需要使用大量的语言知识和信息。由于汉语语言的模糊性、复杂性和灵活性，难以高效组织各种语言信息和知识。所以，基于理解的分词系统有待深入研究。

中文分词处理目前主要有两大难题。

（1）歧义问题

分词处理系统中要处理的第一个难题就是文本中歧义切分字段的判断。对于汉语切分会产生切分歧义。切分歧义是影响分词系统切分正确率的重要因素，也是分词阶段最困难的问题。歧义是指同一句话，可能有两种或多种的切分方法。例如，"化妆和服装"可以分成"化妆/和/服装"，也可以分成"化妆/和服/装"。如果计算机没有人的知识去帮助理解字句，就很难判断到底哪个方案是正确的。

（2）未登录词识别

未登录词又称为新词，也就是在词典中没有登录过，但是又可以成为词的词。最典型的情况就是人的名字。人可以很容易理解句子"张恒禹出国了"。"张恒禹"是个词，因为它是一个人的名字。但是计算机却很难识别。如果把"张恒禹"作为一个词收录到词典里，全世界有那么多名字，而且时时刻刻都有新增的人名，这样收录人名就是一项很大的工程，在现实中不可行。还有其他新词，例如，机构名、地名、商标名等都是很难处理的问题。而且这些又是人们经常使用的词。在分词系统中，新词识别是十分重要又十分困难的一个问题。

7. 词性标注

词性标注（Part of Speech Tagging）是分析和理解语言的一个中间环节。其任务是计算机通过逻辑推理机制，根据文本上下文环境为每一个词都标记上一个合适的标记。也就是说，我们要确定每个词是名词、动词、形容词或其他词性。词性标注的主要方法有以下几种：

（1）基于规则的方法

基于规则的方法利用大量人工制定的规则对文本进行标注。该方法不易保证规则的完备性和在真实文本处理中的有效性。20世纪90年代以来，产生了一种新的基于规则的词形标注方法，使用基于转换的错误驱动方法进行标注处理。

（2）基于统计的方法

20世纪80年代初，随着经验主义方法在计算语言学中的重新崛起，统计方法在词性标注中占据了主导地位，也是目前常使用的一种方法。对于给定的输入词串，基于统计的方法先统计所有可能的词性串，然后对它们分别打分，并选择得分最高的词性串作为最佳输出。

（3）统计和规则结合的方法

这种方法结合统计和规则两种方法的优势，互补彼此缺点，能够有效地进行词性标注。

（4）基于深度神经网络的方法

近年来，出现了一些利用深度神经网络进行词性标注的方法。深度学习方法在自然语言处理（Natural Language Processing，NLP）中占据了重要地位，已经成为当前NLP研究的主流方法。用深度学习方法可以很好地学习自然语言模式，能够发现词形、词性、词义之间的联系。

汉语词性标注的主要难点在于兼类词的词性歧义排除。所谓词性兼类是指有些词具有两类或两类以上词性的句法分布特征。这些词将属于不同的词类，简称兼类。汉语中词性兼类问题普遍存在，也是自然语言处理中难以解决的棘手问题。

8.2.2 信息检索

1. 什么是信息检索

信息检索（Information Retrieval）是指从巨量电子文本集合中找出符合指定要求的或者感兴趣的文本。例如，我们在网上查询有关"图灵奖"的网页，或者查找某一首歌，都是典型的信息检索。目前，信息检索一般的输入都是关键词组合或者关键词逻辑表达式。近年来，也出现了输入图片进行检索的方式。信息检索的一般输出是网页或者文本，也可以是多媒体文件（如图片、视频、音乐等）。如果期望输出只是网页或者文本中的部分内容，则一般称之为信息抽取（Information Extraction）。如果期望输出的是多个文本内容的简要汇总，则称之为自动文本摘要（Automatic Text Summarization）。

最简单的信息检索就是在图书馆里按照严格规定的编目方法或者索引规则来查找想要的文本。注意，信息检索与数据库查询完全不同。数据库查询在字段上按照输入值来匹配检索，各个字段是精确定义的数据结构，其字段长度是固定的，并且一般不会太长，因此称为结构化信息。但是，信息检索的对象是自然语言文本或者网页。自然语言文本在内容组织上完全没有规定的数据结构，因而称为无结构信息。网页内容通过超文本标记语言（HTML）或者可扩展标记语言（XML）以树形结构组织。每个网页在结构上符合树形规范，但是不同网页的大小千差万别，甚至相差悬殊，所以这种信息称为半结构化信息。除了网页之外，一些科学大数据（如高能物理实验数据、宇宙射线观测数据等）也采用半结构化方式组织信息。另外一个重要的区别是，信息检索需要对每一篇文本内容的整体进行判断处理，所以无法像数据库查询一样用字段值匹配方法。

2. 信息检索的常见方法

典型的信息检索模型由三部分组成：查询的表示方法、文本的表示方法和检索方法。

（1）查询和文本的表示方法

为了便于计算机处理，查询和文本在检索函数内部都是以向量形式表示。最简单的向量形式就是布尔向量，即向量长度为整个词典的长度，向量的每一维对应词典中的一个词。若该词在查询或者文本中出现，则该维度值取 1，否则取 0。维度的值也可以取词频或者 TF-IDF 值。这种表示方法统称为词袋法。TF-IDF 中 TF 表示词频（Term Frequency），IDF 表示反向文本频率（Inverse Document Frequency），其定义为

$$\begin{aligned}
\text{TFIDF}(t,d) &= \text{TF} \times \text{IDF} \\
&= \frac{f_d(t)}{\sum\limits_{w \in d} f_d(w)} \times \log_2 \frac{N}{|d_t| + 1}
\end{aligned} \tag{8.9}$$

其中，$f_d(t)$ 表示词 t 在文本 d 中出现的次数，$|d_t|$ 表示训练集中包含词 t 的文本数目，N 表示训练集中所有文本的总数。

TF-IDF 可使那些比较重要的并且具有区分度的词具有较大值。比较重要的词是指文本中出现较多次数的词（即词频较高）。具有区分度的词是指包含该词的文本越少越好。显然如果一个文本集合所有文本都含有同一个词，那么这个词对于该集合而言就无法区分任何一篇文本。

词袋法仅考虑词形，不考虑词义，不考虑词在语句中的前后位置、先后顺序，也不考虑语句上下文。所以，在进行信息检索时很容易被同义词、多义词干扰，精度不高。而潜在语义索引（Latent Semantic Indexing，LSI；也被称为 Latent Semantic Analysis，LSA）、隐含狄利克雷分布（Latent Dirichlet Allocation，LDA）等文本主题模型的思想则是用经过代数变换的矩阵来表示文档。这样可以在一定程度上消减同义词、多义词干扰，较好地发现文本主题。但是，现在更流行用基于神经网络的分布式表示，即词嵌入（Word Embedding）。词嵌入不但能较好地表示同义词、多义词之间的语义距离，还能充分利用词的上下文信息，因而能够大大提高信息检索和自然语言处理的精度。关于词嵌入请见第 6.6.5 小节内容。

（2）文本的检索方法

向量空间模型（Vector Space Model）是基于词袋法检索文档的一种基本模型。检索词组合和文本分别用词袋向量（例如，基于 TF-IDF 的文本向量）表示，然后计算检索词向量与所有文本向量的相似度，最后按照相似度值降序输出检索结果。向量相似度可以采用余弦相似度或者欧几里得距离等方法来计算。

概率检索模型则通过计算检索词和文本之间的相关性概率值，然后按照概率值降序输出检索结果。例如，二元独立模型（Binary Independence Model）基于二元假设和词汇独立性假设，可以计算文本间相关性，即

$$\frac{p(d \mid r)}{p(d \mid \neg r)} = \prod_i \frac{p_i(1 - s_i)}{s_i(1 - p_i)} \tag{8.10}$$

其中，$p(d \mid r)$ 表示相关的概率，$p(d \mid \neg r)$ 表示不相关的概率，p_i 表示第 i 个单词在相关文本集合中出现的概率，s_i 代表第 i 个单词在不相关文本集合中出现的概率。为了方便计算，可取对数，即

$$\sum_i \log\left(\frac{p_i(1 - s_i)}{s_i(1 - p_i)}\right) \tag{8.11}$$

BM25 模型则对二元假设进行了改进，考虑了词的权重并引入了一些经验参数，即

$$\sum_i \log\left(\frac{\dfrac{r_i + 0.5}{R - r_i + 0.5}}{\dfrac{n_i - r_i + 0.5}{N - n_i - R + r_i + 0.5}} \frac{(k_1 + 1)f_i}{K + f_i} \frac{(k_2 + 1)q_i}{k_2 + q_i}\right) \tag{8.12}$$

$$K = k_1\left((1 - b) + b\frac{l(d)}{L}\right)$$

其中，第一个分式对应二元独立模型，r_i 表示包含检索词的相关文本的数目，R 表示相关文本的数目，n_i 表示包含检索词的文本的数目，N 表示所有文本的数目；第二个分式表示检索词在文档 d 中的权重，f_i 是检索词 i 在文本 d 中的词频，K 和 k_1 都是经验参数；第三个分式表示检索词自身的权重，q_i 表示检索词在用户检索中的频率（一般为1），k_2 是经验参数。K 表示了对文本长度的考虑，b 是经验参数，$l(d)$ 表示文本 d 的长度，L 表示文本的平均长度。

PageRank 算法是谷歌公司提出的一种标识网页重要性的方法，是检索网页的重要依据。PageRank 计算出每个网页的 PR 值。PR 值分为 0~10 级，10 级为满分。PR 值越高说明该网页越受欢迎（越重要）。例如，一个 PR 值为 1 的站点表明这个站点不太具有流行度，而 PR 值为 7~10 则表明这个站点很受欢迎（或者说极其重要）。

网页中的入链（其他网页指向该网页的链接）数量是度量网页重要性的重要依据。入链

越多的网页越重要。PageRank 则不仅考虑到入链数量影响，还考虑了网页质量因素，即质量高的网页会通过链接向其他页面传递很多权重，越多的高质量网页指向网页 A，则 A 越重要。入链数量和网页质量两者相结合获得了更好的网页重要性评价标准。实际上，PageRank 把对页面的链接看成投票。从 A 页面到 B 页面的超链接相当于 A 对 B 投了一票。一个页面的"得票数"由所有链向它的页面的重要性来决定，即

$$PR(p_i) = \frac{1-q}{N} + q \sum_{p_j \in M(p_i)} \frac{PR(p_j)}{O(p_j)} \tag{8.13}$$

其中，p_i 表示一个网页，$PR(p_i)$ 表示网页 p_i 的 PR 值，$M(p_i)$ 表示网页 p_i 入链的所有来源网页集合，$O(p_j)$ 表示网页 p_j 的出链数目，N 表示所有网页的数量，q 是一个设定系数，$1-q$ 表示一个网页的最小值。

PageRank 算法在开始时，赋予每一个网页相同重要性得分，然后通过迭代递归计算来更新每一个页面节点的 PR 得分，直到得分稳定为止。

8.2.3 机器翻译

从语言翻译的目标来说，大致有以下三种情况：

1）再创作（Re-creation）。例如，翻译小说、诗歌、公共出版物（如报刊、杂志）等。这种翻译实际上是一个再创作的过程，其目的在于传递原文中的主题思想和情感等。

2）直译（Diffusion Translation）。主要用于翻译科技文献，这类翻译要求准确、不折不扣地反映原文的内容。

3）粗译（Screening Translation）。这种翻译的目的是信息获取和交流，因此要求快，粗糙一些问题不大。

机器翻译在未来相当长的一段时间内只可能实现后两个目标。第一个目标迄今为止还只能是一个"美丽的梦想"。目前的机器翻译已经能达到"粗译"水平。大约在 20 世纪 60 年代后期，人们开始从事"直译"的系统研究。这类系统的输出质量较好，能够被职业译员所接受（做修改），从而起到降低翻译工作量的作用。现在机器翻译"直译"的水平正在不断提高。特别是随着深度学习方法在自然语言处理领域的成功应用，机器翻译的结果越来越接近人类翻译的结果。句子级别的机器翻译已经基本可以接受。但是篇章级别的机器翻译，则存在着不够连贯通顺、指代错误等问题。

1. 机器翻译的发展阶段

机器翻译技术大体上经历了三个阶段。

第一个阶段是基于规则的机器翻译，即根据语言文本的语法规则和文法规则来进行翻译。基于规则翻译的重点是对文本进行深层次的语法解析和语义解析。但是自然语言十分灵活，有限的语法规则无法完美解析各种各样多变的自然语言文本。再者，难以通过语法规则来解决同义词、多义词等语义理解问题。

第二个阶段是基于统计学习的机器翻译，即在大量语料库上运用机器学习方法学习出从原文到译文之间的转移概率模型，然后选取概率最大的译文作为输出。这种方法认为，从源语言句子到目标语言句子的翻译是一个概率问题，任何一个目标语言句子都有可能是任何一个源语言句子的译文，只是概率不同，机器翻译的任务就是找到概率最大的句子。基于统计的方法需要大规模双语语料库。语料库的大小和覆盖范围直接决定了概率模型的好坏和翻译质量的高低。这种方法虽然不需要依赖大量知识，直接靠统计结果进行歧义消解处理和译文选择，避开

了语言理解的诸多难题，但语料的选择和处理工程量巨大。

第三个阶段是基于深度学习的机器翻译。深层神经网络可以自动从语料库中学习出语言模式，建立起两种语言文本的关联模式。基于深度学习的机器翻译大多采用"编码器–解码器"模型，也称为序列到序列（Sequence to Sequence）模型。也就是，先通过一个深层神经网络对一种语言的句子进行向量化表示（即编码过程），得到表示句子语义的高维向量；再通过另一个深层神经网络对句子向量进行解释（即解码过程）；最终输出另一种语言的单词序列，从而完成机器翻译。还有学者提出完全基于深度学习的 Attention 机制实现机器翻译。基于深度学习的机器翻译同样需要大规模双语语料库，但是通过神经网络可以学习出比较流畅、更加符合语法规范的译文。相比之前的翻译技术，翻译质量有"跃进式"提升。

2. 机器翻译的评价指标

由于自然语言翻译的结果不具有唯一性。所以，在评价机器翻译结果时，一般会对前 n 项最佳结果进行综合考虑。评价的基本原则是：机器学习的结果越接近人给出的结果越好。常用的评价指标有 BELU、METEOR 和 ROUGE 等。这些评价指标和原则也适用于图像或者视频描述等其他机器学习领域。

（1）BLEU

BLEU（Bilingual Evaluation Understudy）是 IBM 于 2002 年提出的一种文本评估算法，用来评估机器翻译与专业人工翻译之间的对应关系。其基本原则就是机器翻译越接近专业人工翻译，质量就越好。经过 BLEU 算法得出的分数现在已经成为评价机器翻译质量的主要指标。

BLEU 的主要思想是：分析候选译文（待评价的译文）和参考译文中 N 元组（n-gram）共同出现的程度，共现程度越大则质量越好。对于一个待翻译的句子，候选译文用 C_i 表示，对应参考译文有 m 个，表示为 $S_i = \{S_{i1}, S_{i2}, S_{i3}, \ldots, S_{im}\}$，n-gram 表示 n 个单词长度的词组集合，W_k 表示第 k 组可能的 n-gram，$h_k(C_i)$ 表示 W_k 在候选译文 C_i 中出现的次数，$h_k(S_{ij})$ 表示 W_k 在参考译文 S_{ij} 中出现的次数。BLEU 算法首先要计算对应语句中的语料库层面上的重合精度 $\mathrm{CP}_n(C,S)$，即

$$\mathrm{CP}_n(C,S) = \frac{\sum_i \sum_k \min\{h_k(C_i), \max_{j \in m} h_k(S_{ij})\}}{\sum_i \sum_k h_k(C_i)} \tag{8.14}$$

其中，k 表示可能存在的 n-gram 序号。

可以看出，$\mathrm{CP}_n(C,S)$ 是一个精确度度量，在语句较短时表现更好，但并不能评价翻译的完整性。所以，引入一个惩罚因子 BP（Brevity Penalty）：

$$b(C,S) = \begin{cases} 1, & I_c > I_s \\ \mathrm{e}^{\left(1 - \frac{I_s}{I_c}\right)}, & I_c \leqslant I_s \end{cases} \tag{8.15}$$

其中，I_c 表示候选译文 C_i 的长度，I_s 表示参考译文 S_{ij} 的有效长度（当存在多个参考译文时，选取和 I_c 最接近的长度）。本质上，BLEU 是对 n-gram 精确度的加权几何平均值，即

$$\mathrm{BLEU}_N(C,S) = b(C,S) \times \exp\left(\sum_{n=1}^{N} w_n \times \log_2 CP_n(C,S)\right) \tag{8.16}$$

其中，N 是大于或等于 1 的自然数，而 w_n 一般对所有 n 取常数，即 $1/n$。

BLEU 在语料库层级上对语句的匹配表现很好。但随着 n 的增大，在句子层级上的匹配越来越差。BLEU 考虑的粒度是 n-gram 而不是词，这样可以有更长的匹配信息；但缺点是无论

什么样的 n-gram 被匹配上了, 都会被同等对待, 而实际上往往并非如此。例如, 动词在匹配上的重要性一般应该大于冠词。

例 8.1 一个机器翻译评价的示例。

待评价译文如下:

1) It is a guide to action which ensures that the military always obeys the commands of the Party.

2) It is to insure the troops forever hearing the activity guidebook that Party direct.

参考译文如下:

1) It is a guide to action that ensures that the military will forever heed Party commands.

2) It is the guiding principle which guarantees the military forces always being under the command of the Party.

3) It is the practical guide for the army always to heed the directions of the Party.

当 $n=1$ 时, 待评价译文 1) 的修正精确度值是 17/18, 待评价译文 2) 的修正精确度值是 8/14。

当 $n=2$ 时, 待评价译文 1) 的修正精确度值是 10/17, 待评价译文 2) 的修正精确度值是 1/13。

（2）METEOR

METEOR 标准于 2004 年由 Lavir 提出, 其目的是解决 BLEU 标准中的缺陷。METEOR 标准基于单精度的加权调和平均数和单字召回率。Lavir 的研究表明, 召回率基础上的标准相比于那些单纯基于精度的标准（如 BLEU 和 NIST）, 与人工判断结果有更高的相关性。

METEOR 还包括一些其他指标, 如同义词匹配等。METEOR 并非只在确切的词形式上进行匹配, 其匹配度量也考虑到了同义词。计算 METEOR 需要预先给定一组基准（Alignment）m。m 来源于 WordNet 的同义词库, 通过最小化对应语句中连续有序的块（Chunks）ch 来得到。METEOR 值就是对应最佳候选译文和参考译文之间准确率和召回率的调和平均数, 即

$$METEOR = (1 - P_{en}) \times F_{mean} \tag{8.17}$$

$$P_{en} = \gamma \left(\frac{ch}{m} \right)^{\theta} \tag{8.18}$$

$$F_{mean} = \frac{P_m \times R_m}{\alpha P_m + (1 - \alpha) R_m}$$

$$P_m = \frac{|m|}{\sum_k h_k(C_i)} \tag{8.19}$$

$$R_m = \frac{|m|}{\sum_k h_k(S_{ij})}$$

其中, α、γ 和 θ 均为 $(0,1)$ 区间上的值, 都是默认参数。

METEOR 的最终评价实际就是基于块的分解匹配和表征分解匹配质量的一个调和平均数, 最后再乘上一个惩罚系数 P_{en}。BLEU 只考虑了语料库上的准确率, 而 METEOR 则同时考虑了语料库上的准确率和召回率。

3. 一个典型的机器翻译模型

目前, 主流机器翻译模型都是运用深度学习方法来完成。图 8.5 是谷歌公司于 2016 年公布的神经机器翻译（Google's Neural Machine Translation, GNMT）模型, 是当前机器翻译模型

的一个典型代表。图中，$(x_1, x_2, \cdots, <EOS>)$ 表示输入语言文本的词序列（实际上是词或词片段序列），$(y_1, y_2, \cdots, <EOS>)$ 表示输出语言文本的词（或者词片段）序列，<EOS> 是句子结束标志，"⊕" 表示连接（Concatenate）操作，"+" 表示两个向量按元素相加。

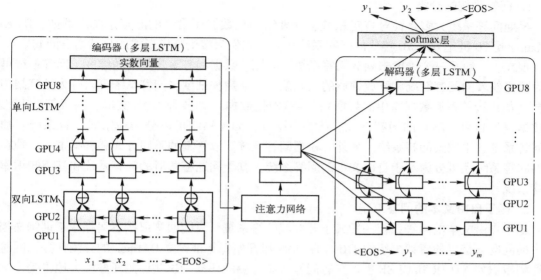

图 8.5　谷歌公司的神经机器翻译模型

GNMT 模型的基本结构是"编码器-解码器"结构，并且叠加了注意力机制。前面提到过，注意力机制在深度学习中有重要的作用，能够大幅提升学习精度。特别是在自然语言处理领域，注意力机制受到了特别关注。GNMT 的编码器由 8 层 LSTM 堆叠而成（即 Stacked LSTM），其中第一层和第二层 LSTM 构成双向 LSTM，其他层都是单向 LSTM。解码器也是由 8 层 LSTM 堆叠而成，但每一层都是单向 LSTM。GNMT 并非只是简单地堆叠 LSTM，而是在其中加入了残差连接（Residual Connections），即把堆叠 LSTM 和残差网络的思想融合在了一起。大量实践表明，残差连接或者层间短路连接对加深网络层次十分有利，并且也有利于有效传播梯度和提高学习精度。

GNMT 同时使用数据并行和模型并行两种方式加速训练。所谓数据并行就是同时训练多个参数一样的模型副本，每个副本可以异步更新模型参数。GNMT 还充分利用 GPU 进行模型并行，即把每层 LSTM 都分别放置在一个 GPU 上。正因为要保证模型并行性，所以不能过多使用双向 LSTM，避免后面层要等待正反方向全部结束才能开始。

8.2.4　自动问答

问答系统（Question Answering System）一般是指以自然语言形式的问题为输入，然后输出自然语言形式简洁答案的人工智能系统。自然语言可以以文本方式表达，也可以以音频方式表达。音频方式需要用语音识别技术把语音转换为文本，最后把输出文本通过语音合成技术转换为音频。音频方式相当于在文本方式之外又多加了一层语音-文本相互转换的接口。

问答系统是最能直接体现人工智能效果的应用之一。早在 1950 年提出的图灵测试就是以问答系统方式来检验人工智能是否实现。现在由计算机实现的自动问答系统取得了很多进展。例如，IBM 研发的智能问答机器人 Watson 系统于 2011 年在美国智力竞赛节目《Jeopardy!》中战胜了人类选手，苹果公司的 Siri 和微软公司的 Cortana 也都有不错的表现。但是，自动问答系统的学习能力、推理能力还远不能与人相提并论。这也从一个侧面说明人工智能虽然已经有了很大进步，但是距离人们期待的长远目标还很遥远。

1. 问答系统的分类

早期问答系统大多是针对特定领域、处理结构化数据而设计的专家系统。例如，Baseball 和 Lunar 是 20 世纪 60、70 年代的问答系统代表，它们只接受特定形式的自然语言问句。

现在，一般从三个维度来划分问答系统：问题、数据和答案。从问题维度，问答系统可以分为限定领域的问答系统和开放领域的问答系统。从数据维度，问答系统可以分为处理结构化数据（如传统关系型数据库中的数据）、半结构化数据（如各种 XML 文本、网页等）和无结构数据（即自由文本）的问答系统。从答案维度，问答系统可以分为检索式问答系统、抽取式问答系统和生成式问答系统。另外，根据问答系统获取答案的不同方式和答案来源，现在主流的问答系统还可分为基于自由文本的问答系统、基于问题答案对的问答系统和基于知识库的问答系统。

2. 基于自由文本的问答系统

基于自由文本的问答系统一般属于开放域问答系统，只能回答那些答案存在于训练文档集合中的问题。信息检索评测组织 TREC 自 1999 年开始每年都设立 QAtrack 的评测任务，同时其他评测组织如 NTCIR 和 CLEF 也设置有问答系统评测的任务，这些评测任务极大地推动了这类问答系统的相关研究。

基于自由文本的问答系统包括问句分析、信息检索和答案抽取三部分，其一般结构如图 8.6 所示。当用户使用自然语言提出问题时，问答系统一般先对问题文本进行问题分类、焦点词提取（包括主题提取和关键词提取）等处理；然后构造出查询串或者查询向量，从文本库中找出可能包含问题答案的文本和段落；再分析候选文本段落，从中抽取与用户问题最相关的答案文本提供给用户。

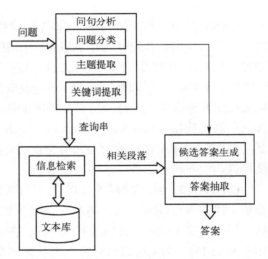

图 8.6　基于自由文本的问答系统一般结构

（1）问句分析

问句分析主要是分析和理解问题的关键点，协助后续获取答案。其输入是自然语言表述的问题，输出一般是问句对应的答案类型和问句特征向量等。该过程主要会用到问句分类和问句焦点词提取等技术。

问题分类就是把问句划分到最可能的答案类别（或者称为问题类别）上。这样做的目的是限定候选答案范围，提高信息检索效率。还可以根据不同问题类型调整不同的答案选择策略，提高返回结果的准确率。问题分类本质上就是文本分类。一般会结合问题文本、答案文本以及相关语义信息来实现高精度的分类。

问句焦点词也称为问句关键词或者问句主题词，就是指对回答该问题最重要、影响力最大的一个或者多个词。显然，一个问句中并非所有的词都对回答有影响。而且不同问题类别所关注的焦点也不一样。例如，在飞机场询问"飞往北京的航班几点起飞?"这是一个关于起飞时刻的问题。对于该类问题，"北京"就比其他词更关键。而其他词对于判定该问句是不是属于"起飞时刻"问题有重要的作用。提取问句焦点词本质上是一个模式识别的问题，可以用文本分类算法来解决。例如，统计法、支持向量机、最大熵模型、条件随机场、遗传算法等。近年来，基于图模型和基于深度学习焦点词提取方法发展较快，也取得了很好的效果。

（2）信息检索

问答系统中信息检索的目的是找出候选答案文本，为下一步抽取答案做好准备。信息检索一般分文本检索和段落检索两个步骤。

文本检索是给定一个由问题产生的查询，通过某个检索模型从文本库中找出最可能包含答案的文本。文本检索的主要方法请见第 8.2.2 小节。段落检索就是从候选文本集合中检索出最可能含有答案的段落，进一步缩小答案存在的范围。段落检索可以使用基于词密度的方法，也就是通过查询关键词在段落中的出现次数和接近程度来决定这个段落的相关性。例如，MultiText 算法、IBM 的算法和 SiteQ 算法等。这些算法都使用了 IDF（Inverse Document Frequency）值的总和，并且都考虑了邻近关键词之间距离的因素。基于词密度的方法实质上也是词袋法，只考虑了独立的关键词及其位置信息，没有考虑关键词在问句中的先后顺序，也没有考虑语法和语义信息。所以，有学者提出基于模糊依赖关系匹配的算法，把问题和答案都解析成为语法树，并且从中得到词与词之间的依赖关系，然后通过依赖关系匹配的程度来进行排序。这样会比词袋法获得更好的效果。

（3）答案抽取

经过前面两步处理之后，可以得到一个包含候选答案的段落集合。接下来就是从这个集合中将正确答案抽取出来。

一般搜索引擎返回的是一堆网页，而问答系统需要返回简短的答案文本。答案可以是一句话或几句话，也可以是几个词或者短语。对于那些问时间地点的问题，可以用很短的语句来回答。而对于询问原因、事件的问题就需要较长的语句才能回答。所以，答案抽取还需要依据问题类型来分别处理。若是以句子作为答案时，将候选段落按句子分开并排序，最后选取最相关的句子作为答案。若以词或短语作为答案时，就先在段落中找到相应类型的词作为候选答案，再利用其他特征选出匹配答案。

3. 基于问题答案对的问答系统

基于问题答案对的问答系统的特点是，训练数据中问题和对应答案已经配好对，系统需要根据用户提交的问题从已知问答对中找出最合适的答案返回给用户。基于问题答案对的问答系统常见的有两种形式：一种是基于常问问题（Frequently Asked Questions，FAQ）列表的问答系统；另一种是基于社区问答（Community Question Answering）的问答系统研究。FAQ 具有量大、问题质量高和组织好等优点，但是在特定领域问题数目相对较少。随着知乎、Quora 等论坛形式问答网站的爆发式增长，大量出现了社区问答数据。社区问答数据不仅问题答案对总数量大，而且在特定领域问题答案对数目也特别多，同时还在不断增加，此外还包括了社会网络信息。相对于 FAQ，CQA 给问答系统提供了更加丰富的信息资源。例如，用户投票与答案质量之间的关联就是一个重要特征。但是，CQA 数据中问题答案对的质量参差不齐，往往用语不规范，有很多口语和省略语。

（1）传统的基于问题答案对的问答系统

传统的基于问题答案对的问答系统的一般结构如图 8.7 所示。当用户用自然语言提出问题时，问答系统先对问句进行处理，然后利用问句相似度计算从问答对数据库中找出相似的一些问句，最后从这些问句的诸多答案中选择最佳答案返回给用户。近年来，随着深度学习的发展，利用深层神经网络可以实现"端到端"式基于问题答案对的问答系统。

传统结构中问句分析部分和基于自由文本的问答系统基本一致。问句相似度计算的核心就是计算两个文本句子之间的相似性，可以使用词袋法，也可以加入语义依存关系、句法角色、语法特征等信息提高准确度。现在更主流的方法是利用词嵌入技术，把两个文本句子分别转换成两个实数向量，然后计算向量间的相似度。

由于问题答案对中已经有了答案，所以答案抽取最重要的工作就是判断答案的质量。可以根据 CQA 中的非文本特征，利用最大熵方法和核密度方法来预测答案质量。

（2）"端到端"式的问答系统

"端到端"式的问答系统就是通过深度学习方法利用神经网络直接计算问题和候选答案对的匹配程度，然后以匹配度最高的问题答案对作为问题的最佳答案。用深层神经网络实现的基于问题答案对的问答系统比传统结构具有更高的精度，但是需要非常大量的训练语料（问题答案对）来训练神经网络。该系统一般用一个网络作为编码器分别对问题文本和答案文本进行编码，也就是用分布式表示方法把自然语言文本变成实数向量。然后把问题向量和答案向量拼接成一个向量，送到另一个深度学习神经网络（如 CNN、RNN、LSTM 的某一种）上进行训练（见图 8.8）。训练时，如果答案正确回答了问题，即问题和答案是匹配的，则网络期望输出为 1，否则期望输出为 0。在执行问答时，把一个问题和所有候选答案分别配对，输入到网络，然后网络会输出匹配度最高的一对，从而获得该问题的最佳答案。

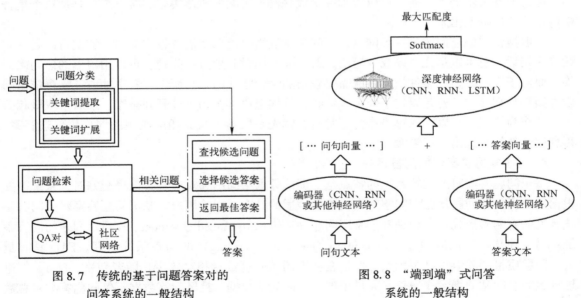

图 8.7　传统的基于问题答案对的　　　　　　图 8.8　"端到端"式问答
　　　　问答系统的一般结构　　　　　　　　　　系统的一般结构

"端到端"式的问答系统直接以自然语言文本作为输入，不需要人工提取特征，并且还具有很高的准确率和泛化能力。所以，基于深度学习的问答系统已经成为问答系统研究和发展的一个重点。另外，利用深度学习方法来解决问答系统中问答匹配、指代消解、问句相似度等问题也是研究热点。

4. 基于知识库的问答系统

人类在回答问题的时候会自然地运用相关知识进行适当推理从而给出最合理的答案。前面介绍的问答系统本身没有显式利用知识，只能从训练集已有答案中找出某一个作为输出。而合理运用知识不仅能有效提高候选答案筛选效率，还可以使问答系统给出更准确的答案；更重要的是，通过知识适当推理还可以给出训练集中没有出现的过答案。所以，基于知识库的问答系统是一个重要的发展方向。

从 20 世纪 60 年代开始，人们研究基于结构化数据的自然语言问答系统。后来发展到通过知识本体、语义网络等方式在问答系统中表示和处理知识。现在，主流方法都是以大规模知识图谱作为知识库，构建基于知识图谱的问答系统。本书在第 2 章已经详细介绍了知识图谱的概念和基于知识库的问答系统，此处不再赘述。

5. 一个典型的问答系统

图 8.9 所示为 IBM 公司的 Watson 系统解决问答问题的两种基本结构。图中 Q，表示问题文本词（one-hot 向量）序列；A 表示答案文本词（one-hot 向量）序列；H 表示一个单层全连接神经网络，其激活函数是双曲正切函数（tanh 函数）；CNN 表示一层卷积网络；Max Pooling 表示一层最大池化网络；T 表示一层全连接神经网络，其激活函数也是双曲正切函数（tanh 函数）。网络最终输出的实际上是问题表示向量和答案表示向量之间的相似度（匹配度）。

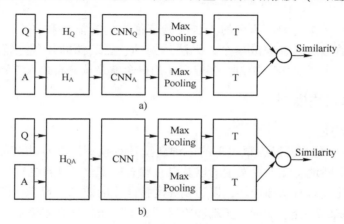

图 8.9　IBM 公司的 Watson 问答系统的基本结构

a）用两个独立网络　b）用共享网络

图 8.9a 所示结构是用两个完全独立的 CNN 网络分别训练问题和答案，得到表示向量，最后计算向量间相似度。图 8.9b 所示结构则是用同一个共享的 CNN 网络来训练问题和答案，然后分别得到表示向量并计算相似度。Watson 系统研究者和其他学者的研究结果都表明用共享网络结构比用两个独立网络结构具有更好的学习精度。因为共享网络更有利于发现问题和答案之间的关联性。

Watson 系统是一个典型的基于问题答案对的问答系统。该问答系统针对一个给定输入问题 Q，从候选答案集 $\{A_i\}$ 中找出一个最佳答案作为最终输出。该系统训练时的损失函数是

$$L = \max\{0, m - (\text{sim}(Q, A^+) - \text{sim}(Q, A^-))\} \tag{8.20}$$

其中，m 是大于 0 的实数，表示正确边距；$\text{sim}(Q, A)$ 就是网络的输出；A^+ 表示正确答案（正确答案可能不止一个），A^- 表示错误答案。上述损失函数并不像其他 CNN 网络一样追求似然度最大，而是追求边距（Margin）最大。也就是说，Watson 训练网络要求 [问题,正确答案] 对的相似度（匹配度）要远大于 [问题,错误答案] 对的相似度，并且二者之差至少大于 m。实际上，Watson 系统在训练时，只有当正确答案与错误答案混淆不清时，才更新网络权

值。即当 $\mathrm{sim}(Q,A^+)-\mathrm{sim}(Q,A^-)\geq m$ 时，不更新网络权值，而是另换一个新的错误答案（A^-）继续训练；只有当上述差值小于 m 时，才更新网络权值。Watson 系统在执行/测试问答时，选择最大相似度所对应的答案作为最佳答案。

度量向量相似度最常用的方法是计算向量间余弦值（cos 值）。实际上，Watson 研究者还对比研究了很多种向量相似度度量方法，最终发现把 L2 范数和向量内积进行综合平均的方法具有最好的效果。一种是欧氏距离与 sigmoid 点积的几何平均值：

$$\mathrm{Sg}(\boldsymbol{x},\boldsymbol{y})=\frac{1}{1+\parallel \boldsymbol{x}-\boldsymbol{y}\parallel}\times\frac{1}{1+\exp(-\gamma(\boldsymbol{x}\cdot\boldsymbol{y}+c))},\quad \gamma>0 \tag{8.21}$$

另一种是欧氏距离与 sigmoid 点积的算术平均值：

$$\mathrm{Sa}(\boldsymbol{x},\boldsymbol{y})=\frac{0.5}{1+\parallel \boldsymbol{x}-\boldsymbol{y}\parallel}+\frac{0.5}{1+\exp(-\gamma(\boldsymbol{x}\cdot\boldsymbol{y}+c))},\quad \gamma>0 \tag{8.22}$$

其中，γ 是大于 0 的实数，c 是一个常量。

8.3　多智能体

8.3 多智
能体

人是一种社会性群体动物。单个的人自身具有很强的智能性和自主性。但是人还能在社会中通过协作，完成单个人无法达到的、更宏伟的任务。智能体就是模拟人的这种合作（协作）能力。多智能体的概念就是从分布式人工智能发展而来的。

8.3.1　多智能体系统模型

1. 智能体及其特性

智能体（Agent）是人工智能领域里的一种新型计算模型，具有功能的连续性及自主性。即智能体能够连续不断地感知外界发生的以及自身状态的变化，并自主产生相应的动作。对智能体更高的要求可让其具有认知功能，以达到高度智能化的效果。智能体广泛应用于分布计算环境，为分布式系统的综合、分析、实现和应用开辟了一条新的有效途径。

关于智能体目前还没有统一的定义。1995 年，英国学者 Wooldridge 和詹宁斯（Jennings）给智能体的定义是：智能体是一个自主的程序；并能基于对环境的理解，有能力控制自己的决策行为，以追求达到一个或多个目标。一种比较普通的观点认为：智能体是计算机硬件或软件系统，其组成元素之间以及与所在环境之间存在某种特定的关系。

一般认为，智能体应该具有以下一些特征：

1）自主性。智能体能够控制它的自身行为，其行为是主动的、自发的、有目标和意图的，并能根据目标和环境要求对短期行为做出规划。

2）主动性。智能体在某一确定目标指导下具有主动行为，即智能体具有基于当前知识和经验，以一种理性的方式进行推理和预测的能力。

3）持续性。智能体的程序在启动后，能够在相当长的一段时间内维持运行状态，不随运算的停止而立即停止运行。

4）社会性。智能体存在于由多个智能体构成的社会环境中，与其他智能体交换信息、交互作用和通信。各智能体通过社会承诺，进行社会推理，实现社会意向和目标。智能体的存在及其每一行为都不是孤立的，而是社会性的，甚至表现出人类社会的某些特性。

5）反应性。智能体能够感知所处的环境，并对相关事件做出及时的反应。

6）适应性。智能体应具有开放的性质，能够在推理活动中积累或学习经验和知识，逐步适应环境，扩充、限制或修正自身的局部知识状态，以适应新形势的需要。

7）可移动性。智能体应具有在分布式网络中移动的能力，且在此过程中保持状态一致。

8）可靠性。智能体采取的动作和产生的结果应是可靠和符合用户利益的。

9）代理性。主要体现在代表用户工作，可以对一些资源进行包装，代替用户对这些资源进行访问，成为用户通达这些资源的枢纽和中介。

2. 智能体的结构

智能体系统是个高度开放的智能系统，其结构直接影响到系统的智能和性能。从一般意义上讲，体系结构使得传感器的感知对执行程序可用，执行程序把该程序的作用选择反馈给执行器。智能体的基本结构由感知模块、处理模块、控制模块、执行模块、通信模块及方法集组成（见图8.10）。感知模块、执行模块和通信模块负责与系统环境和其他的智能体进行交互。处理模块负责对感知和接收到的信息进行初步处理和存储。控制模块运用方法集对接收到的处理模块处理后的信息和其他智能体的通信信息进行进一步分析和推理，并为通信和执行模块做出执行决策。

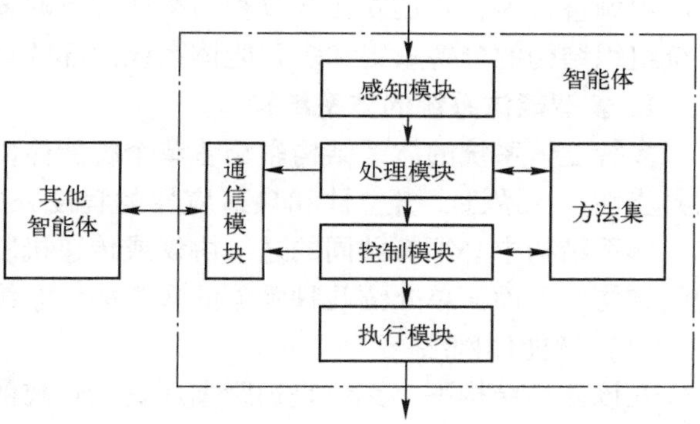

图 8.10 智能体基本结构模型

根据组成智能体的基本部分及其作用、各部分间的联系与交互机制、智能体应激行为算法，以及智能体的行为对其内部状态和外部环境的影响等，可以把智能体的体系结构分为反应式、慎思式、跟踪式、基于目标的、基于效果的、复合式等不同类型。

3. 多智能体系统的基本模型

多智能体系统（Multi-Agent System）是智能体研究中的一个重点。在智能体系统中，每个智能体能够预测其他智能体的作用，并在其目标服务中影响其他智能体的动作。为了实现这种预测，需要研究一个智能体对另一个智能体的建模方法。为了影响另一个智能体，需要建立智能体间的通信方法。这种由多个智能体组成的，既松散耦合又协作共事的系统，就是多智能体系统。

根据多智能体系统的应用环境，多智能体模型可分为信念—愿望—意图（Belief-Desire-Intension，BDI）模型、协商模型、协作规划模型和自协调模型。

（1）BDI 模型

这是一个概念和逻辑上的理论模型。它渗透在其他模型中，成为研究智能体理性和推理机制的基础。在把 BDI 模型扩展至多智能体系统时，提出了联合意图、社会承诺、合理行为等描述智能体行为的形式化定义。联合意图为智能体建立复杂动态环境下的协作框架，对共同目标和共同承诺进行描述。当所有智能体都同意这个目标时，就一起承诺去实现该目标。社会承诺用以描述合作推理和协商。社会承诺给出了社会承诺机制。

（2）协商模型

协商思想产生于经济活动理论。它主要用于资源竞争、任务分配和冲突消解等问题。多智能体的协作行为一般是通过协商而产生的。虽然各个智能体的行动目标是使自身效用最大化，然而在完成全局目标时，就需要各智能体在全局上建立一致的目标。

（3）协作规划模型

多智能体系统的规划模型主要用于制定其协调一致的问题求解规划。每个智能体都具有自己的求解目标，考虑其他智能体的行动与约束，并进行独立规划（部分规划）。网络节点上的部分规划可以用通信方式来协调所有节点，达到所有智能体都接受的全局规划。部分全局规划允许各智能体动态合作。智能体的相互作用以通信规划和目标的形式抽象地表达，以通信元语描述规划目标，相互告知对方有关自己的期望行为，利用规划信息调节自身的局部规划，达到共同目标。

（4）自协调模型

该模型是为适应复杂控制系统的动态实时控制和优化而提出的。自协调模型随环境变化自适应地调整行为，是建立在开放和动态环境下的多智能体系统模型。该模型的动态特性表现在系统组织结构的分解重组和多智能体系统内部的自主协调等方面。

4. 多智能体系统的体系结构

多智能体系统的体系结构影响着单个智能体内部协作智能的存在。其结构选择影响着系统的异步性、一致性、自主性和自适应性的程度，并决定信息的存储方式、共享方式和通信方式。体系结构中必须有共同的通信协议或传递机制。对于特定的应用，应选择与其能力要求匹配的结构。下面简单介绍几种常见的多智能体系统的体系结构。

（1）智能体网络

在该体系结构下，无论是远距离还是近距离的智能体，其通信都是直接进行的。在该类多智能体的系统框架中，通信和状态知识都是固定的。每个智能体必须知道应在什么时候把信息发送至什么地方，系统中有哪些智能体是可以合作的，它们具有什么能力等。不过，把通信和控制功能都嵌入每个智能体内部，要求系统中每个智能体都拥有关于其他智能体的大量信息和知识。而在开放的分布式系统中，这往往是难以实现的。此外，当智能体数目较大时，这种一一交互的结构将导致系统效率低下。

（2）智能体联盟

在这种体系结构中，若干近程智能体通过助手智能体进行交互，而远程智能体则由各个局部智能体群体的助手智能体完成交互和消息发送。这些助手智能体能够实现各种消息发送协议。当某智能体需要某种服务时，它就向其所在的局部智能体群体的助手智能体发出一个请求。该助手智能体以广播形式发送该请求，或者把寻找请求与其他智能体能力进行匹配，一旦匹配成功，就把该请求发给匹配成功的智能体。在这种结构中，一个智能体须知道其他智能体的详细信息。该结构比智能体网络有较大的灵活性。

（3）黑板结构

黑板结构与联盟系统的区别在于：黑板结构中的局部智能体群共享数据存储——黑板，即智能体把信息放在可存取的黑板上，实现局部数据共享。在一个局部智能体群体中，控制外壳智能体负责信息交互，而网络控制智能体负责局部智能体群体之间的远程信息交互。黑板结构中的数据共享要求群体中的智能体具有统一的数据结构或知识表示，因而限制了多智能体系统中的智能体设计和建造的灵活性。

8.3.2 多智能体系统的学习与协作

1. 多智能体强化学习

多智能体系统具有分布式和开放式等特点，其结构和功能都很复杂。对于一些应用，在设计多智能体系统时，要准确定义系统的行为以适应各种需求是相当困难的，甚至是无法做到的。这就要求多智能体系统具有学习能力。学习能力是衡量多智能体系统和其他智能系统的重要特征之一。多智能体系统一般都采用强化学习（Reinforcement Learning）策略。

（1）强化学习

强化学习可以主动学习去适应环境，且能够进行在线学习，已经成为机器学习领域的研究热点之一。在强化学习中，智能体与环境不断进行交互，从中获得环境信息，然后采取一定的动作作用于环境，并从环境中获得一个反馈的评价信号，根据此信号进行不断的试错和选择，逐渐学习得到最优策略。在学习过程中，并没有告诉智能体应该采取哪个动作，而是由智能体依据环境的反馈信息，决策应该采取什么动作。智能体选择动作的依据是：尽可能让智能体在接下来的学习过程中，获得正强化信号的概率变大，获得负强化学习信号的概率变小。也就是说，智能体根据获得的不同环境信息来选择动作，作用于环境之后，环境会给出一个奖赏值，即智能体的回报值。强化学习的目标就是使智能体获得的回报值最大，从而得到最优策略。可以认为强化学习过程是一个从状态空间到动作空间的映射问题。

强化学习的过程一般如下：

1）智能体通过一定的方式观察当前环境的状态。

2）智能体根据观察到的状态和强化信号，选择动作集中的一个动作执行。

3）当智能体采取的动作作用于环境后，环境会转移到一个新的状态并反馈给智能体新的强化信号。

4）智能体依据第3)步中环境反馈的强化信号，更新自己的策略知识。

强化学习问题一般用马尔可夫决策过程（Markov Decision Processes，MDP）来形式化描述。单智能体强化学习的框架可以采用马尔可夫决策过程，并且可以在动态规划的值迭代和策略迭代基础上进行强化学习问题求解。近年来，以 Internet 为实验平台，设计和实现了具有某种学习能力的用户接口智能体和搜索引擎，表明单智能体学习已获得新的进展。与单智能体学习相比，多智能体系统学习方法也是单智能体学习方法的推广和扩充。例如，上述用户接口智能体和搜索引擎智能体中的学习已被认为是多智能体系统学习。因为在人机协作系统中，人也是一个智能体。

（2）多智能体强化学习的分类

多智能体强化学习可以分为集中式强化学习和分布式强化学习。

集中式强化学习可看成由多个智能体组成一个整体的系统。系统中包括总的学习单元，学习单元的作用是每个智能体可以通过本学习单元进行策略学习，从而进行策略动作。在集中式智能体系统中，需要对总的学习单元进行状态输入，再由学习单元将学习策略分配给每个智能体，其中集中式学习算法可采用标准的强化学习算法。这种结构的强化学习缺点是每个智能体只能在总的学习单元中进行策略学习。

分布式强化学习将每一个智能体都看作小主体，每个智能体都进行自己的策略学习，与此同时智能体之间也可以相互协作地学习。进一步讲，分布式强化学习又可以细分为独立强化学习和群体强化学习。独立强化学习将系统中的每个智能体都当作单智能体进行强化学习，独立的智能体之间不进行有效的信息交互。智能体之间如果需要进行信息共享，则需要在处理完外部环境后，通过通信实现独立智能体之间的信息共享。其主要缺点是不易收敛到最佳目标以及学习时间较长。群体强化学习将系统中所有智能体组合为一个群体进行策略学习。群体强化学习将群体中所有的动作和状态也组合成为一个群体，独立智能体在策略学习的动作选择时，都需要对其他智能体进行考虑。由于群体强化学习对每个智能体都进行独立的策略学习,其主要缺点是学习过程中所需的空间较大,并且学习时间较长。

针对多智能体强化学习,人们提出了多种改进的 Q 学习算法。Littman 提出了基于二人零和博弈的 Minimax-Q 学习算法。该算法以单智能体强化学习为基础,将智能体增加至两个,让它们之间进行竞争,最终结果是得到正负两种回报,其和为零。基于此,Hu 将多智能体强化学习算法应用到二人非零和博弈的 Nash-Q 算法。此算法中值函数的定义依赖于 Nash 平衡解,且两智能体之间的行为是独立的,相互之间并不依赖。之后,Littman 在 Nash-Q 算法基础上提出了 Friend-or-Foe-Q 算法。该算法中当二者是朋友关系时,可将其看作是完全合作形式,即每个智能体的个人利益和整体利益是一致的;而当二者是敌对关系时,该算法可以归为零和博弈,此时就退化为 Minimax-Q 学习算法。

多智能体强化学习目前处于快速发展阶段,但还没形成比较统一的定义和完整的方法学。虽然马尔可夫对策论为多智能体强化学习提供了较大帮助,但其研究并不局限于此。多智能体强化学习本身是一个集成各学科于一体的交叉研究方向。多智能体系统学习仍需要深入研究,包括多智能体系统学习的概念和原理、具有学习能力的多智能体系统模型和体系结构、学习特征的新方法等。

2. 多智能体的规划

规划和动作的研究是智能体研究的一个活跃领域。多智能体系统中的规划与经典规划是不同的,需要反映环境的持续变化。

多智能体系统的规划研究目前主要有两种方法:方法一,一种可在世界状态间转换的抽象结构,如与或图;方法二,一类复杂的智能体精神状态。这两种方法都在一定程度上降低了经典规划中解空间的搜索代价,能够有效地指导资源受限型智能体的决策过程。常见的做法是把智能体的规划库定义为一个与或图结构,库中每条规划包括四个部分:①规划目标;②规划前提;③由规划序列和规划子目标组成的规划体;④规划结果。

3. 多智能体的协作方法

对策和学习是智能体协作的内在机制。智能体通过交互对策,在理性约束下选择基于对手或联合策略的最佳响应行动。智能体的行动选择又必须建立在对环境和其他智能体行动了解的基础上,因而需要利用学习方法建立并不断修正对其他智能体的信念。智能体的协作始终贯穿着对策和学习的思想。下面介绍几种协作方法。

(1) 决策网络和递归建模

决策网络(又称为作用图)是决策问题的一种图知识表示,可以看作是增加了决策节点和效益节点的贝叶斯网络。决策网络中有三类节点:自然节点、决策节点和效益节点。自然节点表示智能体世界中不确定性信念的随机变量或特征。决策节点表示智能体对行动的选择,代表智能体的能力。效益节点代表智能体的偏好。节点间的连接体现了相互依赖关系。根据对环境和其他智能体的信息观察和贝叶斯学习方法来修正模型,即修正对其他智能体可能行为的信念,并预测它们的行为。

递归建模方法是:智能体获取环境知识、其他智能体知识和状态知识,并在此基础上建立递归决策模型。利用动态规划方法求解智能体行为决策的表达。

(2) 马尔可夫对策

在多智能体系统中,智能体之间的相互作用随时间不断地变化,系统中每个智能体都面临一个动态决策问题。在单智能体系统中智能体的动态决策其实是一个马尔可夫过程。而在多智能体系统中，智能体的马尔可夫决策过程的扩展形式就是随机对策，亦即马尔可夫对策。因此，马尔可夫对策可以被看作是马尔可夫决策过程在多智能体系统协作环境中的扩展。在马尔可夫对策中，每个智能体面临的都是不同的马尔可夫决策过程。这些过程通过它们的支付函数（Payment Function）以及依赖于智能体联合行为的系统动态特性连接起来。马尔可夫对策以纳什平衡点（Nash Equilibrium）作为协作的目标，从而将智能体协作过程的收敛性和稳定性引入智能体协作的研究中。

（3）智能体学习方法

多智能体系统的协作从本质上说是每个智能体学习其他智能体的行动策略模型而采取相应的最优反应。学习内容包括环境内的智能体数、连接结构、智能体间的通信类型以及协调策略等。学习方法包括假设行动、贝叶斯学习和强化学习等。强化学习是多智能体系统的主要学习方法。这些学习方法都与对策论有关。

4. 多智能体的协商技术

协商是多智能体系统实现协同、协作、冲突消解和矛盾处理的关键环节，关键技术包括协商协议、协商策略和协商处理。

（1）协商协议

协商协议主要研究智能体通信语言的定义、表示、处理和语义解释。协商协议的最简单形式如下：

协商通信消息：(<协商元语>,<消息内容>)

其中，协商元语即为消息类型，其定义一般以对话理论为基础。消息内容包括消息的发送者、消息编号、消息发送时间等固定信息，以及与协商应用的具体领域有关的信息描述。

（2）协商策略

该策略用于智能体决策及选择协商协议和通信消息，包括一组与协商协议对应的元语级协商策略和策略的选择机制两部分内容。协商策略可分为破坏协商、拖延协商、单方让步、协作协商和竞争协商五类。只有后两类协商策略才有意义。对于竞争策略，参与协商者坚持各自的立场，在协商中表现出竞争行为，力图使协商结果有利于自身的利益。对于协作策略，各智能体应动态和理智地选择适当的协商策略，在系统运行的不同阶段表现出不同的竞争或协作行为。策略选择的一般方法是：考虑影响协商的多方面因素，由一个策略选择函数来决定最终策略。

（3）协商处理

协商处理包括协商算法和系统分析两方面。前者用于描述智能体在协商过程中的行为，包括通信、决策、规划和知识库操作；后者用于分析和评价智能体协商的行为和性能，回答协商过程中的问题求解质量、算法效率和系统的公平性等问题。

协商协议主要处理协商过程中智能体之间的交互，协商策略主要修改智能体内的状态和控制过程，而协商处理则侧重描述和分析单个智能体和多智能体协商的整体协作行为。后者描述了多个智能体系统协商的宏观层面，而前两者则刻画了智能体协商的微观方面。

5. 多智能体的协调方法

单个智能体的能力有限，整个多智能体系统控制和执行过程是由多个智能体之间通过信息交互的方式协调合作完成的。多智能体系统分布式协调控制具有更高的鲁棒性、扩展性、容错性和自适应性，使其在无人机编队、多机械臂系统配置、卫星姿态控制、分布式传感器网络等领域获得了广泛的应用。

多智能体系统协调控制是指多个智能体通过网络结构拓扑进行信息传递与共享以完成共同目标。智能体之间的负面交互关系导致冲突，一般包括资源冲突、目标冲突和结果冲突。为实现冲突消解，必须研究智能体的协调。智能体间的正面交互关系表示智能体的规划和重叠部分，或某个智能体具有其他智能体所不具备的能力，各智能体间可通过协作取得成功。

智能体间的不同协作类型将导致不同的协调过程。当前主要有四种协调方法：基于集中规划的协调、基于协商的协调、基于对策论的协调和基于社会规划的协调。

（1）基于集中规划的协调

如果多智能体系统中至少有一个智能体具备其他智能体的知识、能力和环境资源知识，那么该智能体可作为主控智能体对该系统的目标进行分解，对任务进行规划，并指示或建议其他智能体执行相关任务。这种基于集中规划的协调方法特别适用于环境和任务相应固定、动态行为可预计和需要集中监控的情况，如机器人协调和智能控制等。

（2）基于协商的协调

这种协调方法属于分布式协调，系统中没有作为规划的主控智能体。协商是智能体间交换信息、讨论和达成共识的方式。具体的协商方法有合同网协商、基于对策论的协商等。例如，合同网采用市场机制进行任务通告、投标和签订合同以实现任务分配。

（3）基于对策论的协调

此协调方法包括无通信协调和有通信协调。无通信协调是在没有通信的情况下，智能体根据对方及自身的效益模型，按照对策论选择适当的行为。在这种协调方式中，智能体至多也只能达到协调的平衡解。在基于对策论的有通信协调中则可得到协作解。

（4）基于社会规则的协调

这是一类以每个智能体都必须遵循的社会规则、过滤策略、标准和惯例为基础的协调方法。这些规则对各智能体的行为加以限制，过滤某些有冲突的意图和行为，保证其他智能体必需的行为方式，从而确保本智能体行为的可行性，以实现整个智能体系统的社会行为的协调。这种协调方法比较有效。

8.3.3 多智能体系统的主要研究内容

在 20 世纪 80 年代左右，多智能体系统主要研究分布式问题求解系统（Distributed Problem Solving Systems），试图在系统设计阶段便确定系统行为，对每个智能体预先设定各自的行为。但当时系统的自适应性、鲁棒性和灵活性都较差，限制了其工程应用。后来人们更关注智能体的推理和决策能力，以及智能体的社会群体属性，从开放的分布式人工智能角度出发，重点研究多智能体的协商和规划方式，以适应环境的改变。随着多智能体技术在无线传感器网络、生物医学、无人机编队控制等各领域的深入应用，由于复杂系统建模规模庞大，智能体数量越来越多而出现了实时性不够、难以保证智能体之间协作规划等问题。

目前，针对多智能体系统主要的研究内容有以下几个方面。

1. 多智能体一致性研究

多智能体系统达到一致是实现协调控制的首要条件。近年来，在无人机/车控制、水下协同作业和机器人编队控制等集群控制领域，多智能体一致性问题成为广泛关注的一个重点。多智能体系统的一致性是指，在多智能体系统中，在没有中央协调控制或者全局通信的情况下，随着时间的推移，智能体之间通过局部耦合作用，最终使得所有的智能体状态（如位置、速度、加速度等）趋于一致。其控制目标可描述为

$$\lim_{t\to\infty}\|x_j(t)-x_i(t)\|=0,\quad \forall i,j\in\Gamma \tag{8.23}$$

其中，Γ 表示系统中个体的集合，x_i 为系统中第 i 个个体的状态。

由定义可知，多智能体一致性的基本要素有三个，分别是具有动力学特征的智能体个体、智能体之间用于信号传输的通信拓扑、智能体个体对输入信号的响应，即一致性协议。一致性协议是指复杂系统中智能体之间相互作用的规则，它描述了各智能体与其邻居节点间信息交换的过程。不同类型的多智能体一致性协议体现了多智能体技术在各领域应用中的不同需求。针对不同的应用场景可以提出不同的具体一致性协议。

从智能体个体角度出发，多智能体一致性协议可以从一阶线性系统、二阶线性系统、高阶线性系统、非线性系统、异步系统和异质系统来分析。系统通信的不确定性常常会影响系统的稳定性与动态性能。从智能体通信拓扑角度出发，通信拓扑不确定性具体表现为时滞、切换和随机等。

（1）带时滞的一致性问题

通信是多智能体协作的重要基础。在实际应用过程中，由于控制器性能、网络带宽及传输信道的差异通常会使得系统网络出现各种不理想状况。按照网络影响因素的不同可将一致性研究约束划分为通信时滞、输入时滞、测量噪声、数据丢包和量化误差。其中，通信时滞在工程应用中最为常见，也是影响系统稳定的关键因素之一，如无线传感器网络信息融合中的网络信道时延、水下协同作业的传输介质时延等。研究通信时滞对系统收敛性的影响是多智能体技术在工程中应用的重要基础。

（2）有限时间一致性问题

多智能体一致性按照收敛速度可划分为渐进时间一致性、有限时间一致性和限定时间一致性。相比渐进时间一致性，有限时间一致性需要系统状态在某一限定时间内收敛到某一范围内，使得系统更快实现一致同步。许多实时控制的应用场合对收敛速度的要求都比较高，特别是控制领域。所以，研究有限时间一致性更具有工程意义。而相比于有限时间一致性，使系统在固定时间内收敛的限定时间一致性的相关研究目前尚处于起步阶段。

（3）领导跟随者一致性问题

领导跟随者控制方法是多智能体系统协同控制一致性的重要方法。所以，领导跟随者一致性研究一直都是多智能体编队控制研究的热点。领导跟随者一致性控制的控制目标是多智能体系统内的各个智能体通过不断的衍化最终实现一致性，并且该一致状态是系统内一个或多个领导者的期望状态。按照领导者的数量可以将多智能体系统分为单领导者系统和多领导者系统。在仅具有较少智能体数量的系统中，单领导者设计会使得系统开销更小，并且一致性收敛速度更快。然而在具有大量智能体的中大型系统中，相比于单领导者而言，多领导者的系统可以使得每个领导者负担减小，能明显降低系统的通信和计算负荷。但是，多领导系统的设计更为复杂，需要确定系统协同的共同目标。

在实际应用场景中，如在机器人编队控制中，智能体大多具有很强的非线性，所以面向非线性系统的领导跟随者一致性研究具有重要意义。

2. 基于事件驱动机制的控制策略

在多智能体协同控制中，智能体之间通常需要借助通信网络频繁地交换自身的局部信息。传统的网络采样控制方法基于时间周期采样方式，而在事件驱动机制中控制器的采样时刻由设计者定义的特定事件控制。周期性采样方式是采用类似轮询方式，控制器在某个间隔中交换自身的信息并更新相应的控制输出，对系统的计算和通信能力要求较高。但是在实际应用过程中，特别是在无线传感器网络控制、嵌入式无人机协同控制等领域，存在网络带宽和计算节点资源相对有限等问题，资源开销较小的事件驱动机制相比于时间触发方式更能满足这类型应用的需求。

在多智能体系统中，事件驱动机制是指当单个智能体的某一状态变化量超过了给定的阈值时，才与其邻居个体传递信息。事件驱动机制极大地降低了信息传输频率，同时也可以节约网络资源，延长网络生存期，从而使得网络资源得到更加合理的配置；同时，也降低了智能体自身能量的消耗，延长了智能体的使用寿命。

（1）事件驱动协调控制策略

事件驱动的通信机制和协调控制策略是设计有效事件驱动机制的一个关键点。常用的策略有集中式事件驱动机制、聚类式事件驱动机制、分布式事件驱动机制、自驱动机制。

集中式事件驱动机制提出较早。"集中式"是指所有智能体共享同一个驱动机制，即它们的触发时刻是一致的。集中式事件驱动机制设计思想相对简单，通常包含所有智能体信息，适用于规模较小的网络化系统。

聚类式事件驱动机制首先根据预先设定的分类规则，将 N 个智能体分入 m 类中。基于分类规则，一个大规模的网络结构就被划分成若干个小网络的集合。聚类式事件驱动机制是指处于同类的多个智能体共享同一个事件驱动机制，而处于不同类的多个智能体其事件驱动机制不同。因此，m 个多智能体系统就需要设计 m 个不同的触发条件，每个触发条件仅涉及该类中智能体的信息，其他类中的智能体信息均不可获知。聚类式事件驱动机制适用于较大规模的网络结构。

分布式事件驱动机制是指每个智能体都有自己的驱动条件，其仅与该智能体及其邻居信息有关。相对于集中式、聚类式事件驱动机制，分布式事件驱动机制具有更强的鲁棒性、扩展性和容错性，能适应更大规模的网络环境。但是，在分布式事件驱动机制中，每个智能体都单独进行事件监测，会产生较多的检测成本。

分布式事件驱动机制还根据驱动条件设计对象的不同分成基于点信息的分布式驱动机制和基于边信息的分布式驱动机制。基于点信息的分布式驱动机制设计对象是每个智能体，即针对智能体的行为设计驱动条件。当驱动条件被触发时，智能体同时向其所有邻居智能体发送信息。基于边的分布式驱动机制的设计对象是每一条连接边，即针对连接边设计驱动条件。如果某连接边的驱动条件被触发，则其连接的两个智能体交换信息。

自驱动机制是指下一次驱动时刻可以根据当前驱动时刻的信息计算出来，不需要不断地监测事件的变化。由于下一次驱动时刻通过计算可获知，因此自驱动机制增加了额外的计算成本，但它节约了事件监测的成本。

（2）有效排除芝诺（Zeno）行为的方法

如果事件在有限时间内被触发无限多次，该现象被称为芝诺（Zeno）行为。虽然基于事件驱动策略能有效降低智能体采样频率，但若是在很短时间内，事件条件被连续多次触发，形成 Zeno 现象，会导致控制器输出不稳定。在驱动机制研究中，排除芝诺行为是一个很关键的任务。

排除芝诺行为的方法通常有两种：一种是证明以任意两次触发时刻为端点的区间段的区间长度必存在某一固定正下界，则有限时间段内必只存在有限个事件被触发，具有该性质的事件必定不会出现芝诺行为；另一种就是用反证法来证明芝诺行为不存在，即假设芝诺行为存在，但是由其会推导出与已有性质矛盾。

3. 并行分布式多智能体仿真平台

多智能体技术常用来对复杂系统进行建模。当在不具备任何实际经验的情况下，面向多智能体的仿真平台通常是研究人员探索复杂系统不可或缺的工具。但由于仿真系统规模庞大，智能体数量众多，在仿真过程中需要大量的计算，若采用 NetLogo 等传统的多智能体仿真平台，极易遇到计算瓶颈。近年来，在分布式共享存储、多核 CPU、并行 GPU 等分布式硬件平台日趋成熟的基础上，研究人员将并行计算相关技术运用在多智能体仿真中，提出并行分布式多智能体系统（PDMAS）。PDMAS 平台一方面将多智能体建模中出现的庞大计算量分散到计算集群中的各计算节点中，突破计算瓶颈；另一方面对仿真人员屏蔽底层的并行计算实现细节，使得仿真人员在无须具备专业的并行编程能力的条件下依旧可以使用 PDMAS 平台提供的接口进行分布式并行仿真，降低技术门槛。在串行多智能体仿真平台中，研究人员重点关注如何模拟智能体结构和行为等方面，但向 PDMAS 过渡后，由分布式并行计算引入的负载均衡、智能体同步、关键路径优化等问题吸引了研究人员更多的注意力。

8.3.4　多智能体系统应用案例

多智能体系统已经在实践中获得了十分广泛的应用，涉及多机器人协调、无人机编队、无人汽车自动驾驶、过程智能控制、远程通信、柔性制造、网络通信与管理、交通控制、电子商务、数据库、远程教育和远程医疗等。

（1）多机器人协调

自主式多机器人系统，尤其是移动机器人系统，其协调性十分重要。多机器人系统需要利用全局信息、知识和技能，通过多智能体系统协调作用，合作完成单机器人无法独立完成的复杂任务。机器人足球比赛（如 RoboCup）是一种典型的协调多智能体系统。在比赛中，每个智能体（足球机器人）都具有定向跑步、带球、传球、接球、避碰等个体技能，这些足球机器人通过任务分解、多级学习、动态角色分配等实时策略，构造球队的站位、队形和队员的行为模式，以实现球队在比赛过程中的协调。

（2）过程智能控制

工业过程控制往往是自主响应系统，特别适合应用多智能体系统。例如，在机械制造过程中，尤其是在柔性制造系统（FMS）和计算机集成制造系统（CIMS）中，多智能体系统对制造任务进行分解，根据合同网协议把任务分配给各智能体（生产单元），然后由多个生产单元通过对策与协商，协同完成生产任务。

（3）网络通信与管理

多智能体系统在网络通信与管理等领域的应用日益增多。远程通信系统是需要对相连部件进行实时监控和管理的大型分布式网络。当电话网络中以较快速度添加新的特性时，则采用协商智能体表示，建立一个呼叫相关的智能体。如果该智能体监测到某种冲突，那么各智能体之间可以通过协商解决问题，直到建立一个可接受的呼叫连接结构。

网络通信与管理领域的其他智能体应用还有网络负荷平衡、通信网络的故障相关性分析与诊断、网络控制和传输、通信业务管理和网络业务管理等。

（4）交通控制

在空中交通控制方面，利用基于对策论和优化理论的多智能体技术，已实现了一种空中交通管理系统（ATMS）。该系统通过多智能体系统协作，解决了空中航线的冲突问题。其中，各智能体分别表示进入控制区域的飞机和空中交通控制站。对可能出现的航线冲突，可采用对策论进行冲突消解。

在城市交通方面，已出现一些基于多智能体系统的市区交通控制系统。该系统把每个路口交通信号控制器定义为智能体，这些智能体不仅具有路口交通流状态和相应控制方法的知识，而且具有紧急情况下的反应能力、一般情况下的自调节和自优化能力，以及对未来短期车流状况做出预测的能力。智能体间通过联合优化实现全局优化目标。

8.4 本章小结

人工智能涉及的领域其实相当广泛。本章介绍了目前人工智能中比较热门，也比较重要的三个研究领域：模式识别、自然语言处理和多智能体。这三项内容开展研究的时间相对也比较长，并且已经取得了很多成果，在实践中获得了广泛应用。

识别能力是体现智能行为的一种基础技能。识别就是能够区分客观世界中的客体，并且将其进行正确的归类。解决识别问题就要既知道客体的特性，又知道客体的共性。模式识别在实践应用中的基本目的就是从客体的特性中发现共性，再用共性来指导对客体的认识。模式识别的基本学习问题是分类问题。所以，关于模式识别的大部分算法在机器学习一章中已经介绍过了。现在用深度学习方法解决模式识别问题已经成为主流思路。用深度学习方法可以自动学习出有效的模式特征表示。但是深度学习方法特别依赖大数据。如何在训练数据不多的情况下，让机器能像人一样快速学习并发现模式，是目前深度学习面临的一个问题。

自然语言处理是人工智能界一开始就十分关注的领域。使计算机像人一样能够"听""说""读""写"，并且和人类无障碍交流，一直是人工智能追求的一个目标。利用计算机对自然语言进行浅显的解析和基于概率统计的处理方法，已经进行了很多年了。目前自然语言处理遇到的最大障碍就是理解问题。也就是说，如何让计算机像人一样理解字符串所表达的语义，并基于语义进行推理。人能够处理和运用复杂、模糊的自然语言，是因为人能够基于知识而获取字符串背后所隐藏的语义。目前深度学习方法也是自然语言处理的主流，特别是在机器翻译、语音识别、智能问答等方面取得了很大进展。但是，缺乏对知识的运用是限制计算机自然语言处理能力的一个根本原因。所以，自然语言处理未来研究的核心将是对知识的处理，特别是结合知识图谱和深度学习方法成为自然语言处理的研究重点。

多智能体系统是分布式人工智能的研究发展方向。人是社会性的动物。蚂蚁、蜜蜂等很多动物也都具有社会性。具有社会性的群体就能够完成单个个体无法完成的任务，体现出强大的功能。但是，社会性也要求个体之间具有协作、协同能力。多智能体系统正是站在社会性的层次上模拟人类智能。单个智能体具有一定的自主性（或主动性），同时又要具备适应环境（社会）的能力。多智能体首先关注的问题就是智能体之间的交流、通信和协作能力。大型人工智能应用已经不太可能只由一个部件完成，所以多智能体概念在大型人工智能应用中越来越重要。每一个相对独立的部件（模块）都可以看作一个智能体。那么多智能体系统将会是未来大型人工智能系统的一种基础框架形式。

人工智能还有其他很多热点，有兴趣的读者可以自己参阅相关文献。

习题

8.1 请以卷积神经网络（CNN）为例，说明一种学习算法在多种不同模式识别问题中的应用情况。

8.2 人脸识别、车牌识别、卫星图像识别、医学图像识别都是以图像作为识别对象。请调研这些应用当前的主流解决方法，对比这些方法的异同。

8.3 模式识别的基本过程是什么？

8.4 请调研汽车自动驾驶技术，说出其中需要用图像识别或者模式识别来解决哪些具体问题，以及如何解决这些问题。

8.5 请调研无人售货超市，说出在该场景中需要用到哪些人工智能技术，并阐述其中某一项技术的具体应用过程。

8.6 什么是结构化信息、半结构化信息、无结构信息？举例说明。

8.7 自然语言处理领域中研究的热点问题有哪些？解决这些热点问题的主流方法是什么？

8.8 中文分词有哪些常用方法？

8.9 请以网页分类为例，说明在大规模文本处理中针对文本数据的准备、清洗工作主要包括哪些内容。

8.10 机器翻译的基本策略有哪些？机器翻译的主要难点在哪里？

8.11 请调研文献，阐述目前机器翻译技术中使用了那几种深度学习模型？

8.12 假设要实现一款应用在餐馆的手机软件，其能够以点餐者母语回答关于点菜的相关问题。请问需要解决哪些关键技术问题？并阐述解决这些问题的主要方法及其技术路径。

8.13 问答系统可分为哪几类？每一类问答系统中的核心技术有哪些？

8.14 假设要实现一个应用在飞机场的智能问答系统，用其代替人工问讯处。请问需要解决哪些关键问题？目前解决这些问题的主要方法有哪些？

8.15 智能体的基本结构有哪些？多智能体系统的基本模型有哪些？

8.16 多智能体系统和专家系统有什么区别和联系？

8.17 多智能体系统中如何应用强化学习解决问题？

8.18 什么是多智能体系统的一致性问题？该问题具体有哪些研究点？

参 考 文 献

[1] 贾可荣, 张彦铎. 人工智能 [M]. 3 版. 北京: 清华大学出版社, 2018.

[2] 李征宇, 付杨, 吕双十. 人工智能导论 [M]. 哈尔滨: 哈尔滨工程大学出版社, 2018.

[3] 卢奇, 科佩克. 人工智能 [M]. 林赐, 译. 2 版. 北京: 人民邮电出版社, 2018.

[4] 王万森. 人工智能原理及其应用 [M]. 北京: 电子工业出版社, 2018.

[5] 王万良. 人工智能导论 [M]. 4 版. 北京: 高等教育出版社, 2017.

[6] 朱福喜. 人工智能 [M]. 北京: 清华大学出版社, 2017.

[7] 鲁斌, 刘丽, 李继荣, 等. 人工智能及应用 [M]. 北京: 清华大学出版社, 2017.

[8] 尚文倩. 人工智能 [M]. 北京: 清华大学出版社, 2017.

[9] 蔡自兴. 人工智能及其应用 [M]. 5 版. 北京: 清华大学出版社, 2016.

[10] 史忠植. 人工智能 [M]. 北京: 机械工业出版社, 2016.

[11] 周志华. 机器学习 [M]. 北京: 清华大学出版社, 2016.

[12] 张仰森. 人工智能教程 [M]. 北京: 高等教育出版社, 2016.

[13] 丁世飞. 人工智能 [M]. 2 版. 北京: 清华大学出版社, 2015.

[14] 瓦普尼克. 统计学习理论 [M]. 许建华, 张学工, 译. 北京: 电子工业出版社, 2015.

[15] 罗素, 诺维格. 人工智能: 一种现代的方法 3 版 [M]. 殷建平, 祝恩, 刘越, 等译. 北京: 清华大学出版社, 2013.

[16] 史忠植. 知识发现 [M]. 2 版. 北京: 清华大学出版社, 2011.

[17] 刘峡壁. 人工智能导论: 方法与系统 [M]. 北京: 国防工业出版社, 2008.

[18] 高济, 何钦铭. 人工智能基础 [M]. 北京: 高等教育出版社, 2008.

[19] NILSSON N J. Artificial intelligence: a New synthesis (影印版) [M]. 北京: 机械工业出版社, 2007.

[20] 尹朝庆. 人工智能方法与应用 [M]. 武汉: 华中科技大学出版社, 2007.

[21] 涂序彦. 人工智能: 回顾与展望 [M]. 北京: 科学出版社, 2006.

[22] 迪安, 艾伦, 阿洛莫诺斯. 人工智能: 理论与实践 [M]. 顾国昌, 刘海波, 仲宇, 等译. 北京: 电子工业出版社, 2004.

[23] 夏定纯, 徐涛. 人工智能技术与方法 [M]. 武汉: 华中科技大学出版社, 2004.

[24] 陆汝钤. 人工智能 [M]. 北京: 科学出版社, 1996.

[25] TURING A. Computing machinery and intelligence [J]. Mind, 1950, 59(236):433-460.

[26] BURGES J C J. A tutorial on support vector machine for pattern recognition [J]. Data Mining and Knowledge Discovery, 1998, 2(2):158-167.

[27] DEMANTARAS L. A distance based attribute selection measure for decision tree induction [J]. Machine Learning, 1991, 6(1):81-92.

[28] BIANCHINI M, FRASCONI P, GORI M. Learning without local minima in radial basis function networks [J]. IEEE Transactions on Neural Networks, 1995, 6(3):749-756.

[29] QUINLAN J R. Induction of decision trees [J]. Machine Learning, 1986, 1(1):81-106.

[30] GOPNIK A, TENENBAUM J B. bayesian networks, bayesian learning and cognitive development [J]. Developmental Science, 2007, 10(3):281-287.

[31] FESSLER J A, HERO A O. Space-alternating generalized expectation-maximization algorithm [J]. IEEE Transactions on Signal Processing, 1994, 42(10):2664-2677.

[32] BURGES C J C. A tutorial on support vector machines for pattern recognition [J]. Data Mining and Knowledge Discovery, 1998, 2(2):121-167.

[33] XU R, WUNSCH D. Survey of clustering algorithms [J]. IEEE Transactions on Neural Networks, 2005, 16(3): 645-678.

[34] JAIN A K, MURTY M N, FLYNN P J. Data clustering: a review [J]. ACM Computing Surveys, 1999, 31(3): 264-323.

[35] ZHANG T, RAMAKRISHNAN R, LIVNY M. BIRCH: An efficient data clustering method for very large Data-bases [C]. Proceedings of the 1996 ACM SIGMOD. 1996:103-114.

[36] GUHA S, RASTOGI R, Shim K. Cure: an efficient clustering algorithm for large databases [J]. Information Systems, 2001, 26(1):35-58.

[37] HINNEBURG A, KEIM D. An efficient approach to clustering large multimedia databases with noise [C]. New York: Proceedings of the 4th ACM SIGKDD, 1998:58-65.

[38] YANG Y, PEDERSEN J O. A comparative study on feature selection in text categorization [C]. Nashville: Proceedings of the ICML 1997. 1997:412-420.

[39] ROGATI M, YANG Y. High-performance feature selection for text classification [C]. Proceedings of the CIKM'02. 2002:659-661.

[40] KOSALA R, BLOCKEEL H. Web mining research: a survey [J]. ACM SIGKDD, 2000, 2(1):1-15.

[41] DASH M, LIU H. Feature Selection for Classification [J]. Intelligent Data Analysis, 1997, 1:131-156.

[42] CHEN S, COWAN C F N, GRANT P M. Orthogonal least squares learning algorithm for radial basis function networks [J]. IEEE Transactions on Neural Networks, 1991, 2(2):302-309.

[43] ZHANG G P. Neural networks for classification: a survey [J]. IEEE Transactions On Systems, Man, And Cy-bernetics—Part C: Applications And Reviews, 2000, 30(4):451-462.

[44] ANDREWS R, DIEDERICH J, TICKLE Alan B. Survey and critique of techniques for extracting rules from trained artificial neural networks [J]. Knowledge-Based Systems, 1995, 8(6):373-384.

[45] KOHONEN T, SOMERVUO P. Self-organizing maps of symbol strings [J]. Neurocomputing, 1998, 21:19-30.

[46] ZHAO W, CHELLAPPA R, ROSENFELD A, et al. Face recognition: a literature survey [J]. ACM Compu-ting Surveys, 2003, 35(4):399-458.

[47] KAELBLING L P, LITTMAN M L, MOORE A W. Reinforcement learning: a survey [J]. Journal of AI Re-search, 1996,4:237-285.

[48] BARTO A, BRADTKE S, SINGH S. Learning to act using real-time dynamic programming [J]. Artificial In-telligence, 1995, 72(1):81-138.

[49] FORREST S. Genetic algorithms: Principles of natural selection applied to computation [J]. Science, 1993, 261:872-878.

[50] GOLDBERG D. Genetic and evolutionary algorithms come of age [J]. Communications of the ACM, 1994, 37(3):113-119.

[51] AAMODT A, PLAZAS E. Case-based reasoning: Foundational issues, methodological variations, and system approaches [J]. AI communications, 1994, 7(1):39-52.

[52] RUMELHART D, WIDROW B, LEHR M. The basic ideas in neural networks [J]. Communications of the ACM. 1994, 37(3):87-92.

[53] BUNTINE W, NIBLETT T. A further comparison of splitting rules for decision-tree induction [J]. Machine Learning. 1992, 8:75-86.

[54] VAPNIK V N. An overview of statistical learning theory [J]. IEEE Transactions on Neural Networks, 1999, 10(5):988-999.

[55] WOOLDRIDGE M, JENNINGS N R. Cooperative Problem Solving [J]. Journal of Logic and Computation, 1999, 9(4):563-592.

[56] WOOLDRIDGE M, JENNINGS N R. Intelligent agents: theory and practice [J]. The Knowledge Engineering Review, 1995, 10(2):115-152.

[57] SCHOLKOPF B, et al. Comparing support vector machines with Gaussian kernels to radial basis function classifiers [J]. IEEE Transactions on Signal Processing, 1997, 45(11):2758-2765.

[58] REN W, BEARD R W, Atkins Ella M. A survey of consensus problems in multi-agent coordination [C]. Proceedings of the 2005 American Control Conference. 2005:1859-1864.

[59] COOPER G F, HERSKOVITS E. A bayesian method for the induction of probabilistic networks from data [J]. Machine Learning, 1992, 6(9):309-347.

[60] HECKERMAN D. Bayesian networks for data mining [J]. Data Mining and Knowledge Discovery, 1997, 1: 79-119.

[61] GERSHON D, et al. Bioinformatics in a post-genomics age [J]. Nature, 1997, 389:417-422.

[62] HINTON G E. Deterministic Boltzmann learning performs steepest descent in weight-space [J]. Neural Computation, 1989, 1:143-150.

[63] HOPFIELD J J, Tank D W. Neural computation of decisions in optimization problems [J]. Biological Cybernetics, 1985, 52:141-152.

[64] KAELBLING L P. A special issue of machine learning on reinforcement learning [J]. Machine Learning, 1996, 22:1-3.

[65] KOHONEN T, KASHI S. Self-Organization of a Massive Document Collection [J]. IEEE Transactions on Neural Networks, 2000, 11(3):574-585.

[66] KOLODNER J L. An introduction to case-based reasoning [J]. Artificial Intelligence Review, 1992, 6(1): 3-34.

[67] SKOWRON A. The rough sets theory and evidence theory [J]. Fundamenta Informatica, 1990, 13:245-262.

[68] CUN Y L, BOTTOU L, BENGIO Y, et al. Gradient-based learning applied to document recognition [J]. Proceedings of the IEEE, 1998, 86(11):2278-2324.

[69] HSU C W, LIN C J. A comparison of methods for multiclass support vector machines [J]. IEEE Transactions on Neural Networks, 2002, 13(2):415-425.

[70] CHANG C C, LIN C J. LIBSVM: a library for support vector machines [J]. ACM Trans. Intell. Syst. Technol, 2011, 2(3):1-27.

[71] BROWNE C, et al. A survey of monte carlo tree search methods [J]. IEEE Transactions on Computational Intelligence and AI in Games, 2012, 4(1):1-49.

[72] KHAN K, SAHAI A. A comparison of BA, GA, PSO, BP and LM for Training Feed forward Neural Networks in e-Learning Context [J]. International Journal of Intelligent Systems and Applications, 2012, 7:23-29.

[73] CHEN D, CAO X, WEN F, et al. Blessing of Dimensionality: High-Dimensional Feature and Its Efficient Compression for Face Verification [C]. Portland: 2013 IEEE Conference on Computer Vision and Pattern Recognition(CVPR). 2013:3025-3032.

[74] RODRIGUEZ A, LAIO A. Clustering by fast search and find of density peaks [J]. Science, 2014, 344 (6191):1492-1496.

[75] LE Q, MIKOLOV T. Distributed Representations of Sentences and Documents [C]. Beijing: Proceedings of the 31st International Conference on International Conference on Machine Learning (ICML). 2014:1188-1196.

[76] TAIGMAN Y, YANG M, RANZATO M, et al. DeepFace: closing the gap to human-level performance in face verification [C]. Columbus: 2014 IEEE Conference on Computer Vision and Pattern Recognition (CVPR). 2014:1701-1708.

[77] SZEGEDY C, et al. Going deeper with convolutions [C]. Boston: 2015 IEEE Conference on Computer Vision and Pattern Recognition (CVPR). 2015.

[78] SCHROFF F, KALENICHENKO D, PHILBIN J. Facenet: a unified embedding for face recognition and clustering [C]. Boston: 2015 IEEE Conference on Computer Vision and Pattern Recognition (CVPR). 2015:815-823.

[79] SCHMIDHUBER J. Deep learning in neural networks: an overview [J]. Neural Networks, 2015, 61: 85-117.

[80] CUN Y L, BENGIO Y, HINTON G. Deep learning [J]. Nature, 2015, 521: 436-444.

[81] LIPTON Z C, BERKOWITZ J, ELKAN C. A Critical Review of Recurrent Neural Networks for Sequence Learning [EB/OL]. [2020-6-10] https://arxiv. org/pdf/1506. 00019v1. pdf.

[82] SILVER D, et al. Mastering the game of Go with deep neural networks and tree search [J]. Nature, 2016, 529:484-489.

[83] HE K, ZHANG X, REN S, et al. Deep Residual Learning for Image Recognition [C]. Las Vegas: 2016 IEEE Conference on Computer Vision and Pattern Recognition (CVPR). 2016:770-778.

[84] LIU W, WEN Y, YU Z, et al. Large - margin softmax loss for convolutional neural networks [C]. Proceedings of the 33rd International Conference on Machine Learning (ICML). 2016:507-516.

[85] WU Y H, et al. Google's neural machine translation system: bridging the gap between human and machine translation [EB/OL]. [2020-6-10] https://arxiv. org/pdf/1609. 08144. pdf.

[86] GEORGE D, et al. A generative vision model that trains with high data efficiency and breaks text-based CAPT-CHAs [J]. Science, 2017, 358(6368):2612.

[87] SILVER D, et al. Mastering the game of go without human knowledge [J]. Nature, 2017, 550: 354-359.

[88] LIU W, WEN Y, YU Z, et al. Sphereface: deep hypersphere embedding for face recognition [C]. Honolulu: 2017 IEEE Conference on Computer Vision and Pattern Recognition (CVPR). 2017:6738-6746.

[89] Vaswani, Shazeer N, Parmar N, et al. Attention is all you need [C]. Advance in neural information processing systems. 2017:5998-6008.

[90] SILVER D, et al. A general reinforcement learning algorithm that masters chess, shogi, and Go through self-play [J]. Science, 2018, 362(6419):1140-1144.

[91] DENG J, GUO J, ZAFEIRIOU S. ArcFace: additive angular margin loss for deep face recognition [C]. Proceedings of the IEEE conference on computea vision and patlern recognition (CVPR). 2019:4690-4699.

[92] ZHU J, PARK T, ISOLA P, et al. Unpaired image-to-image translation using cycle-consistent adversarial networks [C]. Venice: 2017 IEEE International Conference on Computer Vision (ICCV). 2018:2242-2251.

[93] FRANOIS-LAVET V, et al. An Introduction to Deep Reinforcement Learning [J]. Foundations and Trend in Machine Learning, 2018, 11(3-4):219-354.